U0210078

高等学校工程应用型"十二五"系列规划教材

电子技术应用基础(模拟部分)

钮文良　路　铭　罗映霞　编著

科学出版社

北京

内 容 简 介

为了配合应用型人才培养的需要，以及适应不同电类专业对电子技术掌握的需要，编写了《电子技术应用基础（模拟部分）》。全书分为 10 章，重点讨论现代电子技术的基本概念和应用，理论部分全部用例题来讲解，例题可以用仿真软件验证。全书主要包括电子系统分析基本概念、基本半导体器件、基本放大器电路、多级放大电路、电流源、功率放大电路、集成运算放大电路、反馈放大电路的分析、滤波电路与正弦信号产生、直流稳压电源等内容。本书各章后附有思考题与习题，习题内容全部可以仿真分析。

本书的目标是突出工程实际应用、分析方法、基本理论。

本书适用于电气、电子、通信、机电一体化、生物医学工程、物联网工程等工程应用型本科生，也可作为应用工程师的参考书。

图书在版编目(CIP)数据

电子技术应用基础：模拟部分/钮文良，路铭，罗映霞编著 . —北京：科学出版社，2015.9

高等学校工程应用型"十二五"系列规划教材

ISBN 978-7-03-045606-9

Ⅰ.①电…　Ⅱ.①钮…②路…③罗…　Ⅲ.①数字电路-电子技术-高等学校-教材　Ⅳ.①TN79

中国版本图书馆 CIP 数据核字(2015)第 212011 号

责任编辑：潘斯斯　张丽花 / 责任校对：郭瑞芝
责任印制：徐晓晨 / 封面设计：迷底书装

科学出版社 出版

北京东黄城根北街16号
邮政编码：100717
http://www.sciencep.com

北京凌奇印刷有限责任公司 印刷
科学出版社发行　各地新华书店经销

*

2015 年 9 月第　一　版　开本：787×1092　1/16
2021 年 8 月第四次印刷　印张：22 1/2
字数：533 000

定价：69.00 元

（如有印装质量问题，我社负责调换）

前　言

电子技术和计算机技术的应用迅速发展，一方面是以集成电路为核心的应用技术，另一方面是根据需要设计专用集成电路的技术。这两个方面的技术构成了电子电路的技术核心和发展方向。

作为一门工科专业的技术基础，电子技术课程应当包含集成电路应用所需要的全部基本分析概念和技术，电子技术中应当包含半导体元件的认识与应用分析、基本电路分析及基本测试分析技术。这些技术内容的核心是模拟电路的核心概念，包括半导体元器件特性、基本电路特性、反馈分析概念、功率概念及波形分析概念。

随着信息技术和计算机技术的发展，电子技术的基本分析工具发生了巨大变化，仿真分析不再仅是一个附属方法，而是基本的分析技术。学习者可以通过仿真工具，对本书中的所有例题进行仿真分析。这样才能正确、自然地使用仿真工具，才能对仿真分析的结果做出正确的判断。

本书强调了用例题讲述电路模型分析理论在电子技术中的应用。这样就突出电子技术的应用、电子技术课程需要解决的内容和完成的任务。本书强调通俗易懂、突出应用、突出例题分析。

第 1 章论述基本电子元件和电子系统分析内容。通过本章的学习，学生可以初步了解电子技术需要解决的内容和完成的任务，了解电子电路和电子系统分析、设计与应用技术的科学。

第 2 章介绍半导体器件，是电子技术的核心，半导体器件组成的电子电路（特别是集成电路）是电子技术应用的基本研究对象。本章系统地介绍了半导体器件的特性、半导体器件的电路模型及工程参数。

第 3~6 章的主要目的是建立电子技术应用所必需的最基本概念，学习最基本分析方法，通过思考题与习题的学习，初步了解电子技术应用的基本内容及仿真工具的应用。

第 7 章的内容是学习运算放大器的基本特性、工程参数和应用分析。

第 8 章介绍放大电路的反馈特性、反馈的判断方法，比较全面地讲述了放大电路的四种基本组态。在工程应用中介绍了负反馈对放大电路性能的改善方法，介绍了负反馈放大电路的稳定性改善方法。

第 9 章是电子技术的应用。主要介绍两方面的内容：一是滤波电路，主要论述有源滤波电路，采用例题分析低通滤波电路、高通滤波电路、带通滤波电路、带阻滤波电路；二是正弦信号产生，主要论述 RC 正弦波振荡电路、LC 正弦波振荡电路、石英晶体正弦波振荡电路。

第 10 章是电子技术的应用。主要介绍直流稳压电源、集成稳压电源。

本书第 2~5 章是学习电子技术的基础，突出电路应用分析方法和工程应用的概念。第 8 章是分析电路技术的基础，突出电路分析计算，突出应用。第 6、7、9、10 章属于技术应用，提供相应的基本电路，为学习电子技术的分析对象提供应用参考。

本书可用于 64 学时的模拟电子技术的教学，其中含有 16 学时的基本电路实验。

　　钮文良编写第 1~4 章,路铭编写第 5~7 章,罗映霞编写第 8、9 章并整理了附录内容,全书由钮文良编著并统稿。

　　北京联合大学的李哲英教授审阅了本书,并提出了许多宝贵的意见和建议。本书编写得到了北京联合大学应用科技学院的教师和有关领导的大力支持。作者在此对他们表示衷心的感谢。

　　由于是一种新的尝试,加之作者水平有限,书中若存在不足之处,欢迎读者批评指正。

编　者

2015 年 7 月

目　　录

前言
第1章　电子系统分析基本概念 ·· 1
　1.1　基本电子元件 ·· 1
　1.2　电子电路系统分析内容 ·· 4
　1.3　电子电路和系统的分析方法 ·· 7
　1.4　电子技术的发展趋势 ·· 9
　　思考题与习题 ··· 9
第2章　基本半导体器件 ··· 12
　2.1　半导体基本原理与PN结 ··· 12
　2.2　半导体二极管 ··· 19
　2.3　双极型晶体三极管 ··· 35
　2.4　场效应晶体管 ··· 51
　　本章小结 ··· 66
　　思考题与习题 ·· 67
第3章　基本放大器电路 ··· 71
　3.1　放大器电路的基本概念与分析方法 ·· 71
　3.2　三极管基本放大电路的分析 ··· 78
　3.3　场效应管基本放大电路的分析 ·· 94
　3.4　复合管放大电路 ··· 106
　3.5　基本放大电路复合电路 ··· 111
　3.6　放大电路频率响应的基本概念 ··· 113
　3.7　基本放大电路的仿真分析方法 ··· 124
　　本章小结 ··· 125
　　思考题与习题 ·· 125
第4章　多级放大电路 ··· 132
　4.1　多级放大电路耦合方式 ··· 132
　4.2　多级放大电路的分析 ··· 135
　4.3　差分放大电路 ··· 139
　4.4　场效应管差分放大电路 ··· 155
　4.5　互补耦合多级放大电路 ··· 157
　4.6　直接耦合多级放大电路实例 ·· 160
　　本章小结 ··· 165
　　思考题与习题 ·· 165
第5章　电流源 ··· 170
　5.1　基本电流源电路 ··· 170

5.2　镜像电流源分析 ……………………………………………………………… 173

5.3　有源负载的放大电路 ………………………………………………………… 177

5.4　MOS 管电流源电路 …………………………………………………………… 179

本章小结 …………………………………………………………………………… 183

思考题与习题 ……………………………………………………………………… 183

第 6 章　功率放大电路 …………………………………………………………… 187

6.1　功率放大电路的概述 ………………………………………………………… 187

6.2　功率放大电路 ………………………………………………………………… 190

6.3　集成功率放大电路 …………………………………………………………… 201

本章小结 …………………………………………………………………………… 204

思考题与习题 ……………………………………………………………………… 205

第 7 章　集成运算放大电路 ……………………………………………………… 208

7.1　运算放大电路的基本结构与分析模型 ……………………………………… 208

7.2　运算放大电路的工程分析参数 ……………………………………………… 213

7.3　基本集成运算放大电路 ……………………………………………………… 219

7.4　集成模拟乘法器及其在运算电路中的应用 ………………………………… 241

7.5　集成运算电压比较电路 ……………………………………………………… 245

7.6　集成运放的选择 ……………………………………………………………… 250

本章小结 …………………………………………………………………………… 252

思考题与习题 ……………………………………………………………………… 253

第 8 章　反馈放大电路的分析 …………………………………………………… 256

8.1　负反馈的基本概念 …………………………………………………………… 256

8.2　负反馈放大电路的四种基本组态 …………………………………………… 263

8.3　负反馈放大电路的分析计算 ………………………………………………… 268

8.4　负反馈对放大电路性能的改善 ……………………………………………… 278

8.5　负反馈放大电路的稳定性 …………………………………………………… 283

本章小结 …………………………………………………………………………… 287

思考题与习题 ……………………………………………………………………… 288

第 9 章　滤波电路与正弦信号产生 ……………………………………………… 294

9.1　滤波电路的基本概念与分类 ………………………………………………… 294

9.2　有源低通滤波电路 …………………………………………………………… 301

9.3　有源高通滤波电路 …………………………………………………………… 306

9.4　有源带通滤波电路 …………………………………………………………… 308

9.5　有源带阻滤波电路 …………………………………………………………… 310

9.6　正弦波振荡电路 ……………………………………………………………… 311

9.7　RC 正弦波振荡电路 ………………………………………………………… 314

9.8　LC 正弦波振荡电路 ………………………………………………………… 317

9.9　石英晶体正弦波振荡电路 …………………………………………………… 324

本章小结 …………………………………………………………………………… 328

思考题与习题 ……………………………………………………………………… 328

第 10 章　直流稳压电源 ·· 333

　　10.1　直流电源的组成 ·· 333

　　10.2　单相整流电路 ·· 333

　　10.3　滤波电路 ·· 338

　　10.4　稳压电路 ·· 340

　　思考题与习题 ·· 345

参考文献 ·· 347

附录　分贝表 ·· 348

第1章　电子系统分析基本概念

电子元器件的工作目的是按设计要求对电压或电流进行有效控制。按照一定的设计要求将电子元器件和其他辅助器件连接后，就形成了电子电路。连接方式的不同，所得的电子电路的基本功能也不同（如对电压信号的放大等）。把不同的电子电路按照设计要求组合起来，形成完成任务的电子系统（如收音机、电视机等）。因此，电子技术的基本分析对象是电子元器件组成的电子电路。

在科学研究和工程技术中，习惯上把由电子元器件组成的电路叫作电子电路。电子电路一般都具有独立的电路功能。由简单电子电路组成的、比较复杂并具有独立应用功能的电子电路叫作电子系统。电子技术（Electronics Technology）的目的，就是研究电子电路和电子系统分析、设计与应用技术。

本章主要论述基本电子元件和电子系统分析内容。

1.1　基本电子元件

1.1.1　电子元器件

元件是单一物理参数特性的物理实体，如二极管、三极管、电阻、电容、电感等。

器件是用元件通过各种不同方法组合的单元实体，具有相应的电路功能和参数特性，如集成电路器件、电子开关器件等。

电子元器件分类。电子元器件是组成电子电路和电子系统的最小单元，元器件的基本特性及参数是电子电路分析和设计的基本依据之一。器件结构、器件参数和器件用途是与器件有关的技术。

1. 器件结构

器件结构是指电子器件内部的电路结构，其中包括电路功能、输入输出结构等。从结构上划分，电子器件可分为分立半导体器件和集成电路器件。

（1）分立半导体器件：是指二极管、三极管、场效应管等。它们是最基本的半导体器件。

（2）集成电路器件：是指能独立完成某功能和参数特性的电子电路，如集成放大器、微处理器、存储器等。它们是采用将多个基本半导体器件构成的电路集成制作在同一个硅片上，组成具有特定电路功能和技术参数指标的器件。

2. 器件参数

器件参数是指描述电子器件特性的参数。例如，器件输入信号电压或输入信号电流的大小、器件使用的电源电压、输入电阻/输出电阻等。从信号处理功能上分，电子器件可分为模拟电路器件和数字电路器件两类。

（1）模拟电路器件：处理模拟信号的分立半导体器件和集成电路，一般不能用来处理数字信号。

（2）数字电路器件：用于处理数字逻辑信号的半导体器件和集成电路，不能用来处理模拟信号。

3. 器件用途

器件用途是完成基本功能和应用领域。例如，专用集成电路器件、通用运算放大器器件、逻辑门电路器件等。

一般把电子元器件分为无源电子器件、有源电子器件两大类。

1.1.2　无源电子器件

无源电子器件工作时，其内部没有任何形式的电源，也不需要外部附加电源就可以正常工作。无源器件在电子电路中所担当的电路功能可分为电路类器件、连接类器件。

1. 电路类器件

电路类器件是能改变信号性能的器件。

（1）二极管：具有单向导电能力的半导体器件。

（2）电阻：实现电路电阻参数的器件。电阻器分为固定电阻器、可变电阻器和电阻排（也叫作电位器）。

（3）电容：能存储电能的器件。电容器分为固定电容器和可变电容器两种类型。固定电容器又分为普通电容器、电解电容器、钽电容器等。

（4）电感：具有保存磁能的器件。电子系统中使用的电感器件以线圈为主。

（5）变压器：能实现交流电压幅度变换的器件。在电子电路中用于通信电路中的变压器称为高频变压器。用于稳压电源的变压器称为电源变压器。由于变压器是采用电感线圈和铁心制作的，所以变压器是一种特殊的电感器。

（6）继电器：用电能控制机械开关的器件。其功能是实现控制开关，例如，用电信号控制的电路开关、用低电压控制的高电压开关等。

（7）按键：一种特殊的开关器件。按键一般用来控制电子系统的工作，例如，计算机的键盘。

（8）蜂鸣器、喇叭：把电能转换成声波的电子器件。蜂鸣器只能发出单一频率的声音，而喇叭则可以发出多频率混合的声音（例如，语音）。喇叭根据其阻抗分为 8Ω、35Ω、75Ω 不同的类型。

（9）开关：一种具有两个或多个接触点的电子器件，用于控制电源和信号传输等。

2. 连接类器件

（1）连接器：用于电子电路与电子电路不同部分的连接。

（2）插座：分为电源插座和信号插座。

（3）连接电缆：使用电缆的目的是传输信号或电能。常用的连接电缆有双绞线、扁平电缆、高温线、多芯导线、单芯导线、屏蔽电缆。

（4）印刷电路板（PCB）：一种用特殊印刷方法制作的电路板，用来安装电路器件。

1.1.3　有源电子器件

有源电子器件工作时,其内部有电源存在且必须有外加电源才能正常工作,这种器件叫作有源器件。有源电子器件是电子电路的主要器件,从结构、电路功能和工程参数上,有源电子器件可以分为分立器件和集成电路器件三大类。

1. 分立器件

(1) 双极性三极管:具有电流放大能力的半导体器件,也是集成电路的基本器件。

(2) 场效应管:利用电场效应形成电流放大的半导体器件。

(3) 晶闸管:也叫作可控硅,是一种能通过大电流的电流控制半导体开关的器件,是一种无触点开关器件。

(4) 半导体电阻与电容:用集成技术制造的电阻和电容,用于集成电路中。

2. 模拟集成电路器件

模拟集成电路器件是用来处理模拟电压或电流信号的集成电路器件。模拟集成电路器件一般包括如下几类。

(1) 集成运算放大器:集成运算放大器简称运放,是一种具有良好工作特性、使用方便的集成电路器件,可用于信号放大、微分、积分、滤波等电路。

(2) 比较器:能比较输入信号幅度大小的器件,输出的是直流电压信号。

(3) 对数和指数放大器:对输入信号进行对数或指数计算处理的集成电路器件。

(4) 模拟乘/除法器:对两个输入信号进行乘法或除法运算的集成电路器件。

(5) PLL 电路:锁相环电路,是工程中常用的一个专用电路。

(6) 集成稳压器:用来稳定输出电压的集成电路器件,有线性器件和开关器件两种。

(7) 参考电源:为电子电路提供精密参考电压的集成器件。

(8) 波形发生器:产生某些特定波形的专用集成电路器件。

(9) 功率放大器:实现信号功率放大的集成电路器件。

3. 数字集成电路器件

(1) 基本逻辑门:用来组成各种数字电路的基本逻辑电路的器件。

(2) 触发器:根据输入信号的状态和条件来决定输出信号状态的逻辑电路器件。

(3) 寄存器:逻辑门电路和触发器电路组成的逻辑电路器件,可以保存相应的数字。

(4) 译码器:对输入数字信号进行编码转换的数字电路器件。

(5) 数据比较器:能对数字信号进行比较的电路器件。

(6) 计数器:能对数字信号进行计数的电路器件。

(7) 可编程逻辑器件(PLD):在软件编程控制下形成各种需要的数字电路或系统。

(8) 微处理器:计算机系统的核心器件。

(9) 单片机:由 CPU、总线电路和各种不同外围电路组成的专用处理器器件。

(10) DSP(Digital Signal Processor,DSP):具有数字信号处理的专用器件。

除了上述基本电子器件外,在工程实际中还设计了大量专用电子器件,以满足工程实际的需要。需要指出的是,各种专用电子器件(特别是集成电路器件),其基本结构都是由上述基本电路组合而成的。因此,专用集成电路器件也具有与通用集成电路器件相似或相同的特点。

1.2　电子电路系统分析内容

电子电路系统分析的目的,是为工程应用和科学研究提供电子电路的分析模型和分析结果。同时,分析技术也是电子电路系统设计的基础。

1.2.1　器件分析、电路分析、系统分析

电子电路系统分析可分为器件分析、电路分析和系统分析等。这是电子电路与系统分析的三个不同层次。

1. 器件分析

器件分析的基本任务是器件为电路分析和系统分析提供电路特性的物理模型(电阻、电容、电感、二极管、三极管、理想电源等)和行为特性模型。通过器件分析,可以得到电子器件在不同条件下所具有的工作特点和工作状态。这些工作特点和工作状态统称为器件的行为特性,是分析、设计和实现电子电路和系统的基础。

器件的物理模型是指使用基本电路元件(如电阻、电容、电感、理想电源等)对电子器件物理电学参数(如电阻、电容、电感、电流、电压等)和基本功能的描述。器件的物理模型也叫作器件的等效电路模型,是电子器件的一种近似描述。必须注意,器件的物理模型是在一定的限制条件下建立的,因此,在使用器件的物理模型时必须注意适用条件。

2. 电路分析

电路分析是对具体电路功能和工作特性进行分析。分析电路在给定输入和其他限制条件下所具有的工作状态及其特点。电路特性分析的任务是为特性分析提供一个电路特性的物理模型和分析模型,其结果能提供电路行为特性(例如,电路的功能、输入输出关系等),以及各种参数之间的关系。这些分析结果为电子电路设计、维护和运行操作提供了技术指导。

电路分析的目的是为电子电路与系统提供具体的实现技术,是电子电路与系统设计的基础。电路分析关心如下问题。

(1) 所分析的对象具有什么样的电路功能,其元件参数是如何影响电路功能的,以及这些参数与给定限制条件之间的关系。

(2) 提供电路参数调整的指导。

(3) 提供用实际电路实现设计要求电路的指导,并提供解决理想特性与实际特性之间矛盾的技术与方法。

3. 系统分析

系统分析是在器件分析和电路分析的基础之上,建立电子系统的分析模型,对电子系统的整体功能和技术指标的特性进行统一分析。

电子系统是由多个不同功能和不同参数特性的电路组成的,这些电路之间的连接可能会对各自独立的电路特性产生影响。因此,系统分析中应当充分考虑相互连接所引起的电路特性变化。系统分析所关心的是系统的整体特性和技术指标,所以,系统分析是用来描述整个电

子系统行为和技术指标的基本方法。

由上述讨论可知,分析解决的是理论问题,也就是电路系统设计目标的实现问题。同时,也指出了参数与系统行为的关系,以作为具体电路设计的依据。

1.2.2　电子电路系统分析的基本内容

电子电路系统分析必须建立在基本物理概念和物理定律之上,才能对电子电路和系统进行正确的工程分析。

工程实际关心的基本问题如下。

(1) 独立的电路具有什么功能?

(2) 电路组成后的系统具有什么功能?

(3) 如何用电子技术实现一个系统的功能?

(4) 电路或系统能够达到什么样的技术指标?

从以上 4 条可以看出,工程上所关心的基本问题,必须用工程的基本参数和基本描述语言来回答以上 4 个问题,这就是电子电路系统分析的基本内容。

电路分析是电子电路及其系统分析中的最基本分析工具,是对电子电路或系统进行正确分析的一个重要条件。电子技术的基本分析理论和方法,则来自电路理论、信号与系统理论和半导体物理学等理论。

1. 电子电路结构分析

电子电路结构分析的基本内容包括两部分:一是电路的基本结构特点,二是实现电路基本结构的方法。其中,第一部分是决定电路或系统基本特性的关键。例如,数字电路和模拟电路是两个基本的结构。

在电子电路的结构分析中,必须注意,用工程技术的基本概念和方法对电路或系统的结构进行描述,实际上就是基本电子技术概念的应用。这种应用是工程师必须掌握的基本分析技术。电子电路或系统的结构分析,是以掌握电子技术基本原理为基础的,没有对电子技术的深入了解和掌握,就无法正确分析电子电路或系统的结构。

2. 电子电路特性与参数分析

在工程应用中,对电子电路特性与参数分析通常使用时间或频率两个基本物理变量,就是说,把电子电路或系统中的电压、电流以及其他相关参数看作时间或频率的函数。因此,电子电路的特性和参数分析中,应当包括时间特性分析和频率特性分析。

1) 时间特性分析

电子电路或系统的时间特性可以用静态和动态两个特性来描述。

所谓静态特性,是指电路在输入信号或所设置的条件不随时间发生变化时,电路所具有的行为特性,例如,当没有信号输入时放大器的行为特性。

所谓动态特性,是指当给定条件随时间发生变化时,系统行为随时间变化的规律。

在进行时间特性分析时,电路或系统的基本物理变量是时间(系统或信号是时间的函数),因此,时间特性分析也叫作**时域分析**,即在时间域内进行分析。**时域分析**实际上就是利用物理学中的基本变量——时间对电路或系统特性进行描述的一种方法。

例如,某电子电路的输出电压表达式为 $u_o(t) = 10\sin200\pi t$,给定 $t = 0.005$,则得到 $u_o(t) = 10\sin\pi = 0$。由此可知,时间特性分析可以实现对电子电路或系统在任一时刻点上的行为描述。

2) 频率特性分析

频率特性分析时,电路或系统的基本物理变量是频率(系统的固有频率和信号的频率),因此,频率特性分析也叫作**频域分析**,即在频率域内进行分析。频率分析实际上就是利用物理学中的基本变量——频率对电路或系统特性进行描述的一种方法。

电子电路与系统的频率特性,可以用频谱和频带宽度两个参数来描述。

频谱是电子电路与系统的基本频率特征。频谱所反映的是电子电路或系统幅度以及相位随频率变化的规律,是电子电路或系统所固有的频率特性。频率特性说明了电子电路或系统对不同频率信号的处理能力与结果。通过频谱分析,可以了解电子电路与系统具有的最高和最低频率之差。可以了解电路或系统的频率特性及其对输入信号的影响。

例如,如果一个系统的最低和最高频率分别为 0Hz 和 100kHz,则该系统的频带为 100kHz。

在工程技术中,参数分析包括输入或输出信号的电压、电流、频率、系统时间常数、频率特性,以及电路器件数据等。

电子电路的参数分析一般包括输入参数、输出参数、噪声等。在进行参数分析时,同样采用时域分析或频域分析的方法。这是因为电路或系统的时间特性或频率特性都是由器件和电路结构决定的。电子电路和系统的重要参数特性一般包括如下几项。

(1) 频率特性:反映了电子电路或系统中,信号幅度、相位与信号频率之间的关系,是电子电路或系统最重要的特性之一。

(2) 反馈特性:反映了电子电路或系统的输出对系统特性的影响,是电子电路或系统的一个基本特性。

(3) 稳定性:反映电子电路或系统稳定工作的基本特征。

(4) 灵敏度:主要是指电路器件对电路输入输出特性的影响。

(5) 输入和输出特性:取决于器件的电路结构。

(6) 分布参数特性:电路结构所引起的无源参数 R、L、C。

(7) 温度特性:取决于电路器件和结构的电路特性。在电子电路或系统中,温度特性对电路或系统的工作有重要的影响。

(8) 噪声特性:代表电路器件和结构所引起的干扰。

(9) 电磁兼容特性:代表电子电路或系统对电磁噪声的抑制能力,包括对外来噪声和自身产生的噪声的抑制。

(10) 器件与电路的负载特性:反映了电子电路或系统功率输出的能力。

对于不同的电路,对上述参数特性的要求不尽相同,并不是每次都需要作完整分析,而是根据电路的应用特点有选择地进行分析。

1.3 电子电路和系统的分析方法

1.3.1 电子电路和系统的实验分析方法

电子电路的实际实现结果往往与理论设计结果之间存在一定的差距,这个差距有时还相当大。因此,通过实验可以检验设计结果、发现设计缺陷。可以说,实验是学习电子技术的重要方法。

1. 电子电路和系统实验的目的

在工程中采用了大量的简化分析技术和方法,使电子电路的设计和分析结果往往与实际情况具有一定的差距,因此,必须通过实验对电路的分析结果和设计结果进行检验或验证。

1) 通过实验检验电路设计结果的正确性

电子电路的设计是在理想条件下,将电路中的元器件理想化,采用的电路或系统是线性非时变系统。在实际工程中,器件并非理想的器件,同时,实际中的电路或系统也绝不是用线性和不随时间变化的特点来描述的。因此,电子电路的设计分析结果与实际电路情况是否相符,必须由实验来检验。

2) 通过实验对电路进行调试

调试的目的是通过调整和测试,使所设计的电子电路或电子系统达到设计要求。可以说,只有设计要求和调试结果相一致时,才能说完成了电子电路系统的设计。因此,电路调试技术对于电子技术来说是十分重要的部分。调试过程,实际上是根据测试结果对电子电路或系统参数进行调整的过程。

3) 通过实验的手段研究电路特性

在工程中,可以直接利用实验的方法来解决实际问题,这样可以直接把实验结果作为研究问题的出发点。

2. 实验的内容和实验的技术

1) 实验的内容

通过实验可以正确地分析实际电路和选择实验手段。实验手段包括实验方案、实验进程和观测结果。

2) 实验的技术

实验技术包括正确地使用仪器,熟练地操作仪器。必须做到对电路的基本状态有正确的理解和预测。分析实验结果并提出真实数据和改进指导。

1.3.2 现代电子系统的分析和设计工具

1. 仿真分析与仿真工具

仿真分析是使用计算机对所设计的电子电路或系统进行研究,得到电子电路或系统的特性,并通过仿真结果修改实际系统设计和参数(也就是修改工程模型和物理模型)。仿真研究也叫作电子技术的 CAD,是电子设计自动化(EDA)的基础。

目前比较流行的电子电路仿真分析计算机语言有 Spice、VHDL 和 Verilog HDL 等。对模拟电子电路进行描述的计算机语言是 Spice。此外,还有一些可以直接输入物理模型而不使用语言输入方式的电子电路和系统分析、设计和仿真软件工具,例如,SystemView、ADS、Multisim、MATLAB等。

例 1.3.1 用 Multisim 观察图 1.3.1 所示 RC 电路的输出。输入信号为方波,信号的频率分别为 100Hz、10kHz、10MHz,分析仿真结果。

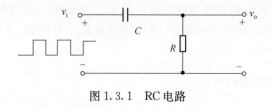

图 1.3.1　RC 电路

解 (1) 利用 Multisim 中提供的元件库连接图 1.3.1 所示电路(包括信号源)。设置 $R=10k\Omega$,$C=1\mu F$。

(2) 加上方波信号,在频率为 100Hz、10kHz、10MHz 时的方波作用下,电路的输出如图 1.3.2所示。

从图 1.3.2 可以看出,电路属于微分电路,即对输入信号进行了微分处理。还可以用输入正弦波进行验证。

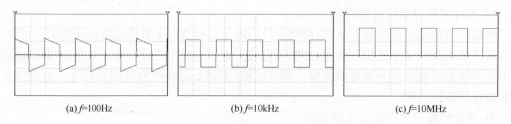

(a) f=100Hz　　　　　　　(b) f=10kHz　　　　　　　(c) f=10MHz

图 1.3.2　输入方波时图 1.3.1 所示电路的输出波形

图 1.3.2 指出,随着频率的增加,电容的作用越来越弱,当达到 10MHz 时,电容相当于短路状态。

2. 仿真分析工具的基本应用要领

对于模拟电子电路,可以使用 Pspice 进行硬件描述和仿真,这时需要对所仿真电路或元器件的结构和参数用 Pspice 所规定的计算机语言进行描述。也可以采用直接输入物理模型的方法,也就是通常所说的电路图输入方法对所要仿真的电路进行描述,这时可以使用 Multisim 等软件平台所提供的绘图界面。

此外,如果已知电路的基本行为特性和基本物理模型的连接结构,则可以先建立电路或系统的数学模型,再用 SystemView 或 Commsim 软件进行仿真研究。SystemView 是一种以数学模型为基础、兼顾电路物理模型的仿真工具,与前几种仿真工具不同的是,要求使用者具有较强的数学模型概念。

无论使用哪种仿真工具都必须了解 3 个内容:必须了解软件工具的基本工作条件,因此,应当根据工程电路的具体工作条件和要求,对软件进行相应的设置;必须了解软件中所使用的基本模型,如电路或系统的数学模型;必须了解实际电路所具有的特殊条件,如工作条件和环境。

1.4　电子技术的发展趋势

现代电子技术所关心的已经不再是简单的电路集成,而是系统集成,就是把整个系统制作在一个集成电路芯片上(System on Chip,SOC)。因此,现代电子技术的发展趋势可以包括两个方面,一个是硬件系统集成技术,另一个是系统设计软件技术。

硬件系统集成技术包括电路集成和系统集成。电路集成的基本特点是,实现完整的电路功能,用户不必关心具体的实现技术,只关心器件的使用参数。这样就把复杂的电路设计和调试实现工作,变成了简单的模块电路连接设计和调试工作。不仅提高了工作效率,也提高了电路的可靠性和其他技术特性。系统集成是指把完整的系统功能集成在一起,集成后的系统完全满足系统所有功能和技术指标。

系统集成包括硬件集成、软件集成和固件集成 3 种。

(1) 硬件集成:把系统全部功能集成在一个电路芯片中,用户只要附加少量外部元件,就可以形成完整的系统。例如,收音机集成电路、信号发生器集成电路。

(2) 软件集成:把系统功能用所有的控制软件集成在一个平台内,可以实现对系统的完整控制。例如,工业控制系统、PC 多媒体系统等。

(3) 固件集成:固件是指软件控制下的硬件电路器件。由此可知,固件集成实际上就是通过硬件和软件的集成,形成一个完整的系统。例如,数码相机、工业马达控制器、变频调速器、图形加速器、IP 电话等。

现代电子技术的另一个重要发展领域是系统设计软件技术。没有现代系统设计软件技术的发展,就没有现代电子技术。目前软件技术的主要目标就是实现彻底的和真正的电子电路或系统设计的自动化。

思考题与习题

思考题

1.1　电子技术在哪些工业领域中得到了应用?

1.2　什么叫作电子器件? 什么叫作电子系统?

1.3　有源电子器件和无源电子器件的定义是什么? 二者在使用上有什么区别?

1.4　欧姆定律的基本数学表达式代表了电路器件中的什么关系? 能否把欧姆定律称作电子器件的基本数学模型? 为什么?

1.5　如果一个直流电压的幅度随时间变化,能不能说这是一个直流分量与一个交流分量的叠加结果? 为什么?

1.6　实验在电子技术的学习和应用中具有怎样的作用?

1.7　能否通过实验的方法对电子器件的电路特性进行研究? 为什么?

1.8　电子技术实验的主要目的是什么?

1.9　电子电路实验包括哪些基本内容?

1.10　对电子技术而言,信号处理包括哪些基本内容? 与之对应的有哪些电路?

1.11　为什么对电子电路要进行频率分析? 其意义何在?

1.12　为什么说仿真研究对电子技术的学习和应用具有重要的意义?

1.13　仿真实验与真实实验的区别是什么?

1.14　电子技术仿真的基础是什么?

1.15　电子电路或系统研究中,如何对信号进行分类?

习题

1.16　写出下列正弦波电压信号的表达式(设初始相角为零):

(1) 峰-峰值 10V,频率 10kHz;

(2) 有效值 220V,频率 50Hz;

(3) 峰-峰值 100mV,周期 1ms;

(4) 峰-峰值 0.25V,角频率 1000rad/s。

1.17　绘制以下信号的波形。

(1) $f(t) = 3\sin(20\pi t + \pi)$;

(2) $f(t) = \sum_{n=-\infty}^{\infty} [u(t - nT) - u(t - nT - T)]$;

(3) $f(t) = 3\sin(20\pi t + \pi)$。

1.18　根据习题图 1.18 所示波形,列写信号的解析表达式。

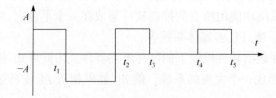

习题图 1.18

1.19　列写出习题图 1.19 所示波形的解析表达式。

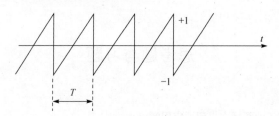

习题图 1.19

1.20　绘制习题图 1.20 所示电路的阻抗图。

1.21　在 Multisim 中连接习题图 1.21 所示电路,并导出图示阻抗图的系统函数。

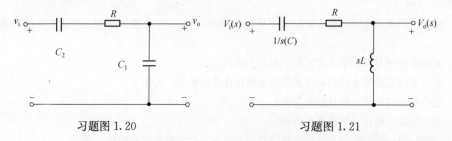

习题图 1.20　　　　　　　　　　　习题图 1.21

1.22　在正弦稳态和 LTI 条件下,绘制出习题图 1.22 所示电路的阻抗图,并用 Multisim 对电路进行仿真研究,输入信号为正弦。

1.23　列写出习题图 1.23 所示阻抗电路的系统正弦稳态响应,并用 Multisim 验证。

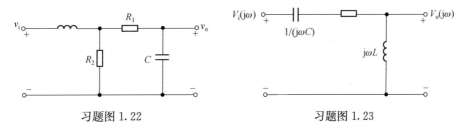

习题图 1.22　　　　　　　　　　　　习题图 1.23

1.24　计算习题图 1.24 所示电路中 10kΩ 电阻上的电压,并用 Multisim 验证。

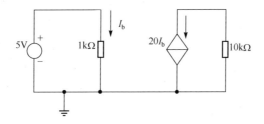

习题图 1.24

1.25　Protel 是一种常用的印刷电路板绘图工具,试用 Protel 绘制习题图 1.21 所示电路的原理图。

1.26　计算习题图 1.26 所示电路 R_2 上的电压,并用 Multisim 仿真验证。

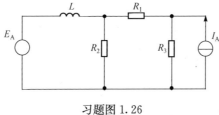

习题图 1.26

1.27　列写出三角波、方波和脉冲串的数学表达式并绘制相应的波形图。

1.28　设输入信号为阶跃信号,用 Multisim 计算以下系统输出波形:

(1) $\dfrac{Y(s)}{X(s)} = \dfrac{1}{s+0.5}$;

(2) $\dfrac{Y(s)}{X(s)} = \dfrac{1}{(s+1)(s+2)}$;

(3) $\dfrac{Y(s)}{X(s)} = \dfrac{s+3}{(s+1)(s+2)}$。

第 2 章　基本半导体器件

在现代电子系统中,除了显示器件和无源器件外,几乎都是半导体器件。各种功能电路都是建立在二极管、双极型晶体三极管、场效应晶体管等组成的电路基础之上的,所以又把二极管、双极型晶体三极管、场效应晶体管叫作基本半导体器件。

本章介绍半导体的基本原理、PN 结的原理及主要特性,以 PN 结为基本结构的双极型晶体三极管和场效应晶体管的工作原理。同时讨论基本半导体器件的电路分析模型及基本工程分析参数。

注意:本章的学习内容比较枯燥。本章论述的内容是为后续的学习做基础性的准备工作。本章的内容不难,但是内容较多,其中基础知识也较多,学生在学习中不容易记住。本章学习的最大难点就是记不住,所以在学习本章的内容时,希望课前预习,课后多复习,同学之间多讨论,思考题和习题希望同学都做。

2.1　半导体基本原理与 PN 结

半导体在现代电子技术中发挥巨大的作用,主要是因为它具有特殊的物理电学特性。

2.1.1　导体、绝缘体、半导体

在物理学中,根据物质导电能力的不同,把物质分为导体、绝缘体和半导体三类。

导体:在物理学中,把具有大量能够自由移动的带电粒子的物体称为导体。自由移动的粒子一般指的是自由电子。自由电子在外电场的作用下,能定向移动,形成导体中的电流。根据物理学电学基本理论,导体具有很好的导电特性,这表现为导体的电阻很小。

绝缘体:在物理学中,把具有电子稳定结构的物质、内部不易产生自由移动的带电粒子的物质,在一定电场强度范围内不影响物质的导电特性,沿电场方向,其电阻往往很大,不会形成明显的电流的物质称为绝缘体。绝缘是相对的,当外加电场足够大,足以形成破坏物质结构内部电场时,绝缘体会具有导电特性。该现象称为击穿。

半导体:把自然状态下具有绝缘体特性,而当满足一定物质组成条件时具有导电能力的材料叫作半导体。半导体的导电能力介于导体与绝缘体之间。在半导体器件中常用的是硅和锗两种材料,它们都是四价元素,在原子结构中最外层轨道上有 4 个电子,如图 2.1.1 所示。电阻率为 $10^{-3} \sim 10^9 \, \Omega \cdot \mathrm{cm}$。

元素周期表中最外层为 4 个电子的元素所组成的物质,都可以称为半导体材料。

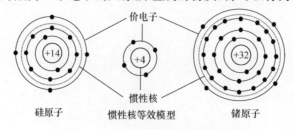

图 2.1.1　硅和锗的原子结构模型

2.1.2　半导体的晶体结构

1. 半导体的共价结构

半导体材料属于元素周期表中的四价元素硅或锗,其最外层有 4 个电子。为了简化分析,物理学中将外层电子叫作价电子,以共价键形式构成晶体。在物理学中,把纯净的、结构完整的、没有缺陷的硅或锗材料、热力学温度 $T=0$ 时没有自由电子的半导体叫作**本征半导体**,如图 2.1.2 所示。

在温度升高或受到光照、辐射时,少数价电子获得足够的能量,挣脱共价键的束缚成为自由电子,且在共价键中留下了空位,这个空位叫作空穴。自由电子和空穴总是成对地出现,也称为电子空穴对。这种现象叫作本征激发或热激发,如图 2.1.3 所示。

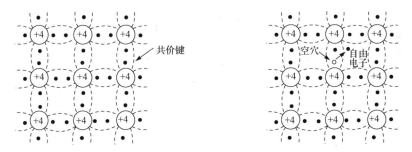

图 2.1.2　硅或锗晶体中共价键结构　　　图 2.1.3　本征激发产生的自由电子和空穴

本征半导体中在本征激发自由电子和空穴成对产生的同时,会出现另一种现象:自由电子和空穴在热骚动过程中相遇,自由电子释放原来吸收的能量,填入共价键中的空位,即电子和空穴成对消失,这种现象称为**复合**。在一定温度时,自由电子和空穴的成对产生和复合都在不停进行,最终达到**动态平衡**,使本征半导体载流子浓度处于某一热平衡值。

本征半导体热平衡时的自由电子浓度 n_i 和空穴浓度 p_i 相等,即 $n_i=p_i$。本征载流子浓度可用下式表示

$$n_i=p_i=A_0 T^{\frac{3}{2}}\exp\left(-\frac{E_{g0}}{2kT}\right) \tag{2.1.1}$$

式中,A_0 是与半导体材料有关的常数,硅的 $A_0=3.88\times10^{16}(\text{cm}^{-3}\cdot\text{K}^{-3/2})$,锗的 $A_0=1.76\times10^{16}(\text{cm}^{-3}\cdot\text{K}^{-3/2})$;$k$ 是玻尔兹曼常数 $k=8.63\times10^{-5}(\text{eV}\cdot\text{K}^{-1})$,其中 $1\text{eV}=1.6\times10^{-19}\text{J}$,因此,$k=1.38\times10^{-23}(\text{J}\cdot\text{K}^{-1})$

在室温 $T=300\text{K}$ 时,硅的 $n_i=p_i\approx1.5\times10^{10}/\text{cm}^3$,锗的 $n_i=p_i\approx2.4\times10^{13}/\text{cm}^3$。

由此可知,纯净的半导体(本征半导体中),由于物质结构的稳定性,不会存在多余的空穴或电子,因此,不会在外电场作用下形成电流。这就是说,当半导体晶体中存在多余的空穴或多余的电子时,才会在外电场的作用下形成电流。因此,物理学和工程实际中,把空穴和电子叫作半导体中的载流子。载流子可以是能自由移动的电子,也可以是不能移动、具有带正电荷性质的空穴。

本征半导体在室温 $T=300\text{K}$ 时,导电能力是很弱的。这是因为纯净晶体中没有多余的电子或空穴。本征半导体中的空穴与电子的数目总是相等的,因此,不具有工程实际中所需要的导电特性。为了提高半导体的导电特性,必须使半导体中的载流子浓度增加。如果在纯净的

半导体晶体中掺入少量其他元素(能产生多余电子或空穴的物质),可以使半导体的导电性能发生显著的改变,使半导体在常温常压下具有满足工程需要的导电特性。这种为提高半导体导电特性而掺入的物质叫作杂质。

如果本征半导体硅(或锗)中掺入少量的"杂质",可以制成人们所期望的各种性能的半导体器件。根据掺入杂质的性质不同,可形成两种半导体:N型半导体和P型半导体。

1) N型半导体

在本征半导体硅(或锗)中掺入少量的5价元素,如磷、砷或锑等,就可以构成N型半导体。若在硅晶体中掺入少量的磷原子,如图2.1.4(a)所示,掺入的磷原子取代了某些硅原子的位置。磷原子有5个价电子,其中有4个与相邻的硅原子结合成共价键,余下的1个不在共价键内,磷原子对它的束缚力较弱,因此只需得到极小的外界能量,这个电子就可以挣脱束缚而成为自由电子。所以在室温下,几乎所有的杂质都已电离而释放出自由电子。杂质电离产生的自由电子不是共价键中的价电子,因此与本征激发不同,它不会产生空穴。由于磷原子很容易贡献出一个自由电子,故称磷为**施主杂质**。

当温度升高或受到光照、辐射时,N型半导体中少数价电子获得足够的能量,挣脱共价键的束缚成为自由电子,且在共价键中留下了空位,就是空穴,如图2.1.4(b)所示。失去1个价电子的原子成为1个正离子,这个正离子固定在晶格结构中,不能移动。

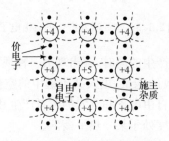

(a)N型半导体施主杂质的电离示意图

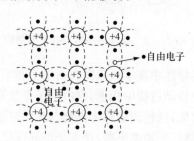

(b)N型半导体本征激发产生的自由电子

图2.1.4　N型半导体

在N型半导体中,自由电子由两部分构成,一部分由本征激发产生,另一部分由施主杂质电离产生。只要在硅中掺入少量的施主杂质,就可以使后者远远超过前者。自由电子的

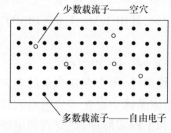

图2.1.5　N型半导体示意图

大量增加,使得电子与空穴复合几率增加,因而空穴浓度急剧减小。在热平衡状态下,空穴浓度 p_n 比本征激发产生的空穴浓度 p_i 要小得多。因此,N型半导体中,自由电子浓度 n_n 远大于空穴浓度 p_n,即 $n_n \gg p_n$。自由电子占多数,故称它为多数载流子,简称"多子";而空穴占少数,故称它为少数载流子,简称"少子"。N型半导体中自由电子为多数载流子,空穴为少数载流子,如图2.1.5所示。

2) P型半导体

在本征半导体硅(或锗)中掺入少量的3价元素,如硼或铝等,就可以构成P型半导体。若在硅晶体中掺入少量的硼原子如图2.1.6(a)所示,掺入的硼原子取代了某些硅原子的位置。

硼原子有 3 个价电子。当它与相邻的硅原子组成共价键时,缺少 1 个电子,产生 1 个空位。相邻共价键内的电子,只需得到极小的外界能量,就可以挣脱共价键的束缚而填补到这个空位上去,从而产生 1 个可导电的空穴。由于 3 价杂质的原子很容易接受价电子,所以称它为**受主杂质**。

P 型半导体中载流子由两部分构成,一部分是由本征激发产生的电子-空穴对,另一部分是由受主杂质产生的空穴,如图 2.1.6(b)所示。

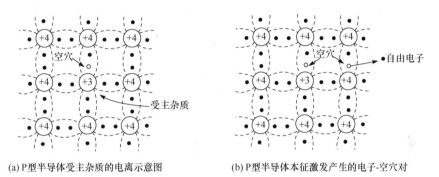

(a) P 型半导体受主杂质的电离示意图   (b) P 型半导体本征激发产生的电子-空穴对

图 2.1.6 P 型半导体

在热平衡状态下,空穴浓度 p_p 比本征激发产生的空穴浓度 p_i 要大得多。因此,P 型半导体中,空穴浓度 p_p 远大于自由电子浓度 n_p,即 $p_p \gg n_p$。P 型半导体空穴数大大超过自由电子数,所以这类半导体主要由空穴导电,故称为 P 型或空穴型半导体。P 型半导体中,空穴为多数载流子,自由电子为少数载流子,如图 2.1.7 所示。

2. 载流子的漂移运动、扩散运动

1) 载流子在电场作用下的漂移运动

在外加电场作用下,半导体中的空穴将顺电场方向运动,自由电子将逆电场方向运动。载流子在电场作用下的定向运动称为漂移运动。由漂移运动产生的电流叫漂移电流,如图 2.1.8 所示。

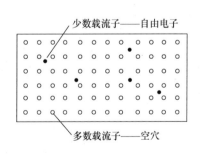 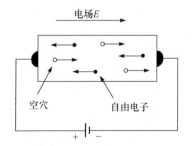

图 2.1.7 P 型半导体示意图   图 2.1.8 载流子的漂移运动

2) 载流子在浓度差作用下的扩散运动

导体中只有电子一种载流子,建立不了电子的浓度差,故导体中载流子只有在电场作用下的漂移运动。而半导体中有电子和空穴两种载流子。在实际工作中,当有载流子注入或光照作用时,就会出现非平衡载流子。在半导体处处满足电中性条件下,只要有非平衡电子,就会有等量的非平衡空穴,因而也就不会将已建立的浓度差拉平,即存在浓度差。这样,在浓度差作用下就产生了扩散运动。

2.1.3　PN 结形成

如果在一块完整的硅晶体上,利用掺杂的方法使晶体内部形成相邻接的 P 型半导体区和 N 半导体区,在这两个区的交界面处就形成了 PN 结,如图 2.1.9 所示。PN 结具有单向导电性。

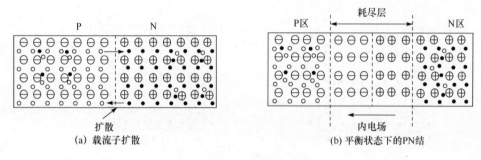

(a) 载流子扩散　　　　　　　　　　(b) 平衡状态下的PN结

图 2.1.9　PN 结形成

为了说明 PN 结的形成过程,首先了解一下结合前 P 型半导体和 N 型半导体的情况。如图 2.1.9(a)所示,在 P 型半导体中多子是空穴,少子是自由电子,还有和空穴数目相等的不能移动的负离子,以及本征激发产生的电子-空穴对。而在 N 型半导体中多子是自由电子,与电子数目相等的正离子,以及本征激发产生的电子-空穴对。由于两种半导体内带电粒子的正、负电荷相等,所以半导体中处处呈电中性。

结合以后,交界面两边的载流子浓度有很大的差别,载流子要从浓度大的区域向浓度小的区域扩散,P 区中的空穴要向 N 区扩散,在 P 区中留下带负电荷的受主杂质离子;而 N 区中的电子要向 P 区扩散,在 N 区中留下带正电荷的施主杂质离子。由于 N 区中有大量的自由电子,由 P 区扩散到 N 区的空穴将逐渐与 N 区内的自由电子复合。同样,由 N 区扩散到 P 区的自由电子也将逐渐与 P 区内的空穴复合。于是在紧靠接触面两边形成了数值相等、符号相反的一层很薄的空间电荷区,称为耗尽层,这就是 PN 结,如图 2.1.9(b)所示。

在交界面两边的正负离子形成了一个内建电场。随着扩散运动的进行,空间电荷区加宽,内电场增强,其方向由 N 区指向 P 区。内建电场的形成,使载流子的运动发生变化。一方面,内建电场阻止扩散运动的继续进行;另一方面,在内电场作用下,少数载流子将产生漂移运动,即空穴从 N 区向 P 区漂移运动,自由电子从 P 区向 N 区漂移运动。漂移运动和扩散运动方向相反。在开始扩散时,内建电场较小,阻止扩散的作用较小,扩散运动大于漂移运动。随着扩散运动的继续进行,内建电场不断增加,漂移运动不断增强,扩散运动不断减弱,最后扩散运动和漂移运动达到动态平衡,空间电荷区的宽度相对稳定下来,不再扩大。动态平衡时,扩散电流和漂移电流大小相等、方向相反,流过 PN 结的总电流为零。

2.1.4　PN 结单向导电特性

1. PN 结外加正向电压

当电源的正极接到 PN 结的 P 端,电源的负极接到 PN 结的 N 端时,称 PN 结外加正向电压。工程上把对 PN 结外加正向电压称为正向偏置,如图 2.1.10 所示。在正向偏置的作用下,外电场与内电场方向相反,外电场削弱了内电场,此时外电场将多数载流子推向空间电荷区,使其变窄,破坏了原来的平衡,使扩散运动加剧,漂移运动减弱。由于电源的作用,多数载流子克服空间电荷区的阻力,扩散运动将源源不断地进行,从而形成正向电流,PN结导通。在 PN 结导通时,为防止正向电流过大损坏 PN 结,在某些回路中串联电阻,限制回路的电流。

　　2. PN 结外加反向电压

　　当电源的正极接到 PN 结的 N 端,电源的负极接到 PN 结的 P 端时,称 PN 结外加反向电压。工程上把对 PN 结外加反向电压称为反向偏置,如图 2.1.11 所示。在反向偏置的作用下,外电场与内电场方向相同,使空间电荷区变宽,加强了内电场,使多子扩散电流不能流动,阻止扩散运动的进行,加剧漂移运动的进行,形成反向电流。由于反向电流是少子漂移运动形成的,非常小,所以在近似分析中常忽略不计,认为 PN 结处于截止状态,回路中无电流。

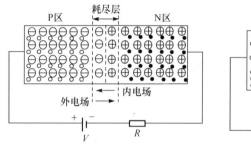
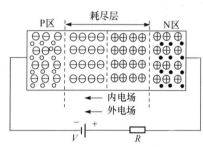

图 2.1.10　PN 结加正向电压　　　　　图 2.1.11　PN 结外加反向电压

　　以上分析可得出结论:PN 结外加正向电压时,回路中形成正向电流;PN 结外加反向电压时,回路中无电流。因此 PN 结具有单向导电特性。

2.1.5　PN 结的电流方程

　　实验结果和半导体物理学理论指出,PN 结外加偏置电压时的导电特性(伏安(V-A)特性)符合式(2.1.2)所示的规律,其伏安特性曲线如图 2.1.12 所示。

$$i = I_S(e^{\frac{u}{U_T}} - 1) = I_S(e^{\frac{qu}{kT}} - 1) \tag{2.1.2}$$

式中,u 为 PN 结外加电压(单位为 V);i 为 PN 结电流(单位为 A);I_S 为反向饱和电流(单位为 A,饱和是指与外电压无关的一个恒定电流状态),一般很小;$U_T = kT/q \approx 26\text{mV}(T = 300\text{K})$ 叫作温度电压当量。可以看出,PN结的导电特性与温度有关,PN 结电压电流之间是非线性关系。

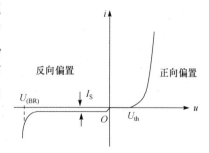

图 2.1.12　PN 结伏安特性

　　1. PN 结正向伏安特性

　　由式(2.1.2)可知,当 PN 结外加正向电压,且 $u \gg U_T$时,$i \approx I_S \exp u/U_T$,即 i 随 u 按指数规律变化;当 PN 结外加反向电压,且 $|u| \gg U_T$时,$i \approx -I_S$。

画出 i 与 u 的关系曲线如图 2.1.12 所示,称为 PN 结的伏安特性。其中,$u>0$ 的部分称为正向特性,$u<0$ 的部分称为反向特性。

从图 2.1.12 还可以看出,PN 结正向导通时有一个固定的电压 U_{th},只有当外加电压 u 大于 U_{th} 时,PN 结才会导通。U_{th} 叫作 PN 结的结压降,由耗尽层决定。

2. PN 结反向伏安特性

根据式(2.1.2)和上述分析讨论可以得出如下结论:

(1) 外加正向电压时,PN 结导电(导通),这时导通电流为 $i \approx I_S \exp u/U_T$。

(2) 外加反向电压时,PN 结不会导通,这种状态叫作截止,PN 结电流为 $i = -I_S$。

实验和理论研究都表明,当 PN 结温度升高时,形成势垒电场的热平衡载流子浓度上升,使反向饱和电流 I_S 以温度每升高 10℃电流增加一倍的速度上升,而 PN 结的正向电流也略有增加,但增加的幅度小于 I_S 的增加幅度。与此同时,PN 结的结压降 U_{th} 也有所下降,大约是温度每升高 1℃,U_{th} 下降 2.5mV。

必须注意,由于 PN 结中的电流与所加的偏置电压之间不是线性关系,因此,从图 2.1.12 可以看出,反向偏置时并不能总是保持在反向饱和电流上,而是当反向电压达到 $U_{(BR)}$ 时,足以使共价键中束缚电子脱离束缚,PN 结将产生大量自由电子和空穴,反向电流急剧增大,反向电压保持在 $U_{(BR)}$ 处,我们称 PN 结反向击穿。反向击穿后电流很大,PN 结几乎处于短路状态。这是因为此时 PN 结的导电结构遭到了破坏,失去了电流控制能力。这时,电流不再受偏置电压的控制,而只与击穿后 PN 结的反向电阻有关。

例 2.1.1 图 2.1.13 所示是在不同温度下 PN 结正向输出特性。如果 PN 结的温度从 25℃变化到 45℃,试计算:

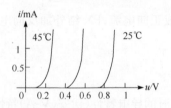

图 2.1.13 例 2.1.1 的 PN 结特性

(1) 当温度为 25℃、偏置电压从 0.7V 变化到 0.9V 时,正向电流的变化是多少?

(2) 电流为 1mA 时,如果 PN 结的温度从 25℃变化到 45℃,正向电压的变化是多少?

解 (1) 从所给的特性图估计出,正向电流从 0mA 变化到 0.7mA。

(2) 正向电压的变化大约为 0.7V。

2.1.6　PN 结的电容效应

在工程实际中,还有一个十分重要的问题是不可忽视的,那就是 PN 结的电容。从 PN 结的结构可以看出,PN 结两侧聚集了不同极性的电荷,这与电容器的效果是完全相同的。工程上把这个等效电容叫作 PN 结的耗尽层电容。

PN 结的电容效应分为势垒电容 C_b 和扩散电容 C_d。势垒电容与扩散电容一般都很小(结面积小的为 1pF 左右,结面积大的为几十至几百皮法)。对于低频信号,PN 结的电容效应呈现出很大的容抗,其作用可忽略不计,因而只有在信号频率较高时才考虑结电容的作用。

1. 势垒电容 C_b

当 PN 结外加电压变化时,空间电荷区的宽度将随之变化,空间电荷区的电荷量随外加电压的变化而增大或减小,电荷量的变化与电容器的充放电过程相同。空间电荷区的宽窄变化所等效的电容称为势垒电容 C_b。C_b 与外加电压 u 的关系如图 2.1.14 所示。势垒电容 C_b 具有非线性,它与结面积、耗尽层宽度、半导体的介电常数及外加电压有关。利用 PN 结加反向电压时 C_b 随 u 变化的特性,可制成各种变容二极管。

2. 扩散电容 C_d

PN 结处于正向偏置时,P 区的空穴扩散到 N 区,N 区的自由电子扩散到 P 区,形成大量的多子扩散,从 PN 结一侧扩散到另一侧的多子被称为非平衡少数载流子。距 PN 结越远,非平衡少数载流子的浓度越低,这样便形成一定的少子浓度梯度,从而形成扩散电流。图 2.1.15 给出了 N 区少子浓度分布曲线。当外加电压增大时,曲线由①变为②,少子数目增多;当外加电压减小时,曲线由①变为③,少子数目减少。在扩散区内,形成电荷的积累,这种电荷的积累和释放过程与电容器充放电过程相同,这种电容效应称为扩散电容 C_d。

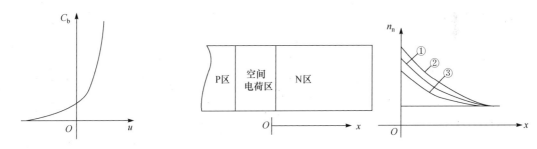

图2.1.14　势垒电容与外加电压的关系　　　　　图 2.1.15　N 区少子浓度分布曲线

扩散电容 C_d 与势垒电容 C_b 一样,C_d 具有非线性,它与流过 PN 结的正向电流 i、温度的电压当量 U_T 以及非平衡少子的寿命 τ 有关。i 越大、τ 越大、U_T 越小,C_d 就越大。

3. PN 结总电容 C_j

PN 结的电容 C_j 是势垒电容 C_b 与扩散电容 C_d 之和,表示为

$$C_j = C_b + C_d \tag{2.1.3}$$

式中,C_j 是结电容;C_b 是势垒电容;C_d 是扩散电容。

PN 结正向偏置时,积累的非平衡少数载流子随外加电压增大而增大得快,扩散电容 C_d 很大,C_j 一般以 C_d 为主;PN 结反向偏置时,少数载流子数量很少,扩散电容 C_d 很小,一般可以忽略,C_j 近似等于 C_b。

2.2　半导体二极管

2.2.1　半导体二极管的符号、结构、分类

1. 半导体二极管的符号、外形结构

1) 半导体二极管的符号

在学术研究和工程应用中,为了方便,往往采用不同的符号表示半导体二极管。图 2.2.1

中给出了 4 种不同的二极管表示符号。在工程应用中大多使用的符号,也叫作电路图符号,是各种技术手册中所使用的符号。

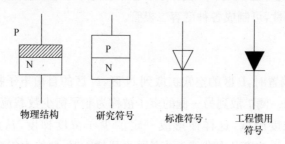

图 2.2.1　二极管的表示符号

2) 半导体二极管的外形结构

半导体二极管实际是一个 PN 结加上相应的电极引线并用管壳封装起来构成的。接在 P 型半导体一侧的引出线为正极(阳极),接在 N 型半导体一侧的引出线为负极(阴极)。常见的外形结构如图 2.2.2 所示。

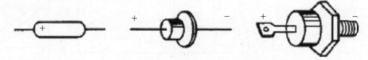

图 2.2.2　二极管的几种外形结构

2. 半导体二极管分类

1) 通用二极管

通用二极管的用途比较广泛,用于一般的信号处理的场合,例如,信号的幅度限制、要求不高的整流、信号方向控制等。

2) 高频二极管

高频二极管(High Frequency Diodes)用于高频信号处理电路中,例如,通信系统电路。

3) 稳压二极管

稳压二极管也叫齐纳二极管(Zener Diodes)是利用 PN 结的反向特性。稳压二极管的电路符号如图 2.2.3(a)所示。稳压二极管是一类比较特殊的二极管。当对二极管施加反向电压达到 U_Z 时,由于击穿效应,在维持一定的电流条件下,二极管的反向压降会稳定在一个固定数值上,见图 2.2.3(b)所示的伏安特性曲线。稳压二极管主要用于电压限制和调整,也可以作为电路的过电压保护器件,或是精度要求不高的直流稳压器件。

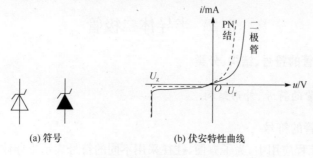

(a) 符号　　　　　　　　　　(b) 伏安特性曲线

图 2.2.3　稳压二极管

4）功率二极管

功率二极管（Power Diodes)的特点是允许通过大电流,用于电源系统实现整流。由于需要通过大电流,所以功率二极管的结面积比较大,因此不适合在高频条件下使用。

5）肖特基二极管

肖特基二极管（Schottky Diode)是利用金属与半导体接触形成的势垒对电流进行控制。它的主要特点是具有较低的正向压降(0.3~0.6V)。另外,它是多数载流子参与导电,因此比其他二极管有更快的反应速度。肖特基二极管常用在门电路中作为三极管集电极的钳位二极管,防止三极管因进入饱和状态而降低开关速度。

6）隧道二极管

隧道二极管（Tunnel Diodes)也叫作 Esaki 二极管。隧道二极管比齐纳二极管具有更大的电压降,因此可以实现快速击穿。隧道二极管的符号、器件结构和伏安特性如图 2.2.4 所示。从 V-A 特性可以看出,隧道二极管具有一段负电阻区,这是工程中十分有用的特性,可用在高频电路中。

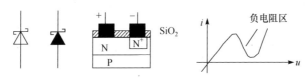

图 2.2.4　隧道二极管的符号、结构与 V-A 特性

2.2.2　二极管的基本技术特性

二极管的基本技术特性,是进行电路分析、器件选择应用时的基本依据。

1. 二极管的伏安特性

各种晶体二极管都是由 PN 结加上欧姆接触电极、引出线和封装管壳构成的。虽然由于 P 区和 N 区体电阻、接触电极的电阻以及引出线,使晶体二极管的伏安特性与 PN 结有所不同,但差异并不大,晶体二极管的特性基本上取决于 PN 结。

二极管理想的伏安特性可用 PN 结的电流方程来表示,如式(2.2.1)所示。二极管的伏安特性曲线如图 2.2.5 所示。

$$i_D = I_S(e^{u_D/U_T} - 1) \tag{2.2.1}$$

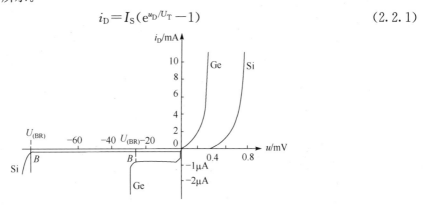

图 2.2.5　二极管伏安特性曲线

式中,二极管的电流为 i_D;二极管两端的电压为 u_D;I_S 为二极管反向饱和电流;U_T 为温度电压当量,$U_T = kT/q \approx 26\text{mV}(T = 300\text{K})$。当加正偏 $u_D \geqslant 4U_T$ 时,$\exp u_D/U_T \gg 1$,则 $i_D \approx I_S \exp u_D/U_T$;加反偏 $u_D \leqslant -4U_T$ 时,则 $i_D \approx -I_S$。I_S 数值很小,锗管的 I_S 在微安量级,硅管的 I_S 在 $10^{-9} \sim 10^{-15}$A 量级。二极管的伏安特性曲线如图 2.2.5 所示。

图中,$u_D > 0$ 的区域是正向工作区,i_D 随 u_D 增加呈指数增长;$U_{(BR)}$ 是反向击穿电压,$U_{(BR)} < u_D < 0$ 的区域是反向工作区,$u_D < U_{(BR)}$ 的区域是击穿区。非稳压二极管应避免工作在反向击穿区。

二极管的基本结构和伏安特性表明,二极管是一个无源器件。即二极管内部没有受电压或电流控制的电源,其作用相当于一个非线性时变电阻、电容或电感器件。通过二极管的基本结构可以看出,二极管只有两个电极,因此,进入二极管的电流与流出二极管的电流是相同的,并没有新的能量从二极管中流出,也没有电流消失在二极管中。

但实际上,二极管的特性和 PN 结的特性是有区别的。另外,硅二极管和锗二极管的特性也不相同。

1) PN 结特性和二极管特性的差异

图 2.2.6 为理想 PN 结的特性和实际二极管特性。二极管存在半导体的体电阻和引线电阻,所以当外加正向电压时,在电流相同的情况下,二极管的端电压大于 PN 结上的压降。或者说,在外加正向电压相同的情况下,二极管的正向电流要小于 PN 结的电流。在大电流情况下,这种影响更明显。另外,由于二极管表面漏电流的存在,使外加反向电压时的反向电流增大。由图可见,在正向大电流和反向高电压时,PN 结的特性和实际二极管特性曲线有较大的差距,造成这种差距的原因有以下几点。

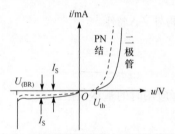

图 2.2.6 二极管特性曲线与 PN 结特性曲线

(1) 在分析 PN 结正向特性时,认为空间电荷区以外的电中性区电导率极高,电场为零,外加电压全部降到空间电荷区。但实际上,空间电荷区以外的电中性区是存在体电阻的,作为二极管,其金属电极引线与半导体之间也存在接触电阻,所以考虑在这些电阻上的压降时,通过的电流比 PN 结特性电流小。当电流较大时,空间电荷区上所分电压比例减小,一旦空间电荷区上所分电压减小到可以忽略时,实际二极管的伏安特性曲线不再维持指数规律,而是近似为直线。

(2) 反向工作时,实际二极管由于工艺上的原因,会引起 PN 结表面漏电流(相当于 PN 结上并联了一个较大的电阻),同时存在空间电荷区内的复合现象,这些因素使反向电流不完全维持恒定值,而是随着反向电压绝对值的增加使反向电流略有增加。

(3) 理想 PN 结未考虑反向击穿现象。当反向电压达到击穿电压 $U_{(BR)}$ 时,其电流会突然增大。

2) 硅二极管特性和锗二极管特性的差异

图 2.2.5 所示为硅二极管和锗二极管的特性曲线。由图可见,两者有以下几点差异。

(1) 硅二极管反向电流比锗二极管反向电流小得多,锗管为 μA 级,硅管为 nA 级。这是因为在相同温度下,锗的 n_i 要比硅的 n_i 高出约 3 个数量级,所以在相同掺杂浓度下硅的少子浓度比锗的少子浓度低得多,故硅管的反向饱和电流 I_S 很小。

(2) 在正向电压很小时,通过二极管的电流很小,只有正向电压达到某一数值 U_{th} 后,电流才明显增长。通常把电压 U_{th} 称为二极管的门限电压,也称为死区电压或阈值电压。由于硅二极管的 I_S 远小于锗二极管的 I_S,所以硅二极管的门限电压大于锗二极管的门限电压。一般硅二极管的门限电压为 0.5~0.6V;锗二极管的门限电压为 0.1~0.2V。

表 2.2.1 列出硅材料、锗材料小功率二极管的开启电压 U_{th}/V、正向导通电压范围 U/V、反向饱和电流的数量级 I_S/A。

表 2.2.1　两种材料二极管比较

材料	开启电压 U_{th}/V	导通电压 U/V	反向饱和电流 I_S/A
硅(Si)	约为 0.5	0.6~0.8	<0.1μA(nA 级)
锗(Ge)	约为 0.1	0.1~0.3	几十(μA 级)

3) 温度对二极管特性的影响

工作温度变化会使二极管的特性产生一系列的变化。温度对二极管特性的影响如图 2.2.7 所示。下面分别讨论温度对二极管反、正向特性的影响。

(1) 温度对二极管反向特性的影响。当温度升高时,热激发产生的截流子增加,使反向饱和电流 I_S 增加。理论上,I_S 随温度的变化对硅管而言是 8%/℃,锗管是 10%/℃。工程上,通常无论硅管还是锗管,都近似认为是温度每增加 10℃,反向饱和电流 I_S 增加一倍。即

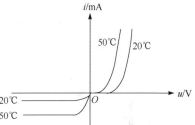

$$I_S(T_2) = I_2(T_1) 2^{\frac{T_2-T_1}{10}} \qquad (2.2.2)$$

图 2.2.7　温度对二极管伏安特性的影响

(2) 温度对二极管正向特性的影响。当外加正向电压一定时,虽然 $\text{ext}(U/U_T) = \text{ext}(U_q/kT)$ 随温度的增加而略有减小,但远没有 I_S 随温度增加的程度大,所以二极管正向电流要增大。若维持电流不变,则随着温度的增加,其正向电压必然要减小。通常温度每升高 1℃,二极管的正向压降减少 2~2.5mV,即

$$\frac{\Delta U}{\Delta T} \approx -(2\sim2.5)\text{mV/℃} \qquad (2.2.3)$$

通过以上讨论可知,温度的变化影响二极管特性,甚至会影响电路工作的稳定性。因此,电路设计时应考虑温度对二极管特性的影响。

2. 二极管反向击穿特性

二极管反向击穿并不一定意味着器件完全损坏。如果是电击穿,则外电场撤消后器件能够恢复正常;如果是热击穿,则意味着器件损坏,不能再次使用。因为热击穿是由于二极管 PN 结温度过高而烧毁的一种击穿现象。不过,工程实际中的电击穿往往伴随着热击穿。

电击穿分雪崩(Avalanche)击穿、齐纳(Zener)击穿两种。

雪崩击穿:在反向电压下产生碰撞电离并形成载流子倍增效应,从而形成较大的反向电流。

齐纳击穿:较高的外电压破坏了共价键,从而形成大反向电流。齐纳击穿是稳压管的基本工作原理。当外加反向外电压 $U_Z = U_{(BR)}$ 时,形成大反向电流,电压稳定在 $U_{(BR)}$,如

图 2.2.6所示。

3. 二极管的管压降

所谓二极管的管压降,是指当外加正向偏置电压时,二极管能进入正常导通状态时必须具有的最小外加电压值。对于硅二极管,这个电压一般为 0.7V;对于锗二极管,这个电压一般为 0.3V。二极管的管压降,实际上就是为克服势垒电场使二极管进入导通状态必须加的外加电压。

二极管的管压降是一个重要的物理参数,无论在科学研究中还是在工程实际中,都具有十分重要的意义。

4. 二极管的等效电阻

半导体二极管是非线性器件,就其伏安特性来说,它是一种非线性电阻器件。其等效电阻并不是一个常数,而是与二极管的直流工作电压和直流工作电流有关。通常用直流(静态)电阻及交流(动态)电阻来描述二极管的电阻特性。

1) 直流电阻 R_D

二极管的直流电阻定义为二极管的直流工作电压与直流工作电流之比。图 2.2.8 中的 Q 点(也称直流工作点)的直流电阻 R_D 为

$$R_D = \frac{U_Q}{I_Q} \tag{2.2.4}$$

显而易见,直流工作点 Q 不同,对应的二极管直流电阻也不同。工作电流越大,直流电阻越小。

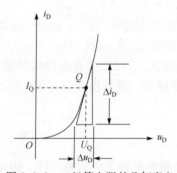

图 2.2.8　二极管电阻的几何意义

2) 交流电阻 r_D

二极管的交流电阻定义为二极管工作状态(指一定的工作点)下的电压微变量与电流微变量之比,如图 2.2.8 中,Q 点的交流电阻 r_D 为

$$r_D = \frac{du_D}{di_D}\bigg|_Q \approx \frac{\Delta u_D}{\Delta i_D}\bigg|_Q \tag{2.2.5}$$

即二极管伏安特性曲线上 Q 点切线斜率的倒数。

在实际工作中忽略二极管的体电阻,二极管的交流电阻就是 PN 结的电阻,所以 r_D 可由式(2.2.1)求导得

$$r_D = \frac{du_D}{di_D}\bigg|_Q \approx \frac{U_T}{I_S(e^{u_D/U_T})}\bigg|_Q \approx \frac{U_T}{I_Q} \tag{2.2.6}$$

在室温($T = 300K$)条件下

$$r_D \approx \frac{26mV}{I_Q} \tag{2.2.7}$$

式(2.2.7)说明,在室温条件下,交流电阻主要取决于它的工作电流,交流电阻与工作电流成反比。

在二极管正偏时,它的交流电阻很小,约为几欧至几十欧;二极管反偏(但不发生击穿现象)时,它的交流电阻很大,约为几十千欧甚至几兆欧。正、反向电阻相差越大,说明二极管的单向导电性能越好,它是衡量二极管质量好坏的重要标志。

2.2.3　二极管的主要工程参数

二极管的特性除用伏安特性曲线表示外,还可用一些数据来说明,这些数据就是二极管的参数,它们是正确选用二极管的依据。在工程实际中,除了电路设计时要考虑上述二极管的特性参数外,在选择二极管时还应注意生产厂家提供的参数。半导体二极管的参数很多,这里简要介绍几种最常用的主要工程参数。

1. 普通二极管的主要参数

1) 最大正向电流

正向电流是指二极管长时间使用时允许流过的正向平均电流。点接触型二极管的正向电流在几十毫安以下。面接触型二极管的最大整流电流较大,例如,2CP10 型硅二极管的最大整流电流为 100mA。当电流超过允许值时,由于 PN 结过热会使管子损坏。选择二极管时要注意使器件的额定最大工作电流为设计最大工作电流的两倍以上。

2) 正向压降

二极管两端的电压降,硅管为 0.7V,锗管为 0.3V。现在也有压降小的器件。这是一个基本固定的参数,设计电路时要注意正向压降对电路工作点的影响。

3) 最高反向工作电压

最高反向工作电压是保证二极管不被击穿而给出的最高反向电压,一般是反向击穿电压的一半或三分之二。例如,2CP10 型硅二极管的反向击穿电压约为 50V,最高反向工作电压为 25V,而反向工作峰值电压在 16V 以下是安全的。点接触型二极管的最高反向工作电压一般是数十伏,面接触型二极管可达数百伏,例如,2CZ12C 型硅二极管的反向击穿电压可达 200V。

二极管器件的反向击穿电压必须高于电路设计提供的最高反向电压,以防止工作中二极管被击穿。

4) 反向电流

反向电流是指在二极管上加最高反向工作电压时的反向电流值。反向电流大说明二极管的单向导电性能差,并且受温度的影响大。硅管的反向电流较小,一般在几微安以下。锗管的反向电流为硅管的几十到几百倍。

未击穿时的反向电流越小越好。因此二极管器件的反向电流值要选择低于设计允许的最大反向电流。

5) 最高额定工作频率

工作频率代表了二极管对交流信号的相应特性,也代表了二极管的恢复特性。选用二极管时要满足设计信号频率的要求,使二极管的最高额定工作频率大于电路信号频率。

器件参数一般在器件手册中都可查到。需要注意的是,手册所给数据只是同一种型号管子在一定测试条件下的平均值。由于生产条件的差异,即使是同一种型号管子,参数分散性也很大。另外,使用条件和测试条件也不尽相同。所以实际使用时,要在运用条件下对参数进行实测。

2. 硅稳压二极管主要参数

1）稳定电压 U_Z

稳定电压就是稳压管在正常工作下管子两端的电压。手册中所列的都是在一定条件(工作电流、温度)下的数值,即使是同一型号的稳压管由于工艺方面和其他原因,稳压值也有一定的分散性。例如,2CWl8 型稳压管的稳压值为 10～12V。即如果把一个 2CWl8 型稳压管接到电路中,它可能稳压在 10.5V,再换一个 2CWl8 型稳压管,则可能稳压在 11.8V。

2）稳定电流 I_Z 和最大稳定电流 I_{Zmax}

稳压管的稳定电流 I_Z 只是一个作为依据的参考数值,设计选用时一般把 I_Z 作为工作电流的变化范围最小值来考虑,若流过稳压管的电流小于 I_Z 稳压管特性可能退出稳压区。同时对每一种型号的稳压管,还规定有一个最大稳定电流 I_{Zmax}。若流过稳压管的电流大于 I_{Zmax},稳压管可能因发热而烧毁。

3）额定功耗 P_{AM}

P_{AM} 等于稳压管的稳定电压 U_Z 与最大稳定电流 I_{ZM}(或记作 I_{zma})的乘积。稳压管的功耗超过此值时,会因结温上升过高而损坏。对于一只具体的稳压管,可以通过其 P_{AM} 的值求出 I_{ZM} 的值。

4）动态电阻 r_Z

动态电阻是指稳压管端电压的变化与相应的电流变化的比值,即

$$r_Z = \frac{\Delta U_Z}{\Delta I_Z}$$

稳压管的反向伏安特性曲线越陡,则动态电阻 r_Z 越小,稳压性能越好。

5）温度系数

温度系数表示温度每变化 1℃稳压值的变化量,即 $\alpha = \Delta U_Z / \Delta T$。稳定电压小于 4V 的管子具有负温度系数(属于齐纳击穿),即温度升高时稳定电压值下降;稳定电压大于 7V 的管子具有正温度系数(属于雪崩击穿),即温度升高时稳定电压值上升;而稳定电压为 4～7V 的管子,温度系数非常小,近似为零(齐纳击穿和雪崩击穿均有)。

2.2.4　二极管直流电路分析模型

由于二极管是一种非线性元件,因此二极管电路一般应采用非线性的分析方法。要全面、精确地描述一个半导体器件的特性是很困难的。为了简化分析,人们根据所要求的精度不同,对二极管建立电路模拟,即用若干电路器件来代替实际的二极管,这些器件组成的网络,就是二极管的电路模型,简称二极管模型。一般说来,模型精度越高,模型本身越复杂,要求的模型参数也越多,分析电路时计算量就越大。因此,在实际工作中,要根据不同的工作条件和要求选择合适的模型。下面介绍几种常用的二极管简化模型。

1. 二极管电路的简化模型

1）直流理想模型

实际二极管的正向压降很小,硅管的工作电压约为 0.7V,锗管的工作电压约为 0.3V。在很多情况下,如此微小的正向压降可忽略不计,近似认为等于零。二极管的反向电流通常也近

似认为等于零。因此,将二极管的伏安特性曲线理想化处理,可近似用相互垂直的两段折线模拟二极管的伏安特性曲线,如图 2.2.9 所示。由图显见,二极管可视为一个理想的单向导电开关,理想二极管没有结压降,导通电阻与反向电流均为零。这一模型通常应用在精度要求不高时,分析大信号工作条件下的电压、电流的大小。直流模型用在直流电源作用的电路中。图中 D 为理想二极管(没有结压降,导通电阻与反向电流均为零)。

正向偏置时,二极管导通,其管压降为 $0(i_D>0,u_D=0)$;

反向偏置时,二极管截止,流过二极管的电流为 $0(u_D<0,i_D=0)$。

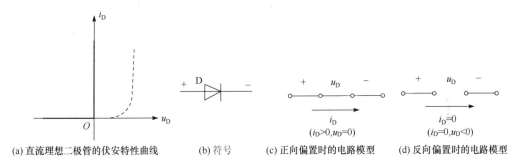

(a) 直流理想二极管的伏安特性曲线　　(b) 符号　　(c) 正向偏置时的电路模型　　(d) 反向偏置时的电路模型

图 2.2.9　直流理想二极管模型

2) 直流恒压降模型

二极管恒压降模型是认为二极管处于正向导通时压降恒为一个常数,硅管约为 0.7V,锗管约为 0.3V,且不随电流变化而变化,反向截止时电流为零。因此二极管的伏安特性和物理模型如图 2.2.10 所示。图中 D 为理想二极管(没有结压降,导通电阻与反向电流均为零),U_{th} 为二极管门限电压(硅管 $U_{th}=0.7V$,锗管 $U_{th}=0.3V$)。

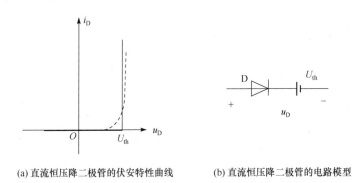

(a) 直流恒压降二极管的伏安特性曲线　　　　(b) 直流恒压降二极管的电路模型

图 2.2.10　直流恒压降二极管模型

3) 直流折线模型

当理想二极管开关模型不能满足精度要求时,有时应用折线模型。二极管折线模型表明,当二极管正向电压 U 大于 U_{th} 后,其电流 I 与 U 呈线性关系,直线斜率为 $1/r_D$。二极管截止时,反向电流为零。二极管的伏安特性和物理模型如图 2.2.11 所示。图中 D 为理想二极管(没有结压降,导通电阻与反向电流均为零),U_{th} 为二极管门限电压,r_D 为二极管等效电阻。

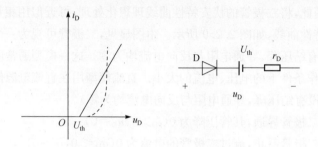

(a) 直流折线二极管的伏安特性曲线　　　　(b) 直流折线二极管的电路模型

图 2.2.11　直流折线二极管模型

4) 反向击穿模型

若二极管反向击穿,电流限制在一定范围内,则二极管不会损坏;若将反向电压去除,二极管还会恢复单向导电性。二极管反向击穿时,电流变化,电压基本不变化,因此,常用二极管反向击穿特性实现稳压。工作在反向击穿特性的二极管称为稳压二极管,用 D_Z 表示。稳压二极管可等效为一个理想二极管、一个理想电压源与一个电阻串联模型。符号、物理模型和伏安特性如图 2.2.12 所示(该模型仅模拟二极管的反向特性)。图中,理想电压源的电动势即为稳压二极管的反向击穿电压,电阻 r_Z 可看作稳压二极管的等效内阻。

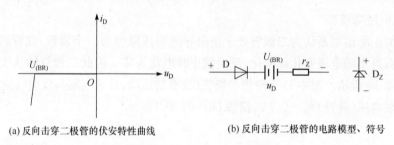

(a) 反向击穿二极管的伏安特性曲线　　　　(b) 反向击穿二极管的电路模型、符号

图 2.2.12　二极管反向击穿模型

2. 模型分析法应用举例

例 2.2.1　二极管电路图 2.2.13 所示,试用二极管的理想模型、恒压降模型、折线模型,计算电源 $V_{DD} = 10V$ 时的二极管电路中的 I_D 和 u_D,已知电路中 $R = 10k\Omega$,二极管电阻 $r_D = 0.2k\Omega$。

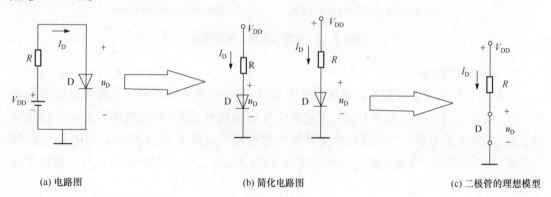

(a) 电路图　　　　　　　　　　(b) 简化电路图　　　　　　　　　　(c) 二极管的理想模型

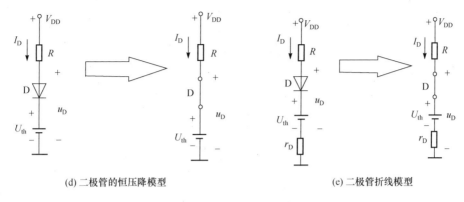

（d）二极管的恒压降模型　　　　　　　　（e）二极管折线模型

图 2.2.13　例 2.2.1 电路

解　（1）理想模型。将二极管电路中的二极管用它的理想模型代替，如图 2.2.13（c）所示。

判断理想二极管的状态（导通或截止）。方法为将理想二极管断开，求阳极和阴极的电位差，若大于 0，则理想二极管正向导通；若小于 0，则理想二极管反向截止。本例题中理想二极管状态是正向导通，用理想的导线代替二极管。

$$u_D = 0V$$
$$I_D = V_{DD}/R = 1mA$$

（2）恒压降模型。将二极管电路中的二极管用它的恒压降模型代替，如图 2.2.13（d）所示。

判断理想二极管的状态（导通或截止）。方法为将理想二极管断开，求阳极和阴极的电位差，若大于 0，则理想二极管正向导通；若小于 0，则理想二极管反向截止。本例题中理想二极管正向导通，用理想的导线代替二极管。

$$u_D = 0.7V（硅二极管典型值）$$
$$I_D = (V_{DD} - u_D)/R = (10-0.7)V/10k\Omega = 0.93mA$$

（3）折线模型。将二极管电路中的二极管用它的折线模型代替如图 2.2.13（e）所示。

判断理想二极管的状态（导通或截止）。方法为将理想二极管断开，求阳极和阴极的电位差，若大于 0，则理想二极管正向导通；若小于 0，则理想二极管反向截止。本例题中理想二极管正向导通，用理想的导线代替二极管。

$$U_{th} = 0.5V（用硅二极管典型值）$$

$$I_D = \frac{V_{DD} - U_{th}}{R+r} = 0.931mA$$

$$u_D = U_{th} + I_D r_D = 0.69V$$

例 2.2.2　二极管电路图 2.2.14 所示，试分别用二极管的理想模型、恒压降模型、折线模型分析计算回路电流 I_D 和输出电压 V_o。设二极管 D 为小功率硅管，$U_{th} = 0.7V$，限流电阻 $R = 2k\Omega$，二极管电阻 $r_D = 20\Omega$。

解　（1）理想模型，如图 2.2.14（b）所示。二极管 D 导通前的外加电压 $u_D = -12 -(-18) = 6V > 0$，二极管 D 正偏导通，导通后，$u_D = 0V$。

回路电流 $I_\mathrm{D}=\dfrac{V_\mathrm{R}}{R}=\dfrac{(-12-(-18))\mathrm{V}}{2\mathrm{k\Omega}}=3\mathrm{mA}$。

输出电压 $V_\mathrm{o}=-12\mathrm{V}$。

(2) 恒压降模型如图 2.2.14(c)所示。二极管 D 导通前的外加电压 $u_\mathrm{D}=-12-0.7-(-18)=5.3\mathrm{V}>0$,二极管 D 正偏导通,导通后,$u_\mathrm{D}=0.7\mathrm{V}$。

回路电流 $I_\mathrm{D}=\dfrac{V_\mathrm{R}}{R}=\dfrac{(-0.7-12-(-18))\mathrm{V}}{2\mathrm{k\Omega}}=2.65\mathrm{mA}$。

输出电压 $V_\mathrm{o}=-0.7-12=-12.7\mathrm{V}$。

(3) 折线模型如图 2.2.14(d)所示。二极管 D 导通前的外加电压 $u_\mathrm{D}=-12-0.7-(-18)=5.3\mathrm{V}>0$,二极管 D 正偏导通,导通后,$u_\mathrm{D}=0.7\mathrm{V}$。

回路电流 $I_\mathrm{D}=\dfrac{V_\mathrm{R}+V_\mathrm{RD}}{R+r_\mathrm{D}}=\dfrac{(-0.7-12-(-18))\mathrm{V}}{(2+0.02)\mathrm{k\Omega}}\approx2.62\mathrm{mA}$。

输出电压 $V_\mathrm{o}=I_\mathrm{D}R-18=(2.62\times2-18)\mathrm{V}=-12.76\mathrm{V}$。

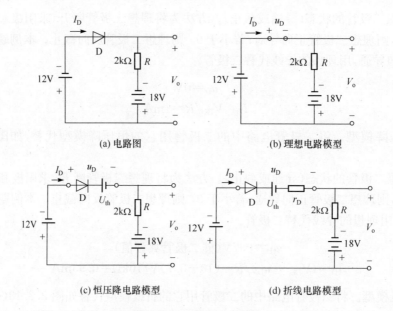

图 2.2.14　例 2.2.2 电路

2.2.5　二极管交流小信号电路分析模型

1. 低频小信号分析模型

直流电压源和交流电压源同时作用的二极管电路,如图 2.2.15(a)所示。流过二极管的电流为

$$i_\mathrm{D}=\frac{1}{r_\mathrm{D}}(V+u_\mathrm{i}-u_\mathrm{D}) \qquad (2.2.8)$$

式中,r_D是二极管的结电阻。

式(2.2.8)在坐标系中是一条斜率为 $-1/r_\mathrm{D}$的直线,称为负载线。在二极管伏安特性曲线中作出负载线与二极管伏安特性曲线的交点 Q,这个 Q点称为电路的工作点。

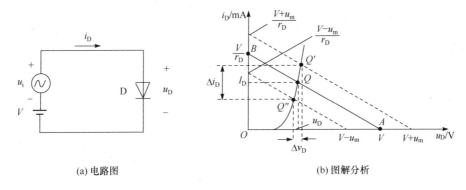

(a) 电路图　　　　　　　　　　　　　　　　(b) 图解分析

图 2.2.15　直流电压源和交流电压源同时作用的二极管电路

当 $u_i=0$ 时,电路中只有直流量,流过二极管的电流为 I_D,二极管上的电压为 u_D;

当 $i_D=0$ 时,由式(2.2.8)得,二极管上的电压 $u_D=V$,图中 A 点;

当 $u_D=0$ 时,由式(2.2.8)得,二极管上的电流 $i_D=V/r_D$,图中 B 点。

连接 A 点与 B 点,得图 2.2.15(b)中 Q 点。Q 点坐标为 (u_D,I_D),Q 点称静态工作点。

当交流电压源 $u_i=U_m\sin\omega t$ 时($U_m\ll u_D$),根据 u_i 的正负峰值 $+U_m$ 和 $-U_m$ 图解可知,工作点将在 Q' 和 Q'' 之间移动,则二极管上的电压和电流变化为 Δu_D 和 Δi_D,如图 2.2.15(b)中 Q' 和 Q'' 点所示。

下面利用二极管特性曲线求解二极管的电阻 r_D。在交流小信号的作用下,二极管处于正向导通时,小信号的电压和电流在伏安特性曲线上的 Q 点为切点的一条直线小范围内变化,其直线斜率的倒数值就是小信号模型的微变电阻 r_D 值,如图 2.2.16(b)所示。

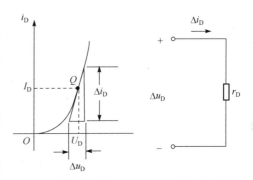

(a) 二极管伏安特性　　　(b) 二极管交流小信号模型

图 2.2.16　二极管小信号模型

r_D 的数值可从式(2.2.1)导出。取 i_D 对 u_D 的微分,可得微变电导

$$g_d=\frac{\Delta i_D}{\Delta u_D}\approx\frac{\mathrm{d}i_D}{\mathrm{d}u_D}=\frac{\mathrm{d}}{\mathrm{d}u_D}\left[I_S\left(\exp\frac{u_D}{U_T}-1\right)\right]\approx\frac{I_S}{U_T}\exp\frac{u_D}{U_T}\approx\frac{i_D}{U_T}\approx\frac{I_D}{U_T}$$

式中,I_D 为静态工作点电流。由此可得

$$r_D=\frac{1}{g_d}=\frac{26\mathrm{mV}}{I_D(\mathrm{mA})} \tag{2.2.9}$$

由于二极管工作在指数变化区间,因此,电流随电压变化率很大,所以,二极管交流等效电阻 r_D 的数值很小。例如,二极管工作点电流为 2mA,则

$$r_D=\frac{V_T}{I_D}=\frac{26\mathrm{mV}}{2\mathrm{mA}}=13\Omega$$

2. 高频小信号分析模型

当必须考虑二极管中交流信号的频率时,就需要使用图 2.2.17 所示的二极管的高频电路模型。虽然二极管的结电容容量很小,约皮法量级,但二极管工作在高频时电容效应不能忽略。

在高频或开关状态运用时,考虑到结电容的影响,可以得到图 2.2.17(a)所示的 PN 结高频电路模型,其中 r_S 表示半导体电阻,r_D 表示结电阻。相比之下,r_S 通常很小,一般忽略不计。C_d 和 C_b 分别表示扩散电容和势垒电容,结电容 C_j 包括 C_d 和 C_b 的总效果。如图 2.2.17(b)所示的电路模型为常用模型。当二极管处于正向偏置时,二极管的高频模型中 r_D 为正向电阻,其值较小,二极管结电容 C_j,主要取决于扩散电容 C_d,C_d 是二极管 PN 结耗尽区电荷运动所形成的扩散电容,也是一个非线性电容;当二极管的导通电流较小时(反向偏置时),r_D 为反向电阻,其值很大,结电容 C_j 主要取决于势垒电容 C_b。

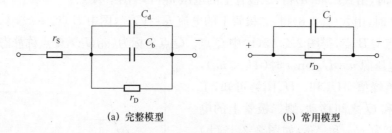

(a) 完整模型　　　　　　　　　(b) 常用模型

图 2.2.17　二极管的高频电路模型

注意:二极管理想模型、恒压降模型和折线模型一般用于分析二极管的直流工作情况,因此称为直流物理模型。小信号模型则用于分析二极管正向偏置时的交流工作情况,因此称为交流物理模型。

例 2.2.3　电路如图 2.2.18 所示,设输入信号为高频方波,二极管的结电容 C_j 为 $0.012\mu F$,试绘制等效电路,给出输出端的信号波形,并用 Multisim 验证。

解　(1)分析计算。根据所给二极管的参数和电路可以知道,当信号从 0V 变到 5V 时(阶跃信号),二极管处于反向偏置,应当选择反向偏置电路模型(等效电路)。这时,设反向电阻很大,可以忽略反向饱和电流的影响,因此,得到二极管等效电路和输出波形如图 2.2.19 所示。可知这是一个 RC 串联电路,输出信号需要一个上升时间。上升时间常数为

$$\tau = RC_j = 0.12ms$$

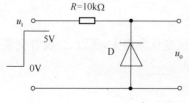

图 2.2.18　例 2.2.3 的电路

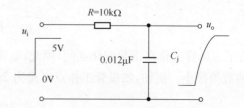

图 2.2.19　图 2.2.18 的等效电路(电路模型)

（2）Multisim 仿真验证（选用 DIODE_ VIRTUAL 二极管）。在 Multisim 中连接图 2.2.18所示电路,设置输入信号为 1kHz,并修改二极管 C_{jo} 参数为 $0.012\mu\text{F}$,得到输出端的电压波形如图 2.2.20 所示,证实了分析的正确性。

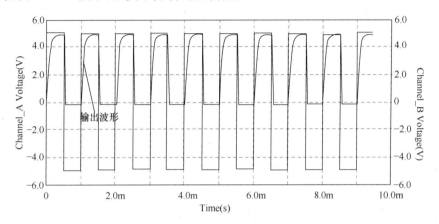

图 2.2.20　电路输入方波时的输出波形

2. 2. 6　二极管的 Spice 模型

二极管的 Spice 模型包括两个含义。一个含义是用 Pspice 或 Spice 语言描述的二极管（也叫作器件模块）,另一个含义是仿真计算所使用的电路模型及其参数。

1. 二极管的 Spice 描述模块

理想二极管的 Spice 描述模块:

.MODEL D_ideal D　（二极管模型描述,即提供相应的参数值）

(Is=10f Rs=0 Cjo=12n Vj=1 Tt=0 M=500m

BV=1e+ 30 N=1+EG=1. 11 XTI=3 KF=0 AF=1 FC=500m IBV=1m TNOM=27)

其中,MODEL 是程序中的关键字,用来说明所描述的是一个器件模块,D_ideal 是所描述二极管的名字,如 D_1N4000 等。D()是专用的描述方式,括号中提供二极管的参数值。

注意,在 Pspice 或 Spice 中使用二极管,可以直接调用二极管模块。

2. Spice 参数

根据 Spice 所采用的电路模型可以确定二极管模块 D()中的参数。因此,只要确定了 Spice 参数,计算机就能对其进行仿真。

Spice 所选定的二极管等效电路模型如图 2.2.21 所示。

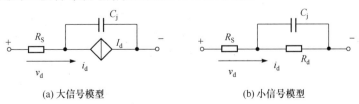

(a) 大信号模型　　　　　　　(b) 小信号模型

图 2.2.21　二极管等效电路模型

　　实际上，只有图 2.2.21 所示电路模型是不够的，还必须提供电路模型中各个参数的计算公式。只有对二极管的结构、制作材料以及工艺进行全面分析后才能得到相应参数的计算公式。有关参数计算公式的分析已经超出了本书的范围，感兴趣的读者可参考有关半导体器件和集成电路设计的书籍。

　　二极管的 Spice 模型参数及其含义如表 2.2.2 所示。为了便于使用 Multisim，Multisim 中使用的 Spice 参数列在表 2.2.3 中。通过调整这些参数，可以对器件或电路特性进行研究。也可以通过器件参数的选择设计电子电路。

表 2.2.2　二极管的 Spice 参数

参数名	关键字	意义	隐含值	单位
I_s	IS	饱和电流	10^{-14}	A
r_s	RS	等效欧姆电阻	0	Ω
n	N	发射系数	1	—
τ_D	TT	渡越时间	0	s
$C_j(0)$	CJO	零偏压结电容	0	F
ϕ_0	VJ	结电势	1	V
m	M	梯度因子	0.5	—
E_g	EG	禁带宽度，对于硅为 1.11，对于锗为 0.67	1.11	eV
X_{TI}	XTI	饱和电流指数因子	3.0	—
F_C	FC	正偏时耗尽层电容公式中的系数	0.5	—
V_b	BV	反向击穿电压	无限大	V
I_{bv}	IBV	反向击穿电流	10^{-3}	A
K_f	KF	闪烁噪声系数	0	—
A_f	AF	闪烁噪声指数因子	1	—

表 2.2.3　Multisim 中使用的 Spice 参数

符号	意义	默认值	单位	符号	意义	默认值	单位
Is	饱和电流	10^{-14}	A	IZT	齐纳击穿测试电流	0.001	A
Rs	电阻	0	Ω	N	发射系数	1	—
CJO	零偏置时的结电容	0	F	EG	激励能量	1.11	eV
VJ	结压降	1	V	KF	闪烁噪声系数	0	—
TT	暂态时间	0	s	AF	闪烁噪声指数	1	—
M	梯度系数	0.5	—	FC	正向偏置耗尽电容的计算系数		
VZT	齐纳击穿测试电压	10^{30}	V	TNOM	参数测试时的温度	27	℃

　　注意，表 2.2.3 中给出的参数默认值是 Multisim 中使用的数值，不同仿真软件所给出的默认值各不相同。默认值都是针对某种工艺而给出的，例如，0.18 工艺中的默认值等。同时，对于不同类型的二极管，由于电路模型不同，参数也不尽相同，限于篇幅这里就不再一一介绍了。

　　目前，各半导体器件制造厂家都会给出相应器件产品的 Spice 模型。

例 2.2.4　给出图 2.2.22 所示电路的 Spice 描述。

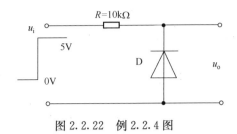

图 2.2.22　例 2.2.4 图

解　根据 Spice 描述规则，可以对上述电路编写如下程序模块进行仿真：

```
R0 2 1 10K            （电阻说明，指出了连接节点和电阻值）
D0 0 1 D_ideal        （二极管说明，指出了连接节点和参数，本例设为理想二极管）
.MODEL D_ideal D      （二极管模型描述，即提供相应的参数值）
(Is=10f Rs=0 Cjo=12n Vj=1 Tt=0 M=500m
BV=1e+30 N=1 +EG=1.11 XTI=3 KF=0 AF=1 FC=500m IBV=1m TNOM=27)
.OPTIONS ITL4=25      （与仿真计算有关的说明）
.END
```

本例中采用了理想二极管，所以设置导通电阻 $R_S = 0$，并设二极管工作在 27℃的条件下。

2.3　双极型晶体三极管

双极型晶体三极管在现代电子系统中的主要作用是对信号的放大。

从 1948 年第一只双极型三极管（Bipolar Junction Transistor BJT，简称三极管）在贝尔实验室诞生以来，三极管就一直是重要的，也是基本的半导体器件之一。半导体三极管是由两个背靠背、互有影响的 PN 结构成的。在工作过程中，两种载流子都参与导电，所以称为双极结型晶体管。它有 3 个引出电极，人们习惯上又称它为晶体三极管或晶体管。晶体管的种类很多，按照其构成的半导体材料分为硅管和锗管等，按照功率分为小、中、大功率管，按照应用频率分为高频管和低频管等。从电路分析的角度看，三极管与二极管有着本质的区别，三极管是有源器件。

2.3.1　三极管的符号、结构、分类

1. 三极管的符号、结构

1）三极管的符号

采用不同的掺杂方式在一块半导体基片上做出两个背对背的 PN 结，即为三极管。三极管，顾名思义，由 3 个电极和对应的 3 个杂质半导体区域构成，按杂质半导体的排列不同，三极管分为 NPN 型和 PNP 型两种类型。其符号如图 2.3.1 所示。

图 2.3.1(a)为 NPN 型三极管的结构图。中间的 P 区为基区，掺杂浓度很低；下侧 N 区为发射区，掺杂浓度很高；上侧 N 区为集电区，结面较大，掺杂不高，并引出 3 个电极分别为基极 b、发射极 e 和集电极 c，两个 PN 结分别为发射结（be 结）和集电结（bc 结）。如果在 N 型半导体的两侧做出 P 型区，就是 PNP 型三极管，如图 2.3.1(b)所示。发射结的箭头方向表示发射结正偏时的实际电流方向。

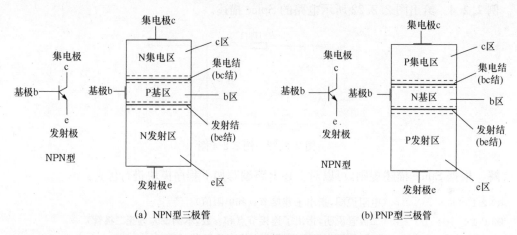

(a) NPN型三极管　　　　　　　　　(b) PNP型三极管

图 2.3.1　半导体三极管的符号结构图

2) 三极管的结构

三极管,顾名思义,由 3 个电极和对应的 3 个杂质半导体区域构成。半导体三极管常见的外形结构如图 2.3.2 所示。

图 2.3.2　三极管的几种外形结构

2. 三极管的分类

1) 通用三极管

通用三极管一般用于对电流、电压等参数要求不高的场合,如 3DG 系列、2N 系列等。通用三极管一般为塑料封装。通用三极管中又可分为低噪声和高频三极管等。低噪声三极管一般采用金属封装。

2) RF 三极管

RF 三极管就是射频三极管,用于超高频/甚高频(VHF/UHF)小信号放大,频率可达 400MHz~2GHz,例如,BF224、MPS6595。

3) 多管阵列

多个独立的三极管按矩阵方式排列,封装在一块半导体芯片中,各三极管之间没有任何联系,其外观类似集成电路,如图 2.3.3 所示。由于同在一个半导体晶片中,所以多管阵列中的半导体在工作时几乎具有相同的温度。

4) 达林顿管

达林顿管也叫复合管。具有高电流放大系数,用于功率放大和驱动电路,例如,2N6427 等。达林顿管实际上把两个三极管以特殊的连接方式制作在一起,如图 2.3.4 所示。

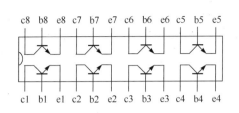

图 2.3.3　NPN 三极管阵列器件

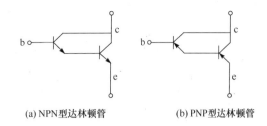

(a) NPN 型达林顿管　　　　(b) PNP 型达林顿管

图 2.3.4　达林顿管的结构

2.3.2　三极管的电流分配与放大

三极管在放大状态下,应保证发射结为正向偏置,集电结为反向偏置。如图 2.3.5 所示,电源 V_{BB} 的正极接三极管的基极 b,V_{BB} 的负极接三极管的发射极 e,这时给发射结加正偏电压(正向偏置)。电源 V_{CC} 的正极接三极管的集电极 c,V_{CC} 的负极接三极管的发射极 e,这时给集电结加反向电压(反向偏置),V_{CC} 大于 V_{BB}。

发射结加正偏电压,发射区中的大量自由电子在正向偏置作用下从 e 区扩散到 b 区,形成较大的电子流 I_{EN}。由于基区薄且杂质浓度很低,所以扩散到 b 区的大量电子,极少部分在电源 V_{BB} 的作用下与空穴复合形成电子流 I_{BN},其余扩散到基区的自由电子在 V_{CC} 的作用下到达集电区,形成较大的电子流 I_{CN},同时基区的少数载流子、自由电子,形成集电结反向饱和电流 I_{CBO},所以

$$I_E = I_{EN} \tag{2.3.1}$$
$$I_B = I_{BN} - I_{CBO} \tag{2.3.2}$$
$$I_C = I_{CN} + I_{CBO} \tag{2.3.3}$$

I_{EN} 与 I_{CN} 分配关系常用一个电流放大系数 $\bar{\beta}$ 来表示,即

$$\bar{\beta} = \frac{I_{CN}}{I_{BN}}$$

将式(2.3.2)和式(2.3.3)代入上式,可得

$$I_C = \bar{\beta}(I_B + I_{CBO}) + I_{CBO} = \bar{\beta}I_B + (1+\bar{\beta})I_{CBO} = \bar{\beta}I_B + I_{CEO}$$

式中,I_{CEO} 称为穿透电流,为基极开路时从集电区流向发射区的电流,是由少子产生的电流,对温度的变化相当敏感。由于 I_{CBO} 很小,忽略其作用,则集电极电流 I_C、发射极电流 I_E 可表示为

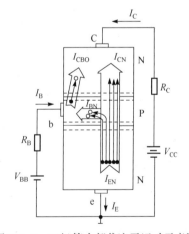

图 2.3.5　三极管内部载流子运动示意图

$$I_C = \bar{\beta}I_B \tag{2.3.4}$$
$$I_E = I_C + I_B \approx \bar{\beta}I_B + I_B = (1+\bar{\beta})I_B \tag{2.3.5}$$

式(2.3.4)说明三极管具有电流放大作用。式(2.3.5)可以将三极管看成一个节点,流入节点的电流等于流出节点的电流。在图 2.3.5 中,仅含 V_{BB} 的回路是电路的输入回路,仅含 V_{CC} 的回路是电路的输出回路,发射极为公共端,故称作共发射极电路。

根据上述对三极管的工作原理分析,可以得出三极管的正常工作条件如下。

b-e 正向偏置——形成基极电流。

c-b 反向偏置——吸引电子形成集电极电流。

通过上述分析可以看出,由于特殊的结构,三极管的基极电流控制了集电极电流,使集电极与发射极之间存在一个相当于受基极电流控制的受控电流源。因此,三极管是一个具有电流放大功能(小电流控制大电流)的电子器件。从电路分析的角度看,三极管是一个有源电子器件,没有电源是不能工作的。

例 2.3.1 判别图 2.3.6 所示电路能否具有电流放大功能,说明原因。

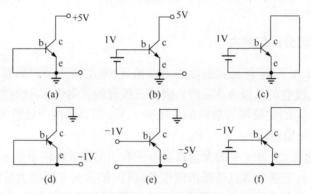

图 2.3.6　三极管电路

解　图 2.3.6 中(a)、(c)、(d)、(f)四个电路不能满足偏置条件,所以不具备电流放大能力。(b)和(e)两个电路满足偏置条件,所以具有电流放大能力。

2.3.3　三极管基本技术特性

三极管的技术特性是三极管应用中的重要设计和分析依据。在进行电路分析时,必须根据三极管的工作特性才能准确地计算出电路的技术指标。在电路设计中,只有充分利用三极管的工作特性,才能正确选择器件从而设计出符合设计要求的电路。

从工程应用和电子技术研究角度出发,人们所关心的是输入与输出特性之间的关系、各种工程上重要的技术参数及其特性,例如,频率参数及其特性、电流电压参数及其特性、噪声参数及其特性、温度等。

1. 电流放大系数

电流放大系数的定义与电路连接有关,其中三极管的一个电极作为输入端,一个电极作为输出端,而第三个电极为输入和输出回路的公共端。所以有共射(CE)、共基(CB)、共集(CC)3 种基本组态,如图 2.3.7 所示。所谓电流放大系数,是指放大状态下输出电流与输入电流之比。

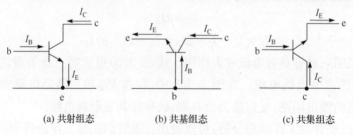

(a) 共射组态　　　　　(b) 共基组态　　　　　(c) 共集组态

图 2.3.7　三极管的 3 种基本组态

（1）共射电流放大系数。有直流参数 $\bar{\beta}=\dfrac{I_C}{I_B}$ 和交流参数 $\beta=\dfrac{\Delta I_C}{\Delta I_B}=\dfrac{I_{C2}-I_{C1}}{I_{B2}-I_{B1}}$ 两种。当三极管工作在线性区且忽略 I_{CEO} 时，可以认为 $\bar{\beta}\approx\beta$，均用 β 表示，其典型值为 20～200。

（2）共基电流放大系数。也有直流参数 $\bar{\alpha}=\dfrac{I_C}{I_E}$ 和交流参数 $\alpha=\dfrac{\Delta I_C}{\Delta I_E}$ 之分。当三极管工作在线性区且忽略 I_{CBO} 时，可以认为两者近似相等。由上述分析易知，$\alpha=\dfrac{\beta}{1+\beta}<1$，典型值为 0.95～0.995。

① 集电极-发射极电流放大系数 α。在 $u_{CE}=$ 常数时，α 定义为集电极电流与发射极电流之比，即

$$i_C=\alpha i_E \tag{2.3.6}$$

② 基极-集电极电流放大系数 β。在 u_{CE} 固定时，β 定义为集电极电流与基极电流之比，即

$$i_C=\beta i_B \tag{2.3.7}$$

β 与 α 之间的关系是

$$\beta=\alpha/(1-\alpha) \tag{2.3.8}$$

式（2.3.7）指出，如果把基极电流 i_B 看成输入，集电极电流 i_C 看成输出，则三极管实际上就是一个电流控制电流源，控制系数就是 β。

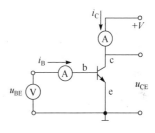

2. 半导体三极管的伏安特性

半导体三极管的伏安特性可以通过实验的方法观察到，如图 2.3.8 所示。

图 2.3.8　三极管电流放大作用

1）输入特性

输入特性描述了在三极管管压降 u_{CE} 一定的情况下，基极电流 i_B 与发射结电压 u_{BE} 间的函数关系，即 $i_B=f(u_{BE})\big|_{u_{CE}=常数}$，如图 2.3.9（a）所示。

实验过程。在 u_{CE} 一定的情况下，调整 u_{BE} 得到一个 i_B。当 $u_{CE}=0V$ 时，三极管输入特性曲线与 PN 结的伏安特性曲线相似，硅管发射结开启电压 $u_{BE}\approx0.7V$。当 $u_{CE}>1V$ 时，曲线略有右移，且差别不大。故通常用 $u_{CE}\geqslant1V$ 的曲线表示输入特性。

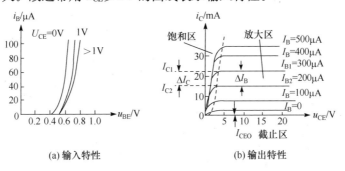

(a) 输入特性　　　　　　　　(b) 输出特性

图 2.3.9　三极管共发射极输入、输出特性

2) 输出特性

输出特性描述了在基极电流 I_B 一定的情况下,集电极电流 i_C 与管压降 u_{CE} 间的函数关系,即 $i_C = f(u_{CE})\Big|_{I_B=常数}$,如图 2.3.9(b)所示,图中每条曲线对应着不同的 I_B 值。

实验过程。调整 u_{BE} 得到一个 I_B,固定 I_B 后,调整 u_{CE},可以得到 C-E 的输出特性。每一个固定的 I_B 对应一条 i_C-u_{CE} 曲线。通过固定不同的 I_B 就可以得到图 2.3.9(b)所示的输出特性曲线簇。通过实验可以看出,三极管的基极电流控制集电极电流。

输出特性分 3 个区域,表示 3 种不同的工作状态。

(1) 截止区(状态):处于 $I_B=0$ 曲线以下的区域($i_C \leqslant I_{CEO} \approx 0$),其特征是三极管的发射结电压 u_{BE} 同时小于它的开启电压和管压降 u_{CE},即发射结反偏,集电结反偏。

(2) 放大区(状态):其特征是发射结电压 u_{BE} 大于它的开启电压而小于管压降 u_{CE},即发射结正偏,集电结反偏。此时 $i_B > 0$ 且 $i_C = \beta i_B$,表示基极电流对集电极电流的控制作用。当 I_B 不同时,得到一簇相互平行的曲线,不随 u_{CE} 改变,为线性区。显然,在线性放大电路中的三极管应当工作在放大状态。

(3) 饱和区(状态):其特征是三极管的发射结电压 u_{BE} 同时大于它的开启电压和管压降 u_{CE},即发射结正偏,集电结正偏。此时 $i_B > 0$ 且 $i_C = \beta i_B$,表示基极电流失去了对集电极电流的控制作用。饱和时的管压降用 u_{CES} 表示,称为饱和压降,相应的集电极电流用 I_{CS} 表示,称为饱和电流。当 $u_{BE} = u_{CE}$ 时,称作临界饱和。u_{CES} 很小,小功率硅管大约为 0.3V(锗管约为 0.1V)。温度升高时,I_{CBO} 和 I_{CEO} 增大,$\bar{\beta}$ 也增大,输出特性曲线上移,且线间距也加大。

3. 频率特性

三极管的频率特性是一项重要的技术性能指标,是指三极管电流放大能力与工作频率之间的关系。频率特性一般以最高工作频率的数据方式给出,对于重要的三极管也以曲线方式给出。最高工作频率是使三极管开始失去电流放大能力时的信号频率的二分之一。

4. 温度特性

三极管的温度特性是指三极管电流放大能力与 PN 结温度之间的关系。温度特性一般以最高工作温度的数据方式给出,是对三极管正常工作温度的要求。对于重要的三极管有时也以曲线方式给出。由于三极管的结构为两个背靠背的 PN 结,因此,具有正的温度特性。即当基极电流固定时,三极管的集电极电流将随温度的升高而上升。工程上把这种现象叫作温度漂移。

三极管之所以会产生温度漂移现象,是因为 I_c 与 PN 结的 c-b 结势垒电场成正比,当温度升高时,c-b 结势垒电场增加会受到限制,所以在同样 V_{ce} 和 V_{be} 条件下,I_c 上升。反之,当温度降低时,同样 V_{ce} 和 V_{be} 的条件下,I_c 会因为势垒电场的下降而减少。

5. 噪声特性

三极管的噪声特性是一项重要的技术性能指标,是指三极管正常工作时所形成的噪声电流平均值。噪声是由于半导体固有特性所产生的一种交流信号,因此,三极管噪声特性所指的是噪声信号电流的平均值,有时也以某一频率噪声信号平均值的方式给出。

2.3.4 三极管基本技术特性仿真测量

例 2.3.2 在 Multisim 中选择 2N2222 三极管仿真图 2.3.10 所示的电路,通过调整输入电压参数、电阻参数观察饱和与截止现象。可按如下步骤进行。

(1) 固定输入电压,通过调整电阻使电路工作在放大状态。

(2) 固定输入电压,调整 R_b,观察能否使电路进入截止状态或饱和状态。

(3) 固定输入电压,调整 R_c,观察能否使电路进入截止状态或饱和状态。

(4) 固定 R_b 和 R_c,调整输入电压,观察能否使电路进入截止状态或饱和状态。

解 在 Multisim 中连接电路,如图 2.3.11 所示,选择三极管 2N2222。在输入端加频率为 100kHz,幅度最大值为 $50mV_{pp}$ 的交流电压。

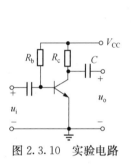

图 2.3.10 实验电路

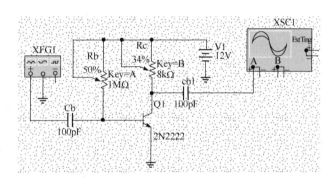

图 2.3.11 Multisim 中连接实验电路

通过上述 4 个步骤可以发现,通过调整输入电压和电路中的电阻都可以使电路进入截止状态或饱和状态。实验中没有对三极管参数进行调整,说明在三极管参数固定的条件下是否进入截止状态或饱和状态,完全取决于电路参数。所以说,三极管进入饱和状态或截止状态是由三极管自身参数和电路参数共同决定的。不同的结果如图 2.3.12 所示。图 2.3.12(a)是三极管工作在放大区;图 2.3.12(b)是减小 R_b,三极管进入饱和区;图 2.3.12(c)是增大 R_b,三极管进入截止区;图 2.3.12(d)是减小 R_c,三极管进入截止区;图 2.3.12(e) 是增大 R_c,三极管进入饱和区;图 2.3.12(f)是增加输入信号电压,三极管进入饱和区、截止区。

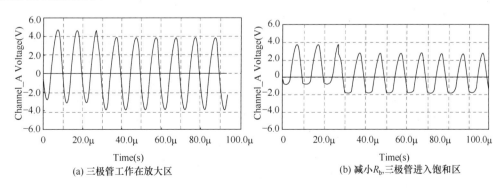

(a) 三极管工作在放大区

(b) 减小 R_b,三极管进入饱和区

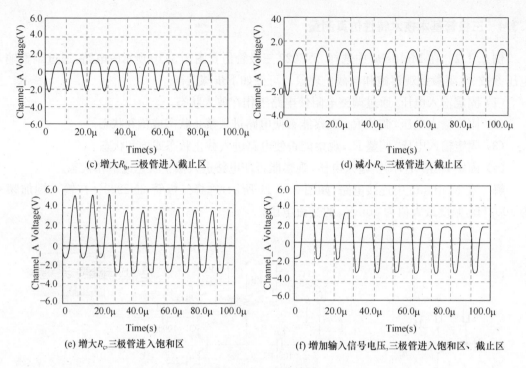

图 2.3.12　实验结果

例 2.3.3　用 Multisim 仿真分析图 2.3.13 所示电路的频率特性,图中三极管的工作频率为 150MHz,电容为 $200\mu F$(为了避免影响器件的频率特性,所以选择较大的电容,请读者分析原因)。

(1)输入信号为正弦波,其频率为 150kHz。调整输入信号电压幅度,使输出信号电压幅度在波形无饱和和截止失真的条件下达到最大,之后固定输入信号电压,在实验过程中不再进行调整。

(2)利用 Multisim 中的扫频仪,使输入信号从 1Hz 变化到 5000MHz(5GHz),观察扫频仪的幅频特性(20lg(u_o/u_i)与频率之间的关系曲线)。

解　在 Multisim 中连接电路如图 2.3.14 所示,选择三极管 2N2222。在输入端加频率为 150kHz,幅度最大值为 $10mV_{pp}$ 的交流电压。

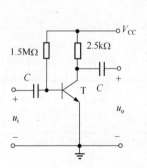

图 2.3.13　三极管频率特性测试电路

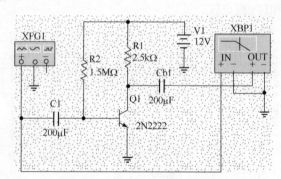

图 2.3.14　Multisim 中连接实验电路

按题意要求可以得电路电压幅度增益与频率的对应数据,如图 2.3.15 所示。由于实验中使用了很大的耦合电容。可以认为实验结果就代表了三极管的频率特性。

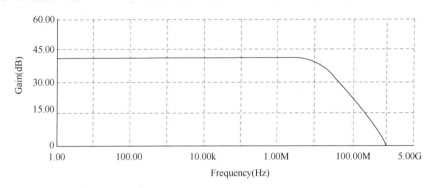

图 2.3.15　图 2.3.14 电路的频率特性

可以看出,随着频率的增加,输出电压幅度在下降。在整个实验过程中并没有调整电路的参数,也没有调整三极管的参数。所以实验结果反映了三极管的频率特性。

2.3.5　三极管电路分析模型

前面讨论了放大工作状态下,晶体管各极之间的电流关系。但由于各极电流的数值取决于发射结电压和集电结电压,所以要分析晶体管电路的工作特性,还必须求得各极电流与结电压之间的定量关系。在现代电子技术中,通常以计算机仿真工具作为基本的分析工具,因此,三极管电路模型也是 PSpice 和 Spice 的重要基础。

在工程技术和科学研究中,为了实现对含有三极管的电路进行分析,需要提供三极管的电路分析模型,简称电路模型,也叫作三极管等效电路。1954 年,埃伯尔斯(EblS)和莫尔(Moll)提出了一种简单的非线性模型。在这种模型中,不考虑器件中的电荷存储特性和基区调宽效应等。这种模型适用于所有的工作区域,即饱和区、放大区、截止区和反向工作区。从简化工程分析的角度出发,三极管的电路模型(等效电路)分为低频小信号、低频大信号和高频信号 3种,其中最常用的就是低频小信号电路模型。

1. 低频小信号概念

(1) 低频——电路信号频率远小于三极管的工作频率。低频信号状态下,三极管的工作特点是结电容和分布参数的作用不明显,在电路分析和设计时可以不考虑。这是低频条件限制的结果。

(2) 小信号——输入信号电压幅度的变化使三极管基极电流变化的范围较小,基极电流的变化可以近似为线性。基极电流所对应的输出处于放大区。小信号状态下三极管的工作特点是由于输入信号的幅度工作范围小,因此可以认为输入信号基本没有非线性失真,三极管的输入电阻可以认为是常数,而集电极电流也将随基极电流线性变化。这是小信号限制的结果。

可以看出,低频小信号三极管可以看成一个线性器件。

2. 三极管的小信号模型

三极管的小信号模型分为交流低频小信号模型和直流小信号模型。

1)交流低频小信号模型

在实际应用中,为了保证电路的线性特性,必须利用各种方法使电路中的三极管处于低频小信号工作状态。对三极管结构特性的分析可知,经过简化后,三极管小信号的电路模型如图 2.3.16所示,这个模型叫作混合π模型。

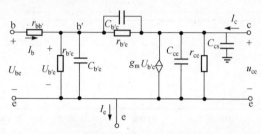

图 2.3.16　三极管混合 π 共射小信号等效电路模型

三极管混合 π 共射小信号等效电路模型中各元件的物理意义如下。

(1) $g_m u_{b'e}$ 是三极管等效电流源。g_m 是三极管的正向传输跨导,代表了三极管电流放大的能力。

$$g_m = \frac{I_e}{26(\text{mV})} = \frac{i_c}{u_{b'e}} \xrightarrow{i_c = \beta_0 i_b} \frac{\beta_0}{r_{b'e}}$$

(2) $r_{b'e}$ 是发射结的结层电阻,一般在千欧数量级。当发射结工作在正偏置时,$r_{b'e}$ 的数值比较小。它的大小与发射极电流 I_e 关系如下。

$$r_{b'e} = \frac{26\text{mV}}{I_e} \beta_0$$

β_0 是三极管的低频电流放大系数。电导 $g_{b'e}$ 用 $r_{b'e}$ 表示如下。

$$g_{b'e} = \frac{1}{r_{b'e}}$$

(3) $r_{b'c}$ 是集电结电阻。当集电结工作在反向偏置时,$r_{b'c}$ 较大,一般可忽略。

(4) r_{ce} 是集电极输出电阻,一般很大。

(5) $r_{b'b}$ 是基极体电阻,是基极引线的电阻。

(6) $C_{b'e}$ 是发射结电容,包含势垒电容 C_{Be} 和扩散电容 C_{De} 两部分,即

$$C_{b'e} = C_{De} + C_{Be}$$

当发射结工作在正偏置时,电容 C_{De} 比较大,所以 $C_{b'e} \approx C_{De}$。

(7) $C_{b'c}$ 是集电结电容,包含势垒电容 C_{Bc} 和扩散电容 C_{Dc} 两部分,当集电结工作在反向偏置时,电容 C_{Dc} 很小,所以 $C_{b'c} \approx C_{Bc}$。

(8) C_{ce} 是集电极与发射极电容,一般很小。

(9) C_{cs} 是集电极 c 到系统地之间的引线电容。

根据以上物理意义,图 2.3.16 所示三极管混合 π 共射小信号等效电路可以简化成图 2.3.17。

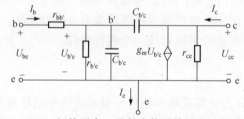

图 2.3.17　三极管混合 π 共射小信号等效电路简化模型

如果采用低频概念进行简化处理,就可以得到三极管低频小信号电路模型,如图 2.3.18(a) 所示。在低频小信号输入时可以把输入特性 b-e 端等效为一个线性电阻 r_{be},而输出端 c-e 之间可等效为一个受 i_b 控制的受控电流源,而 b-c 之间由于处于反向偏置,所以相当于开路。由于认为三极管工作在低频小信号状态,因此忽略了图 2.3.17 中的电容和集电极输出电阻。一般常用的三极管低频小信号电路模型如图 2.3.18(b) 所示。

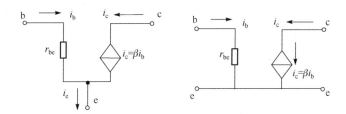

(a) 简化处理的三极管低频小信号模型　　　　(b) 常用的三极管低频小信号模型

图 2.3.18　三极管低频小信号电路模型(等效电路)

2) 直流小信号模型

在分析三极管直流条件下的工作特性时,需要使用三极管直流小信号模型。由于直流状态时不必考虑结电容和其他寄生电容的影响,所以图 2.3.17 中所有电容开路,就得到了三极管在直流条件下的直流小信号模型,如图 2.3.19 所示,其中 r_{be} 是二极管的导通电阻,E_B 是二极管的管压降。

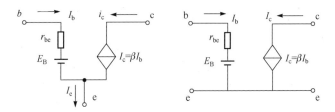

(a) 简化处理的三极管低频直流小信号模型　　　　(b) 常用的三极管低频直流小信号模型

图 2.3.19　三极管低频直流小信号电路模型(等效电路)

例 2.3.4　如图 2.3.20 所示电路,设所使用的是高频小信号三极管(工作频率为 100MHz),设输入信号为正弦波,其峰值为 10mV,频率为 10kHz。用三极管低频小信号模型代替三极管,绘制原电路的直流和交流等效电路。

解　根据题中所给条件可知,信号的工作频率远小于三极管的工作频率,同时,输入信号的幅度也远小于所使用的电源电压幅度,可以使用三极管低频小信号模型,得到电路的直流等效电路和交流低频小信号等效电路,分别如图 2.3.21(a) 和(b) 所示。

3) 三极管直流输入电阻和交流输入电阻

根据电路分析理论可知,三极管的低频小信号等效电路模型相当于一个二端口网络,这个二端口网络工作在一定的 V_{be} 之上,这个 V_{be} 保证了 b-e 结的导通。从输入特性曲线(图 2.3.22)可以看出,A 点的直流电压和电流分别是 V_{be} 和 I_{be},直流电阻为

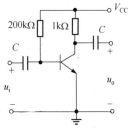

图 2.3.20　三极管应用电路

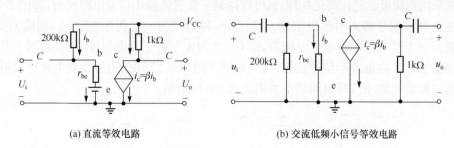

(a) 直流等效电路　　　　　　　　　　　　(b) 交流低频小信号等效电路

图 2.3.21　等效电路

$$R_{be} = \frac{V_{be}}{I_{be}} \tag{2.3.9}$$

对于在 A 点附近变化的交流信号来说,对应的交流电阻为

$$r_{be} = \frac{\Delta V_{be}}{\Delta I_{be}} \tag{2.3.10}$$

b-e 极间的电阻 r_{be} 称为等效输入电阻,工程中常用下式估算

$$r_{be} = r_{bb'} + (1+\beta)\frac{U_T}{I_{EQ}} \approx 300 + (1+\beta)\frac{26\text{mV}}{I_e(\text{mA})} \tag{2.3.11}$$

式中,$r_{bb'}$ 是三极管基区的等效体电阻,一般小功率管为 $100\sim300\Omega$;U_T 是温度电压当量,在室温下约为 26mV。

由于三极管的输入曲线是非线性的,所以,交流输入电阻实际上是一个变数而不是一个常数。只有在某个直流工作点附近用直线代替曲线时,才能把交流输入电阻看作一个常数。交流电阻与直流电阻是不同性质的两个电阻,并且 $r_{be} < R_{be}$。在三极管分析中,其输入电阻对于直流信号和交流信号是完全不同的。

4) 三极管输出电阻

观察三极管输出特性曲线可以看出,所有输出曲线放大区的延长线都汇集在一点 $-V_A$,如图 2.3.23 所示,V_A 叫作"早电位"。

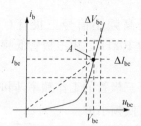

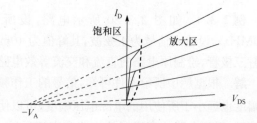

图 2.3.22　三极管输入端的直流电阻于交流电阻　　　　图 2.3.23　三极管的输出特性曲线

从图 2.3.23 可以看出,早电位提供了三极管的工作区输出电阻,输出电阻就是工作区延长线斜率的倒数。可以看出,输出电流越大,输出电阻越小。

2.3.6　三极管的 Spice 模型

三极管的 Spice 模型与二极管的 Spice 模型相同,三极管的 Spice 模型包括语言描述模块和电路模型与参数。

1. 三极管的 Spice 描述模块

三极管的模块描述很简单,目的是提供相应的仿真计算参数。下面是一个理想三极管的描述模块:

```
.MODEL  modelname  NPN(IS=,…)或 PNP(IS=,…)
```

其中,MODEL 是程序中的关键字,用来说明所描述的是一个器件模块;modelname 是所描述三极管的名字,例如,NPN_2N12 等;NPN()或 PNP()是三极管的专用描述方式,括号中提供三极管的参数值。

2. Spice 参数

上述三极管模块中 NPN()或 PNP()中的参数是根据 Spice 所采用的电路模型而确定的。由于三极管的结构比较复杂,所以仿真中使用的等效电路也十分复杂。三极管的 EM1 仿真电路模型如图 2.3.24所示。有关三极管的仿真模型和参数计算公式的分析已经超出了本书的范围,感兴趣的读者可参考有关半导体器件和集成电路设计的书籍。

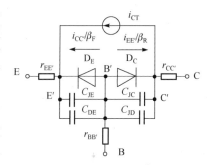

图 2.3.24　三极管 EM1 等效电路模型

Spice 仿真中使用的三极管常用参数及其含义如表 2.3.1所示。为了便于使用 Multisim,Multisim 中使用的 Spice 参数列在表 2.3.2 中。使用 Spice 仿真工具(例如,Multisim)对电路进行仿真分析时,通过调整这些参数可以对器件或电路特性进行研究。也可以通过器件参数的选择设计电子电路。

表 2.3.1　主要的三极管 Spice 参数

参数名	关键字	意义	隐含值	单位
	BF	三极管电流增益	100	
I_{cs}	ISS	正向传输饱和电路	$2×10^{-18}$	A
V_A	VAF	正向电压	50	V
r_b	RB	基极电阻	500	Ω
r_e	RE	发射极电阻	30	Ω
C_{je}	CJE	b-e 结耗散电容(0V)	0.015	pF
C_{jc}	CJC	b-c 结耗散电容(0V)	0.018	pF
C_{js}	CJS	c 极衬底电容(0V)	0.04	pF
M_{je}	MJE	b-e 扩散指数(梯度因子)	0.30	
M_{jc}	MJC	b-c 扩散指数(梯度因子)	0.35	
M_{js}	MJS	c 极衬底指数(梯度因子)	0.29	
T_F	TF	正向基极暂态时间	12	ps
T_R	TR	反向基极暂态时间	4	ns

表 2.3.2　Multisim 中三极管的 Spice 参数

符号	意义	默认值	单位
Is	饱和电流	10^{-16}	A
BF	正向电流增益放大系数	100	—
br	反向电流增益系数	1	—
rb	基极电阻	0	Ω
rc	集电极电阻	0	Ω
re	发射极电阻	0	Ω
Cs	衬底电容	0	F
Ce	零偏置时的发射结电容	0	F
Cc	零偏置时的集电结电容	0	F
fe	发射结压降	0.75	V
fc	集电结压降	0.75	V
tF	前向暂态时间	0	s
tR	后向暂态时间	0	s
me	发射结梯度系数	0.33	—
mc	集电结梯度系数	0.33	—
VA	Early 电压	10^{30}	V
VAR	反向 Early 电压	10^{30}	V
Ise	b-e 结反向饱和电流	0	A
Isc	b-c 结反向饱和电流	0	A
Ikf	前向 β 拐点电流	10^{30}	A
IKR	反向 β 滚降点(衰减点)电流	10^{30}	A
Ne	b-e 结漏射系数	1.5	—
Nc	b-c 结漏射系数	2	—
NF	前向电流发射系数	1	—
NR	后向电流发射系数	1	—
IRB	基极电阻=(rb+RBM)/2 时的电流	10^{30}	A
RBM	大电流时的最小基极电阻	0	Ω
XTF	与 tF 有关的偏置系数	0	—
VTF	与 tF 有关的电压 VBC	10^{30}	V
ITF	与 tF 有关的电流	0	A
PTF	频率=1/(tF×2PI) Hz 时的附加相位	0	Deg
XCJC	连接在内部基极点的 b-c 耗散电容系数	1	—
VJS	衬底结内部电位	0.75	V
S	衬底结内部电位系数	0.5	—
XTB	前向和后向的 β 温度指数	0	—
EG	影响 IS 的温度能带	1.11	eV
XTI	影响 IS 的温度指数	3	—
KF	闪烁噪声系数	0	—
AF	闪烁噪声指数	1	—
FC	正向偏置耗尽电容的计算系数		—
TNOM	参数测试时的温度	27	℃

　　注意,表 2.3.2 中给出的参数默认值是 Multisim 中使用的数值,不同仿真软件所给出的默认值各不相同。同时,对于不同类型的三极管,由于电路模型的不同,其参数也不尽相同,限于篇幅这里就不再一一介绍了。

　　目前,各半导体器件制造厂家都会给出相应器件产品的 Spice 模型。

　　下面是 NPN 型理想三极管的 Spice 模型。

```
.MODEL Qnideal NPN                    (三极管模型及参数)
(Is=1e- 16 BF=100 BR=1 Rb=0 Re=0 Rc=0 Cjs=0 Cje=0 Cjc=0
+Vje=750m Vjc=750m Tf=0 Tr=0 mje=330m mjc=330m VA=1e+30 ISE=0 IKF=1e+30
+Ne=1.5 NF=1 NR=1 VAR=1e+30 IKR=1e+30 ISC=0 NC=2 IRB=1e+30 RBM=0 XTF=0
+VTF=1e+30 ITF=0 PTF=0 XCJC=1 VJS=750m MJS=0 XTB=0 EG=1.11 XTI=3 KF=0
+AF=1 FC=500m TNOM=27)
```

2.3.7　三极管的工程参数

　　工程应用和科学研究中相关的三极管基本技术参数,必须遵循三极管使用的重要限制条件,只要不突破这些参数的限制条件,三极管就能稳定工作。为使三极管安全工作,它的工作电压、电流和功率损耗将受到限制。三极管的极限参数如下所示。

　　1) 最大基极电流

　　最大基极电流是指三极管的最大允许基极电流。

　　2) 最大集电极电流

　　最大集电极电流 I_{CM}:三极管的最大允许集电极电流。当三极管的集电极电流大于 I_{CM} 时,其 β 明显减小,正常工作时不应超过此值。

　　3) 集电极-发射极最高允许电压

　　极间反向击穿电压 $U_{(BR)CEO}$:允许使用的集电极到发射极之间的最高电压。表示基极开路时,集电极与发射极间的反向击穿电压。超过此值时,集电极电流急剧增加。通常 I_B 越大,击穿电压越低。

　　4) 最大集电极耗散功率

　　最大集电极耗散功率 P_{CM}:$P_{CM}=u_{CE}i_C=$ 常数。P_{CM} 曲线指明了过损耗区。P_{CM} 取决于晶体管的温升。当硅管的温度大于 150℃ 、锗管的温度大于 70℃ 时,管子特性明显变坏,甚至烧坏。对于确定型号的晶体管,P_{CM} 是一个确定值,即 $P_{CM}=u_{CE}i_C=$ 常数。在输出特性坐标平面中为双曲线中的一条,如图 2.3.25 所示。曲线右上方为过损耗区。

　　5) 共基极电流放大系数

　　共基极电流放大系数 β 分直流放大系数和交流放大系数。直流放大系数是常数,交流放大系数是变化量。这是由于非线性引起的。使用中,只要工作在放大区,就可以认为交流放大系数也是常数。

　　6) 极间反向电流

　　I_{CBO}——c-b 间反向饱和电流,一般较小,是由温度和制作工艺引起的。硅管的 I_{CBO} 一般小于 $1\mu A$,锗管的 I_{CBO} 小于 $10\mu A$。

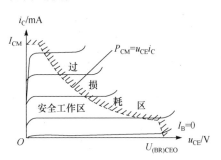

图 2.3.25　三极管集电极耗散功率曲线

I_{CEO}——c-e 间的反向饱和电流,也叫穿透电流,$I_{CEO}=(1+\beta)I_{CBO}$。一般较大,与温度和制作工艺有关。

选用管子时,极间反向电流 I_{CBO}(集电结反向饱和电流)与 I_{CEO}(集-射反向极穿透电流)应尽量小。硅管比锗管的极间反向电流小 2~3 个数量级,因此温度稳定性比锗管好。

7) 使用频率

使用频率为管子的最大允许工作频率,一般为极限工作频率的一半。

由于 PN 结的电容效应,因此当信号频率高到一定程度时,β 就会下降,当 β 下降到 1 时,对应的频率称为特征频率 f_T。若电路需处理的信号频率较高,则应选用 f_T 参数值较大的高频管。

8) 噪声水平

噪声水平大小由温度和漂移等引起的管子噪声电流和对应的噪声电压体现。工程中所给出的都是在一定范围内的噪声电压和电流有效值。

9) 输入偏置

输入偏置是使管子正常工作需要的最小工作电压和电流。正常工作的定义是能满足输入信号不失真传输的要求。

10) 输入与输出失调

输入与输出失调是输入为零时(输入端对地短路),输出端所得到的输出信号电压或电流。

11) 输入与输出阻抗

当管子工作在交流状态时,输入端的电压和电流之比叫作输入阻抗,输出端的电压与电流之比叫作输出阻抗。当管子工作在直流状态时,输入或输出阻抗用输入或输出电阻代替。

12) 工作温度范围

所允许的工作温度,一般指管子自身的温度。

注意,三极管的参数具有较大的分散性,使用时应当注意。

2.3.8 PNP 与 NPN 型三极管的比较

由于 PNP 管与 NPN 管两个 PN 结的方向相反,其伏安特性如图 2.3.26 所示。不同材料的 PNP 管与 NPN 管的截止区、放大区、饱和区的 u_{BE} 不同,管压降不同,管角的电位关系不同,极间电位关系不同,如表 2.3.3 所示。电路连接如图 2.3.27 所示。

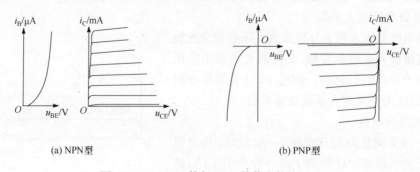

(a) NPN型   (b) PNP型

图 2.3.26 NPN 管与 PNP 管伏安特性对比

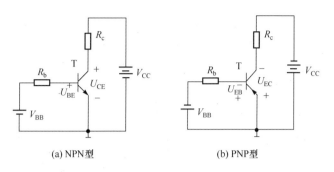

(a) NPN型　　　　　　　　　　　　(b) PNP型

图 2.3.27　三极管的共射组态放大电路偏置电路

表 2.3.3　三极管各电极电位间的关系

		NPN 型		PNP 型	
		Si 管	Ge 管	Si 管	Ge 管
截止	u_{BE}/V	<0.5	<0.1	>-0.5	>-0.1
	电位关系	$u_C>u_E>u_B$		$u_C<u_E<u_B$	
	管压降	$u_{CE}\approx V_{CC}$		$u_{CE}\approx -V_{CC}$	
放大	u_{BE}/V	0.7	0.2	-0.7	-0.2
	电位关系	$u_C>u_B>u_E$		$u_C<u_B<u_E$	
	管压降	$V_{CC}>u_{CE}>u_{BE}$		$-V_{CC}<u_{CE}<u_{BE}$	
饱和	u_{BE}/V	0.7	0.2	-0.7	-0.2
	电位关系	$u_B>u_C>u_E$		$u_B<u_C<u_E$	
	管压降	$u_{CE}=U_{CES}\begin{cases}0.3V(Si)\\0.1V(Ge)\end{cases}$		$u_{CE}=U_{CES}\begin{cases}-0.3V(Si)\\-0.1V(Ge)\end{cases}$	

2.4　场效应晶体管

　　MOSFET 是英文 Metal Oxide Semicoductor Field Effect Transistor 的缩写,中文是金属氧化物半导体场效应管。

　　场效应管是利用电场来控制半导体中载流子运动的有源器件。由于参与导电的只有一种载流子(多数载流子),所以又称为单极型晶体管。场效应管与三极管相比,工作原理截然不同,场效应管是利用改变电场来控制半导体材料的导电特性,从而形成受电场控制的导电沟道,而三极管是利用改变电流来控制 PN 结的导电特性,从而形成电流控制的管。因此,场效应管可以在极高的频率和较大的功率范围内工作。场效应管除了具有三极管体积小、重量轻、寿命长等优点外,还具有输入阻抗高、动态范围大、热稳定性能好、抗辐射能力强、制造工艺简单、便于集成等优点。同时场效应管也是集成电路的基本单元,特别是大规模集成电路,大都是由场效应管构成的。

　　按照其结构和工作原理的不同,在工程中将场效应管可分为两大类,如表 2.4.1 所示。一类为绝缘栅型场效应管(简称 IGN),另一类为结型场效应管(简称 JFET)。绝缘栅型场效应管在集成电路中应用最广泛。

表 2.4.1　场效应管分类

绝缘栅型场效应管				结型场效应管	
N 沟道		P 沟道		N 沟道	P 沟道
增强型	耗尽型	增强型	耗尽型		

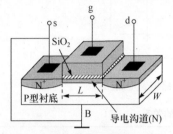

图 2.4.1　绝缘栅型 N 沟道场效应管结构图

绝缘栅型场效应管有 N 沟道和 P 沟道两种类型，每种类型又有增强型（E 型）和耗尽型（D 型）之分，即有 N 沟道增强型、N 沟道耗尽型、P 沟道增强型、P 沟道耗尽型 4 种基本类型的场效应管。结型场效应管有 N 沟道和 P 沟道两种类型。图 2.4.1 是绝缘栅型 N 沟道场效应管结构示意图，图中 W 是导电沟道宽度，L 是导电沟道长度。

2.4.1　绝缘栅型场效应管结构、符号

N 沟道绝缘栅型场效应管的结构如图 2.4.2(a)所示。以低掺杂的 P 型半导体硅片为衬底 B，扩散出两个高浓度的 N^+ 区，并引出两个电极，分别称为源极 s 和漏极 d（由于结构对称，源、漏两个电极可互换使用）。于是，在源区、漏区和衬底间形成了两个背靠背的 PN 结。然后在硅片的表面生成很薄的 SiO_2 绝缘层，并引出电极作为栅极 g，绝缘栅型场效应管就因此而得名。此种场效应管又称为"金属-氧化物-半导体"场效应管，简称 MOSFET（或 MOS 管）。

P 沟道绝缘栅型场效应管的结构如图 2.4.2(b)所示。以低掺杂的 N 型半导体硅片为衬底 B，扩散出两个高浓度的 P^+ 区，并引出两个电极，分别称为源极 s 和漏极 d。在硅片的表面生成很薄的 SiO_2 绝缘层，并引出电极作为栅极 g。

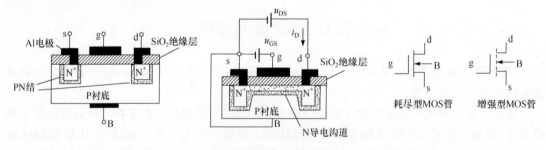

(a) N沟道绝缘栅型场效应管的基本结构与电路符号

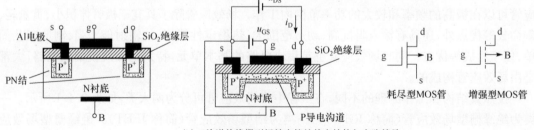

(b) P沟道绝缘栅型场效应管的基本结构与电路符号

图 2.4.2　绝缘栅型场效应管的基本结构与电路符号

例 2.4.1　在 Multisim 中对 MOS 管的漏极电流 i_d 与 u_{GS} 的关系进行仿真测试,选用增强型 MOS 管 2N7000 和耗尽型 MOS 管 BSV81。分别按图 2.4.3(a)、图 2.4.4(a)所示的电路连接,然后选择"Simulate"中的"DC Sweep",并在仿真现实中选择设备参数电路,即可得到仿真结果如图 2.4.3(b)和图 2.4.4 (b)所示。

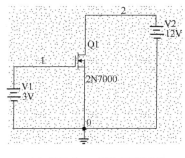
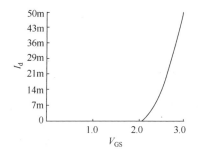

（a）增强型MOS管仿真测量电路　　　　　（b）增强型MOS管仿真结果

图 2.4.3　增强型 MOS 管仿真测量电路

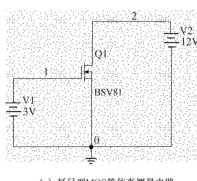
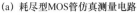
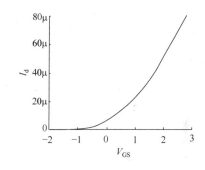

（a）耗尽型MOS管仿真测量电路　　　　　（b）耗尽型MOS管仿真结果

图 2.4.4　耗尽型 MOS 管仿真测量电路

仿真结果说明,增强型 MOS 管在 $u_{GS} > U_{GS(th)}$ 时形成 N 沟道,出现漏极电流 I_D,这个电压值 $U_{GS(th)}$ 叫作门限电压或开启电压。耗尽型 MOS 管在 $u_{GS} < U_{GS(th)}$ 时形成 N 沟道,出现漏极电流 I_D。

2.4.2　绝缘栅型场效应管的工作原理

1. 工作原理

以 N 沟道绝缘栅型增强型 MOS 管为例讨论沟道的形成。

1）$u_{GS} = 0$ 没有导电沟道

在 $u_{GS} = 0$ 或 $u_{GS} < U_{GS(th)}$ 时,栅-源电压 u_{GS} 将使栅极与衬底间不产生垂直向下的静电场,不存在导电沟道,即使 u_{DS} 不为零,也不会引起漏极电流 i_D,如图 2.4.5(a)所示。

2）$u_{GS} > U_{GS(th)}$ 出现 N 型沟道

在 $u_{DS} = 0$,$u_{GS} < U_{GS(th)}$ 时,在绝缘层下面感应出耗尽层,如图 2.4.5(b)所示。

当 $u_{DS} = 0$,$u_{GS} > U_{GS(th)}$ 时,栅-源电压 u_{GS} 使栅极与衬底间产生垂直向下的静电场,在绝缘层下面感应出电子层,称为反型层(原来是 P 型,由于电场吸收电子的作用而成为 N 型),这个反型层把两个 N$^+$ 区连通,形成 N 型导电沟道,如图 2.4.5(c)所示。沟道刚刚形成的栅-源电压称为开启电压 $U_{GS(th)} = U_T$。u_{GS} 越大,反型层越厚,导电沟道电阻越小。

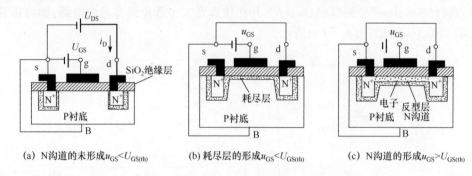

(a) N沟道的未形成$u_{GS}<U_{GS(th)}$　　　(b) 耗尽层的形成$u_{GS}<U_{GS(th)}$　　　(c) N沟道的形成$u_{GS}>U_{GS(th)}$

图 2.4.5　增强型 MOS 管导电沟道

当 $u_{DS} \neq 0$ 时,在漏-源电压 u_{DS} 的作用下,产生漏极电子电流 i_D,如图 2.4.6 所示。通过增加电压 u_{GD} 的大小,可增加导电沟道的宽窄,从而实现控制漏极电流 i_D 大小的目的,故称此种场效应管为增强型 N 沟道场效应管,简称增强型 NMOS 管。

当 u_{DS} 由小增大时,i_D 线性增大,沟道沿漏-源方向逐渐变窄,如图 2.4.7(a)所示。

当 u_{DS} 增大到使 $u_{GD} = U_{GS(th)}$(即 $u_{DS} = u_{GS} - U_{GS(th)}$)时,沟道在漏极一侧出现夹断点,称为预夹断,如图 2.4.7(b)所示。

当 u_{DS} 继续增大使 $u_{DS} > u_{GS} - U_{GS(th)}$ 时,夹断区随之延长,如图 2.4.7(c)所示。而且 u_{DS} 的增大部分几乎全部用于克服夹断区对漏极电流的阻力。i_D 几乎不因 u_{DS} 的增大而变化,管子进入恒流区,i_D 几乎仅决定于 u_{GS}。

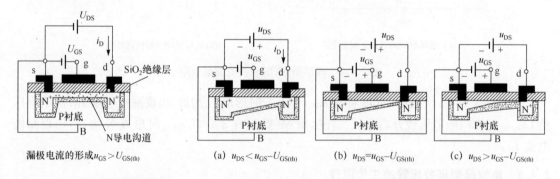

漏极电流的形成$u_{GS}>U_{GS(th)}$　　　(a) $u_{DS}<u_{GS}-U_{GS(th)}$　　　(b) $u_{DS}=u_{GS}-U_{GS(th)}$　　　(c) $u_{DS}>u_{GS}-U_{GS(th)}$

图 2.4.6　导电沟道形成过程　　　图 2.4.7　u_{GS} 大于 $U_{GS(th)}$ 的一个确定值时,u_{DS} 对 i_D 的影响

2. 绝缘栅型场效应管的伏安特性

某增强型 N 沟道场效应管的伏安特性如图 2.4.8 所示。

1) 漏极特性 $i_D = f(u_{DS})\big|_{U_{GS}=常数}$

漏极特性是在电压 u_{GS} 为常数的条件下,表示漏极电流 i_D 与漏-源电压 u_{ds} 间函数关系的曲线,也称作**输出特性**。它有 3 个工作区,如图 2.4.8(a)所示。

(1) **夹断区**(状态):其特征是管子的栅-源电压 $u_{GS} < U_{GS(th)}$,导电沟道还没有形成,即沟道处于被夹断的状态。漏极电流 $i_D \approx 0$,是 $u_{GS} = U_{GS(th)}$ 那条曲线下方对应的区域。

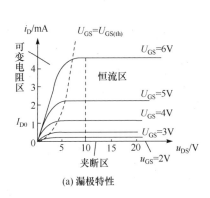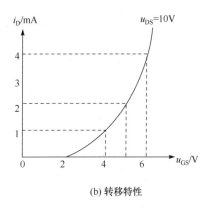

图 2.4.8 增强型 NMOS 场效应管的伏安特性

（2）**恒流区**（状态）：其特征是导电沟道呈锥状。此现象称作**沟道预夹断**。在一定的 u_{GS} 下，i_D 不随 u_{DS} 的增加而增加，呈现恒流特性，也称为**饱和**。

在 $u_{DS} > u_{GS} - U_{GS(th)}$ 时，对应于每一个 u_{GS} 就有一个确定的 i_D。此时，可将 i_D 视为电压 u_{GS} 控制的电流源。此时的 i_D 与 u_{DS} 无关，曲线组近似平行的那片区域。近似表示为

$$i_D = g_m u_{GS} = I_{D0} \left(\frac{u_{GS}}{U_{GS(th)}} - 1 \right)^2 \tag{2.4.1}$$

式中，I_{D0} 是 $u_{GS} = 2U_{GS(th)}$ 时的 i_D。在图 2.4.8(a) 中，管子的 $U_{GS(th)} = 2V$，则 $u_{gs} = 4V$ 时对应的 $i_D = I_{D0} = 1.2mA$。显然，场效应管用于放大电路时应工作在恒流区，故此区域又常称为放大区或线性区。

（3）**可变电阻区**（状态）：其特征是管子的栅-源电压 $u_{GS} > U_{GS(th)}$，但漏-源电压 u_{DS} 也很小，栅-漏电压 $u_{GS} = u_{gs} - u_{DS} > U_{GS(th)}$，说明从源极至漏极均有导电沟道存在。在 u_{GS} 一定的情况下，i_D 随着 u_{DS} 的增加而增加，管子呈现了线性电阻的特性，即

$$R_{DS} = \frac{\Delta u_{DS}}{\Delta i_D} \Big|_{U_{GS} = 常数} \tag{2.4.2}$$

可变电阻区对应曲线组斜率较大的那片区域，也称作非饱和区（虚线 $u_{GD} = U_{GS(th)}$ 是临界饱和分界线）。在这里，u_{GS} 越大，导电沟道越宽，i_D 越大，等效电阻越小，曲线斜率也越小。在电子电路中，常用工作于此区域的场效应管模拟受 u_{GS} 控制的可控电阻。

2）转移特性 $i_D = f(u_{GS}) \big|_{U_{DS} = 常数}$

转移特性描述了漏-源电压 u_{DS} 为常数时，漏极电流 i_D 与栅-源电压 u_{GS} 间的函数关系，如图 2.4.8(b) 所示。

当场效应管工作在恒流区时，由于输出特性可近似为平行横坐标轴的一组曲线，所以可用一条转移特性曲线代替恒流区的所有曲线。图 2.4.8(b) 是对应图 2.4.8(a) 中 $u_{DS} = 10V$ 时，用描点作图方法作出的转移特性。转移特性的实用物理意义是，曲线上某工作点的斜率，就是在特定 u_{DS} 下的跨导 g_m。

例 2.4.2 在 Multisim 中用绝缘栅型场效应管仿真图 2.4.9 所示电路，仿真时令 $V_{DS} = 12V$，改变 u_{GS}，观察电压 u_{DS} 与 i_D 之间的关系。

解 (1) 在 Multisim 中选择 2N7000 增强型 MOS 管,按图 2.4.9 连接好电路。

(2) 选择 Multisim 中的直流扫描分析命令"DC Sweep Analysis"。V_2 作为第一层循环扫描,扫描步长设置为 0.01V,范围是 0~9V;V_g 作为第二层循环扫描,扫描步长为 0.2,扫描电压范围是 0~3V。实验结果如图 2.4.10 所示。可以看到,与三极管输出曲线相似,V_{ds} 与 I_d 之间也存在着非线性关系。

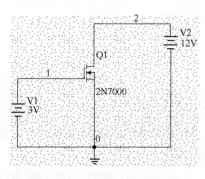
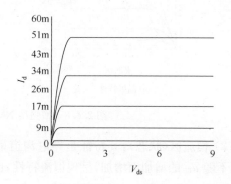

图 2.4.9　场效应管观测电路　　　　图 2.4.10　MOS 管的电流特性和输出特性

3. 耗尽型与增强型不同之处

除了以上介绍的增强型绝缘栅场效应管以外,还有耗尽型绝缘栅场效应管,如图 2.4.11 所示。制造时在耗尽型绝缘栅场效应管的 SiO_2 绝缘层中已掺入正电荷,因此,在未加栅-源电压($u_{GS}=0$)时已存在导电沟道,因此在工作时,应当在栅-源之间加上一个负偏压,当反向栅-源电压 U_{GS} 达到一定值时,导电沟道被夹断。此时,栅-源电压 U_{GS} 称作夹断电压,用符号 U_P 表示。相应地,工作在恒流状态的漏极电流 I_D 可近似地表示为

$$I_D = I_{DSS}\left(1 - \frac{U_{GS}}{U_P}\right)^2 \tag{2.4.3}$$

式中,I_{DSS} 是 $U_{GS}=0$ 时的漏极电流,称为管子的漏极饱和电流。

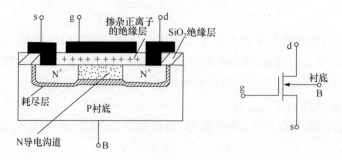

图 2.4.11　N 沟道管耗尽型场效应管

两种类型的 MOS 管均有结构相互对偶的 N 沟道管和 P 沟道管。它们的符号如表 2.4.2 所示。其中,增强型管的漏极与源极之间的直线为不连续的三段,表示不存在原始的导电沟道,而耗尽型管的漏极与源极之间的直线是连续的。栅极的引线位置偏向源极,衬底的引线箭头由 P 指向 N,即箭头向内是 N 沟道管,箭头向外是 P 沟道管。

耗尽型管在 $u_{GS}=0$ 时存在导电沟道,这是增强型和耗尽型的基本区别。

表 2.4.2　场效应管符号及特性

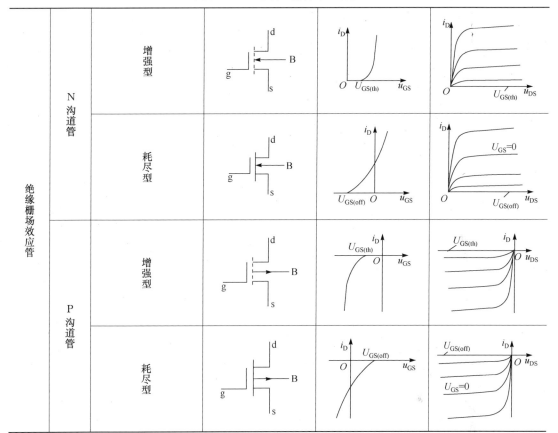

2.4.3　绝缘栅场效应管分析模型

场效应管的电路分析模型与应用和分析目的有关。一般分析和设计直流或低频信号电路时,使用较简单的电路模型,例如,低频小信号模型;而在仿真研究和高频信号分析和设计中使用比较复杂的模型,例如,高频信号模型。

从控制方式和信号相互作用的角度看,场效应管的低频小信号模型与三极管的电路分析模型相似。不同的是,栅极的输入电流几乎为零,因此,可以认为输入电阻是无限大。在进行电路设计仿真时,则采用另外的电路分析模型。下面主要介绍 MOS 管的低频小信号模型。

与三极管不同的是,MOS 管有一个衬底。已知 MOS 管是一个三端器件,并且是 g-s 电压控制漏极电流 i_D。理论分析指出,当 MOS 管工作在饱和区时,在小信号的条件下,漏极电流表示如下:

$$i_D \approx g_m u_{GS} + g_{DS} u_{DS} \tag{2.4.4}$$

式中,i_D 是漏极电流;g_m 是跨导(反映了 g-s 电压对漏极电流的控制能力,也叫作跨导系数);g_{DS} 的倒数是 MOS 管的输出电阻(电流源的并联电阻)。

在 MOS 管的输出曲线饱和区,三极管的漏极电流为

$$i_{\mathrm{D}} = \frac{k}{2} \frac{W}{L} (u_{\mathrm{GS}} - U_{\mathrm{GS(th)}})^2 \tag{2.4.5}$$

式中,k 是跨导系数;W 是 MOS 管导电沟道宽度;L 是 MOS 管导电沟道长度;u_{GS} 是 g-s 之间的电压;$U_{\mathrm{GS(th)}}$ 是 MOS 管门限电压(也叫作开启电压,与二极管管压降的作用类似)。

　　跨导与 MOS 管的结构有关,图 2.4.12(a)是 MOS 管的结构示意图。根据有关 MOS 管的结构分析可知,跨导可以表示为

$$g_{\mathrm{m}} = \frac{\partial i_{\mathrm{D}}}{\partial u_{\mathrm{GS}}} = k \frac{W}{L} (u_{\mathrm{GS}} - U_{\mathrm{GS(th)}})$$

$$= K_{\mathrm{p}} (u_{\mathrm{GS}} - U_{\mathrm{GS(th)}}) = \frac{2I_{\mathrm{D}}}{u_{\mathrm{GS}} - U_{\mathrm{GS(th)}}} \tag{2.4.6}$$

可见,跨导与 MOS 管的结构直接相关。

　　同时,如果不能忽略 MOS 管的体效应,则在 MOS 管内还存在另一个电压控制电流源 $g_{\mathrm{s}}u_{\mathrm{s}}$。再考虑由于结构引起的电容,则可以得到 MOS 管在放大区的小信号电路模型,如图 2.4.12(b)所示。

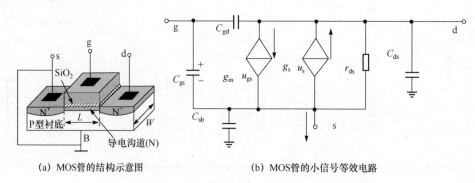

(a) MOS管的结构示意图　　　　　　(b) MOS管的小信号等效电路

图 2.4.12　MOS 管结构与小信号模型(等效电路)

　　图 2.4.12(b)中,跨导 g_{m} 是一个十分重要的参数,代表了 MOS 管的电流控制能力。g_{s} 代表了体效应对 i_{D} 的影响,u_{s} 是源极与衬底之间的电压。图中 r_{ds} 是对 MOS 管输出电阻,对 MOS 管来说,输出电阻是一个直接与器件结构有关参数,表示如下:

$$r_{\mathrm{ds}} = \left[\frac{\partial i_{\mathrm{d}}}{\partial u_{\mathrm{ds}}} \right]_{u_{\mathrm{gs}} = \text{常数}}^{-1} \tag{2.4.7}$$

　　由于 MOS 管的输出电阻是由输出电压 u_{DS} 和输出电流 i_{D} 决定的,所以,可以通过观察 MOS 管的输出特性区曲线找到输出电阻的特征。

　　观察 MOS 管的输出特性曲线可以看出,所有输出曲线延长线都汇集在一点 $-V_{\mathrm{A}} = -1/\lambda$,如图 2.4.13 所示。

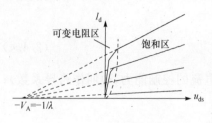

图 2.4.13　MOS 管的输出特性曲线

从图 2.4.13 可以看出,与三极管相似,MOS 管输出特性曲线工作区部分的延长线全部汇集在 $-V_{\mathrm{A}}$ 点,而输出电阻就是这条直线斜率的倒数。

　　根据 MOS 管的基本工作原理可以知道,每一条输出特性曲线都与一个 u_{GS} 相对应,而不同的输出特性曲线工作区的斜率又不尽相同。所以,MOS 管在工作时其输出电阻将随 u_{GS} 的变化而变化。这种斜率变化与导

电沟道长度 L 的变化有关,所以叫作通道长度调制现象。一般情况下,l 都很小(V_A 为 30~200V,MOS 管的工作区十分平坦),所以 r_{ds} 都很大。工程中往往忽略输出电阻的变化,而将其看成一个常数。根据上述讨论和图 2.4.13,可得

$$r_{ds}=\left[\frac{\partial i_D}{\partial u_{DS}}\right]^{-1}_{v_{gs}=常数}=\frac{V_A}{I_d}=\frac{1}{I_d\lambda} \tag{2.4.8}$$

如果同时考虑低频和小信号工作条件并忽略体效应,则 MOS 管电路模型将得到进一步简化,如图 2.4.14(a)所示。进一步,考虑 $g_{DS}\ll g_m$,则 MOS 管电路模型将进一步简化为如图 2.4.14(b)所示。

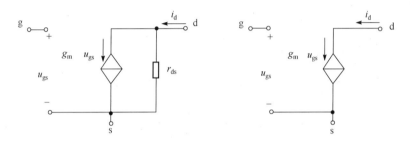

(a) 考虑输出电阻的等效电路模型　　　　　　(b) 忽略输出电阻的等效电路模型

图 2.4.14　MOS 管低频小信号模型(等效电路)

2.4.4　结型场效应管结构、符号

结型场效应管(Junction Field-Effect Transistor,JFET)的基本结构和电路符号如图 2.4.15 所示。图中的 g 为栅极,s 为源极,d 为漏极。

结型场效应管在结构上与绝缘栅型场效应管不同。在一块 N 型半导体的两侧扩散两个高浓度的 P^+ 区,形成两个背靠背的 PN 结。将两个 P^+ 区连在一起,引出一个电极,作为栅极 g。在 N 型半导体的两端各引出一个电极,作为漏极 d 与源极 s。夹在两个 PN 结间的 N 型区就是 N 型导电沟道。改变栅-源或栅-漏间的电场强度,就可调整 PN 结的宽度,从而改变导电沟道宽窄和长短,实现电压控制漏极电流 i_D 的目的。显然,JFET 在 $u_{GS}=0$ 时已存在导电沟道,属于耗尽型管。不同的是,为了便于控制漏极电流,应保证 PN 结处于反偏状态,N 沟道 JFET 外加的栅-源电压必须是负值,即 $u_{GS}\leqslant0$。与 MOSFET 类似,因为 PN 结始终反偏,正常情况下 JFET 的栅极电流 $i_G\approx0$。工作在恒流状态的漏极电流 i_D 也可近似地用式(2.4.9)表示。

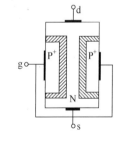

图 2.4.15　N 沟道结型场效应管的结构示意图

$$I_D=I_{DSS}\left(1-\frac{U_{GS}}{U_p}\right)^2=I_{DSS}\left(1-\frac{U_{GS}}{U_{GS(off)}}\right) \tag{2.4.9}$$

JFET 管也有互为对偶的 N 沟道管和 P 沟道管,其符号见图 2.4.16,箭头向内是 N 沟道管,箭头向外是 P 沟道管。

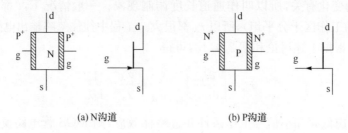

(a) N沟道　　　　　　　　(b) P沟道

图 2.4.16　结型场效应管的基本结构与电路符号

2.4.5　结型场效应管的工作原理

对于结型场效应管,d-s 之间是同一类型的半导体,d-s 之间加入一个偏置电压就会产生电流,但由于半导体的电阻很大,所以这个电流很小。

图 2.4.17 是结型场效应管的工作原理图。

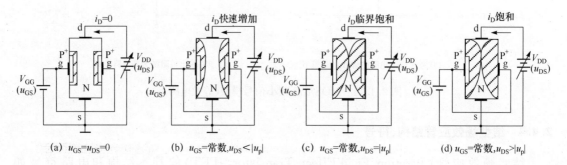

(a) $u_{GS}=u_{DS}=0$　　(b) u_{GS}=常数,$u_{DS}<|u_p|$　　(c) u_{GS}=常数,$u_{DS}=|u_p|$　　(d) u_{GS}=常数,$u_{DS}>|u_p|$

图 2.4.17　结型场效应管的工作原理

根据 PN 结的特性可知,在 g 极的 PN 结处存在势垒电场,对于载流子来说这个电场就是一个耗尽区电场。以 N 型半导体作基底的结型场效应管,这个电场对电子形成较强的吸引力,具有电子加速作用。如果在 g-s 端加一个反向偏置电压(以增强 PN 结势垒电势),就能控制这个电场的大小,形成对 d-s 间电流的控制,从而形成小电压信号控制大电流的功能。耗尽层的形状取决于 d-s 间电压大小和方向。

(1) 当 $u_{GS}=0$,$u_{DS}=0$ 时,PN 结形成的耗尽区很小,此时 i_D 很小,如图 2.4.17(a)所示。

(2) 当 u_{GS}=常数,$u_{DS}<|u_p|$ 时,耗尽区的大小与 u_{DS} 成正比,i_D 与 u_{DS} 成正比迅速增加,如图 2.4.17(b)所示。

(3) 当 u_{GS}=常数,$u_{DS}=|u_p|$ 时,两 PN 结形成的耗尽区在一点上闭合,i_D 达到饱和状态,如图 2.4.17(c)所示。

(4) 当 u_{GS}=常数,$u_{DS}>|u_p|$ 时,两 PN 结形成的耗尽区闭合范围扩大,i_D 保持在饱和状态,如图 2.4.17(d)所示。

继续加大 u_{DS},达到一定程度后,半导体被高电压击穿,i_D 急剧上升。

将结型场效应管的符号及特性列于表 2.4.3 中。

表 2.4.3　结型场效应管符号及特性

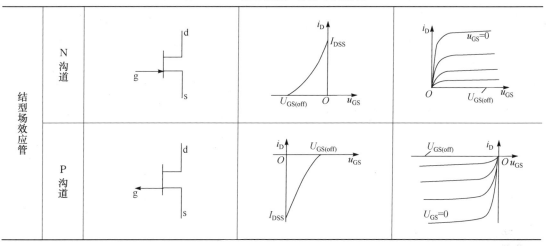

2.4.6　结型场效应管的分析模型

由于没有衬底,所以结型场效应管中不必考虑体效应形成的影响。根据 MOS 管的低频小信号模型,可以直接得到结型场效应管的低频小信号模型,如图 2.4.18 所示。如果进一步忽略输出电阻,可以得到与图 2.4.14(b)相同的低频小信号等效电路模型。

可以看出,在忽略了体效应后,MOS 管低频小信号模型与结型场效应管的低频小信号模型完全相同。同时,如果在 MOS 管的小信号模型中忽略体效应电流源,就可以形成结型场效应管的小信号电路模型。在输出特性曲线工作区内,结型场效应管输出电阻 r_{ds} 的分析与计算与 MOS 管基本相同。

2.4.7　场效应管的 Spice 模型

场效应管的模型包括语言描述模块和电路模型与参数。

1. 场效应管的 Spice 描述模块

使用 Spice 或 Pspice 语言对电路进行仿真时,还可使用如图 2.4.19 所示的电路模型对场效应管进行仿真计算。

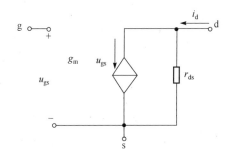

图 2.4.18　结型场效应管低频小信号模型(等效电路)　　　图 2.4.19　Spice 中的场效应管电路模型

场效应管的模块描述很简单,目的是提供相应的仿真计算参数。场效应管的模块分为结型场效应管和MOS管两种,如下所示。

结型场效应管:.MODEL modelname NJF() 或 PJF()

MOS管:.MODEL modelname NMOS()或 PMOS()

其中,.MODEL是程序中的关键字,用来说明所描述的是一个器件模块;modelname是所描述场效应管的名字,括号中提供场效应管的参数值;NMOS表示所描述的模块是N沟道MOS管;NJF或PJF表示所描述的模块是N沟道或P沟道结型场效应管。注意,M和J都是Spice或Pspice中的关键字。

2. 场效应管的Spice参数

与三极管相同,场效应管的等效电路模型也与器件结构和工艺直接相关,具体的分析十分复杂。图2.4.20是比较常用的两个等效电路模型。

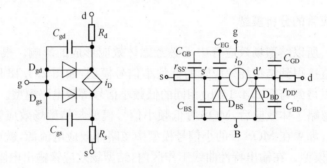

图2.4.20 场效应管的Spice分析电路模型

Multisim中进行Spice仿真时使用的MOS和结型场效应管Spice参数及其含义,全部列在表2.4.4中。为了便于使用Multisim,Multisim中使用的Spice参数列在表2.4.5和表2.4.6中。使用Spice或Pspice仿真工具(如Multisim)对电路进行仿真分析时,可以通过调整这些参数对器件或电路特性进行研究。

表 2.4.4 MOS管主要 Spice 参数

参数名	意义	默认值	单位	参数名	意义	默认值	单位
V_{TO}	门限电压	-2	V	C_{GD}	零偏压 g-d 结电容	0	F
B_{ETA}	跨导系数	1×10^{-14}	A/V²	C_{GS}	零偏压 g-s 结电容	0	F
L_{AMBDA}	沟道长度调制系数	0	1/V	F_C	正偏耗尽电容系数	0.5	
R_D	漏极电阻	0	Ω	V_{TOTC}	VTO 温度系数	0	V/℃
R_S	源极电阻	0	Ω	B_{ETATCE}	BETA 指数温度系数	0	1/℃
I_S	栅极 PN 结饱和电流	1×10^{-14}	A	K_F	闪烁噪声系数	0	
P_B	栅极结电势	1	V	A_F	闪烁噪声指数	1	

表 2.4.5 Multisim 中 MOS 管 Spice 参数

符号	意义	默认值	单位	符号	意义	默认值	单位
VTO	门限电压	0	V	CJ	单位面积零偏置体结底层电容	0	F/m^2
KP	跨导系数	2×10^{-5}	A/V^2	CJSW	单位长度零偏置体结边井电容	0	F/m
LAMDA	沟道长度调制系数	0	1/V	MJ	体结底部梯度系数	0.5	—
PHI	表面电位	0.6	V	MJSW	体结边井梯度系数	0.5	—
GAMMA	门限参数	0	$\sqrt{V}$	JS	单位面积体结饱和电流	0	A/m^2
RD	漏极电阻	0	Ω	TOX	氧化层厚度	10^{-7}	m
RS	源极电阻	0	Ω	NSUB	衬底掺杂	0	$1/m^3$
IS	体结饱和电流	10^{-14}	A	NSS	表面状态密度	0	$1/cm^2$
CGBO	栅极覆盖电容	0	F/m	TPG	门极材料类型	1	
CGDO	单位长度 g-d 覆盖电容	0	F/m	LD	侧向扩散	0	m
CGSO	单位长度 g-s 覆盖电容	0	F/m	UO	表面移动性	600	cm^2/Vs
CBD	零偏置漏极电容	0	F	KF	闪烁噪声系数	0	
CBS	零偏置源极电容	0	F	AF	闪烁噪声指数	1	
PB	体-结电位	0.8	V	FC	正向偏置耗尽电容的计算系数	0.5	
RSH	d-s 源极扩散层电阻	0	Ω	TNOM	参数测试时的温度	27	℃

表 2.4.6 结型场效应管(JFET)的 Spice 参数

符号	意义	默认值	单位	符号	意义	默认值	单位
VTO	门限电压	−2	V	Cgd	零偏置 g-d 结电容	0	F
BETA	传导系数	10^{-4}	A/V	Cgs	零偏置 g-s 结电容	0	F
LAMDA	沟道长度调制系数	0	$1/V^2$	B	掺杂尾部系数	1	—
IS	栅极饱和电流	10^{-14}	A	KF	闪烁噪声系数	0	
RD	漏极电阻	0	Ω	AF	闪烁噪声指数	1	
RS	源极电阻	0	Ω	FC	正向偏置耗尽电容的计算系数	0.5	
IS	体结饱和电流	10^{-14}	A	TNOM	参数测试时的温度	27	℃
PB	栅结电位	0.7	V				

注意,表 2.4.4～表 2.4.6 中给出的参数默认值是 Multisim 中使用的数值,不同仿真软件所给出的默认值各不相同。同时,对于不同类型的场效应管参数也不尽相同,限于篇幅这里就不再一一介绍了。目前,各半导体器件制造厂家都会给出相应器件产品的 Spice 模型。

下面是 N 沟道 MOS 管的 Spice 模型。

```
.MODEL NMEideal NMOS          (参数说明)
(VTO=0 KP=20u LAMBDA=0 PHI=600m GAMMA=0 Rd=0 Rs=0
+IS=10f Cgbo=0 Cgdo=0 Cgso=0 Cbd=0 Cbs=0 PB=800m RSH=0 CJ=0 MJ=500m
+CJSW=0 MJSW=500m JS=0 TOX=100n NSUB=0 NSS=0 TPG=1 LD=0
U0=600 KF=0 AF=1
+FC=500m TNOM= 27)
```

由于三极管和场效应管的结构比较复杂,所以其仿真中使用的等效电路也十分复杂。有关三极管和场效应管的仿真模型、参数计算公式等分析已经超出了本书的范围,感兴趣的读者可参考有关半导体器件和集成电路设计的书籍。

2.4.8 绝缘栅型和结型场效应管对比

从上述分析可以看出如下内容。

(1) 绝缘栅型和结型场效应管的基本工作原理都是用电压信号控制电流信号,而不是直接利用 PN 结的导通特性,这是与三极管的本质区别。

(2) 控制电流的电压信号就是栅极与源极的电压。当固定 u_{DS},改变 u_{GS} 时,就可以改变电流 i_D。这与三极管基极电流控制集电极电流的过程相似。

(3) 结型场效应管不加 g-s 偏置电压(二者短路)也可以形成 d-s 间导通,如果要加偏置电压则必须加反向偏置。绝缘栅型场效应管必须在 g-s 间加正向偏置电压才能导通。具体说来就是:①N 沟道增强型 MOS 管的工作条件是:g-s 加正向偏置电压且要大于门限值,同时 d-s 间加正向偏置电压。就是说,如果以源极 s 为参考点,则需要加正电源。或者说,s-g-d 的电位应依次升高,s 最低,d 最高。②P 沟道增强型 MOS 管的工作条件是:g-s 加反向偏置电压且要大于门限值,同时 d-s 间加反向偏置电压。就是说,如果以源极 s 为参考点,则需要加负电源。或者说,s-g-d 的电位应依次下降,s 最高,d 最低。③N 沟道结型场效应管的工作条件是:当 d-s 间有正向电压时,由于 g-s 间存在反向电流,因此,g-s 间可以不加偏置电压,也可以利用加正向偏置电压以调整偏置电压。同时 d-s 间加正向偏置电压。就是说,如果以源极 s 为参考点,则需要加正电源。或者说,s-g-d 的电位应依次升高,s 最低,d 最高。④P 沟道结型场效应管的工作条件是:当 d-s 间有反向电压时,由于 g-s 间存在正向电流,因此,g-s 间可以不加偏置电压,也可以利用加正向偏置以调整偏置电压。同时 d-s 间加反向偏置电压。就是说,如果以源极 s 为参考点,则需要加负电源。或者说,s-g-d 的电位应依次下降,s 最高,d 最低。

(4) 场效应管的控制信号是电压,基本不需要电流,因此其输入阻抗很高。

(5) 场效应管利用了电场控制电流,因此可以工作在很高的频率上。

(6) 场效应管的漏极电流 i_D 受栅极电压控制。

从电路分析上看,可以认为场效应管也是一个信号电压控制下的可变电阻。表 2.4.7 给出了各种场效应管的符号与伏安特性曲线。

表 2.4.7 各种场效应管的符号与伏安特性比较

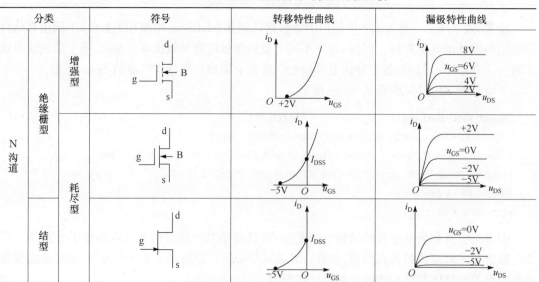

分类		符号	转移特性曲线	漏极特性曲线
N 沟道	绝缘栅型 增强型	d g B s	i_D / O +2V u_{GS}	i_D / 8V $u_{GS}=6V$ 4V 2V O u_{DS}
	绝缘栅型 耗尽型	d g B s	i_D / I_{DSS} -5V O u_{GS}	i_D / +2V $u_{GS}=0V$ -2V -5V O u_{DS}
	结型	d g s	i_D / I_{DSS} -5V O u_{GS}	i_D / $u_{GS}=0V$ -2V -5V O u_{DS}

续表

分类		符号	转移特性曲线	漏极特性曲线
p 沟道	绝缘栅型 增强型	d g—B s	i_D 曲线，O，$-2V$，$-u_{GS}$	i_D，$-8V$，$u_{GS}=-6V$，$-4V$，$-2V$，O，$-u_{DS}$
	绝缘栅型 耗尽型	d g—B s	i_D，I_{DSS}，$+5V$，O，u_{GS}	i_D，$-2V$，$u_{GS}=0V$，$+2V$，$+5V$，O，$-u_{DS}$
	结型	d g s	i_D，I_{DSS}，$+5V$，O，$-u_{GS}$	i_D，$u_{GS}=0V$，$+2V$，$+5V$，O，$-u_{DS}$

　　除了上述分析之外,还有一个值得注意的问题是场效应管的体效应(也叫作衬底效应)。所谓体效应,是指 MOS 管因源极和衬底电位不同而形成源极到衬底之间偏置电压的现象。这个偏置电压将影响导电沟道的电阻,也会影响漏极电流。这在工程分析和 MOS 管的使用中必须要特别注意。

2.4.9　场效应管的工程参数

1. 直流参数

(1) 开启电压 $U_{GS(th)}$:是增强型管在 u_{DS} 为某一固定值时,产生 i_D 所需的最小 $|u_{GS}|$ 值。N 沟道管此值为正,P 沟道管此值为负。

(2) 夹断电压 U_P:是耗尽型管在 u_{DS} 为某一固定值时,使 i_D 减小到某一微小值时的 $|u_{GS}|$ 值。N 沟道管此值为负,P 沟道管此值为正。

(3) 饱和漏极电流 I_{DSS}:是耗尽型管在 $u_{GS}=0$ 时的漏极饱和电流。

(4) 直流输入电阻 R_{GS}:是在漏-源间短路的条件下,栅-源电压与栅极电流之比。JFET 管的 $R_{GS}>10^7\,\Omega$,MOSFET 管的 $R_{GS}>10^9\,\Omega$,手册一般只给出栅极电流的大小。

2. 交流参数

(1) 低频跨导(互导)g_m:用于反映栅压对漏极电流的控制能力。可对 FET 恒流区的电流方程求导得出。对于增强型管利用式(2.4.1)可得到

$$g_m=\frac{\mathrm{d}i_D}{\mathrm{d}u_{GS}}=\frac{2}{U_T}\sqrt{I_{D0}\,i_D}\,(\mathrm{mS}) \qquad (2.4.10)$$

对于耗尽型管利用式(2.4.3)可得到

$$g_m=\frac{\mathrm{d}i_D}{\mathrm{d}u_{GS}}=-\frac{2}{U_P}\sqrt{I_{DSS}\,i_D}\,(\mathrm{mS}) \qquad (2.4.11)$$

(2) 极间电容:场效应管 3 个电极间均存在皮法量级的极间电容。在高频电路中,要考虑它们对电路性能的影响。

3. 极限参数

(1) 最大漏极电流 I_{DM}：是管子正常工作时漏极电流的上限值。

(2) 击穿电压：u_{DS} 大于漏-源击穿电压 $U_{(BR)DS}$，管子会烧坏。u_{GS} 大于栅-源击穿电压 $U_{(BR)GS}$，JFET 的反偏 PN 结将被击穿，MOSFET 的绝缘层也要被击穿。

(3) 最大耗散功率 P_{DM}：$P_{DM}=i_D u_{DS}$，决定着管子允许的温升。与 BJT 类似，P_{DM}确定后，结合 I_{DM} 和 $U_{(BR)DS}$ 可得到管子的安全工作区。

MOS 管栅-衬之间的电容容量很小，可产生很高的电压，感应电荷难于泄放，会使很薄的绝缘层击穿。因此，应在 FET 的栅-源之间提供直流通路，避免栅极悬空(开路)。

本 章 小 结

本章介绍了半导体物理的基本概念和相应的半导体器件。同时，也介绍了二极管、双极型三极管、场效应管以及其他一些半导体器件。

本章的基本概念和主要技术内容如下。

1. 基本概念

导体——工程中把在外电场作用下能形成明显电流的材料叫作导体材料，简称导体。

绝缘体——在外电场作用下不会形成明显电流的材料叫作绝缘材料，简称绝缘体。

半导体——自然状态下具有绝缘体特性，当满足一定物质组成条件时具有导电能力的材料叫作半导体。元素周期表中最外层为 4 个电子的元素的物质，都可以成为半导体材料。

N 型半导体——以自由电子为主要载流子的半导体叫作 N 型半导体。

P 型半导体——以空穴为主要载流子的半导体叫作 P 型半导体。

2. 半导体导电原理和电流控制原理

半导体的导电原理——半导体通过空穴和电子在外电场作用下的移动导电特征。

PN 结——P 型和 N 型半导体结合在一起时，其结合的表面叫作 PN 结。

耗尽层——由于扩散而形成的 PN 结电场叫作势垒电场，形成势垒电场的空间电荷区叫作势垒区，也叫作耗尽层。

PN 结导电——利用外加电场抵消或削弱势垒电场(缩小耗尽层)，会引起载流子的扩散。

电场控制电流——适当地设计器件结构，还可以利用外部电场控制半导体中载流子的极性，这样也可以达到控制电流的目的。

3. 半导体器件的工作原理与工作条件

1) 偏置的概念

偏置——对半导体器件施加外界电压叫作偏置。

正向偏置——使半导体器件正常工作的偏置电压叫作正向偏置电压。

反向偏置——使半导体器件处于截止状态的偏置电压叫作反向偏置电压。

2）二极管

二极管的基本结构是一个 PN 结，只有在正向偏置条件下，二极管才处于导通状态。

说明二极管电压电流关系的曲线，叫作二极管的伏安(V-A)特性曲线。

3）双极型三极管

双极型三极管(简称三极管)，可以看成由两个背靠背的 PN 结组成，共有三个电极，是一个有源器件。由于三极管是通过两种载流子(空穴和电子)导电的，所以又叫作双极型三极管(BJT)。三极管的正常工作条件如下：

b-e 正向偏置——形成基极电流和集电极电流。

c-b 反向偏置——吸引电子形成集电极电流。

4）场效应管

场效应管使用电场控制电流的半导体器件，有 3 个电极。

绝缘栅型场效应管又叫作 MOS 管，有 N 沟道和 P 沟道两种。按工作原理分为增强型和耗尽型两种。MOS 管的基本工作原理是利用 g-s 电压的变化控制 i_d。MOS 管的这种工作原理可通过实验观察。

场效应管的基本工作原理都是用电压信号控制电流信号。场效应管工作条件与管子的类型直接相关。

4. 半导体器件的电路模型

建立半导体器件电路模型时，主要考虑器件的工作电压、工作功率和工作频率 3 个参数。半导体器件的电路模型建立，是为了分析半导体器件的特性。

思考题与习题

思考题

2.1　二极管的伏安特性上有一个死区电压。什么是死区电压？为什么会出现死区电压？硅管和锗管的死区电压的典型值约为多少？

2.2　怎样用万用表判断二极管的好坏以及管子的正极和负极？

2.3　在硅稳压管稳压电路中，电阻 R 起什么作用？如果 $R=0$，电路可能出现什么现象？

2.4　为什么半导体器件具有较强的温度特性？二极管的基本特性参数有几个？这些参数分别说明了二极管的哪些物理性质？

2.5　半导体的两种电流控制方式有哪些区别？

2.6　NPN 型晶体管和 PNP 型晶体管在使用方法上有何异同之处？

2.7　双极型三极管的电路结构是两个背靠背的二极管，为什么还具有电流放大的能力？

2.8　双极型三极管的基本特性参数有几个？这些参数分别说明了双极型三极管的哪些物理性质？

2.9　场效应管的基本工作原理与双极型三极管的工作原理有什么区别？

2.10　场效应管的基本特性参数有几个？这些参数分别说明了场效应管的哪些物理性质？

2.11　共有几种类型的场效应管？它们之间有哪些重要区别？

2.12　什么叫作早电位？早电位的物理意义是什么？

2.13　如果在一个电子电路中同时使用双极型三极管和场效应管，应当注意什么问题？

2.14　举出二极管在使用中应当注意的 3 个重要参数并说明原因。

2.15　举出双极型三极管在使用中应当注意的 3 个重要参数并说明原因。

2.16 举出场效应管在使用中应当注意的 3 个重要参数并说明原因。

2.17 二极管、双极型三极管和场效应管中哪些是有源器件？哪些是无源器件？

2.18 如果把二极管的两端用导线短路,能否形成连续电流？说明原因。

2.19 二极管是有源器件还是无源器件？

2.20 什么情况下可以使用二极管低频小信号模型分析电路？

2.21 在什么条件下可以使用双极型三极管低频小信号模型分析电路？

2.22 在什么条件下可以使用场效应管低频小信号模型分析电路？

2.23 使用 PSpice 分析电路时,所使用的二极管模型考虑了哪些物理特性？

2.24 使用 PSpice 分析电路时,所使用的场效应管模型考虑了哪些物理特性？

2.25 使用 PSpice 分析电路时,所使用的双极型三极管模型考虑了哪些物理特性？

习题

2.26 判断习题图 2.26 所示电路能否导通,对能导通的电路估算二极管中的电流。估算中设二极管 D 有 0.7V 的管压降,并用 Multisim 验证。

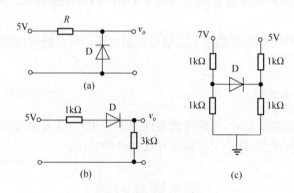

习题图 2.26

2.27 在习题图 2.27(a)、(b)所示的各电路中,二极管为理想二极管。试分析二极管的工作状态,求出流过二极管的电流。

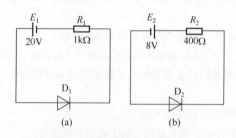

习题图 2.27

2.28 定性地绘制如习题图 2.28 所示电路的输出电压波形,并用 Multisim 验证。

2.29 设习题图 2.29 中的 D_1、D_2 都是理想二极管,求电阻 R 中的电流和电压 U_o。已知 $R=6\text{k}\Omega$, $E_1=6\text{V}$, $E_2=12\text{V}$。

2.30 习题图 2.30 电路中,D_1 和 D_2 均为理想二极管,直流电压是交流 $U_1>U_2$,u_i、u_o 是电压信号的瞬时值;试求:

(1) 当 $u_i>U_1$ 时,u_o 的值。

(2) 当 $u_i<U_2$ 时,u_o 的值。

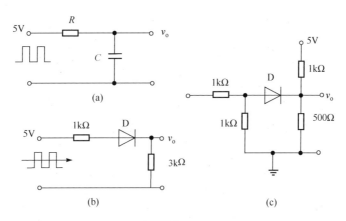

习题图 2.28

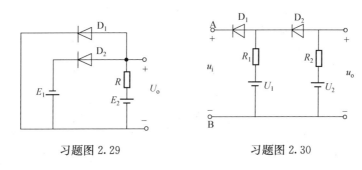

习题图 2.29　　　　　　　　　　　　习题图 2.30

2.31　两个稳压管 D_{Z1} 和 D_{Z2} 的稳压值分别为 8.6V 和 5.4V,正向压降均为 0.6V,设 R 和 U_i 满足稳压要求。

(1) 要得到 6V 和 14V 电压,试画出稳压电路。

(2) 若将两个稳压管并联连接,有几种形式? 各自的输出电压是多少?

2.32　习题图 2.32 所示电路叫作全波整流电路,试绘制电路的电压和电流方向图,并绘制电阻 R 上的电压波形。最后用 Multisim 完成仿真验证。

2.33　测得某双极型晶体管 3 个电极 A、B、C 流入的电流分别是 $I_A = 1.5$mA, $I_B = 0.03$mA, $I_C = -1.53$mA,试问哪个电极是基极,哪个电极是集电极,哪个电极是发射极,并求电流放大系数 β。

2.34　测出处于正常放大状态的双极型晶体管各个电极的电位如习题图 2.34 所示。试判断各管的类型(PNP 或 NPN)、材料(硅管或者锗管),并区分 e、b、c 三个电极。

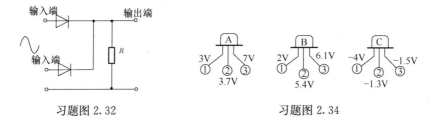

习题图 2.32　　　　　　　　　　　　习题图 2.34

2.35　选择高频小信号三极管(工作频率大于 100MHz),用 Multisim 仿真习题图 2.35 所示电路,设置输入信号为正弦波,有效值为 10mV。试分析:

(1) 仿真中用理想三极管仿真。

(2) 仿真中用三极管低频小信号模型代替三极管。观察两种情况下的仿真结果,并对其特征进行分析。

2.36　绘制习题图 2.36 所示电路的低频小信号等效电路图,分析电路的直流工作状态(3 个极的电位),并输入正弦交流信号完成 Multisim 仿真实验。提示:图中的三极管参用理想三极管。

(1) 如果电容采用 $10\mu F$,维持输入信号幅度为 $V_p = 100mV$ 不变,改变输入正弦交流信号的频率,这时输出端的信号将发生什么样的变化? 为什么?

(2) 保持电路的参数不变,电容采用 $10\mu F$,如果输入信号采用频率为 1kHz 的三角波,输出信号将发生什么样的变化? 为什么?

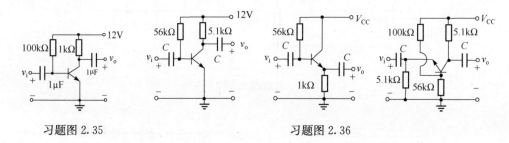

习题图 2.35　　　　　　　　　　　　习题图 2.36

2.37　绘制习题图 2.37 所示电路的低频小信号等效电路图,并选择理想 MOS 管完成 Multisim 仿真实验并分析按电路结构进行仿真时要注意的问题。

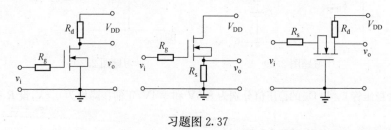

习题图 2.37

2.38　绘制习题图 2.38 所示电路的低频小信号等效电路,可用电路 A 的输出等效电阻代替电路 A 自身,用电路 B 的输入等效电阻代替电路 B 自身。

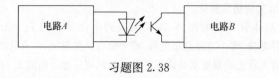

习题图 2.38

2.39　利用 Multisim 测量两个不同型号 MOS 管的输入转移特性和输出特性,分析两个管子的不同之处。

2.40　利用 Multisim 测量两个不同型号三极管的输入特性和输出特性,分析两个管子的不同之处。

第 3 章　基本放大器电路

注意:有了第 2 章的学习经验,本章的学习就不困难了。本章的理论部分全部用例题来讲解。所以在学习本章内容时,希望同学将例题用笔在纸上亲自做一遍,并用仿真软件验证,思考题和习题希望同学都做。

将电阻、电容、双极型三极管、场效应管组合起来可以组成基本放大电路。由电子器件构成的基本放大电路是模拟电子线路中最基本的信号处理电路,也是构成各种模拟集成电路最基本的电路单元。因此,它的性能直接影响到模拟集成电路及其电子系统的性能。

放大电路按使用的放大器件可分为双极性三极管放大电路、场效应三极管放大电路、集成运算放大电路等。若按放大特性不同又可分为电压放大器、宽带放大器、功率放大器、差分放大器等。但无论什么类型、使用什么器件,放大电路的构成、工作原理和分析方法大同小异。本章将着重讨论基本放大单元的构成、工作原理及性能指标的分析计算方法。只讨论电压信号放大器电路,不涉及功率放大电路。

3.1　放大器电路的基本概念与分析方法

3.1.1　放大电路的基本概念

图 3.1.1 所示电子系统是一个音频放大系统。图中,传感器(话筒)将微弱的声音转换成电信号,经放大电路放大成足够强的电信号后,驱动扬声器,扬声器所获得的能量(或输出功率)远大于话筒送出的能量(或输入功率),使其发出比原来强得多的声音。图中,供电电源为 V,电路的公共端称地端为"⏚"。可见,放大电路放大的本质是能量的控制和转换;是在输入信号作用下,通过放大电路将直流电源的能量转换成负载所获得的能量,使负载从电源获得的能量大于信号源提供的能量。因此,电子电路放大的基本特征是功率放大,即负载上总是获得比输入信号大得多的电压或电流。

放大的前提是不失真,即只有在不失真的情况下,放大才有意义。晶体管和场效应管是放大电路的核心器件,只有它们工作在合适的区域(晶体管工作在放大区、场效应管工作在恒流区),才能使输出量与输入量始终保持线性关系,即电路才不会产生失真。

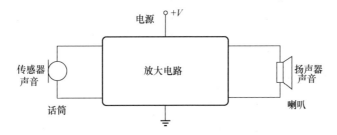

图 3.1.1　音频放大系统示意图

3.1.2　放大电路的性能指标

放大电路是由放大电路 A 和被放大信号 S 以及负载 Z_L 三部分构成的,如图 3.1.2 所示。图中 u_s 为信号源电压,R_s 为信号源的内阻,u_i 和 i_i 是放大电路的输入电压信号和电流信号,R_L 为负载电阻,u_o 和 i_o 分别为输出电压和电流。虚线框 A 中为放大电路实体,框图中 R_i 为放大电路的输入电阻,R_o 为放大电路的输出电阻,u_o 为负载 R_L 开路时的输出信号电压。放大电路对信号源(激励)的响应,例如,放大倍数、频率响应等与放大电路的构成、放大器件参数有密切关系。

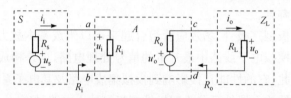

图 3.1.2　放大电路的构成

在放大器电路分析中,如下介绍的基本概念是分析放大器的基础,对放大器电路分析具有十分重要的指导意义。由于任何稳态信号都可分解为若干频率正弦信号(谐波)的叠加,所以放大电路常以正弦波作为测试信号。衡量放大电路的性能常用的指标如下。

1. 放大倍数

(1) 电压放大倍数用 A_u 表示,定义为

$$A_u = \frac{u_o}{u_i} \tag{3.1.1}$$

式中,A_u 为电路的电压放大倍数,电压放大倍数是一个无量纲数。$20\lg A_u$ 叫作电压增益,单位是分贝(dB)。

(2) 电流放大倍数用 A_i 表示,定义为

$$A_i = \frac{i_o}{i_i} \tag{3.1.2}$$

式中,A_i 为电路的电流放大倍数,电流放大倍数是一个无量纲数。$20\lg A_i$ 叫作电流增益,单位是分贝(dB)。

(3) 互阻放大倍数用 A_R 表示。如果将信号放大的概念延伸,考虑输入电流与输出电压之间的关系,称为互阻放大,可定义为

$$A_R = \frac{u_o}{i_i} \tag{3.1.3}$$

式中,A_R 为电路的互阻放大倍数,互阻放大倍数的量纲是欧姆(Ω)。$20\lg A_R$ 叫作互阻增益,单位是分贝(dB)。

(4) 互导放大倍数用 A_G 表示。如果考虑输入电压与输出电流之间的关系,则称为互导放大,可表示为

$$A_G = \frac{i_o}{u_i} \tag{3.1.4}$$

式中,A_G 为电路的互导放大倍数,互导放大倍数的量纲是导纳(G)。$20\lg A_G$ 叫作互导增益,单位是分贝(dB)。

2. 输入电阻、输出电阻

输入电阻代表放大电路对信号源或前级电路的影响,输出电阻代表了电路带动负载的能力。

(1) 输入电阻用 R_i 表示,是指电路的输入电压与输入电流的比值,可表示为

$$R_i = \frac{u_i}{i_i} \tag{3.1.5}$$

从式(3.1.5)可以看出,在输入电压一定的条件下,输入电阻越小,进入电路的输入电流越大。反之,输入电阻越大,进入电路的输入电流越小。

(2) 输出电阻用 R_o 表示,是指在电路输入信号为 0 的条件下,输出电压与输出电流的比值,可表示为

$$R_o = \frac{u_o}{i_o} \tag{3.1.6}$$

从式(3.1.6)可以看出,输出电阻反映了电路驱动负载的能力。根据电路分析的理论可知,输出电阻越小,负载电阻变化对电路输出电压的影响越小。

3. 频率特性

放大电路的交流信号是通过电容进行耦合的,三极管发射结和集电结存在结电容,由于容抗是频率的函数,因此,三极管放大电路对不同频率输入信号的放大(传输)能力是不同的,输出和输入信号之间也会存在不同的相位差。放大电路在输入信号的低频段和高频段,放大倍数(传输能力)都会下降,如图 3.1.3 所示。图 3.1.3 为放大倍数的幅频特性,当信号频率升高或降低,使放大倍数(输出信号)下降到放大倍数的 70.7% 时,所对应的频率称为上限截止频率 f_H、下限截止频率 f_L。通常把 f_H 与 f_L 之间的频率段称为通频带,又称 -3dB 带宽,记作 $\mathrm{BW}_{0.7}$,即通频带

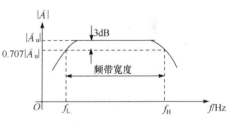

图 3.1.3 放大器的频率特性

$$\mathrm{BW}_{0.7} = f_H - f_L \tag{3.1.7}$$

4. 最大输出功率与效率

在输出信号不失真的情况下,负载上能够获得的最大功率称为最大输出功率 P_{om}。此时,输出电压达到最大不失真输出电压。

直流电源能量的利用率称为效率 η,设电源消耗的功率为 P_v,则效率 η 等于最大输出功率 P_{om} 与 P_v 之比,即

$$\eta = \frac{P_{om}}{P_v} \tag{3.1.8}$$

5. 信号特性

信号特性是电子电路的设计依据之一。在分析电子电路时,必须根据实际情况确定工作信号特性,例如,信号的性质(大信号和小信号、交流信号和直流信号等)、电路的性质等。

6. 失真

1) 非线性失真系数

由于放大器件的线性放大有一定的范围。当输入信号幅度超过这个范围后,输出电压将会产生非线性失真。输出波形中的谐波成分与基波成分之比称为非线性失真系数 D。设基波幅值为 A_1,谐波幅值为 $A_2,A_3,\cdots$,则

$$D=\sqrt{\left(\frac{A_2}{A_1}\right)^2+\left(\frac{A_3}{A_1}\right)^2+\cdots}　　　　　　　(3.1.9)$$

2) 最大不失真输出电压

当输入电压超过 U_{om} 时,输出波形产生非线性失真,U_{om} 称最大不失真输出。一般以有效值 U_{om} 表示,也可以用峰峰值 $U_{OPP}=2\sqrt{2}U_{om}$ 表示。实测时,需要定义非线性失真系数的额定值,如 10%,输出波形的非线性失真系数刚刚达到此额定值时的输出电压即为最大不失真输出电压。

在测试上述指标参数时,对于 A、R_i、R_o 应给放大电路输入中频段小幅值信号;对于 f_L、f_H、$BW_{0.7}$,应给放大电路输入小幅值、宽频率范围的信号;对于 U_{om}、P_{om}、D,应给放大电路输入中频段大幅值信号。

3.1.3　电路分析方法

1. 电路的定性分析

在工程实际中,定性分析是一个重要的分析方法。例如,在进行电路调试时,如果所测量到的结果与预计结果不符合,可以通过定性分析估计出影响因素。

所谓定性分析,就是根据放大器电路的基本结构和使用的器件,利用电子技术的基本概念来确定电路功能和器件的作用,并估计一些简单的电路变量值。定性分析中不需要知道器件的准确参数,也不需要进行精确的定量计算,是一种简便的电路分析方法。

2. 直流分析和交流分析

由于直流信号和交流信号的性质完全不同,信号中的直流成分和交流成分在放大器中将会有不同的通过路径。因此,放大器对直流信号和交流信号的作用会大不相同。直流分析和交流分析要从放大电路的直流通路和交流通路入手。直流通路是指放大器中直流信号所通过的路径。交流通路是指放大器中交流信号所通过的路径。

为了简化分析,在电子电路分析中,除非特殊说明,总是认为:

(1) 对交流信号而言,电路中使用的电容的容抗可以忽略不计,电路中使用的直流电源的内阻可以忽略不计。电容和直流电源是短路的,对电感是开路的,即"电容短路、电源短路、电感开路"。

(2) 对直流信号而言,电路中使用的电感的感抗可以忽略不计。电感是短路的,而电容则是开路的,即"电感短路、电容开路"。

例 3.1.1　根据图 3.1.4 所示电路,绘制直流信号通道和交流信号通道。

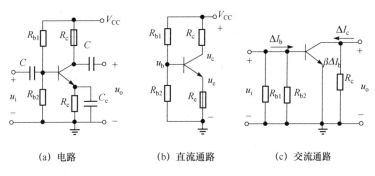

(a) 电路　　　　　　　　(b) 直流通路　　　　　　　(c) 交流通路

图 3.1.4　三极管放大电路

解　根据电路中器件的基本特性可得:

(1) 对于直流信号,电容处于开路状态,电路只存在直流信号通道,如图 3.1.4(b) 所示。

(2) 对于交流信号,电容和电源处于短路状态,电路存在交流信号通道,如图 3.1.4(c) 所示。

3. 微变等效电路分析方法

微变等效电路分析方法,就是建立微变等效电路(半导体器件,利用第 2 章学习的二极管分析模型、三极管分析模型、场效应管分析模型进行分析),其目的就是将复杂的电路简化成简单的串并联电路,利用电路分析技术就可以分析出电路的部分功能特性和技术参数。

交流微变等效电路分析法是一种基于分立器件的输入信号发生微小变化的解析分析方法,或者叫作电路系统的解析建模技术,其核心是假设输入信号的幅度仅发生微小变化,信号的频率远小于器件的允许工作频率。微变等效电路反映的只是半导体器件低频小信号工作状态,也就是假设输入信号和输出信号都只是发生微小的变化。当电路输入信号较大时,例如,功率放大时,微变等效电路就失去了作用,变成了一种不精确计算。

4. 图解分析方法

图解分析法的目的是针对给定的三极管或场效应管的输入输出特性曲线,对电路直流工作点、输入输出信号电压比、波形失真等进行基本估算分析。

图解分析法的特点是直观、较全面地了解分立器件电路的工作情况,便于理解电路工作点的作用及其对电路的影响,并能大概地估计出动态工作范围。缺点是无法直接分析输入电阻。同时,图解分析法必须直接依靠输入和输出特性曲线,难以进行精确计算。特别是当电路具有反馈通路时,分析将变得十分复杂。

微变等效电路分析方法与图解分析法相比,具有参数解析表达易于计算分析的特点,但存在着不易发现非线性失真等缺点。随着电子电路计算机辅助设计技术的发展,利用等效电路和特性曲线结合的仿真分析和设计方法日益受到重视。因此,建立电路分析模型的技术和基本概念已经成为电子技术的重要组成部分。

3.1.4　三极管和 MOS 管的偏置电路

由第 2 章讨论的结果可知,任何使用半导体器件设计的电路,都必须为半导体器件提供一个合适的偏置电路,以保证半导体器件工作在输入特性和输出特性中的指定区域,这个偏置电路称为直流偏置电路,所对应的电路参数(电压、电流)称为直流工作点(静态工作点)。直流偏置电路是基本放大器电路的设计要求之一,是电路在给定输入电压幅度范围内能够对输入波形实现无失真放大,这就要求基本放大器件能够工作在线性区。

1. 三极管的偏置电路

根据三极管的基本特性可知,为使三极管进入放大区,必须保证发射极、基极和集电极处于相应的偏置状态,即 b-e 结处于正向偏置、c-b 结处于反向偏置。因此,三极管的偏置电路有图 3.1.5 所示的几种。注意,图中使用的是 NPN 型三极管,对于 PNP 型三极管也是这种结构,原理完全相同,只是把正电源换成负电源、负电源换成正电源。

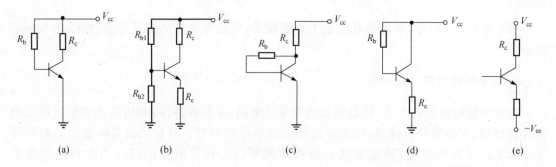

(a)　　　　　(b)　　　　　(c)　　　　　(d)　　　　　(e)

图 3.1.5　NPN 三极管的 5 种偏置电路结构

从图 3.1.5 可以看出,偏置电路都能够满足三极管的正常偏置要求,所有的电源参考点都是发射极。

图 3.1.5 中(a)和(d)两种偏置电路都叫作共射极偏置电路,特点是直接向基极提供偏置电流,其中图 3.1.5(a)的基极电流是

$$I_b = \frac{V_{cc} - V_{be}}{R_b}$$

图 3.1.5(d)的基极偏置电流是

$$I_b = \frac{V_{cc} - V_{be} - V_e}{R_b}$$

图 3.1.5(b)叫作分压式偏置电路。电路通过电阻分压提供基极电压。由于基极电流的存在,要求基极偏置电流必须远小于 R_{b2} 中的电流,以稳定基极电位,从而实现了稳定工作点的目的。基极偏置电流是

$$I_b = \frac{V_b - V_e}{r_{be}}$$

图 3.1.5(c)叫作电阻反馈共射极偏置电路,是一种特殊形式的偏置电路,具有基极偏置电流和电压随集电极电流变化的特点。

$$I_b = \frac{V_{cc} - V_{be}}{R_b} = \frac{V_{cc} - I_c R_c - V_e}{R_b}$$

图 3.1.5(e)是利用集电极和发射极之间正负电压实现的偏置电路,可以使基极的电位处于集电极和发射极之间,从而直接实现 b-e 结正向偏置、c-b 结反向偏置。但这种偏置电路虽然提供了正确的偏置电压,但由于基极并没有与任何电源相连接,所以没能提供偏置电流。由于三极管是电流控制电流源,因此并不能引起相应的集电极电流。使用这种偏置电路的放大器主要是差分放大器。由此可知,要使用差分放大器,输入端必须提供一个电流通路,以便提供基极电流。一般情况下,只要基极和电源之间连接一个电阻即可形成基极电流通道。

通过上述讨论可知,仅提供相应的偏置电压还不够,对于三极管来说,偏置电路还必须提供相应的基极电流通道。同时,所有偏置电路都需要提供一个适当的基极电位和电流。

2. MOS 管的偏置电路

根据 MOS 管的基本特性可知,为使 MOS 管进入放大区,必须保证源极、栅极和漏极处于相应的偏置状态,即

(1) 对于耗尽型 MOS 管:$V_g > V_s$,$V_d \geqslant V_g > V_s$。

(2) 对于增强型 MOS 管:$V_g - V_{th} > V_s$,$V_d \geqslant V_g > V_s$。

由于耗尽型 MOS 管具有自偏置的输入转移特性,所以,在某些情况下可以不使用偏置电路,如果需要控制电路的工作点,则需要使用偏置电路。

对于增强型 MOS 管,从其输入转移特性可知,必须使用偏置电路,管子才能正常工作。无论耗尽型 MOS 管还是增强型 MOS 管,其偏置电路的结构都是相同的。下面以 N 沟道增强型 MOS 管为例,分析 MOS 管的偏置电路,电路如图 3.1.6 所示。如果使用 P 沟道 MOS管,则需要把正电源换成负电源、负电源换成正电源。结型场效应管的偏置电路与 MOS 管的偏置电路相同。图中的 $-V_{ss}$ 是源极连接的负电源。

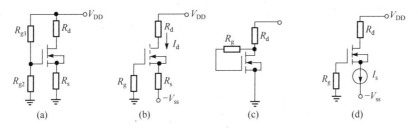

图 3.1.6　N 沟道增强型 MOS 管的 4 种偏置电路结构

从图 3.1.6 可以看出,这 4 种偏置电路都能满足 MOS 管的正常偏置要求。

图 3.1.6(a)叫作分压式共源极偏置电路,是一种比较常用的偏置电路,栅极偏置电压为

$$V_g = \frac{R_{g2}}{R_{g1} + R_{g2}} V_{DD}$$

图 3.1.6(b)叫作双电源偏置共源极偏置电路,其特点是利用漏极和源极之间正负电压实现的偏置电路,可以使栅极的电位处于漏极和源极之间,从而直接实现 $V_d > V_g > V_s$,如果正负两个电源能够保证 $V_g - V_{th} > 0$,就会为 N 沟道增强型 MOS 管提供所需要的导通条件。由于MOS 管是电压控制电流源,因此并不需要栅极电流,图中之所以增加一个栅极电阻,作用是提供输入电流回路以稳定栅极电位,即当没有输入信号时,栅极电位为 0V。这时的源极和漏极电位由跨导和电阻决定。

$$\begin{cases} I_d = g_m V_{gs} \\ V_{gs} = V_g - V_s \\ V_s = I_s R_s + V_{ss} \\ V_d = V_{DD} - I_d R_d \\ I_d = I_s \end{cases}$$

使用这种偏置电路的放大器主要是差分放大器。

图 3.1.6(c)是一种特殊形式的偏置电路,叫作电阻反馈共源极偏置电路。由于栅极电流为零,因此,栅极直流偏置电位等于漏极电位。当连接输入信号时,栅极电位则与信号源的输出电阻有关,如图 3.1.7 所示。

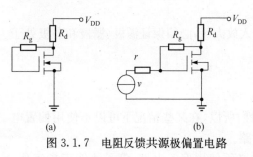

图 3.1.6(d)是一种与双电源偏置电路类似的偏置电路,叫作电压电流偏置电路。电路中用电流源取代了连接在源极的负电源。由于 $I_d = I_s$,所以,这种偏置电路的栅极电位由源极连接的电流源决定。

图 3.1.7　电阻反馈共源极偏置电路

$$\begin{cases} I_d = I_s \\ V_d = V_{DD} - I_s R_d \\ V_g = I_s / g_m \end{cases}$$

通过上述讨论和有关场效应管的基本特性可知,对于场效应管来说,场效应管偏置电路的任务是提供一个稳定的、满足设计要求的栅极电压,这是场效应管偏置电路设计的目标。

3.2　三极管基本放大电路的分析

从电路交流参考点的位置上看,三极管的连接可分别组成共基极、共集电极和共射极 3 种组态电路。这 3 种组态电路是组成放大电路的最基本模块。本节将讨论共基极、共集电极和共射极 3 种组态电路。三极管的 3 种基本交流组态如图 3.2.1 所示。

(1) 如果以发射极为交流电路参考点,叫作共射极电路,如图 3.2.1(a)所示。发射极是输入回路和输出回路的公共端。

(2) 如果以基极为交流电路参考点,叫作共基极电路,如图 3.2.1(b)所示。基极是输入回路和输出回路的公共端。

(3) 如果以集电极为交流电路参考点,叫作共集电极电路,如图 3.2.1(c)所示。集电极是输入回路和输出回路的公共端。

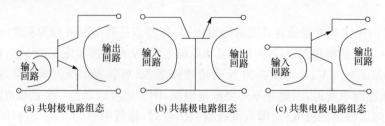

(a) 共射极电路组态　　　　(b) 共基极电路组态　　　　(c) 共集电极电路组态

图 3.2.1　三极管的 3 种基本组态电路

使用三极管的 3 种组态形式,可以组成 3 种不同的放大电路,这 3 种放大电路叫作三极管的 3 种放大组态电路模块。图 3.2.2 是 3 种交流放大器电路的原理图。

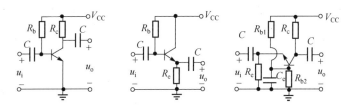

图 3.2.2　三极管的 3 种电路组态模块

由图 3.2.2 可以看出,三极管交流放大组态电路模块的一个共同特点是,要进行交流信号放大,就必须为管子提供一个信号偏置电压(电流),否则就会形成失真。

3.2.1　共射极放大电路

前面了解了共射放大电路的结构。下面举例说明共射极放大电路的分析方法及特性。

例 3.2.1　三极管基本共射极放大电路如图 3.2.3 所示,已知电源 $V_{CC}=12V$,电阻 $R_b=590k\Omega$,$R_c=R_L=5k\Omega$,$R_s=0.1k\Omega$;三极管 T 的 $\beta=80$,导通时的 $U_{BE}=U_{BEQ}=0.75V$。分析:

(1) 直流分析(估算静态工作点 I_{BQ}、I_{CQ} 和 U_{CEQ});

(2) 交流分析(估算电路的电压放大倍数 A_u、输入电阻 R_i 和输出电阻 R_o);

(3) 估算电路的源电压放大倍数 A_{us};

(4) 波形分析(若电路输入信号 $u_{im}=10mV$ 的正弦信号,分析 u_{BE}、i_B、i_C、u_{CE}、u_o 的波形);

(5) 图解分析;

(6) 放大电路的非线性失真。

共射极放大电路是最基本的放大电路,也是最常用的电路,如图 3.2.3 所示。输入信号 u_s 通过耦合电容 C_1 耦合从晶体管基极和发射极之间输入;输出信号 u_o 从晶体管集电极和发射极之间输出,通过 C_2 耦合到负载电阻 R_L 输出。发射极是输入回路和输出回路的公共端,所以图 3.2.3 称为共射极放大电路。

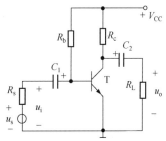

图 3.2.3　共射组态基本放大电路的构成

图 3.2.3 中,R_b 是基极偏置电阻,直流电源 V_{CC} 通过 R_b 给发射结正向偏置电压,集电极电阻 R_c 的作用是把电流放大转变为电压放大,电容器 C_1 和 C_2 的作用是隔离输入输出信号中的直流分量,叫作隔直电容。隔直电容 C_1 的存在,使电路的直流工作点不会受输入的交流信号的影响,并在三极管基极形成交流电流与直流电流的叠加。所以,当有交流信号从基极输入时,基极电流会发生变化,集电极电流也随之发生变化。这种电流变化引起 R_c 上压降的变化,形成三极管集电极电位的变化。经过隔直电容 C_2 的作用,形成随输入交流信号变化的输出交流电压。如果输出端接有负载电阻,则这个输出电压就会在负载电阻上形成输出电流。在低频交流信号情况下,要求隔直电容具有较大的电容值,一般使用容量较大的电解电容(注意电解电容有正负极性),以满足低频电压信号通过的要求。

共射极放大电路的特点是输入输出电压反相,电路增益大,输入电阻较低,输出电阻较大,工作频带较窄,适用于低频电子电路,也是最常用的放大电路形式。

解 (1) 直流分析(估算静态工作点 I_{BQ}、I_{CQ} 和 U_{CEQ})。

直流分析也叫静态分析,也叫直流工作点分析。在信号源为零即 $u_i=0$ 时,只有直流电源 V_{CC} 作用时放大电路工作状态,称为静态。此时,电路中的电压、电流都是直流量。静态的选择必须保证晶体管在工作时不受损坏,静态的选择必须保证晶体管在放大信号时放大倍数最大、输出信号不失真。

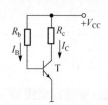

图 3.2.4　直流通路

当 $u_s=0(u_i=0)$ 时,只有直流电源 V_{CC} 起作用,耦合电容相当于开路,如图 3.2.4 所示的等效电路称作放大电路的**直流通路**。三极管的基极电流 I_B、集电极电流 I_C、发射结电压 U_{BE} 和管压降 U_{CE},称为**放大电路的静态工作点**,记作 I_{BQ}、I_{CQ}、U_{BEQ} 和 U_{CEQ}。在近似分析时,可认为 U_{BEQ} 已知(一般硅管取作 $U_{BEQ}=0.7V$,锗管取作 $U_{BEQ}=0.2V$)。根据电路分析原理,由输入端电压回路方程 $V_{CC}=I_{BQ}R_b+U_{BEQ}$,得到

$$I_{BQ}=\frac{V_{CC}-U_{BEQ}}{R_b}=\left(\frac{12-0.75}{590}\right)mA\approx0.019mA=20\mu A$$

$$I_{CQ}=\beta I_{BQ}=(80\times20)\mu A=1.6mA$$

由输出端电压回路方程 $V_{CC}=I_{CQ}R_c+U_{CEQ}$,得到

$$U_{CEQ}=V_{CC}-I_{CQ}R_c=(12-1.6\times5)V=4V$$

可见 I_{BQ}、I_{CQ}、U_{BEQ} 和 U_{CEQ} 的参数值反映出三极管的工作状态。改变偏置电阻 R_b,可以改变放大电路的工作状态。

(2) 交流分析(估算电路的电压放大倍数 A_u、输入电阻 R_i 和输出电阻 R_o)。

在静态工作点选择好后,来分析放大电路动态特性。当 u_s 作用时,直流电压源短接 $V_{CC}=0$,电容开路时,称电路为交流通路,如图 3.2.5 所示。交流分析要通过交流通路进行分析。

根据第 2 章讨论的三极管等效模型。现将图 3.2.5 中的三极管等效成图 3.2.6 所示的三极管的等效模型。

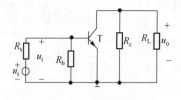
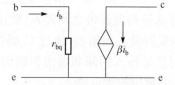

图 3.2.5　交流通路　　　　　图 3.2.6　三极管的等效模型

图中 be 极间的电阻 r_{be} 称为等效输入电阻,工程中常用下式估算

$$r_{be}=r_{BB'}+(1+\beta)\frac{U_T}{I_{EQ}}\approx300+(1+\beta)\frac{26(mV)}{I_E(mA)}$$

$$=300+\frac{26}{0.02}\approx1600\Omega=1.6k\Omega \tag{3.2.1}$$

式中,$r_{BB'}$ 是三极管基区的等效体电阻,一般小功率管为 $100\sim300\Omega$;U_T 是温度电压当量,在室温下约为 26mV。

根据放大电路的交流通路、三极管的等效模型,得到放大电路的**微变等效电路**,如图 3.2.7 所示,用于电路理论分析的动态性能指标。

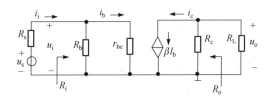

图 3.2.7　放大电路的微变等效电路

据根图 3.2.7 放大电路的微变等效电路得输入电压为

$$u_i = i_b r_{be}$$

输出电压为

$$u_o = -\beta i_b (R_c // R_L)$$

据根电压放大倍数 A_u 的定义得

$$A_u = \frac{u_o}{u_i} = \frac{-\beta i_b (R_c // R_L)}{i_b r_{be}} = -\frac{\beta R_L'}{r_{be}} = -\frac{80 \times \dfrac{5 \times 5}{5+5}}{1.6} = -125 \qquad (3.2.2)$$

共射极放大电路的电压放大倍数是负值,说明输出电压与输入电压是反相关系,即相位差是 180°。

输入电阻 R_i 就是从电路的输入端口向内看进去的等效电阻:

$$R_i = \frac{u_i}{i_i} = R_b // r_{be} = (590 // 1.6) \text{k}\Omega \approx r_{be} = 1.6 \text{k}\Omega \qquad (3.2.3)$$

求输出电阻 R_o,常令信号源 $u_s = 0$,保留其内阻 R_s,将负载 R_L 开路,然后求电路输出端口的等效电阻,可用伏安法求得,电路简单时可用观察法解决。此处当 $u_s = 0$ 时,$i_b = 0$,因此受控电流源 $\beta i_b = 0$,相当于开路,所以从输出端口看进去的等效电阻为

$$R_o = R_c = 5 \text{k}\Omega \qquad (3.2.4)$$

以上计算看出,共射极放大电路的输入电阻较低,输出电阻较大。

(3) 估算电路的源电压放大倍数 A_{us}。

源电压放大倍数 A_{us} 是考虑信号源内电阻时的电压放大倍数:

$$A_{us} = \frac{u_o}{u_s} = \frac{u_i}{u_s} \cdot \frac{u_o}{u_i} = \frac{i_i R_i}{i_i (R_s + R_i)} \cdot A_u = \frac{1.6}{0.1 + 1.6} \times (-125) \approx -118 \qquad (3.2.5)$$

通过计算结果看出源电压放大倍数 A_{us} 比电路的电压放大倍数 A_u 小。说明信号源内电阻在放大倍数中起了作用。一般要减小信号源内电阻以防止放大倍数的减小。

(4) 波形分析(若电路输入信号 $u_{im} = 5\text{mV}$ 的正弦信号,分析 u_{BE}、i_B、i_C、u_{CE}、u_o 的波形)。

共射极放大电路中电压、电流的波形,如图 3.2.8 所示。

图中输入交流信号为正弦信号 $u_i = u_{im} \sin(2\pi f t)$,如图 3.2.8(a)所示。

在放大电路中有直流量和交流量。根据叠加原理,共射极放大电路中的各瞬时电压和电流变化量(u_{BE}、i_B、i_C、u_{CE})为静态值(直流量)(I_{BQ}、I_{CQ}、U_{BEQ}、U_{CEQ})上叠加交流量($u_i = u_{be}$、i_b、i_c、u_{ce}),得到随输入信号变化的电压、电流变化。即三极管的基极电压、电流是在静态值(U_{BEQ}、I_{BQ})上叠加交流量(u_{ie}、i_b):

$$u_{BE} = U_{BEQ} + u_i = 0.7 + u_i \qquad (\text{见图 3.2.8(b)})$$

$$i_B = I_{BQ} + i_b = 20\mu A + i_b \qquad (见图 3.2.8(c))$$

三极管的集电极电流、电压是在静态值$(I_{CQ}、U_{CEQ})$上叠加交流量$(i_c、u_{ce})$：

$$i_C = I_{CQ} + i_c = 1.6mA + \beta i_b \qquad (见图 3.2.8(d))$$

$$u_{CE} = U_{CEQ} + u_{ce} = 4V - i_c R_L' = 4V - \beta i_b R_L' \qquad (见图 3.2.8(e))$$

u_{CE}表达式中的$R_L' = R_c // R_L$是集电极交流负载电阻。然后通过耦合电容C_2可得到输出电压

$$u_o = u_{ce} = -i_c R_L' = -\beta i_b R_L' \qquad (见图 3.2.8(f))$$

输出电压u_o的瞬时极性与输入电压u_i总是相反的，这是因为在直流电源一定的条件下，u_{BE}、i_B、i_C的瞬时值随着输入信号u_i的增加而增加，而$i_c R_L'$的增加必然导致$u_{CE}(u_o)$减小。由变化较小的输入信号通过集电极电流得到变化较大的输出信号，这恰是在三极管的控制作用下，将直流电源的能量转换成与输入信号具有相同性质的较大能量，提供给了负载。

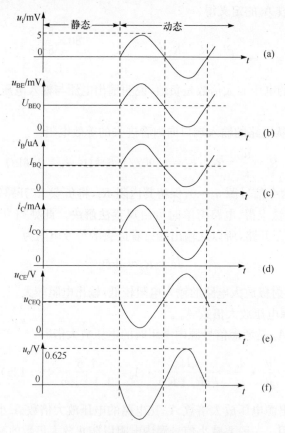

图 3.2.8　共射放大电路的波形分析

由于阻容耦合放大电路的交流信号是通过电容进行级间耦合的，相当于 RC 高通滤波器。三极管发射结和集电结存在结电容，相当于 RC 低通滤波器。由于容抗是频率的函数，因此，三极管放大电路对不同频率输入信号的放大(传输)能力是不同的，输出和输入信号之间也会存在不同的相位差(在图 3.2.8 中忽略了相位差问题)。放大电路在输入信号的低频段和高频段，放大倍数(传输能力)都会下降，如图 3.2.9 所示。图 3.2.9(a)为放大倍数的幅频特性，当信号频率升高或降低，使放大倍数(输出信号)下降到中频放大倍数的 70.7％时，所对应的频率称为上、下限频率，分别用 f_H 和 f_L 表示。通常把 f_H 与 f_L 之间的频率段称为中频段，$f_H - f_L$

称为通频带,又称一3dB 带宽,记作 BW。即通频带

$$BW = f_H - f_L$$

图 3.2.9(b)为放大倍数的相频特性。信号的最大相移为±90°。

（5）图解分析。

图解分析是在三极管的特性曲线上作特性分析。

① 直流工作点与直流负载线。

直流负载线是指在直流工作状态下,电路输出端没有连接负载时电路的工作范围。直流工作点与直流负载线的求解分析如下。

ⅰ 输入直流负载线分析:

在 $u_i = 0$ 时,得到电路的直流通路,见图 3.2.10(a)。输入特性曲线,见图 3.2.10（b）。根据直流通路得输入回路方程:

$$u_{BE} = V_{CC} - i_B R_b$$

令 $i_B = 0$,得 $u_{BE} = V_{CC} = 12V$。在输入特性曲线横轴上取一点$(V_{CC}, 0)$。

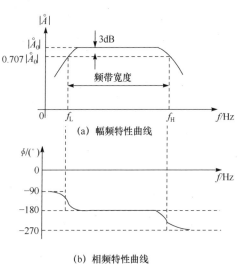

(a) 幅频特性曲线

(b) 相频特性曲线

图 3.2.9　幅频、相频特性曲线

令 $u_{BE} = 0$,得 $i_B = V_{CC}/R_b = 12/590 \approx 20\mu A$,在输入特性曲线纵轴上取一点$(0, V_{CC}/R_b)$。

连接这两点成直线,如图 3.2.10 所示。该直线称为输入回路的直流负载线。直流负载线与输入特性曲线的交点就是所求的直流工作点 Q(静态工作点),其坐标为$(U_{BEQ}, I_{BQ}) = (4V, 1.52mA)$。

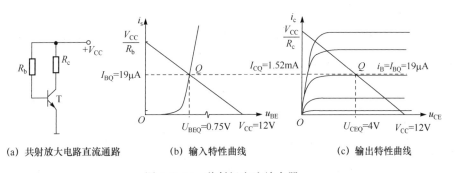

(a) 共射放大电路直流通路　　　(b) 输入特性曲线　　　(c) 输出特性曲线

图 3.2.10　共射极交流放大器

ⅱ 输出直流负载线分析:

根据直流通路得输出回路方程,即

$$u_{ce} = V_{CC} - i_c R_c \tag{3.2.6}$$

令 $i_c = 0$,得 $u_{ce} = V_{CC}$,在输出特性曲线横轴上取一点$(V_{CC}, 0)$。

令 $u_{ce} = 0$,得 $i_c = V_{CC}/R_c$,在输出特性曲线纵轴上取一点$(0, V_{CC}/R_c)$。

连接这两点成直线,如图 3.2.10(c)所示。该直线称为输出回路的直流负载线。直流负载线与输出特性曲线(静态基极电流 I_{BQ} 相对应的曲线)的交点就是所求的直流工作点 Q(静态工作点),其坐标为(U_{CEQ}, I_{CQ})。

通过以上分析,从曲线上所得直流工作点 Q(静态工作点)与直流分析计算结果近似一致。

直流工作点是电路没有输入信号时的工作情况。当有信号输入时,电路在直流工作点附近工作(变化),因此,直流工作点是影响失真、功率输出、放大倍数的主要因素。换句话说,直流工作点是放大器工作的基础。

② 动态工作分析。

动态图解分析能够直观地显示在输入信号作用下,放大电路中各电压及电流波形的幅值大小和相位关系,动态工作点与交流负载线分析步骤如下。

步骤一,根据输入信号的波形,在输入特性曲线图上画出 u_{BE}、i_B 的波形。

设输入信号 $u_s = u_{im}\sin\omega t$。在 V_{CC} 及 u_s 的共同作用下,共射极交流放大器的输入回路方程为

$$u_{BE} = V_{CC} - i_B R_b \pm u_s \tag{3.2.7}$$

令 $i_B = 0$,得 $u_{BE} = V_{CC} \pm u_{im}$,在输入特性曲线横轴上取一点 $(V_{CC} \pm u_{im}, 0)$。

令 $u_{BE} = 0$,得 $i_B = (V_{CC} \pm u_{im})/R_b$,在输入特性曲线纵轴上取一点 $(0, (V_{CC} \pm u_{im})/R_b)$。

连接这两点成直线,如图 3.2.11 虚线①、②所示。虚线直线是一组斜率为 $-1/R_b$ 的输入负载线,且随 u_s 变化而平行移动的直线。输入负载线与输入特性曲线的相交点的移动,便可画出 u_{BE} 和 i_B 的波形,如图 3.2.11(a)所示。图中 Q_1、Q_2 是 i_B 电流的变化范围。

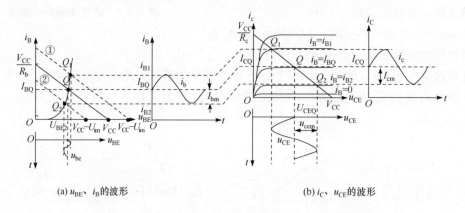

(a) u_{BE}、i_B 的波形　　　　　　　　　　　(b) i_C、u_{CE} 的波形

图 3.2.11　u_{BE}、i_B 的波形和 u_{CE}、i_C 的波形的动态图解分析

步骤二,根据 i_B 的变化范围在输出特性曲线图上画出 i_C 和 u_{CE} 的波形。

电路输出端没有连接负载时,根据 i_B 的变化范围在输出特性曲线图上画出 i_C 和 u_{CE} 的波形,如图 3.2.11(b)所示。可以从图中看出,在输入特性曲线上,动态的变化是沿着输入特性的曲线变化,变化范围在 Q_1 与 Q_2 之间。在输出特性曲线上,动态的变化是沿着输出特性曲线的负载线变化,变化范围在 Q_1 与 Q_2 之间。

③ 直流负载线与交流负载线。

当电路有交流输入信号、同时输出端接有负载电阻时,根据交流通路(图 3.2.12(a))可得如图 3.2.12(b)所示的负载线,负载电阻为 $R_c // R_L$。

而动态信号遵循的负载线称为交流负载线,交流负载线的特征如下所示。

当输入信号 $u_i = 0$ 时,晶体管的集电极电流为 I_{CQ},管压降为 U_{CEQ},晶体管处在直流工作点 Q 状态,Q 点坐标为 (U_{CEQ}, I_{CQ})。

当输入信号 $u_i \neq 0$ 时,由于集电极动态电流 i_c 仅决定于基极动态电流 i_b,而动态管压降等于 i_c 与 $R_c // R_L$ 之积。根据上述特征,只要过 Q 点作一条直线就是交流负载线。实际上,已知直线上一点为 Q,再寻找另一点,连接两点即可。

在图 3.2.12(b) 中,对于直角三角形 QAB 中:

直角边 QA 为 I_{CQ},角 $\angle QBA = \alpha$,它的正切为 $\tan\alpha = -1/(R_c // R_L)$。

直角边 AB 为 $\tan\alpha = \dfrac{I_{CQ}}{AB} = \dfrac{1}{R_c // R_L}$,得 $AB = I_{CQ}(R_c // R_L)$,所以 B 点坐标为 $[U_{CEQ} + I_{CQ}(R_c // R_L), 0]$。连接 Q 点与 B 点得的直线就是交流负载线,斜率为 $-1/(R_c // R_L)$,如图 3.2.12(b) 所示。

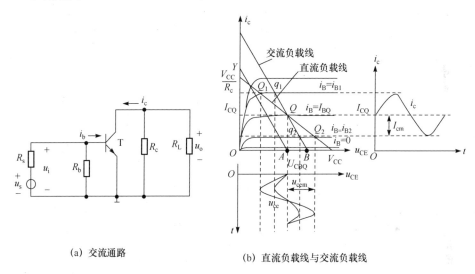

(a) 交流通路　　　　　　　　　　(b) 直流负载线与交流负载线

图 3.2.12　交流负载线图解分析

用辅助线的方法,作交流负载线。先作斜率为 $-1/(R_c // R_L)$ 的辅助线,再过 Q 点作平行于辅助线的直线,这一直线便是交流负载。在横轴上找点 $A(U_{CEQ}, 0)$,作辅助线与纵轴的交点 Y 的坐标是 $(0, U_{CEQ}/R_c // R_L)$

$$u_{CE} = 0$$

$$i_C = \frac{u_{CEQ}}{R_c // R_L}$$

连接 A、Y 两点,便是辅助线,通过 Q 点作平行于辅助线的直线,这一直线便是交流负载。

可以看出,负载电阻对负载线产生影响,电路负载线的斜率会发生变化,这时的 u_{ce} 动态范围变窄,说明交流情况下,放大器的电压放大倍数比直流负载线的要小。

根据交流负载线可以计算出放大器的放大倍数、最小输入失真信号幅度。例如,可以在图中找到输入交流信号 u_i 和输出电压 u_o 的变化范围,通过这两个数据就可以计算出电路的放大倍数。

如果已知一个电路的电阻、电容元件值和使用的三极管或场效应管的输入输出特性曲线,可以根据已知参数值绘制出工作点和负载线,这样就可以分析判断电路能否正常工作,以及正常工作的范围。

对于放大电路与负载直接耦合的情况,直流负载线与交流负载线是同一条直线;而对于阻容耦合放大电路,只有在空载时两条直线才合二为一。

(6) 放大电路的非线性失真。

用图解分析法分析放大电路的非线性失真。因为三极管具有非线性特性,所以电路存在非线性失真。根据电路结构得输出回路的电压方程

$$U_{CE} = V_{CC} - I_C R_c$$

由此可在输出特性曲线上作出直流负载线$\overline{MN}$,如图 3.2.13 所示。

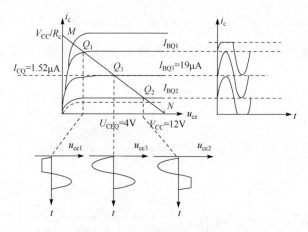

图 3.2.13　三极管的失真分析

为了便于讨论,我们假设放大电路工作在空载放大状态。在图 3.2.13 所示的三极管输出特性中设定 3 个不同的静态工作点 Q_1、Q_2 和 Q_3,并将与它们对应的输出电压 u_{ce} 的波形投影到各自的时域坐标系上。由图 3.2.13 可知,3 个时域坐标系的动态零电压坐标就是各自的静态电压 U_{CEQ}。

① 饱和失真。对应靠近饱和区的 Q_1 点,输出电压 u_{ce1} 的负半周被削去了一截,称为**饱和失真**。这是因为 I_{BQ1} 较大时,I_{CQ1} 更大,使得 U_{CEQ1} 太小,即使输入信号不变,u_{ce1} 也可能进入饱和区,产生饱和失真。

② 截止失真。对应靠近截止区的 Q_2 点,输出电压 u_{ce2} 的顶部被削去了一截,称为截止失真。这是因为,I_{BQ2} 设置较小,当 u_i 变化到负半周时,就可能使 u_{BE} 小于开启电压而进入截止区,产生截止失真。

③ 最大输出幅度。当调整静态工作点至 Q_3 点时,由于 I_{BQ3}、I_{CQ3} 和 U_{CEQ3} 位于线性区,均较适中,输出电压 u_{ce3} 不会出现削波失真,且动态范围最大。放大电路所能供给的最大输出电压称为最大输出幅度。

图解分析法能直观地分析放大电路的工作过程。不但能清晰地观察波形的失真情况、估算出波形不失真时最大限度的输出幅度,还能估算出电流放大系数。但图解分析法作图过程烦琐,误差大,也有局限性,所以在小信号放大电路中很少使用图解法分析,取而代之的是估算法。

例 3.2.2　电路是一个分压偏置共射极放大电路如图 3.2.14(a)所示,图 3.2.14(b)是它的直流通路。已知 $R_{b1} = 10\text{k}\Omega$,$R_{b2} = 100\text{k}\Omega$,$R_e = 150\Omega$,$R_c = 5\text{k}\Omega$,$R_L = 50\text{k}\Omega$,$R_s = 1\text{k}\Omega$,$V_{CC} = 12\text{V}$,$\beta = 50$,$U_{BEQ} = 0.7\text{V}$。试计算:

(1) 试求静态工作点,并分析静态工作点的稳定作用;

(2) 试求电路的电压放大倍数 A_u、输入电阻 R_i 和输出电阻 R_o;

(3) 如果信号源内阻 $R_s = 1\text{k}\Omega$,试求电路的源电压放大倍数 A_{us}。

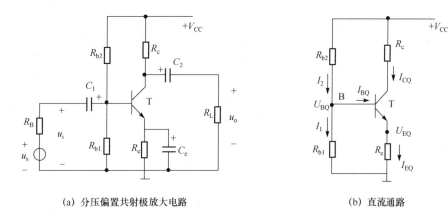

(a) 分压偏置共射极放大电路　　　　　　(b) 直流通路

图 3.2.14　分压偏置共射极放大电路

解　(1) 试求静态工作点,并分析静态工作点的稳定作用。

图 3.2.14(a)的直流通路如图 3.2.14(b)所示,由图可得:

$$U_{BQ} = \frac{R_{b1}}{R_{b1}+R_{b2}} V_{CC} = \left(\frac{10 \times 10^3}{10 \times 10^3 + 100 \times 10^3} \times 12 \right) V = 1.1V$$

$$I_{EQ} = \frac{U_{EQ}}{R_e} = \frac{U_{BQ}-U_{BEQ}}{R_e} = \frac{1-0.7}{150} = 2mA \approx I_{CQ}$$

$$U_{CEQ} \approx V_{CC} - I_{CQ}(R_c+R_e) = [12 - 2 \times (5 \times 10^3 + 150)]V = 1.7V$$

稳定工作点的过程:当温度升高时,发射极电流 I_E 随着集电极电流 I_C 的增大而增大,发射极电位 $U_E = I_E R_e$ 也要升高,在基极电位 U_B 基本不变的情况下,发射结电压 U_{BE} 减少,导致基极电流 I_B 减少,从而限制了集电极电流 I_C 的增加。

上述过程可简述为

$$T(℃) \uparrow \rightarrow I_{CQ}(I_{EQ}) \uparrow \rightarrow U_{EQ} \uparrow \xrightarrow{\ U_B 不变\ } U_{BEQ} \downarrow \rightarrow I_{BQ} \downarrow$$
$$I_C \downarrow \longleftarrow$$

(2) 试求电路的电压放大倍数 A_u、输入电阻 R_i 和输出电阻 R_o。

根据图 3.2.14 所示分压偏置共射极放大电路,画出其交流通路和微变等效电路,如图 3.2.15 所示。

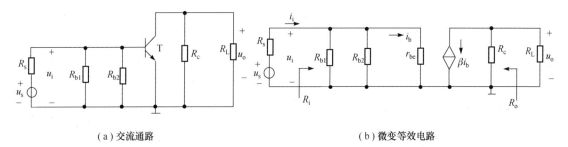

（a）交流通路　　　　　　　　　　　　（b）微变等效电路

图 3.2.15　典型工作点稳定放大电路的交流通路与微变等效电路

图 3.2.15(b)中

$$r_{be} = 300 + (1+\beta) \frac{26(mV)}{I_E(mA)} = \left(300 + (1+50) \times \frac{26}{2} \right) \Omega \approx 963\Omega$$

电压放大倍数 A_u 为

$$A_u = \frac{u_o}{u_i} = \frac{-\beta I_b(R_c//R_L)}{I_b r_{be}} = -\frac{\beta R_L'}{r_{be}} = -\frac{50 \times \dfrac{5\times10^3 \times 50\times10^3}{5\times10^3 + 50\times10^3}}{963} \approx -236$$

输入电阻 R_i 和输出电阻 R_o 为

$$R_i = \frac{u_i}{i_i} = R_{b1}//R_{b2}//r_{be} = (10//100//0.963)\text{k}\Omega \approx 871\Omega$$

$$R_o = R_c = 5\text{k}\Omega$$

(3) 如果信号源内阻 $R_s = 1\text{k}\Omega$,试求电路的源电压放大倍数 A_{us}。

根据源电压放大倍数 A_{us} 的定义。考虑信号源内阻时,电路的放大倍数 A_{us} 为

$$A_{us} = \frac{u_o}{u_s} = \frac{R_i}{R_s + R_i} A_u = \frac{0.871}{1 + 0.871} \times (-236) \approx -110$$

通过例 3.2.2 的分析可知,分压偏置电路最主要的特点是,具有稳定工作点的特性。引入分压偏置电路,使电路的电压放大倍数仅取决于电阻值,不受环境温度的影响,所以温度稳定性好。

3.2.2　共集电极放大电路

共集电极放大电路原理图如图 3.2.16 所示,直流通路如图 3.2.17 所示,交流通路如图 3.2.18(a)所示。共集电极放大电路的基本工作原理是,R_b 为基极提供一个静态电流,使电路工作在一个直流工作点上。当有交流信号从基极输入时,基极电流会发生变化,引起集电极电流发生变化,发射极电流也随之发生变化,并在发射极电阻 R_e 上形成射极输出电压的变化。如果接有负载电阻,则这个输出电压就会在负载电阻上形成输出电流。输出信号取自三极管的发射极,因此又称射极输出器。共集电极放大电路输入电阻高,因此向信号源索取的电流小;其输出电阻低,因此带负载能力强;并可用于多级放大器的输入级或输出级。共集电极放大电路作为两级放大电路的中间级起到**隔离或阻抗变换**的作用。工作频带较宽,适合于信号驱动。它也是**恒压源**电路、测量放大电路、功率放大电路的首选,用途广泛。共集电极交流放大电路又叫作射极跟随器或电压跟随器。其电压增益小于 1,输入输出同相。

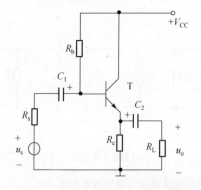

图 3.2.16　共集电极电路原理图

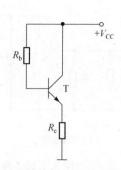

图 3.2.17　直流通路

前面了解了共集电极放大电路的结构。下面举例说明共集电极放大电路的分析方法,学习共集电极放大电路的特性。

例 3.2.3　共集放大电路如图 3.2.16 所示的,已知 $R_b=100k\Omega$, $R_e=5k\Omega$, $V_{CC}=12V$;三极管的 $\beta=50$, $U_{BEQ}=0.7V$。分析:

(1) 估算静态工作点 Q;

(2) 估算 $R_L=\infty$ 和 $R_L=5k\Omega$ 时的电压放大倍数 A_u 及输入电阻 R_i 和输出电阻 R_o;

(3) 分别估算信号源内阻 $R_s=0$ 和 $R_s=1k\Omega$ 时的输出电阻 R_o;

(4) 共集放大电路的频率特性分析。

解　(1) 直流分析(估算静态工作点 Q)(估算静态工作点 I_{BQ}、I_{EQ} 和 U_{CEQ})。

共集电极放大电路直流通路如图 3.2.17 所示。

根据电路分析的基本方法,共集电极电路的静态工作点可以计算如下。输入回路的电压方程为

$$V_{CC}=I_{BQ}R_b+U_{BEQ}+I_{EQ}R_e$$

$$I_{BQ}=\frac{V_{CC}-U_{BEQ}}{R_b+(1+\beta)R_e}=\frac{12-0.7}{100+51\times5}mA\approx31.8\mu A$$

$$I_{EQ}=(1+\beta)I_{BQ}\approx51\times32\mu A\approx1.63mA$$

输出回路的电压方程为

$$V_{CC}=U_{CEQ}+I_{EQ}R_e$$

可得

$$U_{CEQ}=V_{CC}-I_{EQ}R_e=(12-1.63\times5)V\approx3.9V$$

由于 $U_{BEQ}<U_{CEQ}<V_{CC}$,所以管子工作在放大区。

(2) 交流分析(估算 $R_L=\infty$ 和 $R_L=5k\Omega$ 时的电压放大倍数 A_u 及输入电阻 R_i 和输出电阻 R_o)。

共集电极放大电路的交流通路如图 3.2.18(a)所示。

对于交流信号,直流电源处于短路状态,集电极成为交流信号的公共点。用三极管低频小信号等效电路代替三极管,得到三极管共集电极放大电路的微变等效电路,如图 3.2.18(b)所示。

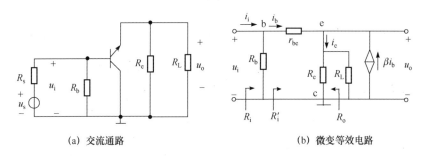

(a) 交流通路　　　　　　　　　　　　　(b) 微变等效电路

图 3.2.18　交流通路和微变等效电路

微变等效电路中 r_{be} 为

$$r_{be}=\left(300+(50+1)\times\frac{26}{1.63}\right)\Omega\approx1113\Omega=1.113k\Omega$$

电压放大倍数 A_u 为

$$A_u=\frac{u_o}{u_i}=\frac{i_e(R_e//R_L)}{i_b r_{be}+i_e(R_e//R_L)}$$

$$= \frac{(1+\beta)i_b(R_e // R_L)}{i_b r_{be}+(1+\beta)i_b(R_e // R_L)} = \frac{(1+\beta)R'_L}{r_{be}+(1+\beta)R'_L}$$

输入电阻 R_i 为

$$R_i = \frac{u_i}{i_i} = R_b // R'_i = R_b // \frac{u_i}{i_b} = R_b // \frac{i_b r_{be}+i_e(R_e // R_L)}{i_b}$$

$$= R_b // \frac{i_b r_{be}+(1+\beta)i_b R'_L}{i_b} = R_b // [r_{be}+(1+\beta)R'_L]$$

当 $R_L=\infty$ 时，

$$A_u = \frac{(1+\beta)R_e}{r_{be}+(1+\beta)R_e} = \frac{51 \times 5}{1.113+51 \times 5} \approx 0.996$$

$$R_i = R_b // [r_{be}+(1+\beta)R_e] = [100 // (1.113+51 \times 5)] k\Omega \approx 72 k\Omega$$

当 $R_L=5k\Omega$ 时，

$$A_u = \frac{(1+\beta)R'_L}{r_{be}+(1+\beta)R'_L} = \frac{51 \times 2.5}{1.113+51 \times 2.5} \approx 0.991$$

$$R_i = R_b // [r_{be}+(1+\beta)R'_L] = [100 // (1.113+51 \times 2.5)] k\Omega \approx 56.2 k\Omega$$

以上分析指出，共集电极交流放大电路的最大电压放大倍数约等于 1，并且输出信号与输入信号的相位相同，所以也叫作电压跟随器。由于是发射极输出，又叫作射极跟随器，尽管没有电压放大的能力，但由于此时的输出电流为 i_e，所以共集电极放大电路提供了较大的输出电流。

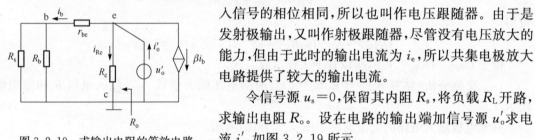

图 3.2.19 求输出电阻的等效电路

令信号源 $u_s=0$，保留其内阻 R_s，将负载 R_L 开路，求输出电阻 R_o。设在电路的输出端加信号源 u'_o 求电流 i'_o，如图 3.2.19 所示。

$$i'_o = i_b+\beta i_b+i_{Re} = (1+\beta)i_b+i_{Re} = (1+\beta)\frac{u'_o}{r_{be}+R_b // R_s} + \frac{u'_o}{R_e}$$

$$R_o = \frac{u'_o}{i'_o} = \frac{u'_o}{(1+\beta)\dfrac{u'_o}{r_{be}+R_b // R_s}+\dfrac{u'_o}{R_e}} = R_e // \frac{r_{be}+R_b // R_s}{1+\beta}$$

(3) 分别估算信号源内阻 $R_s=0$ 和 $R_s=1k\Omega$ 时的输出电阻 R_o。

当 $R_s=0$ 时，

$$R_o = R_e // \frac{r_{be}}{1+\beta} \approx \frac{r_{be}}{1+\beta} = \frac{1113}{51} \approx 21.8\Omega$$

当 $R_s=1k\Omega$ 时，

$$R_o = R_e // \frac{r_{be}+R_b // R_s}{1+\beta} \approx \frac{r_{be}+R_s}{1+\beta} = \frac{1113+1000}{51} \approx 41.4\Omega$$

(4) 共集放大电路的频率特性分析。

同样的道理，共集电极电路交流分析的基础也是低频小信号，因此，也需要考虑什么样的信号属于低频小信号，以保证电路工作正常。只有当信号频率远小于三极管的允许工作频率时，才能认为电路属于低频小信号，才能使用低频小信号等效电路作为分析模型。

用 Multisim 仿真共集电极电路的频率持性如图 3.2.20 所示,注意,仿真使用的是虚拟三极管,仿真中输入信号为 1V、1kHz。从图 3.2.20 可以看出:尽管放大倍数小于等于 1(0dB＝20lg1),但其频带宽;其 0dB 开始时的频率为 1.792Hz,而共射极的最低频率为 20Hz。

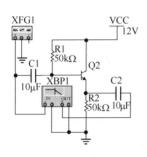 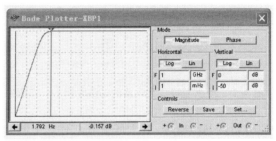

(a)　频率持性测量电路　　　　　　　(b) 共集电极放大电路的频率特性

图 3.2.20　虚拟三极管共集电极放大电路的频率特性

以上分析指出,由于共集电极交流放大电路在低频小信号工作状态下工作,放大倍数总是小于 1,并且输入信号与输出信号的相位相同。同时,共集电极交流放大电路的输入电阻很大,输出电阻较小,工作频带较宽,适合信号驱动。同时,共集电极交流放大电路的频率特性比较好,允许更低或更高的频率通过。

推导不重要,关键是结论。此例说明,共集电极放大电路的输入电阻与负载电阻 R_L 有关,输出电阻与信号源内阻 R_s 有关,但电压放大倍数几乎与上述因素无关,这是由于电路的输入电阻大、输出电阻小的缘故。电路的输入电阻大是由于 R'_L 位于输入回路中,且流经 R'_L 的电流是 i_b 的 $1+\beta$ 倍,所以当 R'_L 折合到基极回路时,相当于增大到 $1+\beta$ 倍。电路的输出电阻是从电路的发射极看进去的等效电阻,包括电阻 R_b、R_s 和 r_{be},而流经电阻 R_b、R_s 和 r_{be} 的电流是 i_b,仅为 i_e 的 $1/(1+\beta)$。这 3 个电阻折合到发射极回路就相当于减小到原来的 $1/(1+\beta)$。输入电阻大且输出电阻小是共集放大电路的突出特点,将其用于提高电子系统的带负载能力,非常恰当。

3.2.3　共基极放大电路

共基极放大电路的基本特点是输入输出信号相位相同,三极管的电流放大系数近似等于 1。用于高频信号放大和电压调节电路,电路的工作频带较宽。

共基极放大电路的基本工作原理是 R_b 为基极提供一个静态电流,使电路工作在一个静态工作点上。当有交流信号从发射极输入,会引起 u_e 的变化。由于基极电位固定,u_{be} 发生变化时,基极电流、集电极电流也都随之变化,在 R_c 的作用下形成集电极电位变化,使输出电压发生变化。如果接有负载电阻,则这个输出电压就会在负载电阻上形成输出电流。

前面了解了共基极放大电路的结构。下面举例说明共基极放大电路的分析方法及特性。

例 3.2.4　共基极放大电路的电路如图 3.2.21 所示。已知 $R_{b1}＝3k\Omega$,$R_{b2}＝10k\Omega$,$R_e＝2k\Omega$,$R_c＝R_L＝5.1k\Omega$,$V_{CC}＝12V$;三极管的 $\beta＝50$,$r_{bb'}＝300\Omega$,$U_{BEQ}＝0.7V$。

(1)直流分析;

(2)交流分析。

解　(1)直流分析(估算静态工作点 Q)。

令 $u_s＝0$,将电容 C_1、C_2 和 C_b 开路,就可得到共基极放大电路的直流通路,如图 3.2.22 所示。

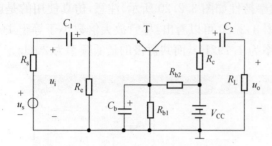 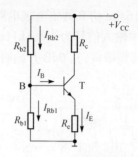

图 3.2.21　共基极放大电路的电路原理　　图3.2.22　共基极放大电路的直流通路

　　根据电路分析的基本原理,对于基极节点有 3 个电流,即 I_{Rb1}、I_{Rb2}、I_B,根据节点电流定律得 $I_{Rb2}=I_{Rb1}+I_B$。在电路的设计中,一般要求 $I_{Rb1}\gg I_B$,所以,基极的电位就可以认为是由电阻 R_{b1} 和 R_{b2} 上的电压决定的,只要电源电压不变,基极电位就不会变。

$$U_{BQ}=\frac{R_{b1}}{R_{b1}+R_{b2}}\cdot V_{CC}=\left(\frac{3}{3+10}\times 12\right)V\approx 2.77V$$

$$I_{EQ}=\frac{U_{BQ}-U_{BEQ}}{R_e}=\left(\frac{2.77-0.7}{2}\right)mA\approx 1mA\approx I_{CQ}$$

$$U_{CEQ}\approx V_{CC}-I_{CQ}(R_c+R_e)=(12-1\times(5.1+2))V=4.9V$$

$$I_{BQ}=\frac{I_{EQ}}{1+\beta}=\frac{1}{1+50}mA=20\mu A$$

　　注意:共基极放大电路中,电阻 R_e 是十分重要的,其作用不仅相当于输入电阻,同时还负责提供电路工作所需要的直流通道。

　　(2) 交流分析(电压放大倍数 A_u 及输入电阻 R_i 和输出电阻 R_o)。

　　将图 3.2.21 电路中的直流电源和电容短路,得到它的交流通路如图 3.2.23(a)所示。其中偏置电阻 R_{b1} 和 R_{b2} 被电容 C_b 短路而不存在。根据交流通路做出共基极放大电路的微变等效电路如图 3.2.23(b)所示。

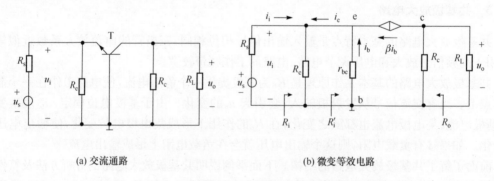

(a) 交流通路　　　　　　　　　　　　(b) 微变等效电路

图 3.2.23　共基极放大电路交流通路和微变等效电路

　　其中,r_{be} 为

$$r_{be}=r_{bb'}+(1+\beta)\frac{U_T}{I_{EQ}}=\left(300+51\times\frac{26}{1}\right)\Omega\approx 1.6k\Omega$$

　　根据共基极低频小信号交流等效电路,对于交流信号来说,输入的信号电压就是三极管发射极到参考点(基极)的电压,即 b-e 结的电压。

输入电压 u_i 为

$$u_i = -i_b r_{be}$$

输出电压 u_o 则是集电极电流在 R_c 上的电压降，即

$$u_o = -i_c(R_c//R_L) = -\beta i_b(R_c//R_L)$$

借助电路的微变等效电路，求得共基电路的电压放大倍数 A_u 为

$$A_u = \frac{u_o}{u_i} = \frac{-\beta i_b(R_c//R_L)}{-i_b r_{be}} = \beta \frac{R'_L}{r_{be}} = 50 \times \frac{2.5}{1.6} \approx 78$$

共基电路的电压放大倍数是正值，说明其输出电压与输入电压是同相关系。共基电路的 A_u 表达式与基本共射放大电路的 A_u 表达式绝对值相同。

输入电阻 R_i。根据等效电路图，用电路分析中的等效定理，可以计算出从输入端看进去电路的等效输入电阻。计算输入电阻的低频小信号等效电路如图 3.2.24 所示。注意：输出端 $u_o = 0$。

$$R_i = \frac{u_i}{i_i} = R_e // \frac{u_i}{-i_e} = R_e // \frac{-i_b r_{be}}{-(1+\beta)i_b} = R_e // \frac{r_{be}}{1+\beta} \approx \frac{r_{be}}{1+\beta} = \frac{1.6}{51}\text{k}\Omega \approx 31\Omega$$

输出电阻 R_o。对于输出电阻，根据电路分析的基本原理，设在输出加入一个电压，同时令输入端短路，令信号电压 $u_i = 0$。计算这时输出端的电压、电流比值，这个就是输出电阻。从图中可以看出，由于输出端短路，所以 $u_{be} = 0$，即基极电流 $i_b = 0$，由于集电极是受控电流源，所以集电极电流 $\beta I_b = 0$，即集电极电流源开路。计算输出电阻的等效电路如图 3.2.25 所示。共基极交流放大电路的输出电阻为

$$R_o = R_c = 5.1\text{k}\Omega$$

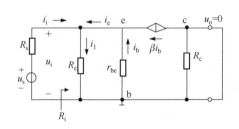 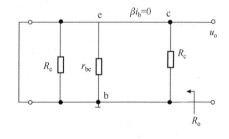

图 3.2.24 共基极放大电路输入电阻等效电路　　图 3.2.25 共基极放大电路输出电阻等效电路

以上讨论的结果指出，共基极放大电路的输入电阻比共射极和共集电极电路的输入电阻小，而输出电阻与共射极电路基本相同。

3.2.4 三种组态电路的主要特点比较

三种组态基本放大电路的性能指标，有明显的区别，为便于比较，列于表 3.2.1 中。

表 3.2.1　三极管三种组态放大电路的指标比较

	共射(CE)	共集(CC)	共基(CB)
A_i	大(约 100)β	大(约 100)$-(1+\beta)$	小(近于 1)$-\alpha$
A_u	大(几十至几百) $\dfrac{\beta(R_c//R_L)}{r_{be}}$	小(近于 1) $\dfrac{(1+\beta)(R_e//R_L)}{r_{be}+(1+\beta)(R_e//R_L)}$	大(几十至几百) $\dfrac{\beta(R_c//R_L)}{r_{be}}$
R_i	中(几千欧) $R_b//r_{be}$	大(几十千欧以上) $R_b//[r_{be}+(1+\beta)(R_e//R_L)]$	小(几十欧) $\dfrac{r_{be}}{1+\beta}$
R_o	中(几千欧) R_c	小(几至十几欧) $\dfrac{r_{be}+R_s}{1+\beta}$	中(几千欧) R_c

共射极放大电路同时具有较大的电流放大倍数和电压放大倍数,输入电阻和输出电阻值适中,所以,一般只要对输入电阻、输出电阻、频率响应等没有特殊要求时,常作为多级放大器的中间级,是中、低频电压放大电路的首选单元电路。

共集电极放大电路的电压放大倍数接近于 1,具有电压跟随的特点。其输入电阻高,索取信号源电流小,输出电阻低,带负载能力强,因此常作为隔离器或阻抗变换器,用于多级放大器的输入级或输出级。它也是恒压源电路、测量放大电路、功率放大电路的首选单元电路。

共基极放大电路的电压放大倍数较大,其输入电阻很小,适合作为电流型信号源的负载。且其频率特性好,是实现宽频放大电路的首选单元电路,可用于无线电通信系统。它的电流放大倍数近于 1,具有电流跟随的特点,常用来实现恒流源输出。

注意:以上分析的三极管三种电路组态都有一个共同的特点,就是必须要有一个直流工作点。直流工作点的作用是使三极管处于放大区,以便对弱小的信号进行放大。这虽然解决了弱小信号的放大问题,但也带来了另外一个难以处理的电路问题,就是如果把这种具有直流工作点的电路直接串联在一起时,电路会失去放大能力。原因是前一级电路的静态输出将成为下一级电路的输入,由于直流工作点比较高,只要第二级电路稍微有点放大作用,就会使第二级三极管进入饱和状态,电路从此失去放大能力。因此,当需要把三极管的三种基本电路组态中的某一个电路串联使用时,为了消除直流工作点的影响,总是在电路的输入和输出端加上一个隔直电容,使两个相互串联的电路间没有直流工作点的连接,这种方法叫作交流耦合。

3.3　场效应管基本放大电路的分析

场效应管是利用极间电压产生的电场效应来控制输出电流的半导体器件,是一种电压控制电流型器件(简称压控器件),用 FET 表示。又因为其工作电流主要由多数载流子的扩散运动形成,因此又称为单极型晶体管。与双极型晶体管相比,它具有输入阻抗高、热稳定性好、噪声低、抗辐射能力强和制造工艺简单、易于大规模集成等优点,得到了广泛的应用。

场效应管放大电路有三种基本组态,即共源(CS)、共漏(CD)和共栅(CG),如图 3.3.1 所示。

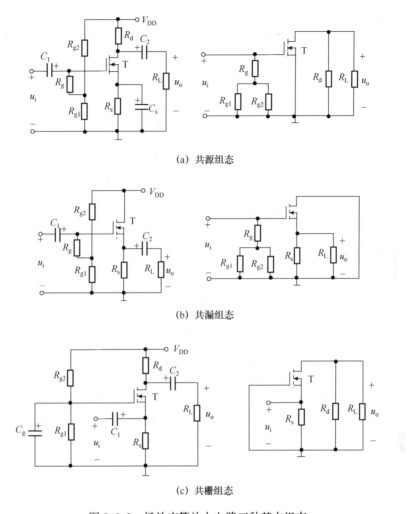

图 3.3.1　场效应管放大电路三种基本组态

第 2 章已经指出,相应的偏置电压是场效应管正常工作的基本条件,任何组态电路都必须为场效应管提供一个可靠的偏置电路。偏置电路的作用是为场效应管提供必要的偏置电压,使场效应管工作在特定的工作区。分析场效应管的交流放大组态电路模块时要注意,不同类型的管子对偏置电压要求不同,因此,对偏置电路的要求也不同。

微变等效电路分析方法或图解分析方法也是场效应管的基本分析方法。

本节以 N 沟道增强型 MOS 管和耗尽型 MOS 管为例,介绍有关 MOS 管基本放大电路的解析分析方法(等效电路分析方法)。本节讨论的电路中,如果把电源换成负电源、把 N 沟道 MOS 管换成 P 沟道 MOS 管,就是 P 沟道交流放大器。

3.3.1　共源极放大电路

场效应管通过栅-源间电压 u_{GS} 和控制漏极电流 i_D 构成放大电路。由于栅-源间的电阻可达兆欧量级,所以常用于高灵敏度放大电路的输入级。

前面了解了共源极交流放大电路的结构。下面以 NMOS 增强型绝缘栅场效应管构成的共源极放大电路为例,学习放大电路的分析方法及电路的特性。

例 3.3.1 在图 3.3.2(a)所示的共源放大电路中,已知 $R_s = 2.5\text{k}\Omega, R_{g1} = 200\text{k}\Omega, R_{g2} = 300\text{k}\Omega, R_g = 10\text{M}\Omega, R_d = R_L = 5\text{k}\Omega, V_{DD} = 15\text{V}$;增强型 NMOS 管的特性曲线如图 3.3.2(b)所示。试估算电路的电压放大倍数 A_u、输入电阻 R_i 及输出电阻 R_o。

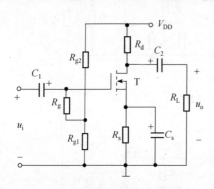

(a) 增强型NMOS管共源极放大电路

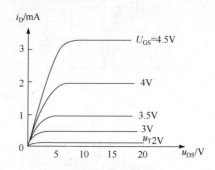

(b) 增强型NMOS管的特性曲线

图 3.3.2 增强型 NMOS 共源极放大电路及特性曲线

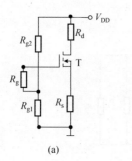 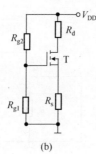

(a)　　　　(b)

图 3.3.3 直流通路

解 (1) 直流分析(静态工作点 U_{GSQ}、I_{DQ}、U_{DSQ})。场效应管的最主要特点就是输入阻抗极高。为充分发挥其特性,在 R_{g1} 和 R_{g2} 构成的分压式直流偏置电路中增加了一个电阻 R_g,由于场效应管的输入电阻 R_{gs} 可以认为是无穷大,因此 R_g 中没有直流电流流过,也不产生压降,所以,图 3.3.3(a)所示直流电路,可等效为图 3.3.3(b)。

由图 3.3.3(b)得

$$U_{GSQ} = \frac{R_{g1}}{R_{g1} + R_{g2}} \cdot V_{DD} - I_{DQ}R_s$$

$$= \frac{200\text{k}}{200\text{k} + 300\text{k}} \times 15 - 2.5\text{k}I_{DQ} = 6 - 2.5\text{k}I_{DQ}$$

由场效应管的输出特性曲线可知,开启电压 $U_T \approx 2\text{V}$,当 $U_{GS} = 2U_T = 4\text{V}$ 时,$I_{D0} = 2\text{mA}$,则根据增强型管的电流方程式(2.4.1)得

$$I_{DQ} = I_{D0}\left(\frac{U_{GSQ}}{U_T} - 1\right)^2 = 2 \times 10^{-3} \times \left(\frac{U_{GSQ}}{2} - 1\right)^2$$

将 U_{GSQ} 式代入 I_{DQ} 的表达式得到

$$3.125 \times 10^3 I_{DQ}^2 - 11I_{DQ} + 8 \times 10^{-3} = 0$$

解得 $\begin{cases} I_{DQ} = 2.49\text{mA} \\ U_{GSQ} = -0.225\text{V} \end{cases}$、$\begin{cases} I_{DQ} = 1.03\text{mA} \\ U_{GSQ} = 3.425\text{V} \end{cases}$ 两组值,其中 $U_{GSQ} = -0.225\text{V} < U_T$ 不符合题意,故舍去。然后将 $I_{DQ} = 1.03\text{mA}$ 代入下式,求得

$$U_{DSQ} = V_{DD} - I_{DQ}(R_d + R_s) = [15 - 1.03 \times (5 + 2.5)]\text{V} = 7.275\text{V}$$

放大电路静态工作点为

$$U_{GSQ} = 3.425\text{V}, I_{DQ} = 1.03\text{mA}, U_{DSQ} = 7.275\text{V}$$

(2) 交流分析(电压放大倍数 A_u、输入电阻 R_i 及输出电阻 R_o)。共源极放大电路的交流通路如图 3.3.4所示。

场效应管微变等效模型如图 3.3.5(a)所示。共源极放大电路的微变等效电路如图 3.3.5(b)所示。

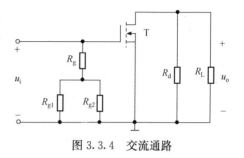

图 3.3.4　交流通路

场效应管的跨导可由式(2.4.10)求得

$$g_m = \frac{2}{U_T}\sqrt{I_{D0}\,i_{DQ}} = \left(\frac{2}{2}\sqrt{2\times1.03}\right)\text{mS} = 1.435\,\text{mS}$$

由图 3.3.5(b)可得电压放大倍数 A_u 为

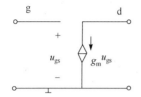
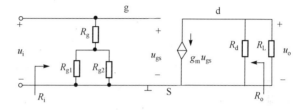

(a) 场效应管微变等效模型　　　　　　(b) 共源极放大电路的微变等效电路

图 3.3.5　微变等效电路

$$A_u = \frac{u_o}{u_i} = \frac{-g_m u_{gs}(R_d//R_L)}{u_{gs}} = -g_m R'_L = -1.435\times(5//5) \approx -3.6$$

由图 3.3.5(b)可得输入电阻 R_i 为

$$R_i = \frac{u_i}{i_i} = R_g + (R_{g1}//R_{g2}) = [10+(0.2//0.3)]\text{M}\Omega \approx 10.1\,\text{M}\Omega$$

输出电阻 R_o 可在负载 R_L 开路、信号电压 $u_i=0$ 的条件下,用观察法获得。

$$R_o = R_d = 5\,\text{k}\Omega$$

由分析可知,共源极放大电路与共射极放大电路类似,都是输入、输出电压反相,但由于跨导 g_m 较小,电压放大倍数比共射电路小得多,因此适用于希望输入电阻高的电路。

总之,场效应管放大电路的最大不足是跨导较小,在相同负载电阻下,电压放大倍数比三极管低。场效应管由于输入阻抗高、热稳定性好、噪声低、抗辐射能力强,可用于高精度测量放大电路。场效应管的最大优势是制造工艺简单、体积小、功耗低、易于集成,因而受到广泛的重视,发展前景优于三极管。

例 3.3.2　耗尽型 NMOS 管共源极放大电路分析。

(1) 直流分析(静态工作点 U_{GSQ}、I_{DQ}、U_{DSQ});

(2) 交流分析(电压放大倍数 A_u、输入电阻 R_i 及输出电阻 R_o)。

耗尽型 NMOS 管共源极放大电路如图 3.3.6(a)所示,特性曲线表示的工作状态如图 3.3.6(b)所示。从输入转移特性中可以看出,不设置偏置电压 u_{gs} 时,由于管子的结构特性,已经具有一定的偏置电压。必须指出,如果使用分立器件设计电路,由于器件参数的分散性,会使电路的工作点有很大的偏差。

图 3.3.6(a)中电容器的作用是隔离直流分量,电解电容有正负极性,且容量较大,可以满足低频电压信号通过的要求。R_g 是栅极偏置电阻,R_d 是漏极电阻,作用是把电流放大转变为电压放大。

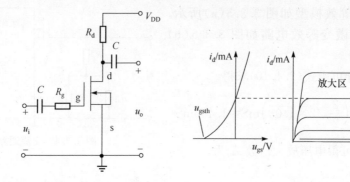

(a) 耗尽型NMOS管共源极放大电路　　　　(b) 耗尽型NMOS管的特性曲线

图 3.3.6　耗尽型 NMOS 管小信号共源极放大电路及特性曲线

解　(1) 直流分析(静态工作点 U_{GSQ}、I_{DQ}、U_{DSQ})。耗尽型 NMOS 管共源极放大电路的直流通道、直流通路的微变等效电路如图 3.3.7 所示。

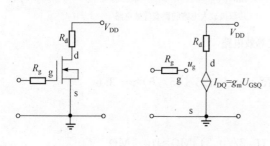

(a) 直流通路　　　(b) 直流通路的微变等效电路

图 3.3.7　耗尽型 NMOS 管小信号
共源极直流通路及微变等效电路

直流工作点包括 U_{GSQ}、I_{DQ}、U_{DSQ}。根据图 3.3.7所示的直流通道微变等效电路,直流工作点可计算如下:

$$U_{GSQ} = U_g = U_{gs}$$
$$U_{DSQ} = U_d = V_{DD} - I_d R_d$$
$$I_{DQ} = I_d = g_m U_{GSQ}$$
$$I_s = I_d$$

注意,由于没有设置偏置电压,所以 U_g 的大小取决于管子的特性,实际分析时需要根据器件的具体参数计算。例如,设 $U_{gs} = 0$ 时,$I_s = I_{s0}$,可以得到 $U_g = U_{gs} = u_s = 0$,$U_d = V_{DD} - I_{s0} R_d$。

(2) 交流分析(电压放大倍数 A_u、输入电阻 R_i 及输出电阻 R_o)。耗尽型 NMOS 管小信号共源极放大电路的交流通路如图 3.3.8(a)所示,微变等效电路如图 3.3.8(b)所示。

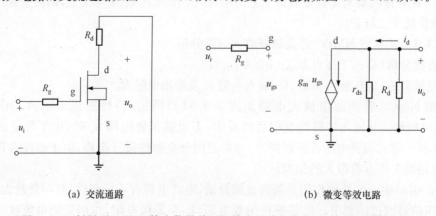

(a) 交流通路　　　　　　　　　　　　(b) 微变等效电路

图 3.3.8　耗尽型 NMOS 管小信号共源极放大电路的交流通路及微变等效电路

设输入交流信号为 u_i，输出的交流放大信号为

$$u_o = u_d = -g_m u_{gs} r_{ds} // R_d$$

由于 $u_{gs} = u_i$，所以

$$u_o = -g_m u_i r_{ds} // R_d$$

最后得到交流放大倍数

$$A_u = u_o / u_i = -g_m r_{ds} // R_d$$

如果在输出端接上负载 R_L，则

$$A_u = -g_m r_{ds} // R_d // R_L$$

共源极放大电路的输入电阻为

$$R_i = \infty$$

如果忽略信号源内阻，则共源极放大电路的输出电阻为

$$R_o = r_{ds} // R_d$$

由上述分析可以看出，耗尽型和增强型 MOS 管共源极交流放大电路的差别仅在于栅极偏置电路的不同。实际上，为了满足电路的设计要求，耗尽型 NMOS 管电路往往也需要设置必要的栅极偏置电路。

3.3.2 共漏极放大电路

与三极管共集电极放大电路类似，场效应管也有一种共漏极放大电路。无论使用哪一种场效应管，共漏极放大电路的结构形式都是相同的。N 沟道增强型 MOS 管共漏极放大电路如图 3.3.9 所示。

与三极管射极跟随器的功能完全相同，共漏极放大电路的电压增益小于 1 但接近于 1，输入输出相位相同，但电流输出能力强、输入电阻高、输出电阻低、工作频带较宽，适合信号驱动。

前面了解了共漏极放大电路的结构。下面以增强型 NMOS 绝缘栅场效应管构成的共漏极放大电路为例，学习放大电路的分析方法及电路的特性。

例 3.3.3 MOS 管的共漏极放大电路如图 3.3.9(a)所示。增强型 MOS 管的漏极特性曲线如图 3.3.9(b)所示。已知 $R_s = 2.5 \text{k}\Omega$，$R_{g1} = 200 \text{k}\Omega$，$R_{g2} = 300 \text{k}\Omega$，$R_g = 10 \text{M}\Omega$，$R_L = 5 \text{k}\Omega$，$V_{DD} = 15 \text{V}$；场效应管的跨导 $g_m = 1.8 \text{mS}$。试估算电路的电压放大倍数 A_u、输入电阻 R_i 及输出电阻 R_o。

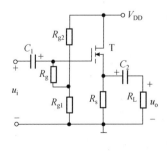

(a) MOS管共漏极放大电路

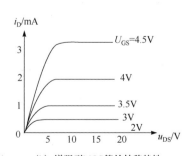

(b) 增强型MOS管的转移特性

图 3.3.9 增强型 MOS 管共漏极放大电路及转移特性

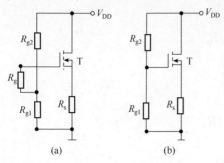

图 3.3.10　直流通路

解　(1) 直流分析(静态工作点 U_{GSQ}、I_{DQ}、U_{DSQ})。场效应管的最主要特点就是输入阻抗极高,为充分发挥其特性,所以在 R_{g1} 和 R_{g2} 构成的分压式直流偏置电路中增加了一个电阻 R_g,由于场效应管的输入电阻 R_{gs} 可以认为是无穷大,因此 R_g 中没有直流电流流过,也不产生压降,所以,图 3.3.10(a) 所示直流电路,可等效为图 3.3.10(b)。

由图 3.3.10(b)得

$$U_{GSQ}=\frac{R_{g1}}{R_{g1}+R_{g2}}\cdot V_{DD}-I_{DQ}R_s=\frac{200k}{200k+300k}\times 15-2.5kI_{DQ}=6-2.5kI_{DQ}$$

由场效应管的输出特性曲线可知,开启电压 $U_T\approx 2V$,当 $U_{GS}=2U_T=4V$ 时,$I_{D0}=2mA$,则根据增强型管的电流方程式(2.4.1)得

$$I_{DQ}=I_{D0}\left(\frac{U_{GSQ}}{U_T}-1\right)^2=2\times 10^{-3}\times\left(\frac{U_{GSQ}}{2}-1\right)^2$$

将 U_{GSQ} 式代入 I_{DQ} 表达式得到

$$3.125\times 10^3 I_{DQ}^2-11I_{DQ}+8\times 10^{-3}=0$$

解得 $\begin{cases}I_{DQ}=2.49mA\\U_{GSQ}=-0.225V\end{cases}$、$\begin{cases}I_{DQ}=1.03mA\\U_{GSQ}=3.425V\end{cases}$ 两组值,其中 $U_{GSQ}=-0.225V<U_T$ 不符合题意,故舍去。然后将 $I_{DQ}=1.03mA$ 代入下式,求得

$$U_{DSQ}=V_{DD}-I_{DQ}R_s=[15-1.03\times 2.5]V=12.425V$$

放大电路静态工作点为

$$U_{GSQ}=3.425V,I_{DQ}=1.03mA,U_{DSQ}=12.425V$$

(2) 交流分析(电压放大倍数 A_u、输入电阻 R_i 及输出电阻 R_o)。共漏极放大电路的交流通路及微变等效电路如图 3.3.11 所示。

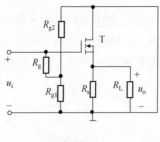

(a) 交流通路

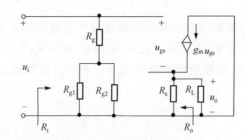

(b) 共漏极放大电路的微变等效电路

图 3.3.11　共漏极放大电路的交流通路及微变等效电路

由图 3.3.11(b)可知

$$A_u=\frac{u_o}{u_i}=\frac{g_m u_{gs}(R_s//R_L)}{u_{gs}+g_m u_{gs}(R_s//R_L)}=\frac{g_m R_s'}{1+g_m R_s'}=\frac{1.8\times(2.5k//5k)}{1+1.8\times(2.5k//5k)}\approx 0.9996$$

$$R_i=\frac{u_i}{i_i}=R_g+(R_{g1}//R_{g2})=[10M+(200k//300k)]\Omega\approx 10.12M\Omega$$

求输出电阻 R_o，令信号电压 $U_i=0$，将负载 R_L 开路，然后从电路的输出端加反向信号源 U_o'，求电流 I_o'，如图 3.3.12 所示。

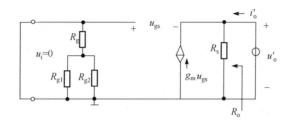

图 3.3.12　求输出电阻 R_0 的等效电路

由图 3.3.12 可知，输出端外加反向信号 u_o' 时的输出电流为

$$i_o'=\frac{u_o'}{R_s}-g_m u_{gs}$$

因为输入端短路，所以 $u_{gs}=-u_o'$，即

$$i_o'=\frac{u_o'}{R_s}+g_m u_o'=\left(\frac{1}{R_s}+g_m\right)u_o'$$

于是

$$R_o=\frac{u_o'}{i_o'}=\frac{1}{g_m+\dfrac{1}{R_s}}=\frac{1}{1.8\times10^{-3}+\dfrac{1}{2.5\times10^3}}\approx454.5\Omega$$

共漏放大电路的指标与共集放大电路类似，主要特点是输入电阻高、输出电阻低、电压放大倍数近似等于 1。

例 3.3.4　耗尽型 NMOS 管共漏极交流放大如图 3.3.13 所示。分析电路：

(1) 直流分析（静态工作点 U_{GSQ}、I_{DQ}、U_{DSQ}）；

(2) 交流分析（电压放大倍数 A_u、输入电阻 R_i 及输出电阻 R_o）。由于耗尽型 MOS 管具有自偏置特点，所以，共漏极电路可以不附加偏置电路。

解　(1) 直流分析（静态工作点 U_{GSQ}、I_{DQ}、U_{DSQ}）。

图 3.3.13 所示电路的直流通路、微变等效电路如图 3.3.14 所示。

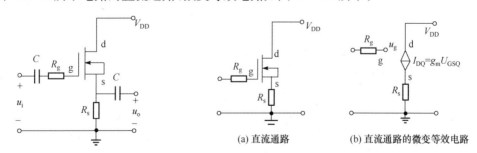

图 3.3.13　耗尽型 NMOS 管共漏极
　　　　　　　交流放大电路

(a) 直流通路　　　(b) 直流通路的微变等效电路

图 3.3.14　耗尽型 NMOS 管共漏极交流放大
　　　　　　　电路的直流通路及微变等效电路

直流工作点包括 U_{GSQ}、I_{DQ}、U_{DSQ}。根据图 3.3.14 所示的直流通路微变等效电路，直流工作点可计算如下：

$$U_{GSQ} = U_g - I_s R_s$$
$$U_{DSQ} = V_{DD} - I_s R_s$$
$$I_{DQ} = I_d = g_m U_{gs}$$
$$I_s = I_d$$

（2）交流分析（电压放大倍数 A_u、输入电阻 R_i 及输出电阻 R_o）。交流信号通路如图 3.3.15 (a)所示。直流电源处于短路状态，再用场效应管低频小信号等效电路代替场效应管，得到场效应管共漏极电路的微变等效电路如图 3.3.15 (b)所示。

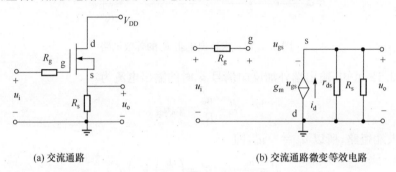

(a) 交流通路　　　　　　　　　　　　　　　(b) 交流通路微变等效电路

图 3.3.15　耗尽型 NMOS 管共漏极交流放大电路的交流通路及微变等效电路

根据交流等效电路可知，耗尽型 MOS 管放大倍数的分析与增强型 MOS 管完全相同，设输入交流信号为 u_i，则

$$A_u = \frac{u_o}{u_i} = \frac{g_m u_{gs} r_{ds}//R_s}{u_{gs} + g_m u_{gs} r_{ds}//R_s} = \frac{g_m r_{ds}//R_s}{1 + g_m r_{ds}//R_s}$$

如果在输出端接上负载 R_L，则

$$A_u = \frac{g_m r_{ds}//R_s//R_L}{1 + g_m r_{ds}//R_s//R_L}$$

由于没有偏置电路，所以耗尽型 NMOS 管共漏极交流放大电路的输入电阻为

$$R_i = \infty$$

根据等效电路，输出端有两个电阻并联，同时，还必须考虑电流源的等效电阻。电流源的等效电阻 $R_{Is} = -\dfrac{u_s}{i_s} = -\dfrac{-u_{gs}}{g_m u_{gs}} = \dfrac{1}{g_m}$。所以

$$R_o = r_{ds}//R_s//\frac{1}{g_m}$$

如果 $r_{ds} \gg R_s$，可以忽略 r_{ds}，则

$$A_v = \frac{g_m R_s//R_L}{1 + g_m R_s//R_L}$$
$$R_i = \infty$$
$$R_o = R_s//\frac{1}{g_m}$$

以上分析指出，由于共漏极交流放大电路在低频小信号工作状态下，放大倍数总是小于 1，并且输入信号与输出信号的相位相同。同时，共漏极交流放大电路的输入电阻很大，输出电阻较小，工作频带较宽，适合信号驱动。同时，共漏极交流放大电路的频率特性比较好，允许更

低或更高的频率通过。

由上述分析可以得出：

（1）共漏极放大电路的电压放大倍数小于 1。

（2）由于管子的分散性，放大器电压放大倍数具有较大的分散性。

（3）由于温度特性，电压放大倍数受温度影响较大。

3.3.3　共栅极放大电路

共栅极放大电路的结构如图 3.3.16 所示，电路的基本特点是输入输出同相，属于电流放大电路，电路的工作频带较宽。

前面了解了共栅极放大电路的结构。下面以增强型 NMOS 管共栅极放大电路、耗尽型 NMOS 管共栅极放大电路为例，介绍放大电路的分析方法及电路的特性。

对于增强型 NMOS 管，必须加入偏置电路，图 3.3.16 是增强型 NMOS 管共栅极放大电路及其直流通道。这个电路的直流工作点分析与共源极放大电路完全相同，其交流通道分析与前面的耗尽型 NMOS 管共栅极放大电路的交流分析完全相同。

例 3.3.5　增强型 NMOS 管的共栅极放大电路如图 3.3.16(a)所示，增强型 NMOS 管的特性曲线如图 3.3.16(b)所示。已知 $R_s = 2.5\text{k}\Omega$，$R_{g1} = 200\text{k}\Omega$，$R_{g2} = 300\text{k}\Omega$，$R_g = 10\text{M}\Omega$，$R_d = R_L = 5\text{k}\Omega$，$V_{DD} = 15\text{V}$。试估算电路的电压放大倍数 A_u、输入电阻 R_i 及输出电阻 R_o。

解　（1）直流工作点分析（静态工作点 U_{GSQ}、I_{DQ}、U_{DSQ}）。

图 3.3.16(a)所示电路的直流通路，如图 3.3.17 所示。

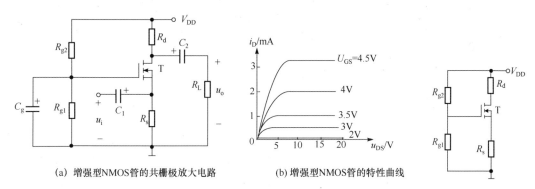

(a) 增强型NMOS管的共栅极放大电路　　　　(b) 增强型NMOS管的特性曲线

图 3.3.16　增强型 NMOS 管的共栅极放大电路及特性曲线　　　图 3.3.17　直流通路

由图 3.3.17 得

$$U_{GSQ} = \frac{R_{g1}}{R_{g1} + R_{g2}} \cdot V_{DD} - I_{DQ}R_s = \frac{200\text{k}}{200\text{k} + 300\text{k}} \times 15 - 2.5\text{k}I_{DQ} = 6 - 2.5\text{k}I_{DQ}$$

由场效应管的输出特性曲线可知，开启电压 $U_T \approx 2\text{V}$，当 $U_{GS} = 2U_T = 4\text{V}$ 时，$I_{D0} = 2\text{mA}$，则根据增强型管的电流方程式(2.4.1)得

$$I_{DQ} = I_{D0}\left(\frac{U_{GSQ}}{U_T} - 1\right)^2 = 2 \times 10^{-3} \times \left(\frac{U_{GSQ}}{2} - 1\right)^2$$

将 U_{GSQ} 式代入 I_{DQ} 表达式得到

$$3.125 \times 10^3 I_{DQ}^2 - 11I_{DQ} + 8 \times 10^{-3} = 0$$

解得 $\begin{cases} I_{DQ} = 2.49\text{mA} \\ U_{GSQ} = -0.225\text{V} \end{cases}$、$\begin{cases} I_{DQ} = 1.03\text{mA} \\ U_{GSQ} = 3.425\text{V} \end{cases}$ 两组值，其中 $U_{GSQ} = -0.225\text{V} < U_T$ 不符合题

意,故舍去。然后将 $I_{DQ}=1.03\text{mA}$ 代入下式,求得

$$U_{DSQ}=V_{DD}-I_{DQ}(R_d+R_s)=[15-1.03\times(5+2.5)]\text{V}=7.275\text{V}$$

放大电路静态工作点为

$$U_{GSQ}=3.425\text{V}、I_{DQ}=1.03\text{mA}、U_{DSQ}=7.275\text{V}$$

(2) 交流分析(电压放大倍数 A_u、输入电阻 R_i 及输出电阻 R_o)。

共栅极放大电路的交流通路,如图 3.3.18(a)所示。令电容和直流电源短路,并用场效应管低频小信号等效电路代替场效应管,得到图 3.3.16 所示不考虑负载时的低频小信号等效电路,如图 3.3.18(b)所示。

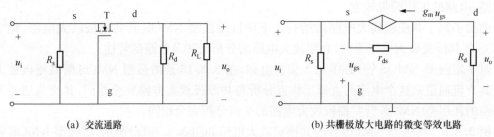

(a) 交流通路　　　　　　　　　　　　　　(b) 共栅极放大电路的微变等效电路

图 3.3.18　增强型 NMOS 管极低频小信号等效电路

根据图 3.3.18 可知,$u_{gs}=-u_i$,关于漏极(输出端)列写电流方程

$$i_d+i_{rds}+i_{Rd}=0$$

式中,$i_d=g_mu_{gs}=-g_mu_s$ 是源极电流,$i_{rds}=\dfrac{u_o-u_s}{r_{ds}}$ 是漏-源电阻中的电流,$i_{Rd}=\dfrac{u_o}{R_d}$ 是漏极偏置电阻上的电压。考虑 $u_{gs}=u_g-u_s=-u_s$,得

$$-g_mu_s+\frac{u_o-u_s}{r_{ds}}+\frac{u_o}{R_d}=0$$

根据图 3.3.18,得

$$-g_mu_i+\frac{u_o-u_i}{r_{ds}}+\frac{u_o}{R_d}=0$$

$$-\frac{(1+g_mr_{ds})}{r_{ds}}u_i+\frac{r_{ds}+R_d}{r_{ds}R_d}u_o=0$$

由此可以解出电路的电压放大倍数

$$A_u=\frac{u_o}{u_i}=\frac{R_d}{r_{ds}+R_d}(1+g_mr_{ds})$$

带偏置电路的共栅极放大电路的输入电阻可以根据图 3.3.18 计算。计算输入电阻时,令输出端对地短路,得到输入电阻计算等效电路如图 3.3.19 所示。

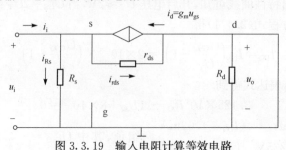

图 3.3.19　输入电阻计算等效电路

根据图 3.3.19,带偏置电路的共栅极放大电路的输入端电流方程为

$$i_i + i_d - i_{rds} - i_{Rs} = i_i + i_d - \frac{u_i}{r_{ds}} - \frac{u_i}{R_s} = 0$$

考虑到 $i_d = g_m u_{gs} = -g_m u_i$,所以

$$i_i - g_m u_i - u_i \frac{r_{ds} + R_s}{r_{ds} R_s} = 0$$

由此可计算出输入电阻为

$$R_i = \frac{u_i}{i_i} = \frac{r_{ds} R_s}{r_{ds} + R_s + g_m r_{ds} R_s}$$

在图 3.3.18 中,令输入端对地短路,则根据电路分析可知,这时,$u_{gs} = 0$,所以受控电流源开路,输出电阻为

$$R_o = \frac{u_o}{i_o} = \frac{r_{ds} R_d}{r_{ds} + R_d}$$

例 3.3.6　耗尽型 NMOS 管共栅极放大电路如图 3.3.20 所示。分析电路:

(1) 直流分析(静态工作点 U_{GSQ}、I_{DQ}、U_{DSQ});

(2) 交流分析(电压放大倍数 A_u、输入电阻 R_i 及输出电阻 R_o),由于耗尽型 MOS 管具有自偏置特点,所以,共漏极电路可以不用附加偏置电路。

值得指出的是,这个电路的输入端必须增加一个提供电流通路的接地电阻才能正常工作。因此,这个电路必须总是与信号源相连接,以便构成源极电流回路。

解　(1) 直流工作点分析。直流工作点包括栅极、漏极和源极的直流工作电位,以及栅极和漏极的静态电流。

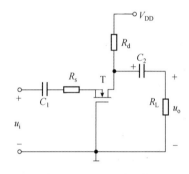

图 3.3.20　耗尽型 NMOS 管共栅极放大电路

$$V_g = 0$$
$$V_d = V_{DD} - I_d R_d$$
$$V_s = -V_{gs}$$
$$I_d = g_m V_{gs}$$
$$I_s = I_d$$

上述分析中假设输入端有一个源极电流通道。如果没有电流通道,则 $I_s = I_d = 0$。

(2) 交流信号分析。对于交流信号,令直流电源短路,并用场效应管小信号等效电路代替场效应管,得到的场效应管共栅极电路的交流等效电路(关于交流信号的电路模型)如图 3.3.21(b)所示。

设输入交流信号为 u_i,考虑到电容对直流电压电流的隔离作用和电流方向,根据低频小信号等效电路,利用电路分析的基本方法,可以得到

输入端电流方程

$$\frac{u_i - u_s}{R_s} + g_m u_{gs} + \frac{u_o - u_s}{r_{ds}} = 0$$

输出端电流方程

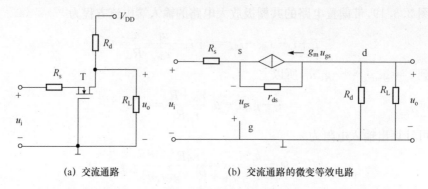

(a) 交流通路　　　　　　　(b) 交流通路的微变等效电路

图 3.3.21　耗尽型 NMOS 管共栅极放大电路的交流通路及微变等效电路

$$g_m u_{gs} + \frac{u_o - u_s}{r_{ds}} + \frac{u_o}{R_d // R_L} = 0$$

考虑到 $u_{gs} = -u_s$,用输入端电流方程减去输出端电流方程,得到

$$u_s = u_i - u_o \frac{R_s}{R_d // R_L}$$

将上式代入输出端电流方程,可以得到交流放大倍数

$$A_u = \frac{u_o}{u_i} = \frac{(1 + g_m r_{ds}) R_d // R_L}{R_d // R_L + R_s + r_{ds}(1 + g_m R_s)}$$

共栅极放大电路的输入电阻为

$$R_i = R_s + \frac{r_{ds} + R_d // R_L}{1 + g_m r_{ds}}$$

如果忽略信号内阻,则共栅极交流放大电路的输出电阻为

$$R_o = R_d // [R_s + r_{ds}(1 + g_m R_s)]$$

根据上述分析,可以得出如下结论:

(1) 共栅极放大电路的输出电压与输入信号电压相位相反。

(2) 由于管子的分散性,放大器的电压放大倍数具有较大的分散性。

(3) 由于温度特性,电压放大倍数受温度影响较大。

3.4　复合管放大电路

在工程应用中,可以将多只晶体管构成复合管来取代基本电路中的一只晶体管,其目的是进一步改善放大电路的性能。

3.4.1　复合管

1. 晶体管组成的复合管

图 3.4.1(a)所示为由两只 NPN 型管组成的复合管,图 3.4.1(b)所示为由两只 PNP 型管组成的复合管,图 3.4.1(a)和(b)所示为两只同类型晶体管组成的复合管,等效成与组成它们的晶体管同类型的管子。

图 3.4.1(c)所示为由 PNP 型管和 NPN 型管组成的复合管,图 3.4.1(d)所示为由 NPN

型管和 PNP 型管组成的复合管,图 3.4.1(c)和(d)所示为不同类型晶体管组成的复合管,等效成与 T_1 管同类型的管子。

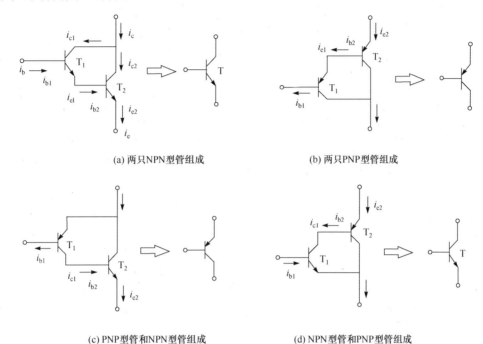

(a) 两只NPN型管组成　　　　　　　　　　(b) 两只PNP型管组成

(c) PNP型管和NPN型管组成　　　　　　　(d) NPN型管和PNP型管组成

图 3.4.1　复合管

例 3.4.1　以图 3.4.1(a)为例说明复合管的电流放大系数 β 与 T_1、T_2 的电流放大系数 β_1、β_2 的关系,已知 $\beta_1 = 100$、$\beta_2 = 100$。

在图 3.4.1(a)中,复合管的基极电流 i_b 等于 T_1 管的基极电流 i_{b1},集电极电流 i_c 等于 T_2 管的集电极电流 i_{c2} 与 T_1 管的集电极电流 i_{c1} 之和,而 T_2 管的基极电流 i_{b2} 等于 T_1 管的发射极电流 i_{e1},所以复合管的基极电流为

$$i_c = i_{c1} + i_{c2}$$

式中,T_1 管的集电极电流 $i_{c1} = \beta_1 i_{b1} = \beta_1 i_b$。

T_2 管的集电极电流 $i_{c2} = \beta_2 i_{b2} = \beta_2 i_{e1} = \beta_2 (1+\beta_1) i_{b1} = \beta_2 (1+\beta_1) i_b$。

将 T_1 管的集电极电流 i_{c1} 和 T_2 管的集电极电流 i_{c2} 代入复合管的基极电流 i_c 得

$$\begin{aligned} i_c &= i_{c1} + i_{c2} = \beta_1 i_b + \beta_2 (1+\beta_1) i_b \\ &= (\beta_1 + \beta_2 + \beta_1\beta_2) i_b \\ &= \beta i_b \end{aligned}$$

因为 β_1 和 β_2 均为 100,因而 $\beta_1\beta_2 \gg \beta_1 + \beta_2$,所以可以认为复合管的电流放大系数为

$$\beta \approx \beta_1\beta_2 = 100 \times 100 = 10^4$$

2. 场效应管与晶体管组成的复合管

由 N 沟道增强型场效应管和 NPN 型晶体管组成的复合管,等效为场效应管,如图 3.4.2(a)所示。场效应管与晶体管组成的复合管的交流等效电路如图 3.4.2(b)所示。

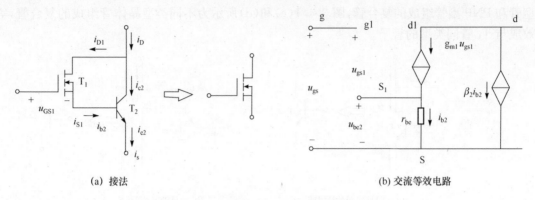

(a) 接法　　　　　　　　　　　　　　　(b) 交流等效电路

图 3.4.2　场效应管与晶体管组成的复合管

由交流等效电路图 3.4.2(b),求得复合管

栅-源电压

$$u_{gs} = (1 + g_{m1} r_{be}) u_{gs1}$$

漏极电流

$$i_d = (1 + \beta_2) g_{m1} u_{gs1}$$

跨导

$$g_m \approx \frac{\beta_2 g_{m1}}{1 + g_{m1} r_{be}}$$

场效应管与晶体管还可用其他接法构成复合管,但两只管子的位置不能互换,它们的跨导表达式类似。

复合管的组成原则如下所示。

(1) 在正确的外加电压下,每只管子的各极电流均有合适的通路,且均工作在放大区或恒流区。

(2) 为了实现电流放大,应将第一只管的集电极(漏极)或发射极(源极)电流作为第二只管子的基极电流。

注意:由于晶体管构成的复合管有很高的电流放大系数,所以只需要很小的输入驱动电流 i_b,便可获得很大的集电极(或发射极)电流 i_c。在一些场合下,还可将 3 只晶体管接成复合管。应当指出,使用 3 只以上管子构成复合管的情况比较少,因为管子数目太多时,会因结电容的作用使高频特性变坏;复合管的穿透电流会很大,温度稳定性变差;而且为保证复合管中每一只管子都工作在放大区,必然要求复合管的直流管压降足够大,这就需要提高电源电压。

3.4.2　复合管共射放大电路

复合管共射放大电路如图 3.4.3(a)所示。它将图 3.2.3 所示电路中的晶体管用图 3.4.1(a)所示的复合管取代,图 3.4.3(b)是其交流等效电路。下面举例分析复合管共射放大电路的性质。

例 3.4.2　复合管共射放大电路如图 3.4.3 所示,已知电源 $V_{CC} = 12\text{V}$,电阻 $R_b = 590\text{k}\Omega$,$R_c = R_L = 5\text{k}\Omega$,$R_s = 0.1\text{k}\Omega$;三极管 T_1 和 T_2 管的 $\beta_1 = \beta_2 = 80$,导通时的 $U_{BEQ} = 0.75\text{V}$。分析:估算电路的电压放大倍数 A_u、输入电阻 R_i。

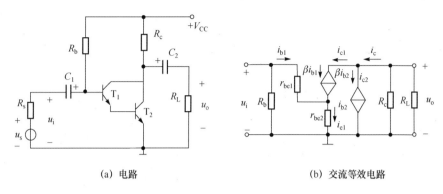

(a) 电路　　　　　　　　　　　(b) 交流等效电路

图 3.4.3　复合管共射放大电路

解　根据图 3.4.3(b)，可得

$$i_c = i_{c1} + i_{c2} \approx \beta_1 \beta_2 i_{b1}$$

输入电压

$$u_i = i_{b1} r_{be1} + i_{b2} r_{be2} = i_{b1} r_{be1} + i_{b1}(1+\beta_1) r_{be2}$$

输出电压

$$u_o = -i_c (R_c // R_L) \approx -\beta_1 \beta_2 i_{b1}(R_c // R_L)$$

电压放大倍数

$$A_u \approx -\frac{\beta_1 \beta_2 (R_c // R_L)}{r_{be1} + (1+\beta_1) r_{be2}} = -\frac{80 \times 80 \times 2.5k}{1.6k + (1+80)1.6k} \approx -122$$

输入电阻

$$R_i = R_b // [r_{be1} + (1+\beta_1) r_{be2}]$$
$$= 590k // [1.6k + (1+80)1.6k] = 107.33 k\Omega$$

计算结果与例 3.2.1 比较，输入电阻 R_i 明显增大。说明当 u_i 相同时，从信号源索取的电流显著减小。分析表明，复合管共射放大电路增强了电流放大能力，从而减小了对信号源驱动电流的要求；从另一角度看，若驱动电流不变，则采用复合管后，输出电流将增大约 β 倍。

3.4.3　复合管共源放大电路

复合管共源大电路如图 3.4.4(a)所示。它将图 3.3.2 所示电路中的场效应管用图 3.4.2(a)所示复合管取代，图 3.4.4(c)是其交流等效电路。下面举例分析复合管共源放大电路的性质。

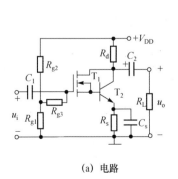

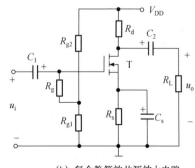

(a) 电路　　　　　　　　　　　(b) 复合管等效共源放大电路

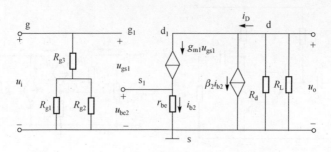

(c) 交流等效电路

图 3.4.4　复合管共源放大电路

例 3.4.3　在图 3.4.4(a)所示的复合管共源放大电路中,已知 $R_{g1}=200\mathrm{k\Omega}$,$R_{g2}=300\mathrm{k\Omega}$,$R_{g3}=10\mathrm{M\Omega}$,$R_d=R_L=5\mathrm{k\Omega}$,$V_{DD}=15\mathrm{V}$,场效应管 $g_{m1}=1.435\mathrm{ms}$,晶体管 $\beta=80$,$r_{be}=1.6\mathrm{k\Omega}$。分析:估算电路的电压放大倍数 A_u、输入电阻 R_i。

解　根据图 3.4.4(c),可得

$$i_D=i_{d1}+i_{c2}\approx g_{m1}\beta_2 u_{gs1}$$

输入电压

$$u_i=u_{gs1}+u_{be2}=(1+g_{m1}r_{be})u_{gs1}$$

输出电压

$$u_o=-i_D(R_d//R_L)\approx -g_{m1}\beta_2 u_{gs1}(R_d//R_L)$$

电压放大倍数

$$A_u\approx -\frac{g_{m1}\beta_2(R_d//R_L)}{1+g_{m1}r_{be}}=-\frac{1.435\times10^{-3}\times80\times2.5\mathrm{k}}{1+1.435\times10^{-3}\times1.6\mathrm{k}}\approx -87.01$$

输入电阻

$$R_i=R_{g3}+R_{g1}//R_{g2}=10\mathrm{M}+200\mathrm{k}//300\mathrm{k}=10.120\mathrm{M\Omega}$$

计算结果与例 3.3.1 比较,复合管共源放大电路增强了放大能力。由于电路中 R_{g3} 的存在,输入的电阻幅度很高。

3.4.4　复合管共集放大电路

复合管共集放大电路如图 3.4.5 (a)所示,其交流通路如图 3.4.5(b)示,交流等效电路如图 3.4.5(c)所示。

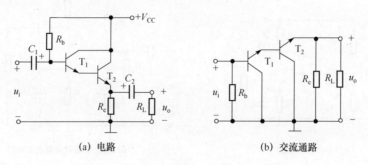

(a) 电路　　　　　　　　　　　　(b) 交流通路

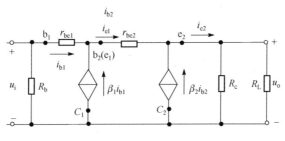

(c) 交流等效电路

图 3.4.5 复合管共集放大电路

例 3.4.4 复合管共集放大电路如图 3.4.5(a)所示。已知 $R_b = 100\text{k}\Omega$, $R_e = 5\text{k}\Omega$, $V_{CC} = 12\text{V}$, $R_L = 5\text{k}\Omega$; 三极管的 $r_{be1} = r_{be2} = 1.113\text{k}\Omega$, $\beta_1 = \beta_2 = 50$。分析: 估算电路的电压放大倍数 A_u、输入电阻 R_i, 输出电阻 R_o。

解 根据图 3.4.5(c)得

输入电压
$$u_i = i_{b1} r_{be1} + i_{b2} r_{be2} + i_{e2}(R_e // R_L)$$

电压放大倍数

$$A_u = \frac{(1+\beta)(1+\beta)(R_e // R_L)}{r_{be1} + (1+\beta) r_{be2} + (1+\beta)(1+\beta)(R_e // R_L)} = 0.9912$$

输入电阻

$$R_i = \frac{u_i}{i_i} = R_b // [r_{be1} + (1+\beta_1) r_{be2} + (1+\beta_1)(1+\beta_2)(R_e // R_L)] = 98.5\text{k}\Omega$$

输出电阻

$$R_o = R_e // \frac{r_{be2} + \dfrac{R_b + r_{be1}}{1+\beta_1}}{1+\beta_2} = 0.0599\,\Omega$$

以上分析看出, 由于采用复合管, 输入电阻 R_i 大、R_o 小的特点得到进一步发挥。

3.5 基本放大电路复合电路

应用两个基本放大电路组合起来, 构成特殊需求的电路。

3.5.1 共射-共基放大电路

为了保持共射放大电路电压放大能力较强的优点, 并获得共基放大电路较好的高频特性。将共射电路与共基电路组合在一起, 如图 3.5.1(a)所示。图 3.5.1(b)为共射-共基放大电路的交流通路, 图中 T_1 组成共射电路, T_2 组成共基电路。T_2 管电路输入电阻小, 可作为 T_1 管的负载, 使 T_1 管集电结电容对输入回路的影响减小, 从而使共射电路高频特性得到改善。

从图 3.5.1 可以推导出电压放大倍数 A_u 的表达式为

$$A_u = \frac{u_o}{u_i} = \frac{\beta_1 i_{b1}}{i_{b1} r_{be1}} \cdot \frac{-\beta_2 i_{b2}(R_c // R_L)}{(1+\beta_2) i_{b2}}$$

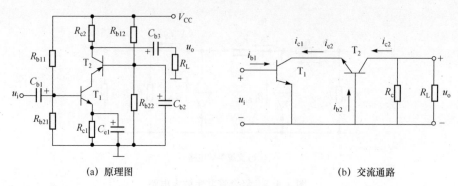

(a) 原理图　　　　　　　　　　　(b) 交流通路

图 3.5.1　共射-共基放大电路

因 $\beta_2 \gg 1$, 即 $\beta_2/(1+\beta_2) \approx 1$, 所以

$$A_u \approx \frac{-\beta_1(R_c//R_L)}{r_{be1}}$$

与单管共基极放大电路的 A_u 相同。

3.5.2　共集-共集放大电路

图 3.5.2(a)是共集-共集组合放大电路的原理图, 图 3.5.2(b)是其交流通路。其中 T_1 管和 T_2 管构成复合管。

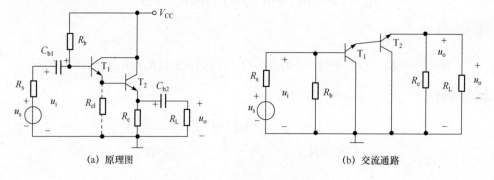

(a) 原理图　　　　　　　　　　　(b) 交流通路

图 3.5.2　共集-共集放大电路

3.5.3　共集-共基放大电路

共集-共基放大电路的交流通路, 如图 3.5.3 所示。T_1 管组成的共集电路作为输入端, 输入电阻较大; T_2 管组成的共基电路作为输出端, 具有一定的电压放大能力; 由于共集电路和共基电路均有较高的上限截止频率, 故电路有较宽的通频带。

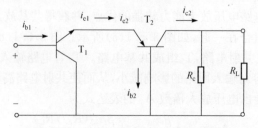

图 3.5.3　共集-共基放大电路的交流通路

　　根据具体需要,还可以组成其他电路,如共漏-共射放大电路,既能保持输入电阻高,又具有较大的电压放大倍数。可见,两种基本接法组合,可以同时获得两种接法的优点。

3.6　放大电路频率响应的基本概念

　　在前面分析的各种基本单元电路的特性和性能参数时,均忽略了器件的结电容、极间电容、分布电容或耦合电容、旁路电容等。实际上,受这些电容(或其他电抗元件)的影响,放大电路增益幅值及相位随正弦输入信号频率的变化而变化,放大电路对正弦输入信号的稳态响应特性称为频率特性。本节首先简述频率特性的基本概念及分析法,然后分析基本放大电路的频率响应。

3.6.1　频率响应的基本概念

　　在电子工程中,放大电路中传递的信号往往不是单一频率的,而是具有一定频率范围的。例如,电视机能将电视台发射的各频道节目信号接收、传递给我们收看,原因是其中放大电路的频率范围能够覆盖那些节目的频率。然而,放大电路的频率范围不是无限的,它受电路中器件参数的影响。

　　在放大电路中,由于电抗器件(电容、电感线圈等)、半导体管极间电容及接线引起的分布电容的存在,当输入信号的频率过低或过高时,不但放大倍数的数值会变小,而且还将产生超前或滞后的相移,说明放大倍数是信号频率的函数,这种函数关系称为频率响应或频率特性。所以在电路设计时,必须首先了解信号的频率范围,以便使设计的电路具有适应该信号频率范围的通频带。在使用电路前,应查阅手册、资料,或实测其通频带,以便确定电路的适用范围。为了便于理解有关频率响应的基本要领,下面将对无源单级 RC 电路的频率响应加以分析。

1. RC 低通电路

RC 低通电路如图 3.6.1(a)所示,电路中输出电压为 U_o,输入电压为 U_i,它们之比为

$$A_u = \frac{U_o}{U_i} = \frac{I\dfrac{1}{j\omega C}}{I_u\left(R + \dfrac{1}{j\omega C}\right)} = \frac{1}{1 + j\omega RC} \tag{3.6.1}$$

式中,ω 为输入信号角频率,RC 为回路的时间常数 $\tau = RC$,则

$$\omega = 2\pi f \tag{3.6.2}$$

$$\omega_H = \frac{1}{RC} = \frac{1}{\tau} = 2\pi f_H \tag{3.6.3}$$

　　将式(3.6.2)和式(3.6.3)代入式(3.6.1),得

$$A_u = \frac{1}{1 + j\omega RC} = \frac{1}{1 + j\dfrac{\omega}{\omega_H}} = \frac{1}{1 + j\dfrac{f}{f_H}} \tag{3.6.4}$$

　　将式(3.6.4)用幅值及相角表示,得幅频特性

$$|A_u| = \frac{1}{\sqrt{1+\left(\dfrac{f}{f_H}\right)^2}} \tag{3.6.5}$$

相频特性

$$\varphi = -\arctan\frac{f}{f_H} \tag{3.6.6}$$

对式(3.6.5)和式(3.6.6)分析如下。

(1) 当 $f \ll f_H$ 时：

幅频特性
$$|A_u| = \frac{1}{\sqrt{1+\left(\dfrac{f}{f_H}\right)^2}} \approx 1$$

相频特性
$$\varphi = -\arctan\frac{f}{f_H} \approx 0°$$

(2) 当 $f = f_H$ 时：

幅频特性
$$|A_u| = \frac{1}{\sqrt{1+\left(\dfrac{f}{f_H}\right)^2}} = \frac{1}{\sqrt{2}} \approx 0.707$$

相频特性
$$\varphi = -\arctan\frac{f}{f_H} \approx -45°$$

(3) 当 $f \gg f_H$ 时：

幅频特性
$$|A_u| = \frac{1}{\sqrt{1+\left(\dfrac{f}{f_H}\right)^2}} \approx \frac{f_H}{f}$$

相频特性
$$\varphi = -\arctan\frac{f}{f_H} \approx -90°$$

上式表明,当 $f \gg f_H$ 时, f 每升高 10 倍, $|A_u|$ 降低为原来的 $\dfrac{1}{10}$。当 f 趋于无穷时, $|A_u|$ 趋于零, φ 趋于 $-90°$。

由以上分析可见,对于低通电路,频率越高,衰减越大,相移越大;只有当频率远低于 f_H 时, $U_o \approx U_i$, $|A_u| \approx 1$。RC 低通电路中,频率 f_H 称为上限截止频率,简称上限频率,在该频率处, $|A_u|$ 降到 70.7%,相移为 $-45°$。根据以上分析,低通电路的幅频特性曲线和相频特性曲线如图 3.6.1(b)所示。

2. RC 高通电路

RC 高通电路如图 3.6.2(a)所示,电路中输出电压为 U_o,输入电压为 U_i,它们之比为

$$A_u = \frac{U_o}{U_i} = \frac{IR}{I_u\left(R+\dfrac{1}{j\omega C}\right)} = \frac{1}{1+\dfrac{1}{j\omega RC}} \tag{3.6.7}$$

式中, ω 为输入信号角频率, RC 为回路的时间常数 $\tau = RC$,则

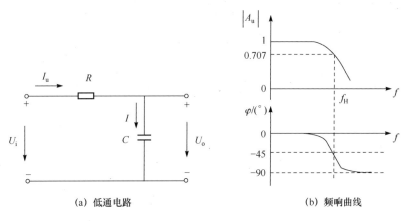

(a) 低通电路　　　　　　　　　　　　　(b) 频响曲线

图 3.6.1　低通电路、频率响应曲线

$$\omega = 2\pi f \tag{3.6.8}$$

$$\omega_L = \frac{1}{RC} = \frac{1}{\tau} = 2\pi f_L \tag{3.6.9}$$

将式(3.6.8)和式(3.6.9)代入式(3.6.7),得

$$A_u = \frac{1}{1 + \dfrac{1}{j\omega RC}} = \frac{1}{1 + \dfrac{\omega_L}{j\omega}} = \frac{1}{1 - j\dfrac{f_L}{f}} \tag{3.6.10}$$

将式(3.6.10)用幅值及相角表示,得

幅频特性

$$|A_u| = \frac{1}{\sqrt{1 + \left(\dfrac{f_L}{f}\right)^2}} \tag{3.6.11}$$

相频特性

$$\varphi = \arctan \frac{f_L}{f} \tag{3.6.12}$$

对式(3.6.11)和式(3.6.12)分析如下。

(1) 当 $f \gg f_L$ 时:

幅频特性

$$|A_u| = \frac{1}{\sqrt{1 + \left(\dfrac{f_L}{f}\right)^2}} \approx 1$$

相频特性

$$\varphi = \arctan \frac{f_L}{f} \approx 0°$$

(2) 当 $f = f_L$ 时:

幅频特性

$$|A_u| = \frac{1}{\sqrt{1 + \left(\dfrac{f_L}{f}\right)^2}} = \frac{1}{\sqrt{2}} \approx 0.707$$

相频特性

$$\varphi=\arctan\frac{f_L}{f}\approx+45°$$

(3) 当 $f\ll f_L$ 时：

幅频特性

$$|A_u|=\frac{1}{\sqrt{1+\left(\frac{f_L}{f}\right)^2}}\approx\frac{f}{f_L}\approx0$$

相频特性

$$\varphi=\arctan\frac{f_L}{f}\approx90°$$

上式表明 f 每下降 10 倍，$|A_u|$ 为原来的 $\frac{1}{10}$。当 f 趋于零时，$|A_u|$ 趋于零，φ 趋于 $90°$。

由以上分析可见，对于高通电路，频率越低，衰减越大，相移越大；只有当频率远高于 f_L 时，$U_o\approx U_i$，$|A_u|\approx1$。RC 高通电路中，频率 f_L 称为下限截止频率，简称下限频率。在该频率处，$|A_u|$ 降到 70.7%，相移为 $45°$。根据以上分析，高通电路的幅频特性曲线和相频特性曲线如图 3.6.2(b)所示。

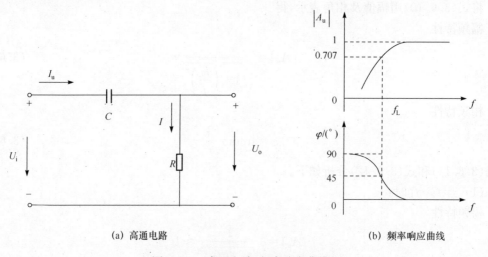

　　　(a) 高通电路　　　　　　　　　　　　　　　(b) 频率响应曲线

图 3.6.2　高通电路、频率响应曲线

3. RC 带通电路

将低通电路与高通电路连接起来就可实现带通电路。放大电路的上限频率 f_H 与下限频率 f_L 之差就是通频带 $\mathrm{BW}_{0.7}$，即

$$\mathrm{BW}_{0.7}=f_H-f_L \tag{3.6.13}$$

在通带中，一般将频率范围分为低频、中频和高频 3 个频段，如图 3.6.3 所示。

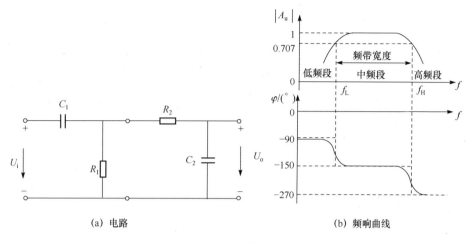

(a) 电路　　　　　　　　　　　(b) 频响曲线

图 3.6.3　RC 带通电路

3.6.2　波特图

为了压缩坐标,扩展视野,频响曲线坐标采用对数刻度,这种特性曲线称为波特图。

波特图由对数幅频特性和对数相频特性两部分组成,它们的横轴采用对数刻度 $\lg f$,幅频特性的纵轴采用 $20\lg|A|$ 表示,单位是分贝(dB);相频特性的纵轴仍用 φ 表示。

1. 高通电路波特图

根据式(3.6.11),取高通电路的对数幅频特性为

$$20\lg|A_u|=20\lg\frac{1}{\sqrt{1+\left(\dfrac{f_L}{f}\right)^2}} \tag{3.6.14}$$

当 $f\gg f_L$ 时,$20\lg|A_u|\approx0\text{dB}$,$\varphi\approx0°$;

当 $f=f_L$ 时,$20\lg|A_u|=-20\lg\sqrt{2}\approx-3\text{dB}$,$\varphi=+45°$;

当 $f\ll f_L$ 时,$20\lg|A_u|\approx20\lg\dfrac{f_L}{f}$,$\varphi\approx+90°$。

分析表明,f 每下降 10 倍,增益下降 -20dB,即对数幅频特性在此区间可等效成斜率为 20dB/十倍频的直线。在电路的近似分析中,为简单起见,常将波特图用折线近似描述频响特性,称为近似的波特图。对于高通电路,在对数幅频特性中,以截止频率 f_L 为拐点,有两段直线近似曲线:

第一段:当 $f>f_L$ 时,用 $20\lg|A_u|=0\text{dB}$ 的直线近似。

第二段:当 $f<f_L$ 时,用斜率为 20dB/十倍频的直线近似。

在对数相频特性中,以 $10f_L$ 和 $0.1f_L$ 为两个拐点,用三段直线取代曲线:

第一段:当 $f<0.1f_L$ 时,用 $\varphi=+90°$ 直线近似。即认为 $f=0.1f_L$ 已产生 $-90°$ 相移(误差为 5.71°)。

第二段:当 $0.1f_L<f<10f_L$ 时,φ 随 f 线性下降。当 $f=f_L$ 时,$\varphi=+45°$。

第三段:当 $f>10f_L$ 时,用 $\varphi=0°$ 的直线近似。即认为 $f=10f_L$ 时,A_u 开始产生相移(误差为 $-5.71°$)。

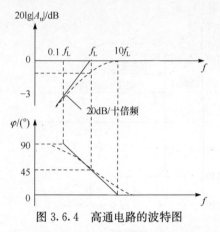

图 3.6.4　高通电路的波特图

因此可得图 3.6.2 所示高通电路的波特图如图 3.6.4所示。

2. 低通电路波特图

根据式(3.6.5),取低通电路的对数幅频特性为

$$20\lg|A_u| = -20\lg\sqrt{1+\left(\frac{f}{f_H}\right)^2} \quad (3.6.15)$$

当 $f \ll f_H$ 时,$20\lg|A_u| \approx 0\text{dB}$,$\varphi \approx 0°$;

当 $f = f_H$ 时,$20\lg|A_u| = -20\lg\sqrt{2} \approx -3\text{dB}$,$\varphi = -45°$;

当 $f \gg f_H$ 时,$20\lg|A_u| \approx -20\lg\dfrac{f_H}{f}$,$\varphi \approx -90°$。

分析表明,f 每上升 10 倍,增益下降 20dB,即对数幅频特性在此区间可等效成斜率为 -20dB/十倍频的直线。为简单起见,常用近似的波特图描述。对于低通电路,在对数幅频特性中,以截止频率 f_H 为拐点,有两段直线近似曲线:

第一段:当 $f < f_H$ 时,用 $20\lg|A_u| = 0\text{dB}$ 的直线近似。

第二段:当 $f > f_H$ 时,用斜率为 20dB/十倍频的直线近似。

在对数相频特性中,以 $10f_L$ 和 $0.1f_L$ 为两个拐点,用三段直线取代曲线:

第一段:当 $f < 0.1f_H$ 时,用 $\varphi = 0°$ 直线近似。

第二段:当 $0.1f_H < f < 10f_L$ 时,φ 随 f 线性下降。当 $f = f_H$ 时,$\varphi = -45°$。

第三段:当 $f > 10f_H$ 时,用 $\varphi = -90°$ 直线近似。

因此可得图 3.6.1 所示低通电路的波特图如图 3.6.5 所示。

本节分析小结:

(1) 在近似分析中,可用折线化的近似波特图描述放大电路的频率特性;

(2) 当信号频率等于下限频率 f_L 或上限频率 f_H 时,放大电路的增益下降 3dB,且产生 $+45°$ 或 $-45°$ 相移;

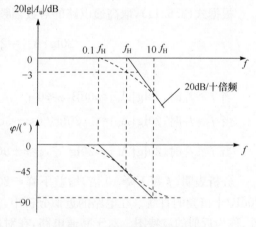

图 3.6.5　低通电路的波特图

(3) 电路的截止频率决定于电容所在回路的时间常数。

3.6.3　单管共射放大电路的频率响应

在分析放大电路的频率响应时,一般将输入信号的频率范围分为中频、低频和高频 3 个频段。

(1) 在中频段,极间电容因容抗很大而视为开路,耦合电容(或旁路电容)因容抗很小而视为短路,故不考虑它们的影响。

（2）在低频段，主要考虑耦合电容（或旁路电容）的影响，此时极间电容视为开路。

（3）在高频段，主要考虑极间电容的影响，此时耦合电容（或旁路电容）视为短路。

根据上述原则，可得到放大电路在各频段的等效电路，从而得到各频段的放大倍数。

下面以单管共射放大电路为例分析放大电路的频率响应。

例 3.6.1　共射放大电路如图 3.6.6 所示，电路的微变等效电路如图 3.6.7 所示。已知电源 $V_{CC}=12V$，电阻 $R_b=590k\Omega$，$R_c=R_L=5k\Omega$，$R_s=1k\Omega$。$C_1=C_2=10\mu F$，$C_{b'e}=10pF$，三极管 T 的 $\beta=100$，$U_{BEQ}=0.7V$，$r_{bb'}=100\Omega$。计算中频段、低频段、高频段电压放大倍数，计算电路的截止频率 f_H 和 f_L，并画出波特图。

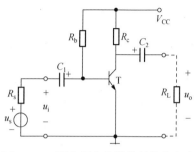

图 3.6.6　阻容耦合单管共射放大电路

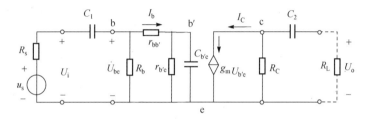

图 3.6.7　阻容耦合单管放大电路的微变等效电路

解

（1）求静态工作点。

$$I_{BQ}=\frac{V_{CC}-U_{BEQ}}{R_b}=\frac{12-0.7}{590}mA=0.019mA$$

$$I_{CQ}=\beta I_{BQ}=100\times0.019mA=1.9mA$$

$$U_{CEQ}=V_{CC}-I_{CQ}R_c=(12-1.9\times5)V=2.5V$$

以上计算可见，放大电路的 Q 点合适。

（2）微变等效电路参数计算。

$$r_{b'e}=(1+\beta)\frac{U_T}{I_{EQ}}=(1+\beta)\frac{U_T}{I_{BQ}}=(1+100)\frac{26}{1.9}\Omega\approx1.38k\Omega$$

$$r_{be}=r_{bb'}+r_{b'e}=r_{bb'}+(1+\beta)\frac{U_T}{I_{EQ}}=r_{bb'}+(1+\beta)\frac{U_T}{I_{BQ}}$$

$$=100+(1+100)\frac{26}{1.9}\Omega\approx1.48k\Omega$$

晶体管的正向传输跨导　$g_m=\dfrac{I_{EQ}}{U_T}=\dfrac{1.9mA}{26mV}=0.07308S$

（3）计算中频段电压放大倍数。

在中频段，极间电容因容抗很大而视为开路，耦合电容（或旁路电容）因容抗很小而视为短路，故不考虑它们的影响，中频段阻的微变等效电路如图 3.6.8 所示。

放大电路的输入电阻为 R_i，其值为

$$R_i=R_b//r_{be}=\frac{590\times10^3\times1.48\times10^3}{590\times10^3+1.48\times10^3}\approx1.48k\Omega$$

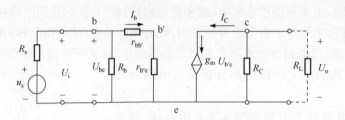

图3.6.8　中频段微变等效电路

电路输入电压为

$$U_{be} = U_i = \frac{R_i}{R_s + R_i} U_s = \frac{r_{be}}{r_{b'e}} U_{b'e}$$

电路的输出电压为

$$U_o = -I_C \cdot R_C // R_L = -g_m U_{b'e} \cdot R_C // R_L$$

中频段电压放大倍数为

$$A_u = \frac{U_o}{U_s} = \frac{U_{be}}{U_s} \cdot \frac{U_{b'e}}{U_{be}} \cdot \frac{U_o}{U_{b'e}} = \frac{R_i}{R_s + R_i} \cdot \frac{r_{b'e}}{r_{be}} \cdot (-g_m \cdot R_C // R_L)$$

$$|A_u| = = \frac{R_i}{R_s + R_i} \cdot \frac{r_{b'e}}{r_{be}} \cdot (g_m \cdot R_C // R_L)$$

$$= \frac{1.48 \times 10^3}{10^3 + 1.48 \times 10^3} \cdot \frac{1.38 \times 10^3}{1.48 \times 10^3} \times 0.07308 \times 2.5 \times 10^3$$

$$\approx 0.6 \times 0.933 \times 182.7 = 102.28$$

取电路的对数幅频

$$20\lg|A_u| = 20\lg 102.28 = 40.2 \text{dB}$$

(4) 计算低频段电压放大倍数。

在低频段,极间电容因容抗很大而视为开路,电路主要考虑耦合电容(或旁路电容)的影响。电路中,$r_{b'e}$ 与 $X_{Cb'e}$ 并联结果取决于 $r_{b'e}$,极间电容相当于开路。此时,电路等效成图3.6.9所示的高通电路。

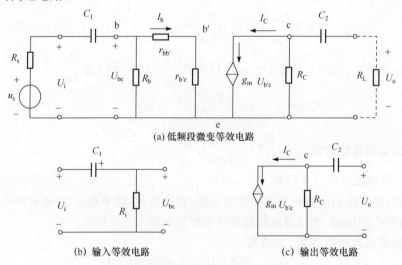

(a) 低频段微变等效电路

(b) 输入等效电路　　　　　　　　(c) 输出等效电路

图3.6.9　低频输入时等效的高通电路

输入回路

$$U_{be} = \frac{R_i}{R_s + R_i + X_{C1}} U_s = \frac{R_i}{R_s + R_i + \dfrac{1}{j\omega C_1}} U_s = \frac{r_{be}}{r_{b'e}} U_{b'e}$$

输出回路空载时，输出电压为

$$U_o = -I_C \cdot R_C = -g_m U_{b'e} R_C$$

低频段电压放大倍数为

$$A_u = \frac{U_o}{U_s} = \frac{U_{be}}{U_s} \cdot \frac{U_{b'e}}{U_{be}} \cdot \frac{U_o}{U_{b'e}} = \frac{R_i}{R_s + R_i + \dfrac{1}{j\omega C_1}} \cdot \frac{r_{b'e}}{r_{be}} \cdot (-g_m R_C)$$

$$= \frac{r_{b'e}}{r_{be}} \cdot (-g_m R_C) \cdot \frac{R_i \dfrac{1}{R_s + R_i}}{1 + \dfrac{1}{j\omega(R_s + R_i)C_1}} = \frac{r_{b'e}}{r_{be}} \cdot \frac{-g_m R_C R_i}{R_s + R_i} \cdot \frac{1}{1 - j\dfrac{f_L}{f}}$$

$$= -\frac{1.38 \times 10^3}{1.48 \times 10^3} \cdot \frac{0.07308 \times 5 \times 10^3 \times 1.48 \times 10^3}{10^3 + 1.48 \times 10^3} \cdot \frac{1}{1 - j\dfrac{f_L}{f}}$$

$$= -203 \frac{1}{1 - j\dfrac{f_L}{f}}$$

$$|A_u| = 203 \times \frac{1}{\sqrt{1 + \left(\dfrac{f_L}{f}\right)^2}}$$

式中，低频段的下限(3dB)频率为

$$f_L = \frac{1}{2\pi(R_s + R_i)C_1} = \frac{1}{2 \times 3.14 \times 2.48 \times 10^3 \times 10 \times 10^{-6}} \approx 6.42\text{Hz}$$

输入信号在 0.642Hz 时：

$$|A_u| = 203 \times \frac{1}{\sqrt{1 + \left(\dfrac{f_L}{f}\right)^2}} = 203 \times \frac{1}{\sqrt{1 + \left(\dfrac{6.42}{0.642}\right)^2}} = 20.3$$

取上式对数幅频特性

$$20\lg|A_u| = 20\lg 20.3 = 26.2\text{dB}$$

(5) 计算高频段电压放大倍数。

在高频段，主要考虑极间电容 $C_{b'e}$ 的影响，此时耦合电容(或旁路电容)视为短路；等效电路如图 3.6.10(a)所示。$C_{b'e}$ 与 $r_{b'e}$ 并联，其容抗值远小于 $r_{b'e}$，则 $r_{b'e}$ 可以忽略。

根据戴维南定理，从 $C_{b'e}$ 两端向左看，电路可等效成低通电路，如图 3.6.10(b)所示，图中电阻 R_s、R_b、$r_{bb'}$ 可等效成电阻 R：

$$R = r_{b'b} + R_s // R_b = r_{b'b} + \frac{R_s R_b}{R_s + R_b} = 100 + \frac{1 \times 10^3 \times 590 \times 10^3}{1 \times 10^3 + 590 \times 10^3} = 1098.3\Omega$$

信号源可等效成

$$U_s' = \frac{R_b}{R_s + R_b} U_s = 0.998 U_s$$

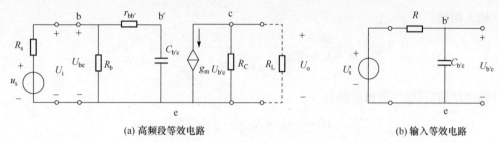

(a) 高频段等效电路　　　　　　　　　　　　　(b) 输入等效电路

图 3.6.10　共射放大电路的高频等效电路

放大电路的输入电压为

$$U_{b'e} = \frac{\dfrac{1}{j\omega C_{b'e}}}{R + \dfrac{1}{j\omega C_{b'e}}} U'_s = \frac{1}{1 + j\omega R C_{b'e}} U'_s$$

放大电路的输出电压为

$$U_o = -I_C \cdot R_C // R_L = -g_m U_{b'e} \cdot R_C // R_L = -2.5 \times 10^3 g_m U_{b'e}$$

高频时间常数为

$$\tau_H = R C_{b'e}$$

高频段的上限(-3dB)频率为

$$f_H = \frac{1}{2\pi\tau_H} = \frac{1}{2\pi R C_{b'e}} = \frac{1}{2\pi \times 1098.3 \times 10 \times 10^{-12}} = \frac{1}{68973.24 \times 10^{-12}} = 14.5\text{MHz}$$

高频段电压放大倍数为

$$A_u = \frac{U_o}{U_s} = \frac{U'_s}{U_s} \cdot \frac{U_{b'e}}{U'_s} \cdot \frac{U_o}{U_{b'e}} = \frac{R_b}{R_s + R_b} \cdot \frac{1}{1 + j\omega R C_{b'e}} \cdot (-g_m \cdot R_C // R_L)$$

$$= 0.998 \times \frac{1}{1 + j\omega R C_{b'e}} \times (-0.0731 \times 2.5 \times 10^3)$$

$$= 182.39 \times \frac{1}{1 + j\dfrac{f}{f_H}}$$

$$|A_u| = 182.39 \times \frac{1}{\sqrt{1 + \left(\dfrac{f}{f_H}\right)^2}}$$

取上式对数幅频,得

$$20\lg|A_u| = 20\lg\left(182.39 \times \frac{1}{\sqrt{1 + \left(\dfrac{f}{f_H}\right)^2}}\right)$$

在 $f = 140\text{MHz}$ 时,对数幅频为

$$20\lg|A_u| = 20\lg\left(182.39 \times \frac{1}{\sqrt{1 + \left(\dfrac{145 \times 10^6}{14.5 \times 10^6}\right)^2}}\right) \approx 25\text{dB}$$

(6) 画出波特图。

根据以上计算的数据画出波特图，如图 3.6.11 所示。

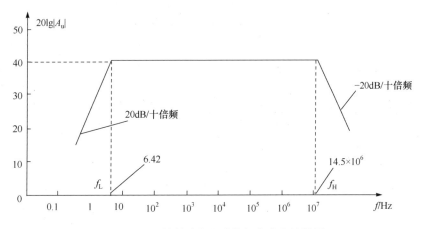

图 3.6.11　共射放大电路的频率响应波特图

放大电路的截止频率如下。

f_H 上限截止频率：$f_H = 14.5 \text{MHz}$。

f_L 下限截止频率：$f_L = 6.42 \text{Hz}$。

中频段电压放大倍数为

$$20\lg|A_u| = 40.2 \text{dB}$$

低频段电压放大倍数。输入信号在 0.642Hz 时，

$$20\lg|A_u| = 20\lg\left[203 \times \frac{1}{\sqrt{1 + \left(\frac{6.42}{0.642}\right)^2}}\right] = 26.2 \text{dB}$$

高频段电压放大倍数。输入信号在 $145 \times 10^6 \text{Hz}$ 时，

$$20\lg|A_u| = 20\lg\left[182.39 \times \frac{1}{\sqrt{1 + \left(\frac{145 \times 10^6}{14.5 \times 10^6}\right)^2}}\right] \approx 25 \text{dB}$$

3.6.4　多极放大电路的频率响应

我们已经知道多级放大电路总的电压放大倍数是各级电压放大倍数的乘积，即

$$A_u = A_{u1}A_{u2}\cdots A_{un}$$

将上式取绝对值后再求对数，可得到多级放大电路的对数幅频特性，即

$$20\lg|A_u| = 20\lg|A_{u1}| + 20\lg|A_{u2}|\cdots + 20\lg|A_{un}|$$

$$= \sum_{k=1}^{n} 20\lg|A_{uk}| \tag{3.6.16}$$

多级放大电路总的相位移为

$$\varphi = \varphi_1 + \varphi_2 + \cdots + \varphi_n = \sum_{k=1}^{n}\varphi_k\varphi = \varphi_1 + \varphi_2 + \cdots + \varphi_n \sum_{k=1}^{n}\varphi_k \tag{3.6.17}$$

式(3.6.16)和式(3.6.17)说明，多级放大电路的对数增益等于其各级对数增益的代数和，

而多级放大电路总的相位移也等于其各级相位移的代数和。因此,绘制多级放大电路总的幅频特性和相频特性时,只要把各放大级的对数增益和相位移在同一坐标系下分别叠加即可。

由图 3.6.12 可见,对于单级幅频特性下降 3dB 的频率(即 f_{L1} 和 f_{H1}),在两级放大电路的幅频特性下降 6dB,上、下限频率按照电压放大倍数下降 3dB 时对应的频率,将两级放大电路的下限频率 f_L 和上限频率 f_H,分别与单级的 f_{L1} 和 f_{H1} 进行比较。可以看出,多级放大电路的通频带,总比组成它的每一级电路的通频带窄。

再看相频特性,由于高频段每单级放大电路的最高相移是 $-90°$,因而,两级放大电路高频段的附加相移最多可达 $-180°$。应当注意,引入负反馈的放大电路的总相移为放大器的自身相移加上高频段的最大附加相移,如果总相移达到 $-360°$,则负反馈就变成正反馈,此时若该频率点对应的电压放大倍数大于1,则会引起电路自激振荡。为了消除自激振荡,要在电路中设计校正环节。具体分析请参阅其他书籍。

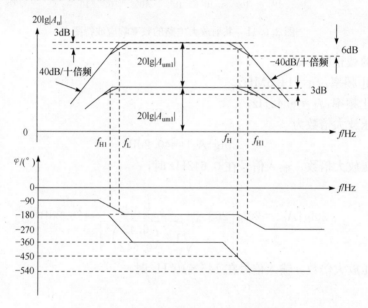

图 3.6.12　两级阻容耦合放大电路的波特图

3.7　基本放大电路的仿真分析方法

当电路复杂时,使用上述分析方法就会十分困难。现代电子技术中,主要是使用计算机仿真分析工具进行电子电路分析。本章介绍的分析技术是建立在基本模型基础上,进行计算机仿真分析。

1. 用 Spice 分析

第 2 章已经对 Spice 中的器件模型进行了介绍,一般情况下使用的是以 Spice 为内核的 EDA(电子设计自动化)工具完成。

使用 Spice 对基本模块电路进行仿真分析的基本要领如下。

(1) 描述电路的基本行为。例如,输入、输出、输入与输出之间的关系等。

(2) 描述电路的结构。例如,电路器件之间的连接情况。

（3）描述电路的参数。例如,电阻、电容的数值等。

（4）描述电路元器件所处的工作环境。例如,温度等。

（5）描述输入信号的基本特征。

注意,仿真分析只能以曲线的方式给出电路的行为特性,不能直接给出各种参数之间的分析模型。

Spice 仿真工具提供的是分析计算平台,仿真结果的正确与否完全取决于电路中器件参数的设置,因此,仿真实际上是建立在电路实验基础之上的分析方法,使用者必须对半导体器件和其他器件在给定条件下的参数十分熟悉。

对于一般的电子技术仿真分析来说,不需要使用复杂的半导体器件模型,只要器件制造厂商提供相应的 Spice 模型即可满足电路分析和设计的需要。如果进行集成电路设计,则需要使用更为复杂的 Spice 模型。

2. 直接物理模型（电路原理图）研究

直接物理模型（电路原理图）仿真分析是指在 EDA 工具中直接建立电路模型的方式进行仿真研究,只要有物理模型（电路原理图）,就可以进行电路分析研究。这种方法虽然简单直观,但要求使用者具有较丰富的电子电路分析设计和调试经验,必须根据经验输入相应的数据,同时还必须对电路使用的仿真模型有相当清醒的认识。

本 章 小 结

本章着重介绍和讨论了基本放大电路的结构和分析方法,并利用微变等效电路法分析了三极管和场效应管组态交流放大电路。这些电路都是现代电子电路中的基本模块电路,是各种电路设计的基础,本章最后介绍了放大电路频率响应的基本概念。

图解分析法的特点是直观、较全面地了解分立器件电路的工作情况,便于理解电路工作点的作用及其对电路的影响,并能大概估计出动态工作范围。缺点是无法直接分析输入电阻,同时,图解分析法必须直接依靠输入和输出特性曲线,难以进行精确计算。

考虑器件的结电容、极间电容、分布电容或耦合电容、旁路电容等因素的影响,分析放大电路增益幅值及相位随输入信号频率变化的特性。简述频率特性的基本概念及分析法。

此外,本章还特别讨论了基本放大器电路的定性分析方法,初步建立了与放大器模块电路分析有关的基本分析概念,这些概念都是进一步建立电子电路分析模型的基础。

本章中的所有例题都可以用仿真软件进行仿真分析。

思考题与习题

思考题

3.1　如何判断两只连接在一起的管子是否可作为复合管? 举例说明,什么样的连接能够作为复合管,什么样的连接不能作为复合管?

3.2　电子电路中有几种类型的放大器?

3.3　简述放大器放大倍数的物理意义。

3.4　简述直流工作点对电子电路的作用。

3.5　电子电路中的电路参考点在什么条件下与信号参考点是同一点?

3.6　电子电路的输入电阻和输出电阻的物理意义是什么?

3.7　微变等效电路与低频小信号等效电路有什么区别?

3.8　简述微变等效电路分析的基本原理。

3.9　简述图解法的基本原理。

3.10　简述三极管三种组合电路的基本区别。

3.11　简述场效应管三种组合电路的基本区别。

3.12　什么叫作参考点? 参考点在电路分析中起什么作用?

3.13　增强型 MOS 管共源极电路的栅极偏置电压应如何设置?

3.14　把电路分为直流分析和交流分析的前提条件是什么?

3.15　为什么说单管放大电路不能放大直流信号?

3.16　使用仿真软件进行放大电路仿真分析时,根据什么分析电路的特性?

习题

3.17　测量某硅 BJT 各电极对地的电压值如下,试判别管子工作在什么区域。

(1) $V_C=6V$、$V_B=7V$、$V_E=0V$;

(2) $V_C=6V$、$V_B=2V$、$V_E=1.3V$;

(3) $V_C=6V$、$V_B=6V$、$V_E=5.4V$;

(4) $V_C=6V$、$V_B=4V$、$V_E=3.6V$;

(5) $V_C=3.6V$、$V_B=4V$、$V_E=3.4V$。

3.18　电路如习题图 3.18 所示,设 BJT 的 $\beta=80$,$V_{BE}=0.6V$,I_{CEO}、V_{CES} 可忽略不计,试分析当开关 S 分别接通 A、B、C 三位置时,BJT 各工作在其输出特性曲线的哪个区域。并求出相应的集电极电流 I_c。

3.19　试分析图习题图 3.19 所示各电路对正弦交流信号有无放大作用,并简述理由(设各电容的容抗可忽略)。

3.20　电路如习题图 3.20(a)所示,该电路的交、直流负载线绘于习题图 3.20(b)中,试求:

(1) 电源电压 V_{CC}、静态电流 I_{BC} 和管压降 V_{CEQ} 的值;

(2) 电阻 R_b、R_c 的值;

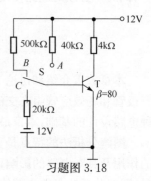

习题图 3.18

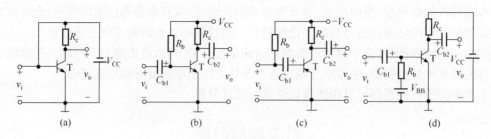

(a)　　　　　　(b)　　　　　　(c)　　　　　　(d)

习题图 3.19

(3) 输出电压的最大不失真幅度;

(4) 要使该电路能不失真地放大,基极正弦电流的最大幅值是多少?

3.21　定性地分析习题图 3.21 所示电路输入信号与输出信号的相位关系。分析电路的基极电位与 R_b 以及管子 b-e 结压降的关系。

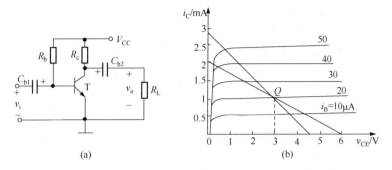

习题图 3.20

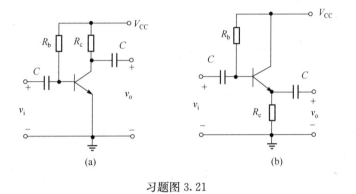

习题图 3.21

3.22　在习题图 3.22 所示电路中，电容 C 对交流信号可视为短路。分析：

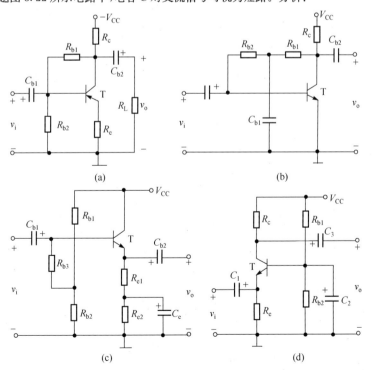

习题图 3.22

(1) 电路的静态特性;

(2) 电路的交流特性;

(3) 若将电容 C_3 开路,对电路将会产生什么影响?

3.23　绘制习题图 3.23 所示电路的放大信号等效电路,设电路具有正常的开关功能,如果输入一个脉冲信号,试绘制输出信号的波形。脉冲信号的高电平为 V_{CC},低电平为系统地电平。

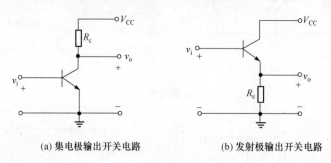

(a) 集电极输出开关电路　　　　　(b) 发射极输出开关电路

习题图 3.23

3.24　共发射极电路的图解分析结果如习题图 3.24 所示。分析:

(1) 指出电路是否能正常工作;

(2) 如果不能正常工作,指出可能的原因和调整方法。

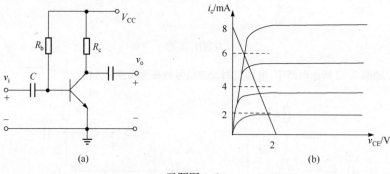

习题图 3.24

3.25　电路如习题图 3.25 所示。

(1) 图中使用的是什么类型的 MOS 管?

(2) 指出这个电路的交流参考点和直流参考点。

(3) 这个电路在什么条件下能够正常工作?

(4) 设输入的是一幅度为 10mV 的正弦波信号,MOS 的开启电压为 1V,试在电路输入端加入适当的偏置电路,使其能够对交流信号进行放大。

(5) 绘制具有输入偏置电路后的低频小信号等效电路。

(6) 设电路具有正常的放大功能,如果输入正弦波信号,试绘制输出信号的波形。

3.26　电路如习题图 3.26 所示。分析:

(1) 电路是否能正常工作?

(2) 试绘制低频小信号等效电路。

3.27　电路如习题图 3.27 所示,增强型 MOS 管的开启电压为 2V。分析:

(1) 什么样的 R_{g1}/R_{g2} 能够使电路处于放大状态?

(2) 试绘制低频小信号等效电路。

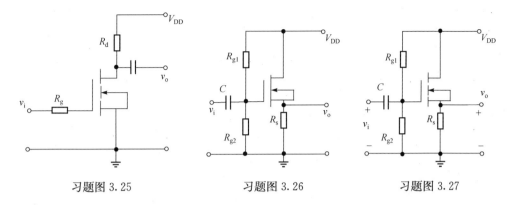

习题图 3.25   习题图 3.26   习题图 3.27

3.28 共发射极电路的图解分析结果如习题图 3.28 所示。分析计算：

(1) 三极管的 β 值；

(2) 指出电源电压和不失真交流电压的输出范围；

(3) 设 b-e 结压降为 0.7V，估算电阻 R_b 和 R_c。

(4) 如果电路输出端连接一个负载电阻 R_L，且 $R_L = R_c$，计算此时的最大输出电压幅度，并与无负载的情况相比较。

(5) 根据计算的结果，在 Multisim 中选择虚拟三极管对电路进行仿真验证，分析计算结果和仿真结果之间的差别。仿真中电容 $C = 10\mu F$，输入信号为 1kHz 正弦波。

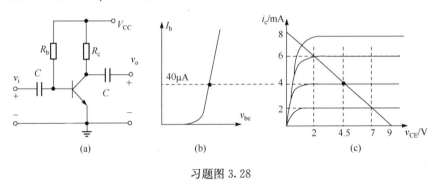

(a)   (b)   (c)

习题图 3.28

3.29 计算习题图 3.28 电路在低频小信号输入条件下的放大倍数表达式，并利用虚拟三极管在 Multisim 中测量输入和输出电阻。仿真中自行设置电阻参数，条件是保证输出波形不失真。提示：设电容对交流信号短路。

3.30 计算练习习题图 3.30(a)、(b)所示电路在交流低频小信号输入条件下的输入电阻和输出电阻表达式。提示：利用场效应管的低频小信号模型。

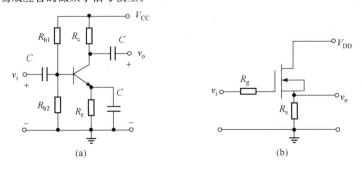

(a)   (b)

习题图 3.30

3.31 三极管的三种不同电路结构如习题图 3.31 所示。

(1) 绘制三种电路的直流通道;

(2) 指出三种电路的信号参考点和电路参考点;

(3) 绘制微变等效电路,并与低频小信号等效电路相比较;设 $\beta=100$,计算电路直流工作点;

(4) 分析三种电路的功能;

(5) 分析三种电路结构的输入电阻和输出电阻;

(6) 计算三种电路的电压放大倍数;

(7) 在 Multisim 中使用虚拟三极管对电路进行仿真分析,测量输出不失真时的输入正弦波的最大电压幅度。仿真分析中正弦波的频率为 1kHz。

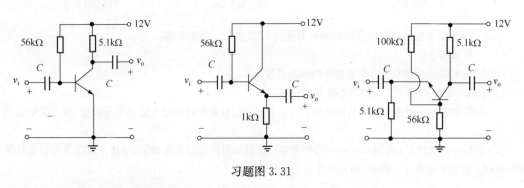

习题图 3.31

3.32 MOS 管的三种不同电路结构如习题图 3.32 所示。

(1) 绘制三种电路的直流通道;

(2) 指出三种电路的信号参考点和电路参考点;

(3) 指出电路中所使用的 MOS 管类型;

(4) 为电路设置栅极偏置电路,在已知 g_m 的情况下,推导直流工作点的计算表达式;

(5) 绘制微变等效电路;

(6) 根据等效电路定性分析三种电路的功能;

(7) 根据等效电路分析三种电路结构的输入电阻和输出电阻;

(8) 自行设置参数,在 Multisim 中对电路进行仿真分析,测量放大倍数和输入输出电阻,仿真中使用虚拟 MOS 管。

3.33 绘制习题图 3.33 所示电路的低频小信号等效电路,并定性分析电路输入输出之间的关系。

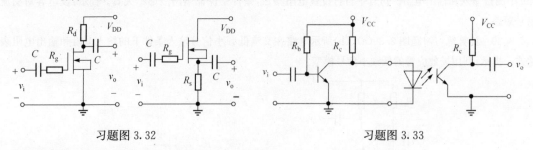

习题图 3.32   习题图 3.33

3.34 放大电路如习题图 3.34 所示。设晶体管 T 的 $\beta=100$,$r_{bb'}=100\Omega$,$r_{b'e}=2.6\text{k}\Omega$,$C_{b'e}=60\text{pF}$,$R_s=1\text{k}\Omega$,$R_b=100\text{k}\Omega$。它的幅频特性曲线如习题图 3.34 所示。

(1) 确定 R_c 的值;

(2) 确定 C_1 的值;

(3) 求上限频率 f_H。

3.35　共集放大电路如题图 3.35 所示。设 $R_s=500\Omega$, $R_{b1}=51k\Omega$, $R_{b2}=20k\Omega$, $R_e=2k\Omega$, $R_L=2k\Omega$, $C_1=C_2=10\mu F$, 晶体管 T 的 $\beta=100$, $r_{bb'}=80\Omega$, $C_{b'c}=2pF$, $f_T=200MHz$, $U_{BE}=0.7V$, $U_{CC}=12V$。

(1) 求中频电压增益 A_{us}、输入电阻 $R_{i'}$ 及输出电阻 $R_{o'}$;

(2) 若忽略 $C_{b'c}$, 求上限频率 f_H, 并对引起的误差进行简单的讨论;

(3) 画出该放大器的幅频曲线。

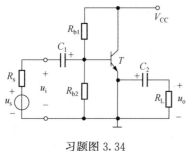

习题图 3.34　　　　　　　　　习题图 3.35

3.36　稳定工作点的放大电路如习题图 3.36(a)所示,三极管输出特性如习题图 3.36(b)所示。

(1) 画微变等效图,求中频电压放大倍数 A_u 输入电阻 R_i 输出电阻 R_o。

(2) 若输入正弦信号 U_i 由很小渐渐调大时, U_o 首先出现什么失真(饱和,截止)? 画出此时波形 u_{CE} 及 u_o,这是什么失真(底部,顶部)? 如要克服失真, R_{b2} 应如何调节?

(3) 如果耦合电容都为 $10\mu F$,信号源内阻 R_S 为 100Ω,求该放大器的幅频特性,并画出其波特图。

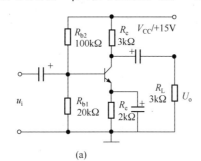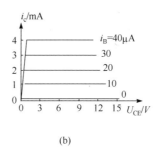

(a)　　　　　　　　　　　　　　(b)

习题图 3.36

3.37　电路如习题图 3.37 所示, $R_{g1}=2M\Omega$, $R_{g2}=47\ k\Omega$, $R_d=30k\Omega$, $R=2k\Omega$, $C=10\mu F$, $V_{DD}=18V$, 场效应管的 $U_{GS(off)}=-1V$, $I_{DSS}=0.5mA$, 试求 A_u、R_i、R_o 的表达式,并且计算该放大电路的下限频率。

3.38　电路如习题图 3.38 所示, $R_{g1}=200k\Omega$, $R_{g2}=51k\Omega$, $R_s=2k\Omega$, $R_d=R_L=10k\Omega$, $C=10\mu F$, $V_{DD}=20V$, 场效应管 $g_m=2mA/V$, 试求 A_u、R_i、R_o 以及下限频率。

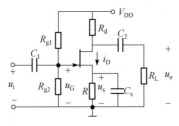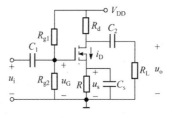

习题图 3.37　　　　　　　　　习题图 3.38

第 4 章　多级放大电路

在实际应用中,要把微弱的电信号放大到足以推动负载工作,又要求满足放大电路的性能要求,只用一级单管放大电路是不够的,往往需要将若干个单级放大电路连接起来,对信号实行多级放大。

使用上述方法应注意,在考虑每一级放大电路的放大倍数时,不能忽略前后级的相互影响,即应将后级放大电路的输入电阻,作为前级放大器的负载电阻来考虑。为保证信号不失真地逐级传递和放大,在级间连接中还有许多实际问题需要解决。例如,多级放大电路的级间耦合方式;级之间的静态工作点;级与级之间的阻抗匹配;级间放大倍数的分配等问题。构成多级放大电路的每一个基本放大电路称为一级,级与级之间的连接称为级间耦合。多级放大电路有 4 种常见耦合方式:阻容耦合、变压器耦合、光电耦合和直接耦合。

4.1　多级放大电路耦合方式

4.1.1　直接耦合

直接耦合:把前一级放大电路的输出端直接或通过电阻接至后一级放大电路的输入端,如图 4.1.1 所示。

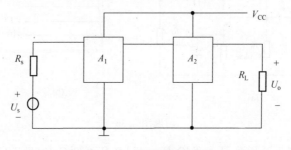

图 4.1.1　直接耦合示意图

直接耦合具有电路易于集成,可以放大缓慢变化的直流信号的优点。实际的集成放大电路大都是采用直接耦合多级放大电路的方式。下面给出 4 个直接耦合基本放大电路的基本结构图,如图 4.1.2 所示。

图 4.1.2(a)所示电路省去了第二级的基极电阻,而使 R_{c1} 既作为第一级的集电极电阻,又作为第二级的基极电阻,只要 R_{c1} 取值合适,就可以为 T_2 管提供合适的基极电流。

图 4.1.2(b)所示电路是在 T_2 管的发射极加电阻 R_{e2},目的是升高 T_2 管的基极电位。从图 4.1.2(a)所示电路中不难看出,静态时,T_1 管压降 U_{CEQ} 等于 T_2 管的 b-e 间电压 U_{BEQ}。通常情况下,若 T_1 管的静态工作点靠近饱和区,在动态信号作用时容易引起饱和失真。因此,为使第一级有合适的静态工作点,就要升高 T_2 管的基极电位。为此,在 T_2 管的发射极加电阻 R_{e2}。

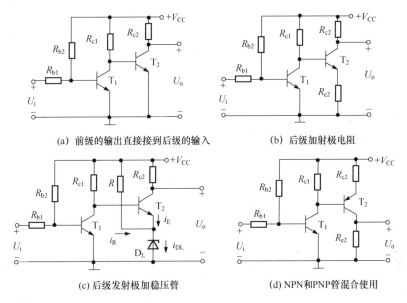

(a) 前级的输出直接接到后级的输入　　　　　　(b) 后级加射极电阻

(c) 后级发射极加稳压管　　　　　　　　(d) NPN和PNP管混合使用

图 4.1.2　直接耦合放大电路静态工作点

选择合适的电阻 R_{e2} 参数,可以有合适的静态工作点,但是,第二级的电压放大倍数大大下降,从而影响整个电路的放大能力。因此,需要选择一种器件,对于直流量,它等效于一个电压源;对于交流量,它等效成一个小电阻。这样,既可以有合适的静态工作点,又对放大电路的放大能力影响不大。二极管和稳压管都具有上述特性,图 4.1.2(b)中的电阻 R_{e2} 可以用二极管取代。图 4.1.2(c)中采用了稳压管,为了保证稳压管工作在稳定状态,图中电阻 R 的作用是使稳压管中的电流大于电路的稳定电流。根据 T_1 管压降 U_{CEQ} 所需的数值,选取稳压管的稳定电压 U_z。

图 4.1.2(d)可以解决多级放大电路级数增多,集电极电位逐级升高而接近电源电压,使后级的静态工作点不合适的问题。因此,直接耦合多级放大电路常采用 NPN 型和 PNP 型管混合使用的方法解决上述问题。在图 4.1.2(d)所示电路中,虽然 T_1 管的集电极电位高于其基极电位,但是为使 T_2 管工作在放大区,T_2 管的集电极电位应低于其基极电位(即 T_1 管的集电极电位)。

从以上分析可知,直接耦合放大电路的突出优点是具有良好的低频特性,可以放大变化缓慢的信号,并且由于电路中没有大容量电容,所以易于将全部电路集成在一片硅片上,构成集成放大电路。

多级放大电路采用直接耦合方式,各级的静态工作点互相牵连,且最大缺点有温度漂移。由于直接耦合放大电路能够放大缓慢变化(甚至 $f_i = 0$)的信号,当环境温度发生变化时,前级静态工作点的缓慢变化将作为信号被后级逐级放大,致使实际输入信号为零时,输出信号不为零,而实际输入信号不为零时,在输出端难以分辨有用信号和漂移电压。这叫作零点漂移。为了抑制零点漂移,集成放大电路输入级均采用差分放大器。

4.1.2　阻容耦合

阻容耦合:把前一级放大电路的输出端通过电容和电阻接到后一级放大电路输入端,如图 4.1.3(a)所示。图中,用 A_1 表示第一级放大器,用 A_2 表示第二级放大器。

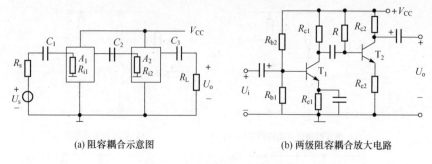

(a) 阻容耦合示意图　　　　　　　(b) 两级阻容耦合放大电路

图 4.1.3　阻容耦合放大电路

图 4.1.3(b)所示为两级阻容耦合放大电路,第一级为共射放大电路,第二级为共集放大电路。由于电容对直流的电抗为无穷大,因而阻容耦合放大电路各级之间的直流通路各不相通,各级的静态工作点相互独立。

阻容耦合放大电路的低频特性差,不能放大变化缓慢的信号。这是因为电容对这类信号呈现出很大的容抗。此外,在集成电路中制造大容量电容很困难,甚至不可能,所以这种耦合方式不便于集成化。

应当指出,通常,只有在信号频率很高、输出功率很大等特殊情况下,才采用阻容耦合方式的分立器件放大电路。

4.1.3　变压器耦合

变压器耦合:把前一级放大电路的输出端通过变压器接到后一级放大电路输入端或负载电阻上,如图 4.1.4(a)所示。由于通过变压器 B 耦合的电路实质是依靠磁路贯通实现的,所以它不仅与阻容耦合一样,各级放大电路的静态工作点互相独立,而且还可以进行阻抗变换,实现信号的大功率输出。

图 4.1.4(a)所示为变压器耦合放大电路。图中 R_L 既可以是实际的负载电阻,也可以代表后级放大电路。根据所需的电压放大倍数,选择合适的变压器匝数比,在负载电阻上可以获得足够大的电压。当匹配得当时,负载可以获得足够大的功率。变压器耦合方式的主要缺点是无法传递变化缓慢的电信号,且无法集成。

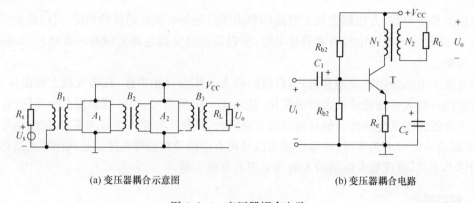

(a) 变压器耦合示意图　　　　　　　(b) 变压器耦合电路

图 4.1.4　变压器耦合电路

若变压器原边电压和电流为 U_1 和 I_1,副边电压和电流为 U_2 和 I_2,原边与副边的匝数比

$n=N_1/N_2$，如图 4.1.5 所示，在无损耗的情况下，原边功耗 P_1 等于副边功耗 P_2，即 $I_1^2 R_L' = I_2^2 R_L = I_1^2 n^2 R_L$。$R_L'$ 是从变压器原边看进去的等效电阻。R_L' 等于 R_L 的 n^2 倍，说明经变压器耦合后的输出功率是原来的 n^2 倍，电压放大倍数也是原来的 n^2 倍。在实际电子系统中，有时负载电阻很小（例如，某些扩音系统的扬声器的负载电阻只有 8Ω），若采用变压器耦合，容易实现阻抗匹配，从而获得足够大的功率输出。

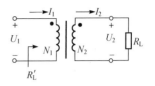

图 4.1.5　变压器工作原理示意图

4.1.4　光电耦合

光电耦合器将发光元件（发光二极管）与光敏元件（光电二极管）相互绝缘地组合在一起，如图 4.1.6(a) 所示。其传输特性如图 4.1.6(b) 所示。发光元件为输入回路，它将电能转换成光能；光敏元件为输出回路，它将光能再转换成电能，实现了两部分电路的电气隔离，从而可有效地抑制电干扰。在输出回路常采用复合管（也称达林顿结构）形式以增大放大倍数。

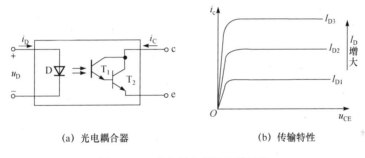

(a)　光电耦合器　　　　　　　　(b)　传输特性

图 4.1.6　光电耦合器及传输特性

图 4.1.7 所示为光电耦合放大电路，信号源部分可以是真实的信号源，也可以是前级放大电路。一般情况下，输出电压还需进一步放大。实际上，目前已有集成光电耦合放大电路，具有较强的放大能力。在图 4.1.7 所示电路中，信号源部分与输出回路部分采用独立电源且分别接不同的"地"，即使是远距离信号传输，也可以避免受到各种电干扰。

光电耦合放大电路多用于远距离信号的传输。

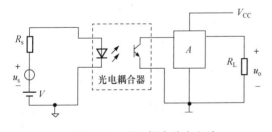

图 4.1.7　光电耦合放大电路

4.2　多级放大电路的分析

4.2.1　多级放大电路增益

两级放大电路的交流等效电路，如图 4.2.1 所示。因为前级电路 A_1 的输出电压 u_{o1} 就是后级电路 A_2 的输入电压 u_{i2}，所以两级放大电路的电压放大倍数可表示为

$$A_u = \frac{u_o}{u_i} = \frac{u_{o1}}{u_{i1}} \cdot \frac{u_{o2}}{u_{i2}} = A_{u1} \cdot A_{u2} \tag{4.2.1}$$

因为前级电路是后级电路的信号源 $u_{o1}'=u_{s2}$，即后级电路是前级电路的负载 $R_{L1}=R_{i2}$，所以在分析各级电路的电压放大倍数时，应考虑各级间的负载关系。

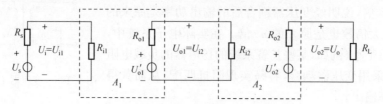

图 4.2.1　两级放大电路的交流等效电路

由上述分析可推知，对于 n 级放大电路，其电压放大倍数可表示为

$$A_u = \prod_{j=1}^{n} A_{uj} \tag{4.2.2}$$

根据放大电路输入、输出电阻的定义，多级放大电路的输入电阻就是第一级的输入电阻，即

$$R_i = R_{i1} \tag{4.2.3}$$

多级放大电路的输出电阻就是最末级的输出电阻，即

$$R_o = R_{on} \tag{4.2.4}$$

分析多级放大电路指标的基本步骤与单级放大电路基本相同，只要注意各级间的负载效应就可以了。现以两级阻容耦合放大电路为例加以说明。

4.2.2　多级放大电路特性估算

根据前面分析，下面估算多级放大电路的电压放大倍数 A_u、源电压放大倍数 A_{us}、输入电阻 R_i 及输出电阻 R_o。

例 4.2.1　图 4.2.2 所示为三级阻容耦合放大电路，第一级为共集放大电路，第二级为共射放大电路，第三级为共集放大电路。已知 $R_{b1}=100\text{k}\Omega$，$R_{b2}=15\text{k}\Omega$，$R_{b3}=5\text{k}\Omega$，$R_{b4}=100\text{k}\Omega$，$R_{e1}=R_{e3}=7.5\text{k}\Omega$，$R_{e2}=2.3\text{k}\Omega$，$R_{c2}=5\text{k}\Omega$，$R_L=1\text{k}\Omega$，$R_s=20\text{k}\Omega$，$V_{CC}=12\text{V}$；三极管的 β 均为 100，$r_{bb'1}=r_{bb'2}=r_{bb'3}=300\Omega$，$U_{BEQ1}=U_{BEQ2}=U_{BEQ3}=0.7\text{V}$。试估算电路的直流特性、交流特性、输入电阻 R_i、输出电阻 R_o。仿真时输入信号频率为 2.5kHz，幅度 10mV_p，电容取 $2.5\mu\text{F}$。

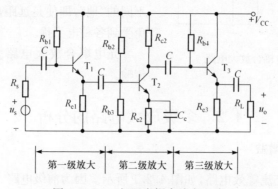

图 4.2.2　三级阻容耦合放大电路

解　首先应分析电路的静态工作点。阻容耦合放大电路的直流通路，如图 4.2.3 所示。由于电容的隔直作用，所以阻容耦合放大电路静态工作点互相不影响。

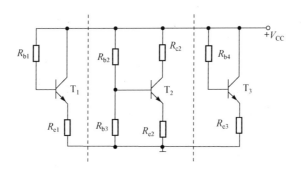

图 4.2.3 阻容耦合放大电路的直流通路

直流特性分析如下。

第一级是典型的射极偏置电路,其 Q 点参数为

$$I_{BQ1} = \frac{V_{CC} - U_{BEQ1}}{R_{b1} + (1 + \beta_1) R_{e1}} = \frac{12 - 0.7}{100 + 101 \times 7.5} \text{mA} \approx 13.18 \mu\text{A}$$

$$I_{CQ1} = \beta_1 I_{BQ1} = 100 \times 13.18 \mu\text{A} = 1.318 \text{mA} \approx I_{EQ1}$$

$$U_{CEQ1} = V_{CC} - I_{EQ1} R_{e1} = (12 - 1.318 \times 7.5) \text{V} \approx 2.12 \text{V}$$

第二级是典型的静态工作点稳定电路,因此

$$U_{BQ2} = \frac{R_{b3}}{R_{b2} + R_{b3}} \cdot V_{CC} = \left(\frac{5}{15 + 5} \times 12 \right) \text{V} \approx 3 \text{V}$$

$$I_{EQ2} = \frac{U_{BQ2} - U_{BEQ2}}{R_{e2}} = \frac{3 - 0.7}{2.3} \text{mA} = 1 \text{mA} \approx I_{CQ2}$$

$$U_{CEQ2} \approx V_{CC} - I_{CQ2} (R_{c2} + R_{e2}) = [12 - 1 \times (5 + 2.3)] \text{V} = 4.7 \text{V}$$

$$I_{BQ2} = \frac{I_{EQ2}}{1 + \beta_2} = \frac{1}{101} \text{mA} \approx 9.9 \mu\text{A}$$

第三级是典型的射极偏置电路,其 Q 点参数为

$$I_{BQ3} = \frac{V_{CC} - U_{BEQ3}}{R_{b4} + (1 + \beta_3) R_{e3}} = \frac{12 - 0.7}{100 + 101 \times 7.5} \text{mA} \approx 13.18 \mu\text{A}$$

$$I_{CQ3} = \beta_3 I_{BQ3} = 100 \times 13.18 \mu\text{A} = 1.318 \text{mA} \approx I_{EQ3}$$

$$U_{CEQ3} = V_{CC} - I_{EQ3} R_{e3} = (12 - 1.318 \times 7.5) \text{V} \approx 2.12 \text{V}$$

交流特性分析如下。

阻容耦合放大电路的交流通路,如图 4.2.4 所示。

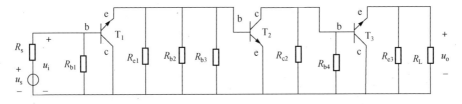

图 4.2.4 阻容耦合放大电路的交流通路

交流通路(图 4.2.4)的微变等效电路,如图 4.2.5 所示。

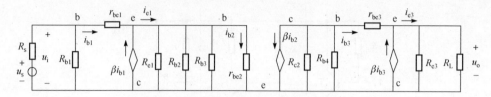

图 4.2.5　阻容耦合放大电路的微变等效电路

由此可求得三只三极管的 r_{be} 参数为

$$r_{be1}=r_{bb'1}+(1+\beta_1)\frac{U_T}{I_{EQ1}}=\left(300+(1+100)\times\frac{26}{1.318}\right)\Omega\approx2.29k\Omega$$

$$r_{be2}=r_{bb'2}+(1+\beta_2)\frac{U_T}{I_{EQ2}}=\left(300+(1+100)\times\frac{26}{1}\right)\Omega\approx3k\Omega$$

$$r_{be3}=r_{bb'3}+(1+\beta_3)\frac{U_T}{I_{EQ3}}=\left(300+(1+100)\times\frac{26}{1.318}\right)\Omega\approx2.29k\Omega$$

现在可求电路的各级电压放大倍数。

第一级是典型的共集放大电路,第二级的输入电阻作为第一级的负载,即

$$R_{L1}=R_{i2}=R_{b2}//R_{b3}//r_{be2}=(15//5//3)k\Omega=1.7k\Omega$$

所以第一级的放大倍数为

$$A_{u1}=\frac{u_{o1}}{u_i}=\frac{(1+\beta_1)i_{b1}(R_{e1}//R_{L1})}{i_{b1}r_{be1}+(1+\beta_1)i_{b1}(R_{e1}//R_{L1})}=\frac{101\times(7.5//1.7)}{2.29+101\times(7.5//1.7)}$$

$$=\frac{139.97}{142.26}\approx0.98$$

第二级是共射放大电路,第三级的输入电阻作为第二级的负载

$$R_{L2}=R_{i3}=R_{b4}//[r_{be3}+(1+\beta_3)(R_{e3}//R_L)]$$

$$=\{100//[2.29+(1+100)(7.5//1)]\}k\Omega=(100//91.4)k\Omega=47.75k\Omega$$

所以第二级电路的放大倍数为

$$A_{u2}=\frac{u_{o2}}{u_{i2}}=-\frac{\beta_2 i_{b2}(R_{c2}//R_{L2})}{i_{b2}r_{be2}}=-\frac{100\times(7.5//47.75)}{3}\approx-216$$

第三级是典型的共集放大电路,第三级的负载为

$$R_{L3}=R_L=1k\Omega$$

所以第三级的放大倍数为

$$A_{u3}=\frac{u_{o3}}{u_{i3}}=\frac{(1+\beta_3)i_{b3}(R_{e3}//R_{L3})}{i_{b3}r_{be3}+(1+\beta_3)i_{b3}(R_{e3}//R_{L3})}=\frac{101\times(7.5//1)}{2.29+101\times(7.5//1)}\approx0.98$$

于是根据式(4.2.2)得到总体电压放大倍数为

$$A_u=A_{u1}\cdot A_{u2}\cdot A_{u3}\approx207$$

由式(4.2.3)求得放大电路的输入电阻为

$$R_i=R_{b1}//[r_{be1}+(1+\beta)(R_{e1}//R_{b2}//R_{b3}//r_{be2})]$$

$$=\{100//[2.29+(1+100)(7.5//15//5//3)]\}k\Omega$$

$$=(100//140.02)k\Omega=58.34k\Omega$$

根据例 3.2.3 的计算方法,估算输出电阻。设在电路的输出端加信号源 u'_o,求输出电阻 R_o。

$$i'_{o}=(1+\beta_3)i_{b3}+i_{Re3}=(1+\beta_3)\frac{u'_{o}}{r_{be3}+R_{b4}//R_{c2}}+\frac{u'_{o}}{R_{e3}}$$

$$R_{o}=\frac{u'_{o}}{i'_{o}}=\frac{u'_{o}}{(1+\beta_3)i_{b3}+i_{Re3}}=\frac{u'_{o}}{(1+\beta_3)\dfrac{u'_{o}}{r_{be3}+R_{b4}//R_{c2}}+\dfrac{u'_{o}}{R_{e3}}}$$

$$=R_{e3}//\frac{r_{be3}+R_{b4}//R_{c2}}{1+\beta_3}=\left(7.5//\frac{2.29+100//5}{1+100}\right)\Omega$$

$$=(7.5//0.0698)\Omega=69.8\Omega$$

　　从以上分析可见,第一级放大电路的电压放大倍数约等于1,对总体电压放大倍数好像无贡献,但是若将第一级放大电路去除,则电路的输入电阻将减少,源电压放大倍数随之降低。

　　这就是在信号源电压一定的情况下,为了保证电路有足够的输出电压,常将具有高输入阻抗的共集放大电路做输入级的主要原因。同理,在多级放大电路中,为了保证总体电压放大倍数和电路的带负载能力,常将具有高输入阻抗和低输出阻抗的共集放大电路用作输出级。

4.3　差分放大电路

　　差分放大电路是构成多级直接耦合放大电路的基本单元电路。

　　差分放大电路为了解决既要放大直流信号,又要抑制零点漂移达到稳定工作的目的,电子技术中提出了一个重要的电路模块,这就是差分放大电路(也叫作差动放大器)。差分放大电路是为直流信号放大设计的一种基本电路,也可以用来放大交流信号,是模拟集成电路的重要电路模块。差分放大电路的基本结构如图 4.3.1所示。T_1 管、T_2 管的性能、特性完全相同(两只管子的温度特性完全相同),对称位置的电子元件参数完全相同,并可以实现两只管子集电极电位差作为放大电路输出 u_o。

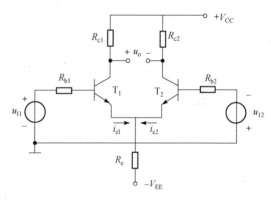

图 4.3.1　差分放大电路基本结构

4.3.1　放大电路的零点漂移问题

　　实验:测试两级直接耦合放大电路的零点漂移。

　　测试电路如图 4.3.2(a)所示。将两级直接耦合放大电路 A_1 输入端短路,用灵敏度较高的直流表测量放大电路 A_2 的输出端,会有变化缓慢的输出电压,如图 4.3.2(b)所示。这种输入电压为零而输出电压的变化不为零的现象称为零点漂移现象。

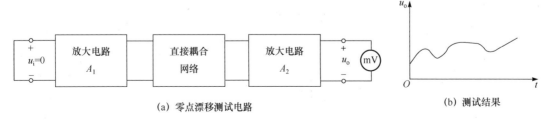

(a) 零点漂移测试电路　　　　　　　　　　　　　(b) 测试结果

图 4.3.2　零点漂移测试电路及测试结果

产生漂移现象的原因如下所述。

(1) 放大电路中,任何元件参数的变化、老化,将产生输出电压的漂移。

(2) 温度变化引起的半导体器件参数的变化,将在放大电路输出端产生电压漂移。因此,零点漂移为温度漂移,简称温漂。

(3) 直接耦合放大电路,由于前后级直接相连,前一级的漂移电压会和有用信号一起被送到下一级,而且逐级放大,以至有时在输出端很难区分什么是有用信号,什么是漂移电压,造成放大电路不能正常工作。

零点漂移就是 Q 点的漂移,因此抑制漂移的方法如下。

(1) 在电路中引入直流负反馈。

(2) 采用温度补偿的方法,利用热敏元件来抵消放大管的变化。

(3) 采用特性相同的管子,使它们的温漂相互抵消,构成"差分放大电路"。这个方法也可归结为温度补偿。

4.3.2 差分放大电路的演变过程

在图 4.3.3(a)所示电路中,若基极电阻 R_b 上的静态电压可忽略不计,则发射极的静态电流为 $I_{EQ} \approx (V_{BB} - U_{BEQ})/R_e$,可以认为静态工作点基本稳定。但是,在温度变化时,集电极电流 I_{CQ} 有微小的变化,影响了晶体管 b-e 间的静态电压,由于发射极电阻 R_e 的作用,使温漂减小。可以想象,只要采用直接耦合方式,这种变化将进入下级放大电路,使变化量逐级放大,影响放大电路的工作。

如果在输出端接一个受温度控制的直流电压源 V,如图 4.3.3(b)所示。当温度变化引起静态电位 U_{CQ} 变化时,直流电压源 V 始终与之保持相等,输出电压中就只有动态信号 u_o 部分,而与静态电位 U_{CQ} 及其温度漂移毫无关系。

根据以上构思,用一只三极管代替图 4.3.3(b)中的直流电压源 V,电路中两只管子特性完全相同,对称位置的电子元件参数完全相同,可以实现两只管子集电极电位差作为输出 u_o,如图 4.3.3(c)所示,形成对称式差分放大电路。

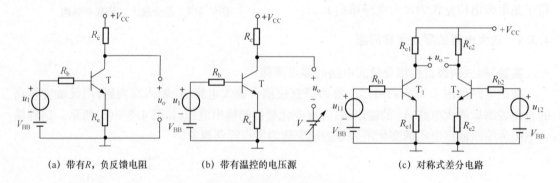

(a) 带有 R_e 负反馈电阻   (b) 带有温控的电压源   (c) 对称式差分电路

图 4.3.3 差分放大电路的组成

4.3.3 共模信号、差模信号

差分放大电路具有抑制共模信号,放大差模信号的能力。

1. 共模信号

在图 4.3.3(c)所示电路输入端,加入大小相等、极性相同的输入信号 u_{Ic1} 和 u_{Ic2},称这种信号为共模信号。由于电路参数对称,T_1 管和 T_2 管所产生的电流变化相等,即 $\Delta i_{B1} = \Delta i_{B2}$,$\Delta i_{C1} = \Delta i_{C2}$,因此集电极电位的变化也相等,即 $\Delta u_{C1} = \Delta u_{C2}$。因为输出电压是 T_1 管和 T_2 管集电极电位差,所以输出电压为

$$u_o = u_{C1} - u_{C2} = (U_{CQ1} + \Delta u_{C1}) - (U_{CQ2} + \Delta u_{C2}) = 0$$

说明差分放大电路对共模信号具有很强的抑制作用,在参数理想对称情况下,共模信号输出为零。即使温度变化使得单个三极管的 Q 点发生变化,也不会对对称电路的输出产生影响。差分放大器具有抑制零漂功能。

2. 差模信号

在图 4.3.3(c)所示电路输入端,加入大小相等、极性相反的输入信号 u_{Id1} 和 u_{Id2},称这种信号为差模信号。由于电路参数对称,T_1 管和 T_2 管所产生的电流变化大小相等而变化方向相反,即 $\Delta i_{B1} = -\Delta i_{B2}$,$\Delta i_{C1} = -\Delta i_{C2}$,因此集电极电位变化大小相等极性相反,即 $\Delta u_{C1} = -\Delta u_{C2}$。这样得到的输出电压

$$u_o = u_{C1} - u_{C2} = (U_{CQ1} + \Delta u_{C1}) - (U_{CQ2} - \Delta u_{C2}) = 2\Delta u_{C1}$$

从而实现了电压放大。说明差分放大电路对差模信号具有放大作用,在参数理想对称情况下,差模信号输出为 $2\Delta u_{C1}$。

由于图 4.3.3(c)中 R_{e1} 和 R_{e2} 的存在使电路的电压放大能力变差。在差模信号作用时,T_1 管和 T_2 管发射极电流的变化与基极电流一样,变化量大小相等方向相反,即 $\Delta i_{e1} = -\Delta i_{e2}$。若将 T_1 管和 T_2 管发射极连在一起,将 R_{e1} 和 R_{e2} 合成一个电阻 R_e,如图 4.3.4(a)所示,则在差模信号作用下,R_e 中的电流变化为零,即 R_e 对差模信号无作用,相当于短路,因此大大提高了对差模信号的放大能力。

为了简化电路,便于调节 Q 点,也为了使电源与信号源"共地",将差分电路中的双电源 V_{BB},改为单电源 V_{BB},如图 4.3.4(a)所示。为了分析方便,将电路图进一步改进如图 4.3.4(b)所示电路。图 4.3.4(b)是差动放大电路的典型电路。

所谓"差动",是指当只有两个输入端之间有差别时,输出电压才有变动(即变化量)。

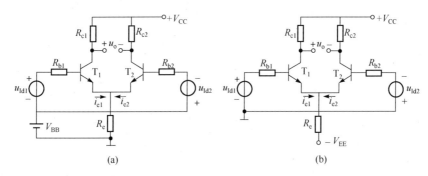

(a)   (b)

图 4.3.4 差分放大电路

4.3.4　差分放大电路分析

前面学习了差分放大电路的基本结构及基本性能。下面根据电路输入、输出连接形式的不同,进一步分析差分放大电路的特性。差分放大电路可分为双端输入双端输出、双端输入单端输出、单端输入双端输出和单端输入单端输出 4 种工作情况。

例 4.3.1　差模放大电路如图 4.3.5 所示,已知 $R_{b1}=R_{b2}=1\text{k}\Omega$、$R_{c1}=R_{c2}=10\text{k}\Omega$、$R_L=5.1\text{k}\Omega$,$V_{CC}=12\text{V}$,$V_{EE}=6\text{V}$;晶体管的 $\beta=100$,$r_{be}=2\text{k}\Omega$,$U_{BEQ}=0.7\text{V}$;T_1 管和 T_2 管的发射极静态电流均为 0.5mA。分析以下问题。

1) 计算双端输入、双端输出差分放大电路的特性

(1) R_e 的取值应为多少? T_1 管和 T_2 管的管压降 U_{CEQ} 等于多少?

(2) 计算共模放大倍数、差模放大倍数、差分放大电路输入电阻和输出电阻。

(3) 计算双端输入、双端输出差分放大电路的共模抑制比 K_{CMR}。

2) 计算双端输入、单端输出差分放大电路的特性

(1) R_e 的取值应为多少? T_1 管和 T_2 管的管压降 U_{CEQ} 等于多少?

(2) 计算共模放大倍数、差模放大倍数、差分放大电路输入电阻和输出电阻。

(3) 计算双端输入、单端输出差分放大电路的共模抑制比 K_{CMR}。

3) 计算单端输入、双端输出差分放大电路的特性

(1) R_e 的取值应为多少? T_1 管和 T_2 管的管压降 U_{CEQ} 等于多少?

(2) 计算共模放大倍数、差模放大倍数、差分放大电路输入电阻和输出电阻。

(3) 计算单端输入、双端输出差分放大电路的共模抑制比 K_{CMR}。

4) 计算单端输入、单端输出差分放大电路的特性

(1) R_e 的取值应为多少? T_1 管和 T_2 管的管压降 U_{CEQ} 等于多少?

(2) 计算共模放大倍数、差模放大倍数、差分放大电路输入电阻和输出电阻。

(3) 计算单端输入、单端输出差分放大电路的共模抑制比 K_{CMR}。

解　1) 计算双端输入、双端输出差分放大电路的特性

图 4.3.5 所示为双端输入、双端输出差分放大电路。对该电路进行直流分析、交流分析。

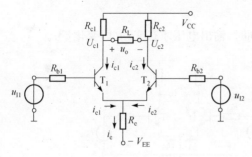

图 4.3.5　例 4.3.1 电路

直流分析如下。

(1) 在差分电路中,电阻 R_e 和电源 $-V_{EE}$ 称为长尾电路,差分放大应用电路中长尾电路多为恒流源电路。因为 R_e 为两管发射极的公共电阻,R_e 对每一个三极管都有稳定静态工作点、抑制零漂的作用,R_e 值越大,抑制力越强。同时,长尾电路决定着三极管的静态工作点。图 4.3.6(a) 为图 4.3.5 的直流通路。

由于输入输出回路参数对称,使静态电流 $I_{bQ1}=I_{bQ2}$,从而 $I_{CQ1}=I_{CQ2}$;T_1 管和 T_2 管的集电极电位为 $U_{CQ1}=U_{CQ2}$,从而使管压降 $U_{CEQ1}=U_{CEQ2}$,电阻 R_e 上的电流等于 T_1 管和 T_2 管发射极电流之和,即 $I_{eQ}=I_{eQ1}+I_{eQ2}=2\,I_{eQ1}$。由图 4.3.6(a) 可得输入回路的电压方程

$$I_{bQ1}R_{b1}+U_{BEQ}+2I_{eQ1}R_e=V_{EE}$$

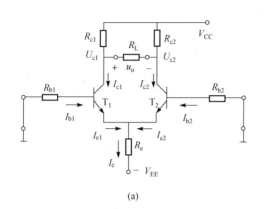

(a)

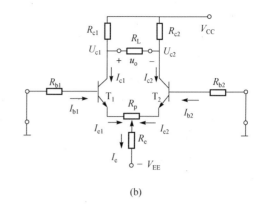

(b)

图 4.3.6　直流通路

一般 $I_{bQ1}R_{b1}$ 较小，可以忽略不计，发射极电位 $U_{EQ}\approx-U_{BEQ}$，由上式得

$$R_e=\frac{V_{EE}-U_{BEQ}-I_{bQ1}R_{b1}}{2I_{eQ1}}\approx\frac{6-0.7}{2\times0.5}k\Omega=5.3k\Omega$$

T_1 管和 T_2 管集电极的电位为（对地的电压）

$$U_{CQ1}=V_{CQ2}=V_{CC}-I_{C1}R_{c1}\approx V_{CC}-I_{e1}R_{c1}=(12-0.5\times10)V=7V$$

$$U_{CEQ1}=U_{CEQ2}=U_{CQ1}-U_{EQ1}\approx U_{CQ1}+U_{BEQ1}=(7+0.7)V=7.7V$$

根据以上计算得 R_e 的取值为 $5.3k\Omega$。T_1 管和 T_2 管的管压降 U_{CEQ} 等于 $7.7V$。

为解决电路元件的不对称，在图 4.3.6(b) 中增加调零电位器 R_P。用于调整由于电路不对称造成的直流工作点的不对称，因而出现输入为零而输出不为零的问题。由于 R_P 的存在对输入的交流信号也有影响，所以 R_P 的值不易过大，一般为几十到几百欧姆。

交流分析如下。

（2）差分放大电路的输入信号有共模输入信号 u_{Ic} 和差模输入信号 u_{Id} 两种。下面分别分析两种信号作用下差分放大电路的性能。

共模放大倍数计算如下。

差分放大电路输入端，加入大小相等极性相同的共模信号 u_{Ic}，即 $u_{Ic}=u_{ic1}=u_{ic2}$。根据图 4.3.7，计算差分放大电路在共模信号输入时的共模放大倍数 A_{uc}。

输入的共模信号为

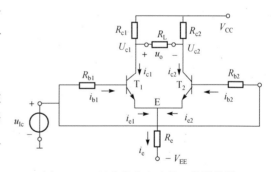

图 4.3.7　差分放大电路输入共模信号

$$u_{Ic}=u_{ic1}=u_{ic2}$$

两个管子的所有参数相同，电子元件的阻值相同，电路完全对称性。得出差分放大电路的集电极电位

$$u_{c1}=u_{c2}$$

输出信号　　　　　　　　　　$$u_o=u_{c1}-u_{c2}=0$$

共模放大倍数　　　　　　　　$$A_{uc}=\frac{u_o}{u_{Ic}}=\frac{u_{c2}-u_{c1}}{u_{Ic}}=0 \qquad (4.3.1)$$

说明：差分放大电路在共模信号输入时放大能力几乎为零。

差模放大倍数计算如下。

差分放大电路输入端,加入大小相等极性相反的差模信号 u_{Id}。由于电路参数对称,加在 T_1 管的输入信号为 $u_{i1} = +\dfrac{u_{Id}}{2}$,加在 T_2 管的输入信号为 $u_{i2} = -\dfrac{u_{Id}}{2}$,如图 4.3.8(a)所示。

由于 E 点电位在差模信号作用下不变,相当于接"地";又由于负载电阻的中点电位在差模信号作用下不变,也相当于接"地"端。因而 R_L 被分成相等的两部分,分别接在 T_1 管和 T_2 管的 c-e 之间,所以,图 4.3.8(a) 所示电路在差模信号作用下的交流等效电路如图 4.3.8(b) 所示。根据差分放大电路的微变等效电路得

输入差模信号为

$$u_{Id} = u_{i1} + u_{i2} = 2i_{b1}(R_{b1} + r_{be})$$

输出差模信号为

$$u_{od} = 2i_{c1}\left(R_{c1} // \frac{R_L}{2}\right) = 2\beta i_{b1}\left(R_{c1} // \frac{R_L}{2}\right)$$

输入差模信号时的电压放大倍数为

$$A_{ud} = \frac{u_{od}}{u_{Id}} = \frac{2i_{c1}\left(R_{c1} // \dfrac{R_L}{2}\right)}{2i_{b1}(R_{b1} + r_{be})} = \frac{\beta\left(R_{c1} // \dfrac{R_L}{2}\right)}{R_b + r_{be}} = \frac{100 \times \dfrac{10 \times 2.55}{10 + 2.55}}{1 + 2} = 68 \tag{4.3.2}$$

由上式可知,差分放大电路对差模信号具有放大作用,在参数理想对称情况下,差模放大倍数等于单边放大倍数。因此,差分放大电路使用两个三极管,目的是抑制零点漂移,而放大倍数并不大。差分放大电路是以牺牲一只管子的放大倍数为代价,来换取低温漂的效果。

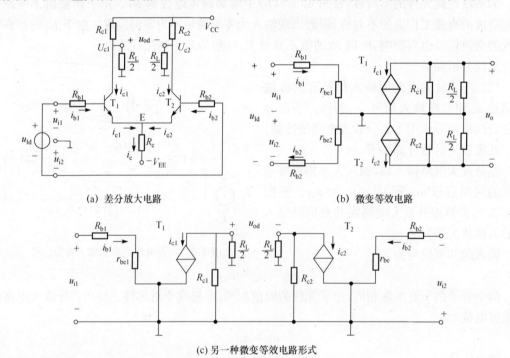

(a) 差分放大电路　　　　　　　　　　　(b) 微变等效电路

(c) 另一种微变等效电路形式

图 4.3.8　差分放大电路输入差模信号

差分放大电路的输入电阻、输出电阻计算如下。

从图 4.3.8(b)可以看出,差分放大电路的输入电阻为

$$R_i = 2(R_b + r_{be}) = 2(1 + 2) = 6k\Omega \tag{4.3.3}$$

差分放大电路的输入电阻是单管共射放大电路输入电阻的两倍。

从图 4.3.8(b) 可以看出，差分放大电路的输出电阻为

$$R_o = 2R_c = 2 \times 10k = 20k\Omega \tag{4.3.4}$$

差分放大电路的输出电阻是单管共射放大电路输出电阻的两倍。

（3）为了综合评价差分放大电路的性能，特引入了一个叫作**共模抑制比**的指标参数，共模抑制比表示差分放大电路抑制共模信号能力，用"K_{CMR}"表示。共模抑制比定义为：差模信号放大倍数 A_{ud} 与共模信号放大倍数 A_{uc} 之比。则双端输入、双端输出差分放大电路的共模抑制比为

$$K_{CMR} = \left| \frac{A_{ud}}{A_{uc}} \right| = \infty \tag{4.3.5}$$

式(4.3.5)说明，双端输入、双端输出的差分放大电路的抑制共模信号能力很好。通常总是希望差模输出量比共模输出量越大越好，即共模抑制比越大越好。

2) 计算双端输入、单端输出差分放大电路的特性

图 4.3.9 所示为双端输入、单端输出差分放大电路。该电路输出端负载电阻 R_L 一端接 T_1 管的集电极，另一端接地。它的输出回路已不对称，因此影响了它的静态工作点和动态参数。对该电路进行直流分析、交流分析。

直流分析如下。

（1）图 4.3.10 是图 4.3.9 的直流通路。利用电路分析理论进行变换得出的等效电源 V'_{cc} 和电阻 R'_{c1} 如图 4.3.10(b) 所示，其表达式分别为

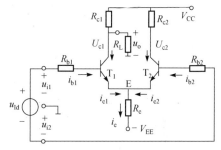

图 4.3.9　双端输入、单端输出差分放大电路

$$V'_{cc} = \frac{R_L}{R_{c1} + R_L} V_{cc} = \frac{5.1k}{10k + 5.1k} \times 12 = 4.053V$$

$$R'_{c1} = R_{c1} // R_L = \frac{10k \times 5.1k}{10k + 5.1k} = 3.378k\Omega$$

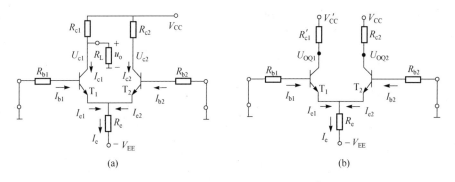

(a)　　　　　　　　　　　　　　　(b)

图 4.3.10　直流通路

　　由于输入回路参数对称,使静态电流 $I_{bQ1}=I_{bQ2}$,从而 $I_{CQ1}=I_{CQ2}$;但是,双端输入、单端输出差分放大电路的输出回路的参数不对称,使得两个三极管的集电极电位不等,管压降不等,通过以下计算来说明。由图 4.3.10(b)可得

　　T_1 管和 T_2 管的集电极电位

$$U_{CQ1}=V'_{CC}-I_{CQ1}R'_C=4.053-0.5\times3.378=2.364V$$

$$U_{CQ2}=V_{CC}-I_{CQ2}R_{c2}=12-0.5\times10=7V$$

　　T_1 管和 T_2 管的管压降为

$$U_{CEQ1}=U_{CQ1}-U_{EQ}\approx V'_{CC}-I_{CQ1}R'_C+U_{BEQ1}=2.36+0.7=3.06V$$

$$U_{CEQ2}=U_{CQ2}-U_{EQ}\approx V_{CC}-I_{CQ2}R_{c2}+U_{BEQ2}=7+0.7=7.7V$$

　　以上计算可得,T_1 管和 T_2 管的集电极电位为 $U_{CQ1}\neq U_{CQ2}$,T_1 管和 T_2 管的管压降为 $U_{CEQ1}\neq U_{CEQ2}$。

　　由于电路的输入端对称,计算 R_e 的方法与双端输入、单端输出的计算 R_e 的方法一样。由图 4.3.10(a) 可得输入回路的电压方程

$$I_{bQ1}R_{b1}+U_{BEQ}+2I_{eQ1}R_e=V_{EE}$$

　　一般 $I_{bQ1}R_{b1}$ 较小可以忽略不计,发射极电位 $U_{EQ}\approx-U_{BEQ}$,由上式得

$$R_e=\frac{V_{EE}-U_{BEQ}-I_{bQ1}R_{b1}}{2I_{eQ1}}\approx\frac{6-0.7}{2\times0.5}k\Omega=5.3k\Omega$$

交流分析如下。

　　(2) 差分放大电路的输入信号有共模输入信号 u_{Ic} 和差模输入信号 u_{Id} 两种。下面分别分析两种信号作用下差分放大电路的性能。

　　共模放大倍数计算如下。

　　当输入共模信号时,由于电路两边的输入信号大小相等极性相同。在发射极电阻 R_e 上的电流变化量为 $2i_e$,发射极电位的变化量 $u_e=2i_eR_e$,对于每只管子而言,可以认为是流过阻值 $2R_e$ 时造成的,如图 4.3.11(a)所示。因此,与输出电压相关的 T_1 管一边电路对共模信号的等效电路如图 4.3.11(b)所示。

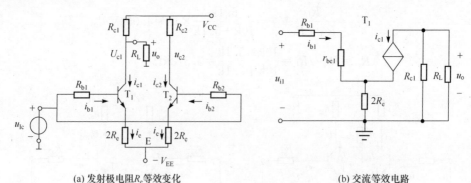

(a) 发射极电阻R_e等效变化　　　　　　　　(b) 交流等效电路

图 4.3.11　图 4.3.9 所示电路的共模信号的等效电路

根据图 4.3.11(b)所示电路可得

输出电压　　　　　　　　　　$u_o=\beta i_{b1}(R_{c1}//R_L)$

输入电压　　　　　　　　　　$u_{Ic}=i_{b1}(R_{b1}+r_{be1})+2i_{b1}(1+\beta)R_e$

共模信号放大倍数

$$A_{uc}=\frac{u_o}{u_{Ic}}=\frac{\beta(R_{c1}//R_L)}{R_{b1}+r_{be1}+2(1+\beta)R_e}$$

$$=\frac{100\times\dfrac{10\times5.1}{10+5.1}}{1+2+2(1+100)5.3}=\frac{337.7}{1073.6}=0.315 \tag{4.3.6}$$

以上计算说明,双端输入、单端输出的共模放大倍数不为零,但数值很小。

差模放大倍数计算如下。

差模信号的等效电路如图 4.3.12 所示。在差模信号作用时,由于 T_1 管与 T_2 管中电流大小相等方向相反,所以发射极相当于接地。根据图 4.3.12 所示电路可得

输出电压　　　　　　　　　　　　$u_{od}=i_{c1}(R_{c1}//R_L)$

输入电压　　　　　　　　　　　　$u_{Id}=2i_{b1}(R_{b1}+r_{be1})$

差模信号放大倍数

$$A_{ud}=\frac{u_{od}}{u_{Id}}=-\frac{1}{2}\frac{\beta i_{b1}(R_{c1}//R_L)}{i_{b1}(R_{b1}+r_{be1})}=-\frac{1}{2}\frac{100\times\dfrac{10\times5.1}{10+5.1}}{1+2}=-56 \tag{4.3.7}$$

输入电阻和输出电阻计算如下。

双端输入、单端输出差分放大电路输入电阻与双端输入、双端输出差分放大电路输入电阻一样。输入电阻为

$$R_i=2(R_b+r_{be})=6\mathrm{k}\Omega \tag{4.3.8}$$

输出电阻为　　　　　　　　　　　$R_o=R_{c1}=10\mathrm{k}\Omega \tag{4.3.9}$

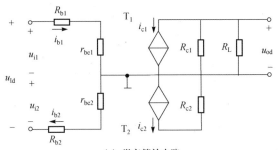

(a) 微变等效电路

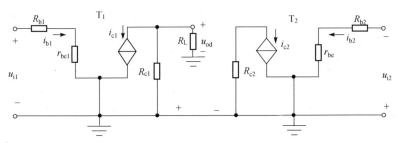

(b) 另一种微变等效电路形式

图 4.3.12　图 4.3.9 所示电路的差模信号的等效电路

(3) 差模信号放大倍数 A_{ud} 与共模信号放大倍数 A_{uc} 之比为共模抑制比 K_{CMR}。

$$K_{CMR}=\left|\frac{A_{ud}}{A_{uc}}\right|=\frac{R_{b1}+r_{be1}+2(1+\beta)R_e}{2(R_{b1}+r_{be1})}=\frac{56}{0.315}=177.78 \tag{4.3.10}$$

从式(4.3.10)可以看出,R_e 越大,A_{uc} 的值越小。K_{CMR} 越大,电路的性能也就越好。因此,增大 R_e 是改善共模抑制比的基本措施。

3) 计算单端输入、双端输出差分放大电路的特性

单端输入、双端输出电路如图 4.3.13 所示。输入信号加在 T_1 管,T_2 管输入端接地。因为电路对于差模信号是通过发射极相连的方式将 T_1 管的发射极电流传递到 T_2 管的发射极的,故称这种电路为射极耦合电路。

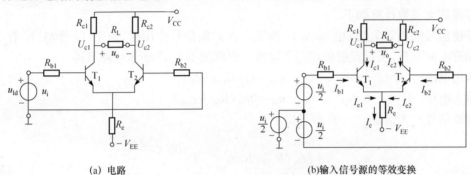

(a) 电路　　　　　　　　　　　　　　(b)输入信号源的等效变换

图 4.3.13　单端输入、双端输出差分放大电路

为了说明单端输入方式的特点,我们不妨将输入信号进行如下等效变换。把输入信号分成一个共模信号和差模信号分别加在 T_1、T_2 管的输入端。加在 T_1 管的信号在数值上均为 $u_i/2$、极性相同,加在 T_2 管的信号在数值上均为 $u_i/2$、极性相反,如图 4.3.13(b)所示。可见,T_1、T_2 管获得的差模信号为 $u_i/2$,同时,获得的共模信号为 $u_i/2$。

T_1 管输入信号为 　　　　　　　　　 $u_i/2 + u_i/2 = u_i$

T_2 管输入信号为 　　　　　　　　　 $u_i/2 - u_i/2 = 0$

在差模信号输入的同时,伴随着共模信号的输入。若输入信号为 u_i 时,则 $u_{id} = u_i$、$u_{ic} = u_i/2$因此,在共模放大倍数 A_c 不为零时,输出端不仅有差模输出电压,而且还有共模输出电压,即输出端电压为

$$u_o = A_d u_{id} + A_c u_{ic} = A_d u_{id} + A_c u_i/2$$

若电路参数理想对称,则 $A_c = 0$,即式中的第二项为 0。

经过以上变换,单端输入、双端输出电路分析与双端输入、双端输出电路的静态工作点以及动态参数的分析完全相同。

直流分析如下。

(1) 图 4.3.14 为图 4.3.13(a)的直流通路。

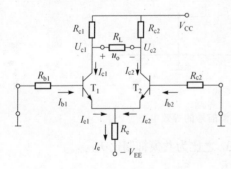

图 4.3.14　直流通路

由于输入输出回路参数对称,使静态电流 $I_{bQ1} = I_{bQ2}$,从而 $I_{CQ1} = I_{CQ2}$;T_1 管和 T_2 管的集电极电位为 $U_{CQ1} = U_{CQ2}$,从而使管压降 $U_{CEQ1} = U_{CEQ2}$,电阻 R_e 上的电流等于 T_1 管和 T_2 管发射极电流之和 $I_{eQ} = I_{eQ1} + I_{eQ2} = 2I_{eQ1}$。由图 4.3.14 可得输入回路的电压方程

$$I_{bQ1} R_{b1} + U_{BEQ} + 2I_{eQ1} R_e = V_{EE}$$

一般 $I_{bQ1} R_{b1}$ 较小,可以忽略不计,发射极电位 $U_{EQ} \approx -U_{BEQ}$ 由上式得

$$R_{e}=\frac{V_{EE}-U_{BEQ}-I_{bQ1}R_{b1}}{2I_{eQ1}}\approx\frac{6-0.7}{2\times0.5}k\Omega=5.3k\Omega$$

T_1 管和 T_2 管集电极的电位为(对地的电压)

$$U_{CQ1}=V_{CQ2}=V_{CC}-I_{C1}R_{c1}\approx V_{CC}-I_{e1}R_{c1}=(12-0.5\times10)V=7V$$

$$U_{CEQ1}=U_{CEQ2}=U_{CQ1}-U_{EQ1}\approx U_{CQ1}+U_{BEQ1}=(7+0.7)V=7.7V$$

根据以上计算得 R_e 的取值为 $5.3k\Omega$。T_1 管和 T_2 管的管压降 U_{CEQ} 等于 $7.7V$。

交流分析如下。

(2) 差分放大电路的输入信号有共模输入信号 u_{Ic} 和差模输入信号 u_{Id} 两种。下面分别分析两种信号作用下差分放大电路的性能。

共模放大倍数计算如下。

如图 4.3.15 所示,计算差分放大电路在共模信号输入时的共模放大倍数 A_{uc}。

差分放大电路输入端,加入大小相等、极性相同的共模信号 u_{Ic}。即输入共模信号为

$$u_{Ic}=u_{ic1}=u_{ic2}$$

两个管子的所有参数相同,电子元件的阻值相同,电路完全对称性。得差分放大电路的集电极电位　　　$u_{c1}=u_{c2}$

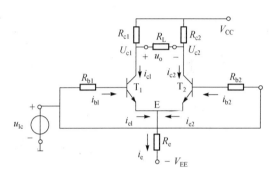

图 4.3.15　差分放大电路输入共模信号

输出信号　$u_o=u_{c1}-u_{c2}=0$

共模放大倍数　　　　　　$$A_{uc}=\frac{u_o}{u_{Ic}}=\frac{u_{c2}-u_{c1}}{u_{Ic}}=0 \tag{4.3.11}$$

说明:差分放大电路在共模信号输入时放大能力几乎为零。

差模放大倍数计算如下。

由于电路参数对称,加在 T_1 管的输入信号为 $u_{i1}=+u_{Id}/2$。T_2 管的输入端接"地"加在 T_2 管的输入信号为 $u_{i2}=-u_{Id}/2$(在差模信号作用时,加在 T_2 管的输入信号,是通过发射极相连的方式将 T_1 管的发射极电流传递到 T_2 管的发射极),如图 4.3.16 所示。

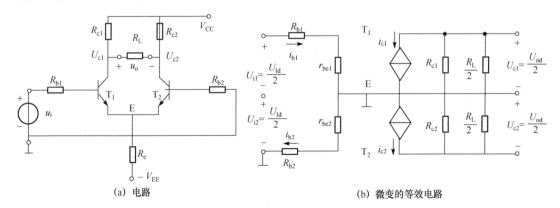

(a) 电路　　　　　　　　　　　　　　　　(b) 微变的等效电路

图 4.3.16　差动放大电路加差模信号

在差模信号作用下的微变等效电路如图 4.3.16(b)所示。根据差分放大器电路的微变等效电路得:

输入差模信号为

$$u_{1d} = u_{i1} + u_{i2} = 2i_{b1}(R_{b1} + r_{be})$$

输出差模信号为

$$u_{od} = u_{c1} + u_{c2} = 2i_{c1}\left(R_{c1}//\frac{R_L}{2}\right) = \beta i_{b1}\left(R_{c1}//\frac{R_L}{2}\right)$$

输入差模信号时的电压放大倍数为

$$A_{ud} = \frac{u_{od}}{u_{1d}} = \frac{2i_{c1}\left(R_{c1}//\frac{R_L}{2}\right)}{2i_{b1}(R_{b1}+r_{be})} = \frac{\beta\left(R_{c1}//\frac{R_L}{2}\right)}{R_b + r_{be}} = \frac{100 \times \frac{10 \times 2.55}{10 + 2.55}}{1+2} = 68 \qquad (4.3.12)$$

由式(4.3.12)可知,差分放大电路对差模信号具有放大作用,在参数理想对称情况下,单端输入、双端输出电路的放大倍数与双端输入、双端输出电路放大倍数相同。

差分放大电路的输入电阻、输出电阻计算如下。

从图4.3.16(b)可以看出,差分放大电路的输入电阻为

$$R_i = 2(R_b + r_{be}) = 2 \times (1+2) = 6\text{k}\Omega \qquad (4.3.13)$$

差分放大电路的输入电阻是单管共射放大电路输入电阻的两倍。

从图4.3.16(b)可以看出,差动放大电路的输出电阻为

$$R_o = 2R_c = 2 \times 10\text{k} = 20\text{k}\Omega \qquad (4.3.14)$$

差分放大电路的输出电阻是单管共射放大电路输出电阻的两倍。

(3) 单端输入、双端输出差模信号放大倍数 A_{ud} 与共模信号放大倍数 $A_{uc}=0$ 之比为

$$K_{CMR} = \left|\frac{A_{ud}}{A_{uc}}\right| = \infty \qquad (4.3.15)$$

4) 计算单端输入、单端输出差分放大电路的特性

单端输入、单端输出电路如图4.3.17所示。输入信号加在 T_1 管,T_2 管输入端接地。T_1 管输出端接负载 R_L。因为电路对于差模信号是通过发射极相连的方式将 T_1 管的发射极电流传递到 T_2 管的发射极的。

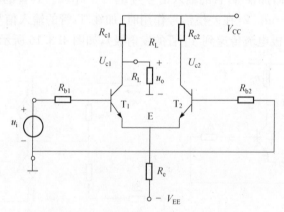

图4.3.17 单端输入、单端输出差分放大电路

单端输入、单端输出差分放大电路的输入方式与单端输入、双端输出的输入方式相同,在差模信号输入的同时,伴随着共模信号的输入。因此,在共模放大倍数 A_c 不为零时,输出端不仅有差模输出电压,而且还有共模输出电压,即输出端电压为

$$u_o = A_d u_{id} + A_c u_{ic}$$

直流分析如下。

（1）图 4.3.18 为图 4.3.17 的直流通路。

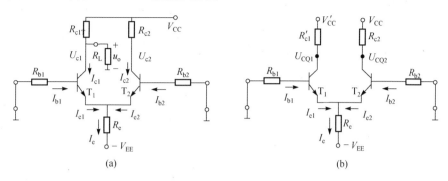

图 4.3.18 直流通路

由于电路的输出端电路不对称，需要利用电路分析理论进行变换得出等效电源 V'_{CC} 和电阻 R'_{c1}，如图 4.3.18(b) 所示，其表达式分别为

$$V'_{\mathrm{CC}}=\frac{R_{\mathrm{L}}}{R_{\mathrm{c1}}+R_{\mathrm{L}}}\cdot V_{\mathrm{CC}}=\frac{5.1\mathrm{k}}{10\mathrm{k}+5.1\mathrm{k}}\cdot12=4.053\mathrm{V}$$

$$R'_{\mathrm{c1}}=R_{\mathrm{c1}}//R_{\mathrm{L}}=\frac{10\mathrm{k}\cdot5.1\mathrm{k}}{10\mathrm{k}+5.1\mathrm{k}}=3.378\mathrm{k}\Omega$$

由于输入回路参数对称，使静态电流 $I_{\mathrm{bQ1}}=I_{\mathrm{bQ2}}$，从而 $I_{\mathrm{CQ1}}=I_{\mathrm{CQ2}}$；但是，单端输入、单端输出差分放大电路的输出回路的参数不对称，使得两个三极管的集电极电位不等，管压降不等，通过以下计算来说明。由图 4.3.18(b) 可得：

T_1 管和 T_2 管的集电极电位为

$$U_{\mathrm{CQ1}}=V'_{\mathrm{CC}}-I_{\mathrm{CQ1}}\cdot R'_{\mathrm{c}}=4.053-0.5\times3.378=2.364\mathrm{V}$$

$$U_{\mathrm{CQ2}}=V_{\mathrm{CC}}-I_{\mathrm{CQ2}}\cdot R_{\mathrm{c2}}=12-0.5\times10=7\mathrm{V}$$

T_1 管和 T_2 管的管压降为

$$U_{\mathrm{CEQ1}}=U_{\mathrm{CQ1}}-U_{\mathrm{EQ}}\approx V'_{\mathrm{CC}}-I_{\mathrm{CQ1}}\cdot R'_{\mathrm{c}}+U_{\mathrm{BEQ1}}=2.36+0.7=3.06\mathrm{V}$$

$$U_{\mathrm{CEQ2}}=U_{\mathrm{CQ2}}-U_{\mathrm{EQ}}\approx V_{\mathrm{CC}}-I_{\mathrm{CQ2}}\cdot R_{\mathrm{c2}}+U_{\mathrm{BEQ2}}=7+0.7=7.7\mathrm{V}$$

以上计算可得，T_1 管和 T_2 管的集电极电位为 $U_{\mathrm{CQ1}}\neq U_{\mathrm{CQ2}}$，$T_1$ 管和 T_2 管的管压降为 $U_{\mathrm{CEQ1}}\neq U_{\mathrm{CEQ2}}$。

由于电路的输入端对称，计算 R_{e} 的方法与双端输入、单端输出的计算 R_{e} 的方法一样。由图 4.3.18(a) 可得输入回路的电压方程

$$I_{\mathrm{bQ1}}R_{\mathrm{b1}}+U_{\mathrm{BEQ}}+2I_{\mathrm{eQ1}}R_{\mathrm{e}}=V_{\mathrm{EE}}$$

一般 $I_{\mathrm{bQ1}}R_{\mathrm{b1}}$ 较小，可以忽略不计，发射极电位 $U_{\mathrm{EQ}}\approx-U_{\mathrm{BEQ}}$ 由上式得

$$R_{\mathrm{e}}=\frac{V_{\mathrm{EE}}-U_{\mathrm{BEQ}}-I_{\mathrm{bQ1}}R_{\mathrm{b1}}}{2I_{\mathrm{eQ1}}}\approx\frac{6-0.7}{2\times0.5}\mathrm{k}\Omega=5.3\mathrm{k}\Omega$$

根据以上计算得 R_{e} 的取值为 $5.3\mathrm{k}\Omega$。T_1 管和 T_2 管的管压降 U_{CEQ} 等于 $7.7\mathrm{V}$。

交流分析如下。

（2）差分放大电路的输入信号有共模输入信号 u_{Ic} 和差模输入信号 u_{Id} 两种。下面分别分析两种信号作用下差分放大电路的性能。

共模放大倍数计算如下。

如图 4.3.19 所示，计算差分放大电路在共模信号输入时的共模放大倍数 A_{uc}。

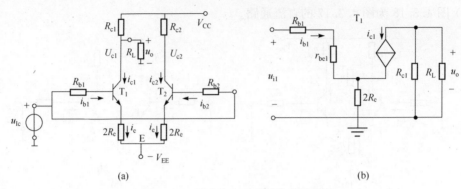

图 4.3.19　差分放大电路输入共模信号

当输入共模信号时,由于电路两边的输入信号大小相等、极性相同。在发射极电阻 R_e 上的电流变化量为 $2i_e$,发射极电位的变化量 $u_e = 2i_e R_e$,对于每只管子而言,可以认为是流过阻值 $2R_e$ 时造成的,如图 4.3.19(a)所示。因此,与输出电压相关的 T_1 管一边电路对共模信号的等效电路如图 4.3.19(b)所示。

根据图 4.3.19(b)所示电路可得:输出电位为

$$u_o = \beta i_{b1}(R_{c1}//R_L)$$

输入电位为

$$u_{Ic} = i_{b1}(R_{b1}+r_{be1}) + 2i_{b1}(1+\beta)R_e$$

共模信号放大倍数

$$A_{uc} = \frac{u_o}{u_{Ic}} = \frac{\beta(R_{c1}//R_L)}{R_{b1}+r_{be1}+2(1+\beta)R_e}$$

$$= \frac{100 \times \dfrac{10 \times 5.1}{10+5.1}}{1+2+2(1+100)\times 5.3} = \frac{337.7}{1073.6} = 0.315 \tag{4.3.16}$$

以上计算说明,单端输入、单端输出的共模放大倍数不为零,但数值很小。

差模放大倍数计算如下。

由于输入端电路参数对称,加在 T_1 管的输入信号为 $u_{i1} = +u_{Id}/2$。T_2 管的输入端接"地"加在 T_2 管的输入信号为 $u_{i2} = -u_{Id}/2$,如图 4.3.20 所示。

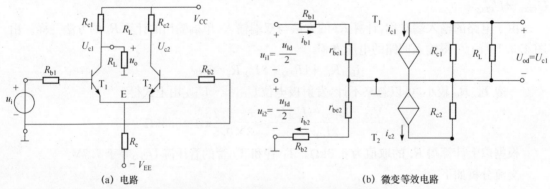

(a) 电路　　　　　　　　　　　　　　　(b) 微变等效电路

图 4.3.20　差分放大电路输入差模信号

在差模信号作用下的微变等效电路如图 4.3.20(b)所示。根据差分放大器电路的微变等效电路得

输入差模信号为　　　　$u_{Id} = u_{i1} + u_{i2} = 2i_{b1}(R_{b1}+r_{be})$

输出差模信号为　　　　　　　$u_{od}=i_{c1}(R_{c1}//R_L)=\beta i_{b1}(R_{c1}//R_L)$

输入差模信号时的电压放大倍数为

$$A_{ud}=\frac{u_{od}}{u_{Id}}-\frac{i_{c1}(R_{c1}//R_L)}{2i_{b1}(R_{B1}+r_{be})}=-\frac{\beta(R_{c1}//R_L)}{2(R_{B1}+r_{be})}=-\frac{100\times\dfrac{10\times5.1}{10+5.1}}{2(1+2)}=-56 \qquad (4.3.17)$$

由式(4.3.17)可知,差分放大电路对差模信号具有放大作用,在参数理想对称情况下,单端输入、单端输出电路的放大倍数与双端输入、单端输出电路放大倍数相同。

差分放大电路的输入电阻、输出电阻计算如下。

从图 4.3.20(b)可以看出,差分放大电路的输入电阻为

$$R_i=2(R_b+r_{be})=2\times(1+2)=6k\Omega \qquad (4.3.18)$$

差分放大电路的输入电阻是单管共射放大电路输入电阻的两倍。

从图 4.3.20(b)可以看出,差分放大电路的输出电阻为

$$R_o=R_c=10k\Omega \qquad (4.3.19)$$

差分放大电路的输出电阻是单管共射放大电路输出电阻的两倍。

(3) 单端输入、双端输出差模信号放大倍数 A_{ud} 与共模信号放大倍数 $A_{uc}=0$ 之比为

$$K_{CMR}=\left|\frac{A_{ud}}{A_{uc}}\right|=\frac{R_{b1}+r_{be1}+2(1+\beta)R_e}{2(R_{b1}+r_{be1})}=\frac{56}{0.315}=177.78 \qquad (4.3.20)$$

以上分析可知,差分电路按输入、输出方式不同组成四种电路(或称组态),其性能指标列于表4.3.1 中

表 4.3.1　四种差分电路(或称组态)性能指标

输出方式	双端输出		单端输出	
输入方式	双端输入	单端输入	双端输入	单端输入
电路				
差模电压增益	$A_{ud}=\dfrac{\beta\left(R_c//\dfrac{R_L}{2}\right)}{R_b+r_{be}}$		$A_{ud}=\dfrac{1}{2}\cdot\dfrac{\beta(R_c//R_L)}{R_b+r_{be}}$	
共模电压增益	$A_{uc}=0$		$A_{uc}\approx\dfrac{R_c//R_L}{2R_{EE}}$	
共模抑制比 K_{CMR}	$K_{CMR}=\left\|\dfrac{A_{ud}}{A_{uc}}\right\|=\infty$		$K_{CMR}=\left\|\dfrac{A_{ud}}{A_{uc}}\right\|\approx\dfrac{\beta R_{EE}}{R_b+r_{be}}$	
差模输入电阻	$R_{id}=2(R_b+r_{be})$		$R_{id}=2(R_b+r_{be})$	
共模输入电阻	$R_{ic}=\dfrac{1}{2}[R_b+r_{be}+(1+\beta)R_{EE}]$		$R_{ic}=\dfrac{1}{2}[R_b+r_{be}+(1+\beta)R_{EE}]$	
共模输出电阻	$R_{od}\approx2R_C$		$R_{od}\approx R_C$	
用途	适应输入、输出都不接地,对称输入、对称输出的场合	适应单端输入转换为双端输出的场合	适应双端输入转换为单端输出的场合	适应输入、输出电路中需要有公共地场合

由表 4.3.1 总结以下规律。

（1）差分电路的主要性能指标只与输出方式有关,而与输入方式无关。

（2）差分电路双端输出时,差模电压增益就是半边差模等效电路的电压增益；单端输出时,差模电压增益就是半边差模等效电路的电压增益的一半（当 $R_L=\infty$ 时）。

（3）差模输入电阻不论是双端输入还是单端输入方式。都是半边差模等效电路输入电阻的两倍。而单端输出方式的输出电阻是双端输出方式时输出电阻的一半。

4.3.5　改进型差分放大电路

增大差分放大电路中发射极电阻 R_e 的阻值,可以有效地抑制电路的温漂,提高共模抑制比,对于单端输出电路尤为重要。由表 4.3.1 可以看出,单端输出电路的共模电压增益 A_c 为零,共模抑制比 K_{CMR} 为无穷大。设晶体管发射极静态电流为 0.5mA,则 R_e 中电流就为 1mA,若 $R_e=100k\Omega$,则电源 $V_{EE}=100.7V$,差分管必须选择高耐压管,这显然是不现实的,对于小信号放大电路是不合理的。为解决以上问题,采用电流源（恒流源）电路。电流源电路具有较低的电源电压、又有很大的等效电阻特点。

利用恒流源电路取代 R_e,称恒流源的差分放大电路,如图 4.3.21 所示。

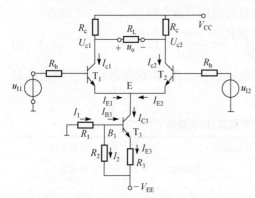

图 4.3.21　具有恒流源的差分放大电路

其中恒流源的等效电阻为 $R_e\approx(1+\beta)R_3/\beta$。

图中 R_1、R_2、R_3 和 T_3 组成恒流源工作点稳定电路。电源 V_{EE} 可取几伏,当电路参数应满足 $I_2\gg I_{B3}$ 时,$I_1\approx I_2$,B_3 点的电压为（R_2 上的电压）

$$U_{R2}=\frac{R_2}{R_1+R_2}\cdot V_{EE}$$

T_3 管的集电极电流

$$I_{C3}\approx I_{E3}=\frac{U_{R2}-U_{BE3}}{R_3}$$

上式表明,在忽略 U_{BE3} 的变化时,I_{C3} 基本不受温度影响。而且,T_3 管的基极或发射极没有动态信号的作用,因此 I_{C3} 为恒流,发射极所接的电路可以等效成一个恒流源。T_1 管和 T_2 管的发射极静态电流为

$$I_{EQ1}=I_{EQ2}=\frac{I_{C3}}{2}$$

图 4.3.21 中,T_3 管的输出特性为理想特性时,组成的恒流源内阻为无穷大,T_1 管和 T_2 管的发射极相当于接了一个阻值为无穷大的电阻,对共模信号的负反馈作用无穷大,因此使差分放大电路的共模电压增益 $A_c=0$,共模抑制比 $K_{CMR}=\infty$。

在实际电路中,由于难以做到参数理想对称,常用一个阻值很小的电位器加在两只管子发射极之间,见图 4.3.22 中的 R_W。调节电位器滑动端的位置便可使电路在 $u_{I1}=u_{I2}=0$ 时 $u_o=0$,所以常称 R_W 为调零电位器。应当指出,如果必须用大阻值的 R_W 才能调零,则说明电路参数对称性太差,必须重新选择电路元件。R_W 对电路的动态参数（如 A_d、R_i 等）均产生影响,读者可自行分析。恒流源的具体电路是多种多样的,若用恒流源符号取代具体电路,则可得到图 4.3.23所示的差分放大电路。

为了获得高输入电阻的差分放大电路,可以将前面所讲电路中的差放管中用场效应管取代晶体管,如图 4.3.23 所示。这种电路特别适于作为直接耦合多级放大电路的输入级。通常

情况下,可以认为其输入电阻为无穷大。和晶体管差分放大电路相同,场效应管差分放大电路也有 4 种接法,可以采用前面叙述的方法对 4 种接法进行分析。

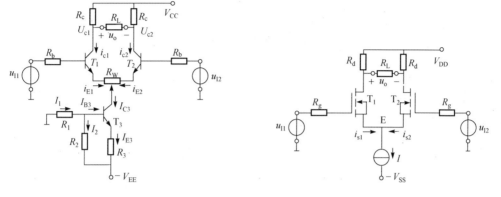

图 4.3.22 具有恒流源的差分放大电路及调零电路　　　　图 4.3.23 场效应管差分放大电路

4.4 场效应管差分放大电路

场效应管差分放大电路模块的基本结构如图 4.4.1 所示。从电路结构可以看出,差分放大电路有两个输入端和两个输出端,输出端的电位差作为输出信号,是对两输入信号之差的放大结果。电路中两个 MOST$_1$、T$_2$ 的源极管连接到了一个由 MOS 管 T 构成的电流源电路,这个电流源的电流值受电压 V_g 控制,如果 V_g 不变,这个电流源就是恒定的。在差分电路中,这个控制电压一般是一个常数,所以电流源是恒定不变的,这是分析这种差分电路时的一个基本前提条件。图中 V_{DD} 为正电源,V_{SS} 为负电源。

1. 直流工作点分析

当没有输入信号时,对图 4.4.1 所示的电路而言,两个 MOS 管的 g 极处于悬空状态,根据 MOS 管自偏压的特点,管子可能工作在不确定状态(因为取决于栅极电压的大小,而此时栅极电压是不确定的)。当两个输入端均接地时,两个 MOS 管均处于稳定的放大工作状态,$u_{g1} = u_{g2} = 0$。

图 4.4.1 使用的是增强型 MOS 管,这时只要 $U_{gs} - U_{th} > 0$,两个管子就会处于放大工作状态。

由于差分电路采用 MOS 管电流源,所以,源极电流是固定的,在差分电路的对称结构下,两个 MOS 管的 i_{s1} 和 i_{s2} 完全由电流源 i_s 决定,且 $i_s = i_{s1} + i_{s2}$。

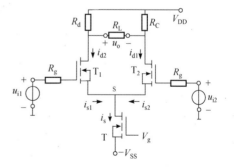

图 4.4.1 场效应管差分放大电路

假设管子的参数完全相同,则

$$i_s = 2i_{s1} = 2i_{s2} \tag{4.4.1}$$

每一个 MOS 管的漏极电流为

$$i_{d1} = i_{d2} = g_m u_{gs} = i_s/2 \tag{4.4.2}$$

MOS 管的漏极电压为

$$u_d = V_{DD} - i_{d1}R_d = V_{DD} - i_{d2}R_d \tag{4.4.3}$$

考虑到源极电流和漏极电流之间的关系,由式(4.4.3)可以看出,静态时的差分输出电压为零。

2. 差模放大分析

根据图 4.4.1,两个 MOS 管的差分输出电压 u_o 是

$$u_o = u_+ - u_- = -(i_{d1} - i_{d2})R_d \tag{4.4.4}$$

在两个 MOS 管对称(参数相同)的条件下,式(4.4.4)可以写成

$$u_o = g_m R_d (u_{i2} - u_{i1}) \tag{4.4.5}$$

设两个输入信号分别为 $u_{i1} = \Delta u_1 + u_{COM}$ 和 $u_{i2} = \Delta u_2 + u_{COM}$,其中 u_{COM} 是共模信号,Δu_1 和 Δu_2 为差模信号,把两输入信号代入式(4.4.5)得

$$u_o = g_m R_d (\Delta u_2 - \Delta u_1) \tag{4.4.6}$$

实际上,输入的差模信号为 $u_{in} = \Delta u_1 - \Delta u_2$,所以差模放大倍数为

$$A_d = \frac{u_o}{u_{in}} = -g_m R_d \tag{4.4.7}$$

从式(4.4.7)可以看出,在电路和 MOS 管对称的条件下,共模信号在差分放大器的输出端被抵消了,差分放大器只对差模信号进行了放大。

从上述分析中还可以看出,差分放大电路的两个 MOS 管设置为对称状态,具有相同的工作点。共模输入信号在两个 MOS 管中所引起的漏极电流相同。

3. 共模放大分析

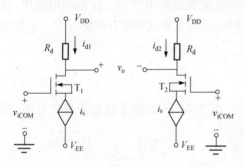

对于共模输入信号,两个 MOS 管处于对称状态,电流源电流为 $i_s = i_{s1} + i_{s2} = 2i_{s1} = 2i_{s2}$,两个 MOS 管相当于独立的电路,如图 4.4.2 所示。

在分析这个电路时要特别注意,考虑各管中电流的前提条件是两个 MOS 管具有一个共同的恒定电流源 I_s。

设输入的共模信号 u_{iCOM} 为直流信号,在电路和 MOS 管参数已知的条件下,根据图 4.4.2,每个 MOS 管的共模信号输出为

图 4.4.2　MOS 管差分放大电路的共模输入

$$u_{+oCOM} = u_{-oCOM} = V_{DD} - R_d i_s / 2 \tag{4.4.8}$$

如果输入的是交流共模小信号时,考虑到电源对交流信号短路,可以得到图 4.4.3 所示的等效电路。

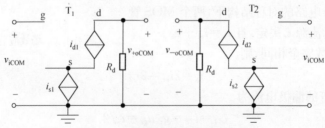

图 4.4.3　场效应管差分放大电路

电流源的电流值是固定的,所以两管的偏置电流固定。作为电流源的 MOS 管,源极电流

固定时,其 g-s 间的电压可以在很大范围内变化。这就是说,允许差分管 g-s 间电压有较大的变化。两个管子的源极电流同时增加或减少,所以

$$i_{d1}+i_{d2}=i_s$$

$$g_{m1}(u_{g1}-u_s)+g_{m2}(u_{g2}-u_s)=i_s$$

上式中,设两管 MOS 管参数相同,则

$$2g_m u_g-2g_m u_s=i_s$$

考虑到 $u_g=u_{g1}=u_{g2}=u_{iCOM}$ 是外加共模信号, i_s 是常数,所以

$$u_s=u_g-i_s/(2g_m) \tag{4.4.9}$$

这说明,由于采用了电流源电路,使源极电位 u_s 随输入信号 $u_{iCOM}=u_g$ 变化,因此使 MOS 管的差分放大电路允许有较大的共模输入电压。

4. 共模抑制比 K_{CMR}

$$K_{CMR}(dB)=20\lg\frac{2g_m R_d}{(R_{d1}-R_{d2})i_s} \tag{4.4.10}$$

可见,只要电路对称, K_{CMR} 将会相当大。

4.5 互补耦合多级放大电路

多级电压放大电路的输出级主要有两个基本要求:一是输出电阻要低,二是输出电压要尽可能大(不失真)。为了满足上述要求,并且做到输入电压为零时输出电压为零,产生了一种互补工作方式的耦合输出级放大电路,该电路称为互补电路或推挽电路。这个电路,主要用两只不同类型的三极管构成,如图 4.5.1 所示: T_1 管是 NPN 型管; T_2 管是 PNP 型管。其他参数相同,特性对称。电路采用正、负双路等值的电源供电, T_1 管和 T_2 管无偏置电压即零偏压。输入电压 u_i 加至两管的基极,输出电压 u_o 取自两管的发射极,属共集组态电路,故具有输出电压跟随输入电压、带负载能力强等特点。互补放大电路一般应用在集成电路的输出级,作为互补功率用于放大电路中。

4.5.1 基本互补放大电路

三极管 T_1、T_2 的输入特性为理想特性,如图 4.5.2 所示。

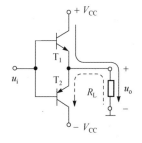

图 4.5.1 互补放大电路

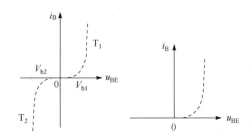

图 4.5.2 T_1、T_2 管的输入特性

在多级电压放大电路的输入端加正弦信号。

当 $u_i=0$ 时,因为两互补管特性对称,所以 $U_{BQ}=0$, $U_{EQ}=0$,两管零偏压,同时截止, $I_{BQ1}=I_{BQ2}=0$, $I_{CQ1}=I_{CQ2}=0$, $U_{CEQ1}=U_{CEQ2}=V_{CC}$,静态功耗为零。电路的输出电流和输出电压都等

于零。

当 $u_i > 0$ 时,NPN 型 T_1 管导通,PNP 型 T_2 管截止,正电源供电,形成电流 $i_{e1} = i_o$ 流向负载,如图 4.5.3(a)中实线所示,电路体现电压跟随特性,$u_o = u_i$。

当 $u_i < 0$ 时,NPN 型 T_1 管截止,PNP 型 T_2 管导通,由负电源供电,形成电流 $i_{e2} = i_o$ 流入电路,如图 4.5.3(a)中虚线所示,输出电压仍然跟随输入电压,$u_o = u_i$。

可见,两只三极管轮流导通,在负载上得到一个完整的波形,如图 4.5.3(b)所示,故此电路属互补电路。此电路是共集组态电路,其电压增益 $A \approx 1$。

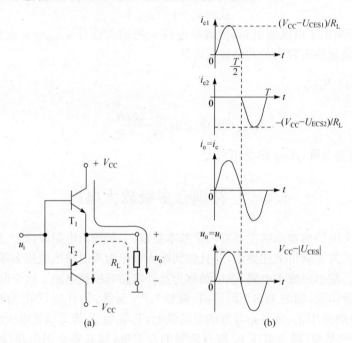

图 4.5.3　互补放大电路

由上述分析可知:

(1) T_1 管和 T_2 管无偏置电压即零偏压。

(2) T_1 管与 T_2 管以互补的方式交替工作,正、负电源交替供电。

(3) 在输入电压幅值足够大时,电路的最大输出电压峰值可达 $V_{CC} - |U_{CES}|$。U_{CES} 为饱和管压降。

(4) 电路实现了双向跟随。此时电路的电压增益 $A \approx 1$(共集组态)。

4.5.2　互补放大电路的交越失真

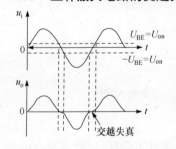

图 4.5.4　交越失真

如果考虑晶体管的实际输入特性(图 4.5.2),不难发现,当输入电压小于 u_{be} 间开启电压 U_{on} 时,三极管不会导通,T_1 管与 T_2 管均处于截止状态。也就是说,只有当 $u_i > U_{on}$ 时,输出电压才跟随 u_i 变化。因此,当输入电压为正弦波时,在输出电压正负半周交替过零处,会出现微量的非线性失真,这种失真称为交越失真,如图 4.5.4 所示。此种现象也可通过仿真分析得到,其结果见图 4.5.5。

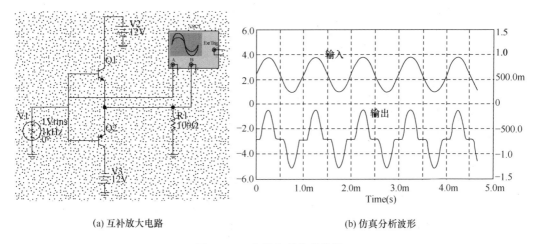

(a) 互补放大电路   (b) 仿真分析波形

图 4.5.5 交越失真仿真分析

4.5.3 改进互补放大电路

1. 消除交越失真的互补放大电路

产生交越失真的原因是电路中 T_1 管和 T_2 管无偏置电压即零偏压。为消除交越失真,一般采用的方法是设置合适的静态工作点。在静态时,让 T_1 管与 T_2 管均处于临界导通或微导通状态,当输入信号作用时,就能保证至少有一只管子导通,实现双向跟随。从而可消除交越失真的现象,如图 4.5.6 所示。

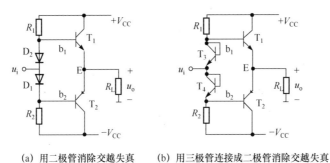

(a) 用二极管消除交越失真   (b) 用三极管连接成二极管消除交越失真

图 4.5.6 消除交越失真的互补放大电路

在图 4.5.6(a) 所示电路中,利用二极管 D_1、D_2 的开启电压特性,给 T_1 管和 T_2 管微小静态工作点。静态时正电源 $+V_{CC}$ 经 R_1、D_1、D_2、R_2 到负电源 $-V_{CC}$ 形成一个直流电流,使 T_1 管和 T_2 管的两个基极之间的电压为

$$U_{b1b2} = U_{D1} + U_{D2}$$

晶体管 T_1、T_2 与二极管 D_1、D_2 采用同一种材料(如硅管),就可以使 T_1 管和 T_2 管均处于微导通状态。由于二极管的动态电阻很小,可以近似认为 T_1 管与 T_2 管的基极动态电位近似相等,且均约为 u_i,即 $u_{b1} \approx u_{b2} \approx u_i$。从而保证两个互补管的激励信号等幅,可以较好地克服交越失真。

在图 4.5.6(b) 中,T_3、T_4 管集电极与基极相连作为二极管使用,在静态时,T_3、T_4 管导通,其压降作为 T_1、T_2 管的静态偏置,使 T_1、T_2 管处于微导通状态,同时还有一定的温度补偿作用。例如,T_1、T_2管特性对称时,R_L上没有电流,即$U_{EQ}=0$,所以在$U_i=0$时$U_o=0$。当有输入信号时,由于T_3和T_4管的动态电阻很小,可以近似认为T_1、T_2基极动态电位和输入电压相等,从而保证两个互补管的激励信号等幅,可以较好地克服交越失真。

2. U_{BE}倍增互补放大电路

在集成电路中常采用图4.5.7(a)所示的电路消除交越失真。原理分析如图4.5.7所示,互补管的偏置电路由T_3管和电阻R_3、R_4提供。当$I_2 \gg I_B$时,由图4.5.7(b)所示,若忽略I_B,则$I_1 \approx I_2$,得

$$U_{b1b2}=U_{CE} \approx \frac{R_3+R_4}{R_4} \cdot U_{BE}=\left(1+\frac{R_3}{R_4}\right)U_{BE}$$

由上式可见,调整R_3、R_4的比值,可调整互补管基极间的偏压使之合适。由于总是$\dfrac{U_{CE}}{U_{BE}}>1$,所以常称此电路为U_{BE}倍增电路或U_{BE}扩大电路。同时T_3管也可得到PN结任意倍数的温度系数,故可以用于温度补偿。为了稳定静态工作点,在U_{BE}倍增电路中增加恒流源电路,如图4.5.7(c)所示,图中T_4是共射放大电路,放大输入给U_{BE}倍增互补放大电路的输入信号。

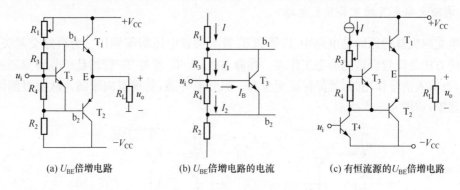

(a) U_{BE}倍增电路　　　　(b) U_{BE}倍增电路的电流　　　　(c) 有恒流源的U_{BE}倍增电路

图4.5.7　U_{BE}倍增互补放大电路

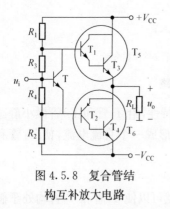

图4.5.8　复合管结构互补放大电路

3. 复合管结构互补放大电路

为了减小寻找特性完全对称的NPN型和PNP型管的难度,同时增大图4.5.7所示电路中的T_1管和T_2管的电流放大系数,以减小前级驱动电流,常采用复合管结构互补放大电路。在实用电路中常采用的电路如图4.5.8所示。

图4.5.8中T_5管和T_6管分别是NPN型复合管和PNP型管复合管。图中输出端的T_3管和T_4管均采用了同类型管,较容易做到特性相同。这种输出管为同一类型管的电路称为准互补电路。

4.6　直接耦合多级放大电路实例

直接耦合多级放大电路是集成电路的基础结构。图4.6.1所示是简单的直接耦合多级放大电路。一般电路是由输入级、中间放大级、偏置电路、输出级组成的。

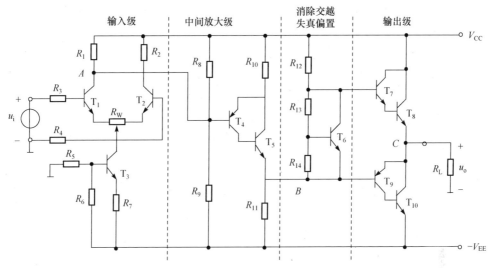

图 4.6.1　直接耦合多级放大电路

例 4.6.1　分析图 4.6.1 所示电路。输入信号为正弦电压信号,有效电压为 10mV,最大幅度电压为 14.14mV,频率为 10kHz。负载电阻 $R_L=50\Omega$。中间放大级所接的负载电阻 $R_B=71\text{k}\Omega$。三极管电流的放大倍数 $\beta=100$、三极管 $r_{be}=2\text{k}\Omega$,电路中器件参数:$R_1=10\text{k}\Omega$、$R_2=10\text{k}\Omega$、$R_3=1\text{k}\Omega$、$R_4=1\text{k}\Omega$、$R_5=500\Omega$、$R_6=1.5\text{k}\Omega$、$R_7=20\text{k}\Omega$、$R_8=25\ \text{k}\Omega$、$R_9=500\text{k}\Omega$、$R_{10}=1.5\ \text{k}\Omega$、$R_{11}=20\text{k}\Omega$、$R_{12}=40\text{k}\Omega$、$R_{13}=50\text{k}\Omega$、$R_{14}=180\text{k}\Omega$。

(1) 分析电路结构。

(2) 计算直接耦合多级放大电路的放大倍数。仿真验证计算结果。观察 A 点、B 点、C 点的波形。

(3) 求电路 A_u、R_i、R_o 的表达式。

解　(1) 分析电路结构。

输入级:由 T_1、T_2、R_1、R_2、R_3、R_4 组成的单端输入、单端输出的差分放大电路。差分放大电路可以增大共模抑制比,减小整个电路的温漂。T_3、R_5、R_6、R_7 组成恒流源电路为差分放大电路提供静态工作点,恒流源电路的等效电阻 $R_e=(1+\beta)R_7/\beta=20.5\text{k}\Omega$。

中间放大级:由 T_4、T_5、R_8、R_9、R_{10}、R_{11} 组成共射放大电路。这样可以提高电压的放大倍数。为了稳定静态工作点,提高驱动能力,T_4、T_5 分别采用 PNP 和 NPN 型三极管组成复合 PNP 型三极管。

偏置电路:由 T_6、R_{12}、R_{13}、R_{14} 组成消除交越失真偏置电路,组成 U_{BE} 倍增电路。为输出互补电路提供静态工作点。

输出级:输出级是由输出电阻较小,带负载能力强的复合管结构构成的互补放大电路。电路中 T_7、T_8 组成复合管三极管 NPN,T_9、T_{10} 组成复合管三极管 PNP。

注意:如果输入信号是一个微弱的电压信号,应考虑采用场效应管差分放大电路作为输入级。而且输出级采用复合管结构的互补放大电路,在不失真情况下,输出电压幅值最大可接近电源电压。在直接耦合多级放大电路中,为了避免各级放大电路输出端静态电位的相互影响(静态电位逐级升高或逐级降低),一般采用 NPN 和 PNP 型三极管混合电路,以保证输入电压为零时输出电压为零。

(2) 计算直接耦合多级放大电路的放大倍数。仿真验证计算结果。观察 A 点、B 点、C 点的波形。

多级放大电路的电压放大倍数为各级电压放大倍数的乘积,即

$$A_u = \prod_{j=1}^{n} A_{uj} \quad (\text{其中 } R_{L(j)} = R_{i(j+1)})$$

多级放大电路的输入电阻就是第一级的输入电阻,即

$$R_i = R_{i1}$$

多级放大电路的输出电阻就是最末级的输出电阻,即

$$R_o = R_{on}$$

① 计算直接耦合多级放大电路的放大倍数。输出级的放大电路见图 4.6.2。该电路是 U_{BE} 倍增互补放大电路,是复合管结构的互补放大电路。电路中 T_7、T_8 组成复合管三极管 NPN,T_9、T_{10} 组成复合管三极管 PNP。此电路是共集组态电路,其电压增益为 $A \approx 1$,输入电阻 $R_B = 38\text{k}\Omega$。

中间放大电路如图 4.6.3(a)所示。该电路中 T_4、T_5 组成复合 PNP 型三极管,如图 4.6.3(b)所示,其电流放大倍数 $\beta = \beta_4\beta_5 = 100 \times 100 = 10^4$。

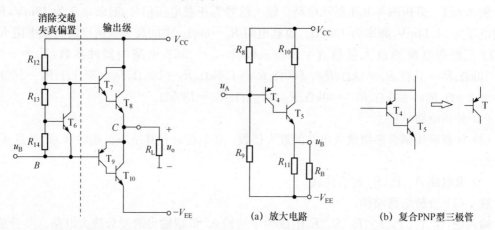

图 4.6.2　输出级的放大电路　　　　图 4.6.3　中间放大电路

中间放大电路的交流通路、微变等效电路如图 4.6.4 所示。根据微变等效电路求中间放大电路的放大倍数。

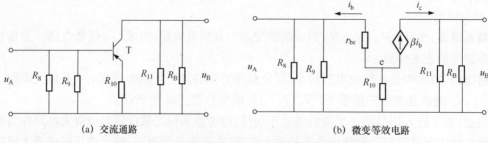

(a) 交流通路　　　　　　　　(b) 微变等效电路

图 4.6.4　中间放大电路的交流通路及等效电路

复合 PNP 型三极管的电阻

$$r_{be} = r_{be1} + (1+\beta_1)r_{be2} = 2 + (1+100) \times 2 = 204$$

输入电压 u_A 为

$$u_A = i_b r_{be} + (1+\beta) i_b R_{10}$$

输出电压 u_B 为

$$u_B = i_c \cdot R_{11} // R_B = \beta i_b R_{11} // R_B$$

电压放大倍数：

$$A_u = -\frac{u_B}{u_A} = \frac{-\beta i_b R_{11} // R_B}{i_b r_{be} + (1+\beta) i_b R_{10}} = \frac{-10^4 \times \dfrac{R_{11} R_B}{R_{11} + R_B}}{r_{be} + (1+\beta) R_{10}}$$

$$= \frac{-10^4 \times \dfrac{20\text{k} \times 38\text{k}}{20\text{k} + 38\text{k}}}{204\text{k} + (1+10^4)1.5\text{k}} = \frac{-13.10 \times 10^4}{15205.5} \approx -9$$

放大电路的输入电阻

$$R_A = R_8 // R_9 // [r_{be} + (1+\beta) R_{10}] \approx 24\text{k}\Omega$$

单端输入、单端输出的差分放大电路如图 4.6.5 所示。

恒流源电路的等效电阻 $R_e = 20.5\text{k}\Omega$。根据微变等效电路如图 4.6.5(b) 所示，求得差分放大电路的电压放大倍数为

$$A_{ud} = \frac{u_A}{u_i} - \frac{i_{c1}(R_1 // R_A)}{2 i_{b1} (R_3 + r_{be} + R_e/2)} = -\frac{\beta(R_1 // R_A)}{2(R_3 + r_{be} + R_e/2)}$$

$$= -\frac{100 \left(\dfrac{10 \times 24}{10 + 24} \right)}{2(1 + 2 + 10.25)} = -\frac{705.88}{26.5} = -26.6$$

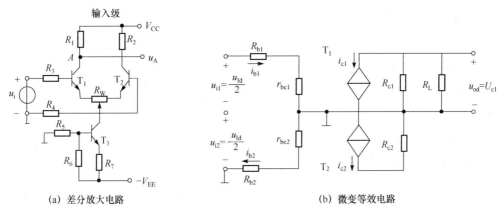

(a) 差分放大电路　　　　　　　　　　(b) 微变等效电路

图 4.6.5　单端输入、单端输出的差分放大电路

直接耦合多级放大电路的放大倍数

$$A_u = A_u A_{ud} = 9 \times 26.6 = 239$$

直接耦合多级放大电路输出电压：信号电压乘以放大倍数 $14.14\text{mV} \times 239 = 3.38\text{V}$。

② 仿真验证计算结果。观察 A 点、B 点、C 点的波形。

仿真分析电路如图 4.6.6 所示。输入信号为正弦电压信号，有效电压为 10mV，最大幅度电压为 14.14mV，频率为 10kHz。正弦电压信号波形如图 4.6.7(a) 所示。

A 点为单端输入、单端输出的差分放大电路的输出端，其波形如图 4.6.7(b) 所示。输出的电压幅度为 348mV，无失真。

B 点为中间极共射放大电路的输出端，其波形如图 4.6.7(c) 所示。输出的电压幅度为 3.36V，无失真。

C 点为直接耦合多级放大电路的输出，其波形如图 4.6.7(d) 所示。输出的电压幅度为

3.10V,无失真。

以上仿真分析看出,仿真结果与计算结果基本相同。中间级共射放大电路的输出电压幅度为 3.36V,直接耦合多级放大电路的输出电压幅度为 3.10V,比前级电路输出电压幅度小,但带负载能力强。说明后级电路的功率比前级高。

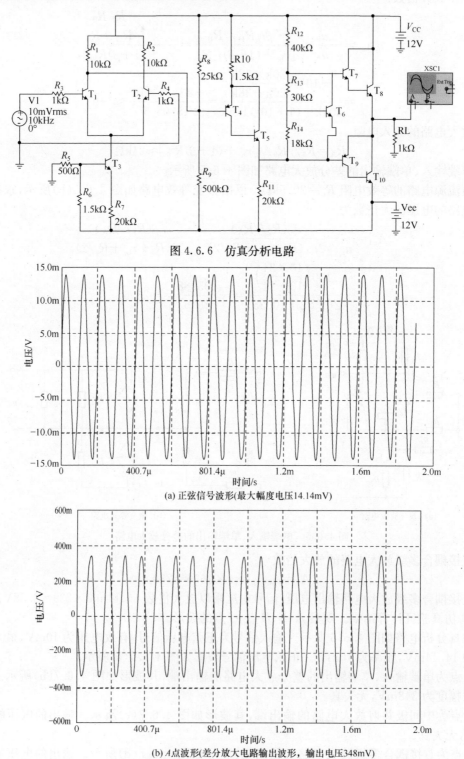

图 4.6.6　仿真分析电路

(a) 正弦信号波形(最大幅度电压14.14mV)

(b) A点波形(差分放大电路输出波形,输出电压348mV)

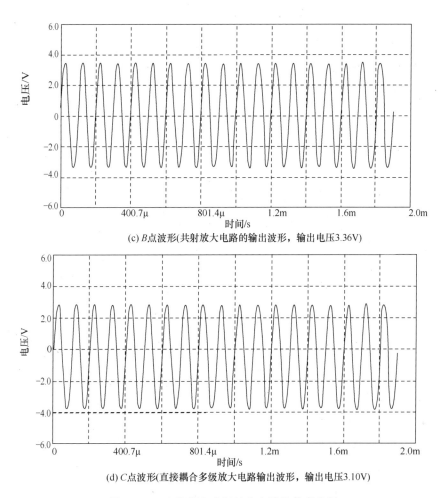

(c) *B*点波形(共射放大电路的输出波形，输出电压3.36V)

(d) *C*点波形(直接耦合多级放大电路输出波形，输出电压3.10V)

图 4.6.7　直接耦合多级放大电路的仿真分析

本 章 小 结

  本章着重介绍和讨论了多级放大电路的结构和分析方法,并分析了放大电路的耦合方式以及差分放大电路。这些电路都是现代电子电路中的基本电路模块,是各种电路设计的基础。

  本章利用例子,定性、定量、仿真分析放大电路的性质,建立放大电路模块的基本分析方法,这些方法及概念都是进一步建立电子电路分析模型的基础。

  本章中的所有例题都可以用仿真软件进行仿真分析。

思考题与习题

思考题

4.1　电子电路中有几种类型的耦合放大电路?

4.2　简述直接耦合放大电路工作点对电子电路的作用。

4.3　"直接耦合放大电路只能放大直流信号,阻容耦合放大电路只能放大交流信号"。这种说法对吗?为什么?

4.4　在组成多级放大电路时,什么情况下采用阻容耦合方式? 什么情况下应采用变压器耦合方式? 什么情况下应采用光电耦合方式?

4.5　已知一个三级放大电路的负载电阻和各级电路的输入电阻、输出电阻、空载电压放大倍数。试求解整个放大电路的电压放大倍数。

4.6　已知两级共射放大电路由 NPN 型管组成,其输出电压波形产生底部失真,试说明产生失真所有可能的原因。

4.7　电子电路中的电路参考点在什么条件下与信号参考点是同一点?

4.8　简述耦合放大器电路的基本区别。

4.9　差分电路分析的基本前提条件是什么?

4.10　已知思考题图 4.10 所示电路中 $R_{c1}=1.01\,R_{c2}$,其余参数理想对称。试问:与全部参数理想对称情况相比,电路的静态和动态参数有哪些不同?

4.11　简述场效应管 3 种组合电路的基本区别。

4.12　在思考题图 4.12 所示电路中,若从 T_1 集电极单端输出,则对电路的静态和动态有什么影响?

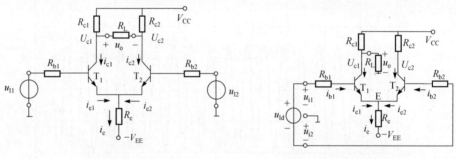

思考题图 4.10　　　　　　　　思考题图 4.12

习题

4.13　共发射极电路的图解分析结果如习题图 4.13 所示。

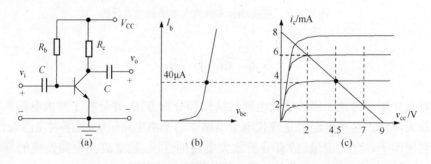

习题图 4.13

4.14　计算习题图 4.22(b)所示电路在低频小信号输入条件下的放大倍数表达式,并利用虚拟三极管在 Multisim 中测量输入和输出电阻,仿真中自行设置电阻参数,条件是保证输出波形不失真。提示:设电容对交流信号短路。

4.15　推导习题图 4.15 所示电路在低频小信号输入条件下的输出信号与输入信号之比。分析电路的特点。提示:利用场效应管的交流低频小信号模型。

4.16　绘制习题图 4.16 所示电路的低频小信号等效电路,并定性分析电路输入输出之间的关系。设光电耦合电路的耦合系数为 0.1(光电三极管基极电流与光电二极管电流值之比为耦合系数)。

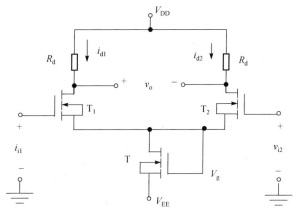

习题图 4.15

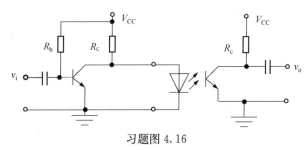

习题图 4.16

4.17 用 Multisim 对习题图 4.13 所示电路进行仿真研究,并对方波输入信号时的输出信号波形进行解释。

4.18 用 Multisim 对习题图 4.15 所示电路进行仿真研究。分析两个漏极电阻相差 0%、1%、5% 和 10% 情况下电路的共模抑制比。仿真中:

(1) 使用虚拟增强型 MOS 管;

(2) 设 $R_d = 10\text{kW}, V_{DD} = 6\text{V}, V_{DD} = -6\text{V}$;

(3) 设输入信号中的差模信号为 1V/1kHz 正弦交流信号,共模信号为 1V 直流信号。

4.19 习题图 4.19 所示差分电路的两个输入端全部接地,但此时输出的差分电压并不为 0。用定性分析的方法分析引起这种现象的可能原因,指出消除的方法。

4.20 习题图 4.20 所示差分电路的两个输入端全部接地,但此时输出的差分电压并不为 0。用定性分析的方法分析引起这种现象的可能原因,指出消除的方法。

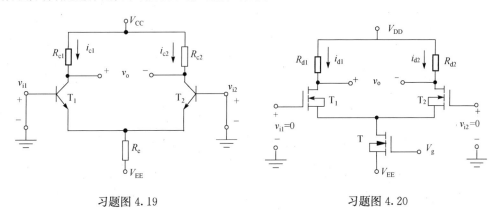

习题图 4.19   习题图 4.20

4.21 判断习题图 4.21 所示各级放大电路中,T_1 和 T_2 管分别组成哪种组态(共射、共射等接法)。设图中所有电容对于交流信号均可视为短路。

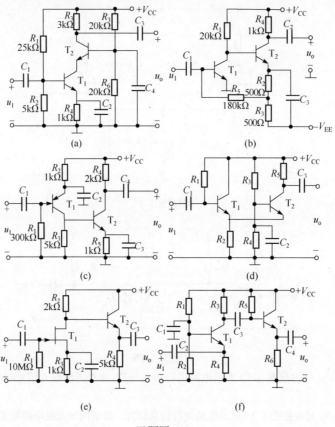

习题图 4.21

4.22　习题图 4.22 所示各电路的静态工作点均合适,分别画出它们的交流等效电路,写出输入 R_i 和输出 R_o 的表达式。

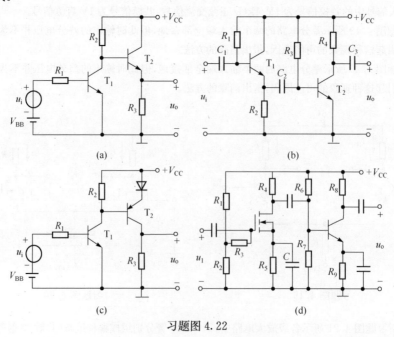

习题图 4.22

4.23 基本放大电路如习题图 4.23(a)和(b)所示,图(a)虚线框内为电路Ⅰ,图(b)虚线框内为电路Ⅱ。由电路Ⅰ、Ⅱ组成的多级故大电路如图(c)、(d)、(e)所示,它们均正常工作。试说明图(c)、(d)、(e)所示电路中:

(1) 哪些电路的输入电阻比较大;

(2) 哪些电路的输出电阻比较小;

(3) 哪个电路的 A_u 最大。

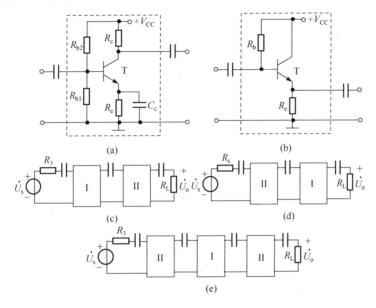

习题图 4.23

4.24 电路如习题图 4.22(a)所示,晶体管的 β 均为 150,r_{be} 均为 $2k\Omega$,Q 点合适。求解 A_u、R_i 和 R_o。

4.25 电路如习题图 4.22(b)所示,晶体管的 β 均为 200,r_{be} 为 $3k\Omega$,场效应管的 g_m 为 $15mS$,Q 点合适。求解 A_u、R_i 和 R_o。

4.26 习题图 4.26 所示电路参数理想对称,晶体管的 β 均为 100,$r_{b'b}=100\Omega$,$U_{BEQ}\approx0.7V$。试计算 R_W 滑动端在中点时 T_1 管和 T_2 管的发射极静态电流 I_{EQ},以及动态参数 A_d 和 R_i。

4.27 如习题图 4.27 所示,已知 T_1 管和 T_2 管的 β 均为 140,$r_{b'e}$ 均为 $4k\Omega$。试问:若输入直流信号 $u_{I1}=20mV$,$u_{I2}=10mV$。则电路的共模输入电压 u_{Ic} 为多少? 差模输入电压 u_{Id} 为多少? 输出动态电压 Δu_o 为多少?

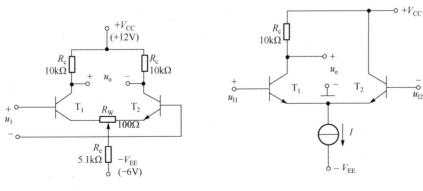

习题图 4.26   习题图 4.27

第 5 章　电　流　源

电流源是现代电子电路中的重要电路模块。本章介绍有关电流源、电流镜、电路的结构与分析方法。

在前面讨论的放大电路中,静态工作点一般是利用外接电阻元件来建立的。但在集成电路中制造一个晶体管比制造一个电阻所占用的面积小,也比较经济,因而采用晶体管制成电流源,以使集成电路能获得稳定直流偏置。

电流源电路为放大电路提供合适的静态电流;或作为有源负载取代高阻值的电阻,从而提高放大电路的放大能力。常用的电流源电路有基本镜像电流源、比例电流源、微电流源、威尔逊电流源、多路恒流源电路。

在学习本章时要注意,电流源、电流镜电路的分析方法与基本放大器的分析方法相同,重点都是在线性器件参数条件下,确定输入与输出的关系,以及如何根据给定的器件参数确定电路功能和参数。

5.1　基本电流源电路

基本电流源电路包括三极管电流源电路等。如图 5.1.1(a)所示的电路是用三极管设计的基本直流电流源电路。图 5.1.1(b)是电流源符号。由三极管的电路模型可知,三极管集电极电流是一个由基极电流控制电流源。因此,使用三极管可以十分方便地设计出直流电流源。

电流源分析的目的,是根据给定电路结构计算出电流源输出支路中的电流,以及电路其他参数对输出电流的影响。

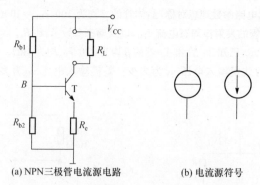

(a) NPN三极管电流源电路　　　　　(b) 电流源符号

图 5.1.1　三极管直流电流源电路及符号

例 5.1.1　三极管的直流电流源电路如图 5.1.2 所示。已知 $R_{b1}=15k\Omega$,$R_{b2}=5k\Omega$,$R_e=2.3k\Omega$,$R_L=5k\Omega$,$r_{be}=1.63k\Omega$,$V_{CC}=12V$,$\beta=50$;试计算:

(1) 电流源输出支路中的电流;

(2) 三极管的管压降为 u_{ce};

(3) 负载电阻上的电压降。

解 (1) 计算电流源输出支中的电流。

设计电路时，要求 R_{b2} 中的电流 I_{b2} 远大于基极电流 I_b，可忽略基极电流。由图 5.1.2 可得

$$U_B = \frac{R_{b2}}{R_{b1}+R_{b2}} \cdot V_{CC} = \left(\frac{5}{5+15} \times 12\right)V = 3V$$

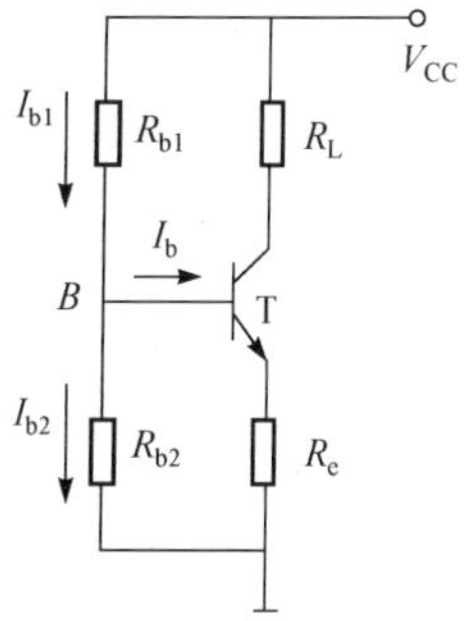

三极管直流电流源等效电路，如图 5.1.3 所示。

由图 5.1.3 可得 $\quad U_B = I_b r_{be} + (1+\beta)R_e I_b$

$$I_b = \frac{U_B}{r_{be}+(1+\beta)R_e} = \frac{3}{1.63+(1+50)\times 2.3}mA = 0.025mA$$

即

$$I_c = \beta I_b = (50 \times 0.025)mA = 1.25mA$$

如果 $(\beta+1)R_e$ 远大于 r_{be}，同时 $\beta \gg 1$，可以认为

$$I_c \approx \frac{U_B}{R_e} = 1.3mA$$

图 5.1.2 三极管的
直流电流源电路

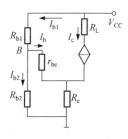

图 5.1.3 三极管直流
电流源等效电路

以上计算可认为基极电位 U_B 是电源电压 V_{CC} 在 R_{b2} 上的分压。当电源电压固定时，基极电位 U_B 固定，根据三极管基本工作原理可知，基极电流 I_b 也固定不变。由于 $I_c = \beta I_b$，所以，当三极管的集电极与电源之间串入负载电阻 R_L 后，负载电阻中就会有一个与电阻大小无关的稳定电流 I_c。产生稳定电流的关键是有固定的基极电位 U_B。

(2) 计算三极管的管压降 U_{ce}。

$$U_{ce} = V_{CC} - I_c(R_L + R_e) = 12 - 1.25 \times (5+2.3) = 2.875V$$

通过上述计算可知，在电流固定的条件下，如果负载电阻小，则管压降 U_{ce} 大，如果负载电阻大，则管压降 U_{ce} 小。在电流固定的条件下，如果 $R_L + R_e$ 过大，使得 U_{ce} 接近 0，就会使三极管进入饱和状态。反之，如果集电极开路，三极管就会进入截止状态。如果不能保证 U_{ce} 在放大区，而是使 U_{ce} 进入饱和区（即 U_{ce} 很小），则电流源的电流就会随着负载电阻的变化而发生较大的变化。由此可见，三极管设计的电流源必须充分注意参数的配合使用，并保证负载电阻不会使管子进入饱和区。只有在正常的 U_{ce} 情况下，三极管电流源才具有输出电流与负载无关的特点。

(3) 计算负载电阻上的电压降。

$$U_L = I_c R_L = 1.25 \times 5 = 6.25V$$

通过以上计算可知，影响电流源输出电流的三个主要参数是基极电流 I_b、三极管的电流放大系数 β，以及管压降 U_{ce}。这三个参数在分析和设计电流源时需要十分注意，必须保证三个参数的配合效果能够使三极管工作在放大区，这样才能保证电流的稳定和正确。

注意：对于电流源来说，即使三极管进入饱和状态，电路仍能输出电流。

例 5.1.2 分析图 5.1.4(a)所示电路的功能，绘制等效电路，并近似估算电阻 R_L 中的电流。

解 从电路的结构上看，负载电阻串联在三极管的发射极，所以电路是一个电流源。由于采用了稳压管 D 稳定三极管的基极电位，所以负载电流应当恒定。电路的等效电路如图 5.1.4(b)所示，并可以用下面两式估算负载电阻中的电流：

$$U_e = E_b - 0.7$$

$$I_L = \frac{E_b - 0.7}{R_L}$$

由上式可以看出,当 B 点电位稳定后,在负载上的电流就稳定。

例 5.1.3　分析带有电流源的差分放大器如图 5.1.5 所示。T_1 管和 T_2 管组成差分放大器,T_3 管组成电流源电路。设差分电路中 3 个三极管具有完全相同的参数,三极管的 $\beta = 50$。估计 T_1 管和 T_2 管的发射极电流,分析 T_3 管的作用。

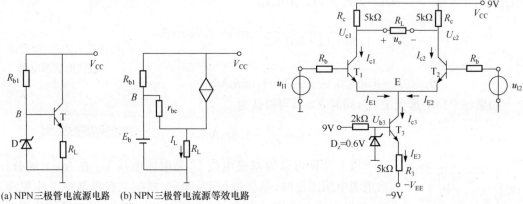

(a) NPN三极管电流源电路　　(b) NPN三极管电流源等效电路

图 5.1.4　例题 5.1.2 电路　　　　　　　　图 5.1.5　带有电流源的差分放大器

解　(1) 估计 T_1 管和 T_2 管的发射极电流。

带有电流源的差分放大器,输出电压是两个三极管集电极电压之差。两个三极管发射极都连接在一个三极管电流源上,电流源的电流为

$$I_{c3} = I_{E1} + I_{E2}$$

忽略温度特性和 b-e 结压降后,由于 T_3 管发射极电流固定

$$I_{E3} = \frac{U_{b3} - V_{EE}}{R_3} = \frac{0.6 - (-9)}{5 \times 10^3} = 1.92 \text{mA}$$

所以

$$I_{c3} = \frac{\beta I_{E3}}{1 + \beta} = \frac{50}{51} \times 1.92 \approx 1.92 \text{mA}$$

在三极管完全对称的条件下,静态(输入为 0)时

$$I_{E1} = I_{E2} = \frac{I_{c3}}{2} = 0.96 \text{mA}$$

(2) 分析 T_3 管的作用。

根据图 5.1.5 所示电路可知,T_3 管的基极电位不变,稳定在稳压管的电位上,所以 I_{E3} 是一个恒定的电流,所以 $I_{E1} + I_{E2}$ 是不变的,这样可以稳定静态输出电压不变。

当输入差模信号时:T_1 管集电极上的差模信号 $\Delta I_{C1d} = I_{C1d}$,T_2 管集电极上的差模信号 $\Delta I_{C2d} = I_{C2d}$。

T_1 管的输出电压为

$$u_{c1} = V_{CC} - (I_{C1} + \Delta I_{C1d}) R_C = 9 - (I_{C1} + I_{C1d}) \times 5 \times 10^3$$

T_2 管的输出电压为

$$u_{C2} = V_{CC} - (I_{C2} - \Delta I_{C2d}) R_C = 9 - (I_{C2} - I_{C2d}) \times 5 \times 10^3$$

由于差分电路中 3 个三极管具有完全相同的参数,所以 $I_{C1} \approx I_{E1}$,$I_{C2} \approx I_{E2}$,$I_{C1} = I_{C2}$,在 T_3 管恒流源的作用下,电流恒定不变,即 $I_{C3} = I_{E1} + I_{E2} =$ 常数。输入的差模信号 $I_{C1d} = -I_{C2d}$,所以输出电压幅度将是单管放大的两倍。所以输出差分电压为

$$u_o = u_{C2} - u_{c1} = 2 \times (I_{C1d} \times 5 \times 10^3)$$

当输入共模信号时:T_1 管集电极上的共模信号 $\Delta I_{C1c} = I_{C1c}$,T_2 管集电极上的共模信号 $\Delta I_{C2c} = I_{C2c}$。

T_1 管的输出电压为

$$u_{c1} = V_{CC} - (I_{C1} + \Delta I_{C1c}) R_C = 9 - (I_{C1} + I_{C1c}) \times 5 \times 10^3$$

T_2 管的输出电压为

$$u_{C2} = V_{CC} - (I_{C2} - \Delta I_{C2c}) R_C = 9 - (I_{C2} + I_{C2c}) \times 5 \times 10^3$$

由于电路对称,所以 $I_{C1} \approx I_{E1}$,$I_{C2} \approx I_{E2}$,$I_{C1} = I_{C2}$,在 T_1 管、T_2 管集电极上的共模信号相等,即 $I_{C1c} = I_{C2c}$。在 T_3 管恒流源的作用下,电流恒定不变,即 $I_{C3} = I_{E1} + I_{E2} =$ 常数,所以抑制了差分管的集电极电流,维持了差分管原有的输出电压。所以在共模信号作用下输出电压为

$$u_o = u_{C2} - u_{C1} = 0$$

在 T_3 管恒流源的作用下,当差分管参数不完全对称时,带有电流源的差分放大器对共模信号的抑制作用十分明显。

由上述分析可知,使用恒定电流源具有提高放大倍数和弥补参数不对称缺陷的作用。

5.2 镜像电流源分析

镜像电流源电路实际上是从三极管电流源电路发展而来的一种特殊电路。

镜像电流源电路的功能是向其他电路提供一个高精度和高稳定度的电流,还可作为有源负载取代高阻值的电阻,从而提高放大电路的放大能力,是目前模拟集成电路的一个基本单元电路。这种电路对提高集成运算放大器的温度稳定性、模拟信号处理的精度有十分重要的意义。

本节将介绍常见的镜像电流源电路及有源负载的应用。

1. 三极管镜像电流源电路

三极管镜像电流源电路如图 5.2.1 所示,图中两个三极管 T_1 和 T_2 参数完全相同。电路的这种结构,使基准电流 I_R 和 I_{C2} 呈现镜像关系,故称此电路为镜像电流源。

例 5.2.1 分析图 5.2.1 所示镜像电流源电路 I_R 与 I_{C2} 间的关系。$V_{CC} = 12V$,$R = 10k\Omega$,$U_{BE} = 0.7V$,$R_C = 0\Omega$,$\beta = 100$。试求 I_{C2} 为多少?

解 从结构上可以看出,T_1 管的管压降 U_{CE0} 与 U_{BE0} 相等,从而保证 T_1 管工作在放大状态,而不可能进入饱和状态。故 T_1 管的集电极电流 $I_{C1} = \beta I_{B1}$。在电阻 R 中的电流为

$$I_R = \frac{V_{CC} - U_{BE}}{R} = \frac{12 - 0.7}{10 \times 10^3} = 1.13 mA$$

$$= I_{C1} + 2I_B = I_{C1} + 2 \times \frac{I_{C1}}{\beta} \tag{5.2.1}$$

由于 T_1 管和 T_2 管参数完全相同,根据电路结构可得,

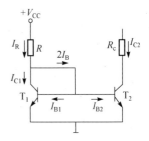

图 5.2.1 三极管镜像电流源电路

T_1管和T_2管的基极-发射极间的电压为$U_{BE1}=U_{BE2}=U_{BE}$；由于电流放大系数$\beta_1=\beta_2=\beta$,故它们的基极电流$I_{B1}=I_{B2}=I_B$；故集电极电流$I_{C1}=\beta i_{B1}$，$I_{C2}=\beta I_{B2}$，$I_{C1}=I_{C2}=\beta I_B$。

将以上分析结论代入式(5.2.1)，得镜像电流I_{C2}为

$$I_{C2}=\frac{\beta}{\beta+2}I_R=\frac{100}{102}I_R=0.98I_R=1.13\text{mA} \tag{5.2.2}$$

以上计算可见，当$\beta\gg2$时，I_{C2}与I_R电流就会十分接近。在电子技术中把I_{C2}叫作I_R的镜像电流。

$$I_{C2}\approx I_R=\frac{V_{CC}-U_{BE}}{R} \tag{5.2.3}$$

当$V_{CC}\gg U_{BE}$时，I_R就会十分稳定，I_C也十分稳定。

通过以上分析可知，在两个三极管对称的条件下，如果调整电阻R，就会同时调整I_{C2}。与普通电流源电路相比，镜像电流源在相当宽的温度范围内都具有良好的稳定度。

实际上，电流镜是两个差分管输入完全相同的差分电路，也就是说，镜像电流源利用了共模输入信号实现电流比例的控制。差分电路的目的是为了对差模信号进行电压放大，而镜像电流源电路是为了得到两个具有严格比例关系的电流。

镜像电流源具有一定的温度补偿作用，如下：

当温度升高时$\begin{cases}\rightarrow I_{C1}\uparrow\rightarrow I_R\uparrow\rightarrow U_R\uparrow\rightarrow U_B\downarrow\rightarrow I_B\downarrow------\\ \rightarrow I_{C2}\uparrow I_{C2}\downarrow\leftarrow----------------\downarrow\end{cases}$

根据式(5.2.3)可知，在电源电压V_{CC}一定的情况下：

(1) 若要求I_{C2}较大，则I_R势必增大，R的功耗也就增大，这是集成电路中应当避免的；

(2) 若要求I_{C2}很小，则I_R势必也小，R的数值必然很大，这在集成电路中是很难做到的。因此，派生了其他类型的电流源电路。

2. 比例电流源电路

比例电流源电路是I_{C2}与I_R呈比例关系的镜像电流源电路，其电路如图5.2.2所示。

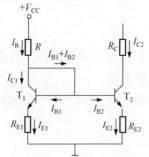

图 5.2.2　比例电流源电路

例 5.2.2　分析图5.2.2所示比例电流源电路I_R与I_{C2}间的关系。$V_{CC}=12\text{V}$，$R=10\text{k}\Omega$，$R_C=0\Omega$，$R_{E1}=5\text{k}\Omega$，$R_{E2}=2\text{k}\Omega$，$U_{BE}=0.7\text{V}$，$U_T=kT/q\approx26\text{mV}$（$T=300\text{K}$），$\beta=100$。试求$I_{C2}$为多少？

解　从电路可知基准电流I_R为

$$I_R\approx\frac{V_{CC}-U_{BE1}}{R+R_{E1}}=\frac{12-0.7}{10\text{k}+5\text{k}}=0.753\text{mA} \tag{5.2.4}$$

从电路可知

$$U_{BE1}+I_{E1}R_{E1}=U_{BE2}+I_{E2}R_{E2} \tag{5.2.5}$$

根据晶体管发射结电压与发射极电流的近似关系$\left(U_{BE}\approx U_T\ln\dfrac{I_E}{I_S}\right)$，由$T_1$与$T_2$的特性完全相同可得

$$U_{BE1}-U_{BE2}\approx U_T\ln\frac{I_{E1}}{I_S}-U_T\ln\frac{I_{E2}}{I_S}=U_T\ln\frac{I_{E1}}{I_{E2}}$$

将上式代入式(5.2.5)可得

$$I_{E2}R_{E2} \approx I_{E1}R_{E1} + U_T \ln \frac{I_{E1}}{I_{E2}}$$

当 $\beta \gg 2$ 时,$I_{C1} \approx I_{E1} \approx I_R$,$I_{C2} \approx I_{E2}$,代入上式得

$$I_{C2} \approx \frac{R_{E1}}{R_{E2}} I_R + \frac{U_T}{R_{E2}} \ln \frac{I_R}{I_{C2}} \tag{5.2.6}$$

在一定的取值范围内,若式(5.2.6)中的对数项可忽略,则

$$I_{C2} \approx \frac{R_{E1}}{R_{E2}} I_R = \left(\frac{5k}{2k} \times 0.753\right) mA = 1.8825 mA \tag{5.2.7}$$

只要改变 R_{E1} 和 R_{E2} 的阻值,就可以改变 I_{C2} 和 I_R 的比例关系。基准电流 I_R 与镜像电流源式(5.2.3)比较,可见,由于 R_{E1}、R_{E2} 的作用,比例电流源的输出电流 I_{C2} 具有更高的温度稳定性。R_{E1} 和 R_{E2} 是电流负反馈电阻。

3. 微电流源电路

集成运放输入级放大管的集电极(发射极)静态电流很小,往往只有几十微安,甚至更小。为了只采用阻值较小的电阻,而又获得较小的输出电流 I_{C2},可以将比例电流源中 R_{E1} 的阻值减小到零,便得到如图 5.2.3 所示的微电流源电路。

在实际电路设计时,首先应确定 I_R 和 I_C 的数值,然后求出 R 和 R_{E2} 的数值。

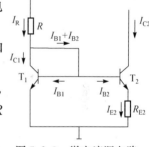

图 5.2.3 微电流源电路

例 5.2.3 分析图 5.2.3 所示微电流源电路。已知:$V_{CC}=12V$,$I_R=1mA$,$I_{C2}=20\mu A$,$U_{BE1}=0.7V$。$U_T=26mV$,$\beta=100$,试求 R 和 R_{E2}。

解 图中 T_1 管与 T_2 管特性完全相同,$R_{E1}=0$,根据式(5.2.6)得

$$I_{C2} \approx \frac{R_{E1}}{R_{E2}} I_R + \frac{U_T}{R_{E2}} \ln \frac{I_R}{I_{C2}} = \frac{U_T}{R_{E2}} \ln \frac{I_R}{I_{C2}} \tag{5.2.8}$$

已知 I_R、I_{C2} 的情况下,由式(5.2.8)可以求得 R_{E2}:

$$R_{E2} = \frac{U_T}{I_{C2}} \ln \frac{I_R}{I_{C2}} = \frac{26mV}{20\mu A} \ln \frac{1mA}{20\mu A} = 5.07k\Omega \tag{5.2.9}$$

由图 5.2.8 可以求得 R

$$R \approx \frac{V_{CC} - U_{BE1}}{I_R} = \frac{12V - 0.7V}{1mA} = 11.3k\Omega \tag{5.2.10}$$

当 $\beta \gg 1$ 时,T_2 管集电极电流为

$$I_{C2} \approx I_{E2} = \frac{U_{BE1} - U_{BE2}}{R_{E2}} \tag{5.2.11}$$

由式(5.2.11)可知,利用两管基-射极电压差 $U_{BE1} - U_{BE2}$(约几十毫伏)可以控制输出电流 I_{C2}。由于 $U_{BE1} - U_{BE2}$ 的数值小,因此,只要几千欧的 R_{E2},就可得到几十微安的 I_{C2}(故用阻值不大的 R_{E2} 即可获得微小的工作电流),称为微电流源。

4. 威尔逊电流源电路

威尔逊电流源电路如图 5.2.4 所示,I_{C3} 为威尔逊电流源输出电流。T_1、T_2 管构成镜像电

流源,T_2管的输出串联在T_3管的发射极,其作用与典型工作点稳定电路中的R_E相同。因为c-e间等效电阻非常大,所以可使I_{C3}高度稳定,由于T_1、T_2管构成的电路的输出电阻大,故该电路的动态输出电阻远比微电流源的动态输出电阻高。高阻抗的电流源在差分式放大电路中广泛应用,特别有利于抑制共模信号。图中T_1、T_2和T_3管特性完全相同,因而$\beta_1=\beta_2=\beta_3=\beta$,$I_{C2}=I_{C1}$。

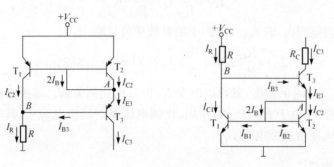

图 5.2.4　威尔逊电流源电路

例 5.2.4　分析图 5.2.4 所示威尔逊电流源电路。已知:$V_{CC}=12V$,$I_R=1.075mA$,$R=10k\Omega$,$R_C=0\Omega$,$U_{BE}=0.7V$,$U_T=kT/q\approx26mV(T=300K)$。试求,$\beta=100$、$\beta=10$ 时,I_{C3} 各为多少?

解　根据各管的电流可知,A 点的电流方程为

$$I_{E3}=I_{C2}+2I_B=I_{C2}+2\times\frac{I_{C2}}{\beta}$$

$$I_{C2}=\frac{\beta}{\beta+2}I_{E3}=\frac{\beta}{\beta+2}\frac{1+\beta}{\beta}I_{C3}=\frac{\beta+1}{\beta+2}I_{C3}$$

在 B 点的电流方程为

$$I_R=I_{B3}+I_{C1}=\frac{I_{C3}}{\beta}+\frac{\beta+1}{\beta+2}I_{C3}=\frac{\beta^2+2\beta+2}{\beta^2+2\beta}I_{C3}$$

$$I_{C3}=\left(1-\frac{2}{\beta^2+2\beta+2}\right)I_R\approx I_R \qquad\qquad (5.2.12)$$

当 $\beta=10$ 时,$I_{C3}\approx0.984I_R$;

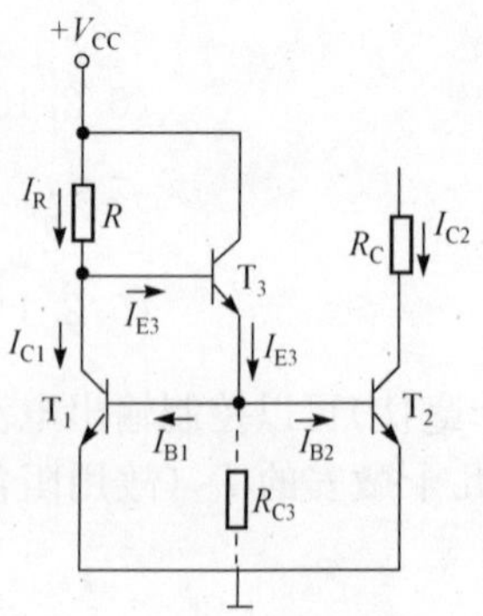

当 $\beta=100$ 时,$I_{C3}\approx0.999I_R$。

可见,在 β 很小时也可认为 $I_{C3}\approx I_R$,I_{C3} 受基极电流影响很小。

5. 加射极输出器的电流源电路

加射极输出器的电流源电路如图 5.2.5 所示。在镜像电流源 T_1 管的集电极与基极之间加一只从射极输出的晶体管 T_3,便构成加射极输出器的电流源电路。利用 T_3 管的电流放大作用,减小了基极电流 I_{B1} 和 I_{B2} 对基准电流 I_R 的分流。

例 5.2.5　分析图 5.2.5 所示加射极输出器的电流源电路 I_R 与 I_{C2} 间的关系。已知:$V_{CC}=12V$, $I_R=1.075mA$, $U_{BE}=0.7V$, $U_T=kT/q\approx26mV(T=300K)$, T_1、T_2、T_3 特性完全相同,试求

图 5.2.5　加射极输出器的电流源电路

$\beta=10$、$\beta=100$ 时，I_{C2} 为多少?

解 因 $\beta_1=\beta_2=\beta_3=\beta$，$U_{BE1}=U_{BE2}$，$I_{B1}=I_{B2}$，因此输出电流

$$I_{C2}=I_{C1}=I_R-I_{B3}=I_R-\frac{2I_{E3}}{1+\beta}=I_R-\frac{2I_{C2}}{(1+\beta)\beta}$$

得

$$I_{C2}=\frac{I_R}{1+\dfrac{2}{(1+\beta)\beta}}\approx I_R \tag{5.2.13}$$

当 $\beta=10$ 时，$I_{C2}\approx0.982I_R$；

当 $\beta=100$ 时，$I_{C2}\approx0.9998I_R$。

可见，在 β 很小时，也可认为 $I_{C2}\approx I_R$，I_{C2} 与 I_R 保持很好的镜像关系。

为了提高 T_3 管的工作电流，提高 T_3 管的 β，在电路中添加电阻 R_{C3}（如图中虚线所画）。

6. 多路电流源电路

在多级集成电路放大器中，往往使用一个基准电流可以获得多路电流源，多路电流源分别给各级提供合适的静态电流，如图 5.2.6 所示。三极管 T_1、T_2、T_3、T_4 构成比例电流源，其中通过 R 的电流 I_R 是 T_2、T_3、T_4 电流源的基准电流。可以利用一个基准电流去获得多个不同的输出电流，以适应各级的需要。根据 T_1、T_2、T_3、T_4 的接法，可得

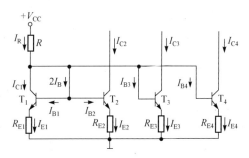

图 5.2.6 多路电流源电路

$$U_{BE1}+I_{E1}R_{E1}=U_{BE2}+I_{E2}R_{E2}=U_{BE3}+I_{E3}R_{E3}$$
$$=U_{BE4}+I_{E4}R_{E4}$$

由于各管的 b-e 间电压 U_{BE} 数值大致相等，因此可得近似关系

$$I_{E1}R_{E1}\approx I_{E2}R_{E2}\approx I_{E3}R_{E3}\approx I_{E4}R_{E4}$$

当 I_{E1} 确定后，各级只要选择合适的电阻，就可以得到所需的电流。

$$\begin{cases} I_{C2}\approx I_{E2}=\dfrac{R_{E1}}{R_{E2}}I_{E1} \\[3mm] I_{C3}\approx I_{E3}=\dfrac{R_{E1}}{R_{E3}}I_{E1} \\[3mm] I_{C4}\approx I_{E4}=\dfrac{R_{E1}}{R_{E4}}I_{E1} \end{cases}$$

5.3 有源负载的放大电路

为了提高共射放大电路的电压放大倍数，有效的方法是增大集电极电阻 R_C。在增大 R_C 的同时必须提高电源电压，提高电源电压的目的是维持晶体管的静态电流。但提高电源电压是有限的。在放大电路中，常用电流源电路取代电阻 R_C。由于作为负载的晶体管是有源元件，故称为有源负载的放大电路。下面介绍两种有源负载的放大电路。

1. 有源负载共射放大电路

有源负载共射放大电路,如图5.3.1(a)所示。T_3 为放大管,T_1 与 T_2 构成镜像电流源,三极管特性完全相同,$\beta_1 = \beta_2 = \beta$,$I_{C1} = I_{C2}$。$T_1$ 是 T_3 的有源负载。根据图 5.3.1(a),基准电流为

$$I_R = \frac{V_{CC} - U_{BE2}}{R}$$

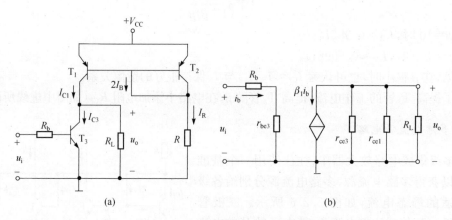

图 5.3.1　有源负载共射放大电路

当空载时,根据镜像电流与基准电流关系 $I_c = \dfrac{\beta}{\beta + 2} I_R$,得 T_3 管的静态集电极电流为

$$I_{CQ3} = I_{C1} = \frac{\beta}{\beta + 2} I_R$$

可见,电路中并不需要很高的电源电压,只要 V_{CC} 与 R 相配合,就可设置合适的集电极电流 I_{CQ3}。

当电路带上负载电阻 R_L 后,由于 R_L 对 I_{C1} 有分流作用,I_{CQ3} 将有所变化。

当负载电阻 R_L 很大时,T_3 管和 T_1 管的 r_{ce3}、r_{ce1} 就不能忽略不计,因此图 5.3.1(a)所示电路的交流等效电路如图 5.3.1(b)所示。根据图 5.3.1(b)得电路的电压放大倍数为

$$A_u = \frac{u_o}{u_i} = -\frac{\beta i_b (r_{ce3} // r_{ce1} // R_L)}{i_b (R_b + r_{be3})} \tag{5.3.1}$$

当 $R_L \ll r_{ce3} // r_{ce1}$ 时,电路的电压放大倍数发生变化。T_3 管集电极的动态电流 $\beta_3 I_{b3}$ 全部流向负载 R_L,有源负载使电压放大倍数 A_u 大大提高。

$$A_u = -\frac{\beta R_L}{R_b + r_{be3}} \tag{5.3.2}$$

2. 有源差分放大电路

单端输出差分放大电路的差模放大倍数的提高,可以采用镜像电流源作为负载的方法来提高,如图 5.3.2 所示。T_1 管与 T_2 管组成镜像电流源作为有源负载,T_3 管与 T_4 管组成差分放大电路。图 5.3.2 所示电路的放大电路倍数可以提高到接近双端输出时的情况。

当静态时,T_3 管和 T_4 管的发射极电流 $I_{E3} = I_{E4} = I/2$,集电极电流 $I_{C3} = I_{C4} = I/2$。在 β_1

很大时，$I_{C1} \approx I_{C3}$，根据镜像电流与基准电流关系 $I_{C1} = I_{C2}$，所以 $I_{C2} \approx I_{C3}$，得 $i_o = I_{C2} - I_{C4} \approx 0$。

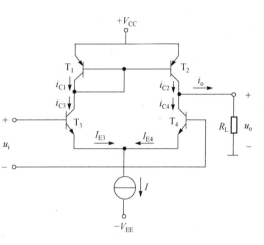

当差模信号 Δu_i 输入时，根据差分放大电路的特点，动态集电极电流 $\Delta i_{C3} = -\Delta i_{C4}$，而 $\Delta i_{C3} \approx \Delta i_{C1}$；由于 i_{C1} 和 i_{C2} 的镜像关系，$\Delta i_{C1} = \Delta i_{C2}$；所以 $\Delta i_o = \Delta i_{C2} - \Delta i_{C4} \approx \Delta i_{C1} - (-\Delta i_{C1}) = 2\Delta i_{C1} = 2\Delta i_{C3}$。由此可见，输出电流约为单端输出时的两倍，因而电压放大倍数接近双端输出时的情况。这时输出电流与输入电压之比

$$A_{iu} = \frac{\Delta i_o}{\Delta u_i} \approx \frac{2\Delta i_{C3}}{2\Delta i_{B3} r_{be3}} = \frac{\beta}{r_{be3}}$$

当电路带负载电阻 R_L 时，其电压放大倍数的分析与图 5.3.1 所示电路相同，若 R_L 与 $(r_{ce3}//r_{ce4})$ 可以相比，则

图 5.3.2 有源差分放大电路

$$A_u = \frac{\Delta u_o}{\Delta u_i} = \frac{\Delta i_0}{\Delta u_1}(r_{ce3}//r_{ce1}//R_L) \approx \frac{\beta(r_{ce3}//r_{ce4}//R_L)}{r_{be3}} \tag{5.3.3}$$

若 $R_L \ll (r_{ce3}//r_{ce4})$，则

$$A_u \approx \frac{\beta R_L}{r_{be3}} \tag{5.3.4}$$

说明利用镜像电流源作为有源负载，不但可将 T_3 管的集电极电流转换为输出电流，而且还将所有变化电流流向负载 R_L。

5.4 MOS 管电流源电路

1. 场效应管电流源电路

场效应管是一个电压控制电流源。与三极管相同，用场效应管可以十分方便地设计出直流电流源。场效应管电流源电路是现代模拟集成电路中不能缺少的重要电路模块。在集成电路中起着提高电路精度、抑制温度漂移和电源波动的作用。

图 5.4.1 是用 N 沟道耗尽型 MOS 管设计的直流电流源电路。电路输入端为栅极，栅极提供了一个稳定的电压，形成稳定的 d-s 静态电流。电流源的功能体现在把负载电阻作为漏极电阻或源极电阻。对于 MOS 管，还可以把栅极 g 直接连接到系统地，在自偏压的作用下，也可以形成一个稳定的 d-s 电流。读者可以根据场效应管的特性，自行完成有关场效应管电流源的分析。

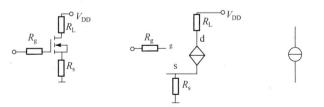

(a) MOS管电流源电路　　(b) MOS管电流源等效电路　　(c) 电流源符号

图 5.4.1 场效应管电流源电路模块、等效电路及符号

2. 有源电阻的电流源电路

对于三极管和 MOS 管来说,如果将其连接为图 5.4.2(a)和(c)所示的结构形式,就可以得到有源电阻。根据小信号等效电路,可得三极管和 MOS 管的有源电阻等效电路,如图 5.4.2(b)和(d)所示。

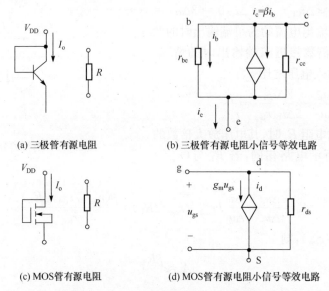

(a) 三极管有源电阻　　　　　　　(b) 三极管有源电阻小信号等效电路

(c) MOS管有源电阻　　　　　　　(d) MOS管有源电阻小信号等效电路

图 5.4.2　三极管和 MOS 管有源电阻

从图 5.4.2 可以看出,晶体管实际上可以等效为一个电阻。由于等效电阻是用三极管或 MOS 管形成的,而三极管和 MOS 管又是有源器件,因此叫作有源电阻。形成有源电阻的条件是三极管式 MOS 管导通。

与分立器件不同的是,为了制作方便,在集成电路中一般经常使用"等效电阻"来代替电流源中的电阻。图 5.4.3(b)则是利用有源电阻设计的 MOS 场效应管电流源电路。在集成电路中,使用有源电阻的目的是为了节省芯片面积、降低制作成本。

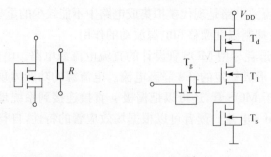

(a) MOS管有源电阻　　　　　　(b) MOS管有源电阻的电流源电路

图 5.4.3　有源电阻的电流源电路

3. MOS 管电流镜电路

使用 MOS 管制作的电流镜电路是模拟集成电路的重要组成部分。为了工艺简便,通常使用场效应管制作电阻 R_d。MOS 管电流镜的基本结构如图 5.4.4 所示。

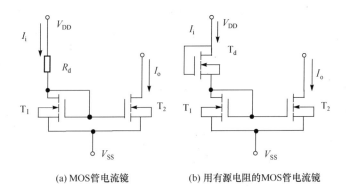

(a) MOS管电流镜　　　　　　(b) 用有源电阻的MOS管电流镜

图 5.4.4　MOS管电流镜

根据场效应管的特性,可以绘制出 MOS 管电流镜电路低频小信号等效电路(LTI 模型),如图 5.4.5 所示。

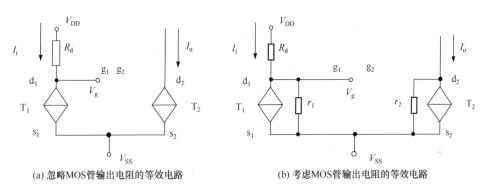

(a) 忽略MOS管输出电阻的等效电路　　　　(b) 考虑MOS管输出电阻的等效电路

图 5.4.5　MOS管电流镜电路的低频小信号等效电路

设组成电流镜的两个 MOS 管完全匹配(参数完全相同),可以得到 $g_m = g_{m1} = g_{m2}$,于是

$$I_i = g_m(V_{DD} - I_i R_d) = I_o$$

可以看出,输出电流与输入电流相同,并且可以通过调整输入电流控制输出电流。即,输出电流是输入电流的镜像电流。

在分析图 5.4.4 电流镜电路时要注意,I_o 支路作为电流源必须通过负载与器件的电源(或其他电路)相连接。图中为了方便,没有画出负载及其与电源(或其他电路)连接的部分。

对于电流源来说,输出电阻是一个重要的参数。从电路分析理论可以知道,电流源的输出电阻越大,其对负载的影响就越小。在分析 MOS 管电流镜的输出电阻时,需要利用戴维南等效定理。

1) 输入电阻

对于输入端(即 I_i 端),可以得到图 5.4.6 所示的分析等效电路和等效输入电阻。利用戴维南等效定理,设有一个输入电压源 V_i,把该电压源连接到 T_1 的源极 s_1 和栅极 g_1,可以得到如下的电流表达式

$$i_i = \frac{V_i}{r_{ds1}} + g_{m1} V_i \tag{5.4.1}$$

即

$$R_i = \frac{V_i}{i_i} = \frac{1}{\dfrac{1}{r_{ds1}} + g_{m1}} = r_{ds1} // (1/g_{m1}) \tag{5.4.2}$$

由于 $r_{ds1} \gg 1/g_{m1}$，所以

$$R_i \approx 1/g_{m1} \tag{5.4.3}$$

可知，在低频小信号条件下，MOS 管电流镜的输入电阻近似等于低频跨导的倒数。

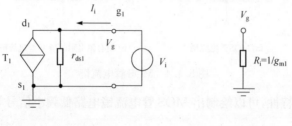

　　　　(a) 分析等效电路　　　　　　　　(b) 等效输入电阻

图 5.4.6　MOS 管电流镜输入电阻的分析电路

2) 输出电阻

同理，输出电流端设置一个电压源 V_o，则可以计算出输出电阻。等效电路如图 5.4.7 所示。

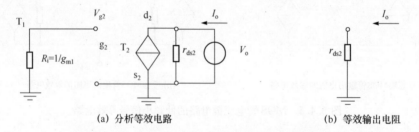

　　　　(a) 分析等效电路　　　　　　　　(b) 等效输出电阻

图 5.4.7　MOS 管电流镜输出电阻的分析电路

从图可以看出，考虑 MOS 管输出电阻时，电流镜的输出电阻就是 T_2 管的输出电阻。忽略 MOS 管的输出电阻后，电流镜的输出电阻为无限大。

注意：　分析电流镜时应把握住分析目的，即找出镜像电流 I_o 与 I_i 的关系。

4. 威尔逊(Wilson)电流镜电路

对于图 5.4.4 所示结构的电流镜来说，有时其输出电阻和精度还不能满足工程需要。为此，在工程实际中经常采用一个特殊的电流镜，叫作威尔逊电流镜。用 MOS 管构成的威尔逊电流镜如图 5.4.8 所示。

通过与 MOS 管电流镜输入输出电阻分析的相同的方法，可以得到威尔逊电流镜的输出电阻为

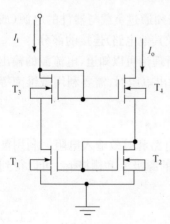

图 5.4.8　威尔逊电流镜的结构

$$R_o \approx 2r_{ds4} \frac{g_{m1}(r_{ds1} // r_i)}{2} \approx r_{ds4} \frac{g_{m1} r_{ds1}}{2} \tag{5.4.4}$$

本 章 小 结

本章讨论了半导体应用电路中的电流源电路。

电流源电路是集成电路的重要组成部分。分析电流源电路的方法和目的与分析基本放大电路相同。注意,电流源电路所关心的是输出电流,因此,电路可以不工作在放大区。

电流模电路是集成电路设计的重要技术,在集成电路设计中,为了避免使用电阻等无源器件,总是使用电流模电路提供相应的偏置电路。电流模分析方法与电流镜的分析方法基本相同,不过在分析中必须注意 CMOS 电路的概念。

CMOS 是一个十分重要的电路结构,也是目标集成电路设计中的重要技术。CMOS 是指使用 P 通道 MOS 管和 N 通道 MOS 管构成一个基本的电路单元,其中 NMOS 管的源极连接电路的地点,而 PMOS 管的源极连接到高电位端。使用 CMOS 技术设计的电路中,PMOS 管和 NMOS 管必须成对出现。CMOS 技术不仅可以用在数字集成电路中,还可以用在模拟集成电路设计中。在集成电路中,使用 CMOS 电路结构可以大大地简化电路制造工艺,提高电路频率。CMOS 电路分析中必须注意 PMOS 管和 NMOS 管偏置要求的不同。本章介绍的 CMOS 技术重点在电路结构和应用分析的基本概念,实际上,CMOS 技术的应用分析与设计是一项比较复杂的工程技术,感兴趣的读者可以参考有关集成电路设计的书籍。

本章中的所有例题都可以用仿真软件进行仿真分析。

思考题与习题

思考题

5.1 电流源和电流镜的区别是什么?

5.2 根据三极管或场效应管的特点,交流电流源应当具有什么样的电路结构?

5.3 电流源在差分电路中起什么作用?

5.4 使用仿真软件进行电流源或电流镜电路仿真分析时,根据什么分析电路的特性?

5.5 简述电流模的基本概念。

5.6 什么叫作有源电阻? 有源电阻包括哪几种类型?

5.7 为什么使用电流模电路?

5.8 什么叫作 CMOS 电路? CMOS 电路的特点是什么?

5.9 在思考题图 5.9 所示微电流源电路中,电阻 R_e 是否具有稳定输出电流 I_{C1} 的作用? 如有,简述稳定过程。

5.10 在思考题图 5.10 所示多路电流像中。将 R_e 短路是否构成多路电流源? 简述理由。

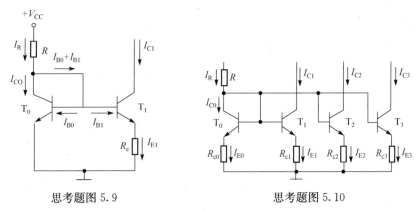

思考题图 5.9　　　　　　　　　　　　思考题图 5.10

5.11　共射放大电路采用有源负载后输出电阻增大还是减小？为什么认为采用有源负载能够提高电路的放大能力？

习题

5.12　如习题图 5.12 所示的电流源电路，已知管子的电流放大系数为 50。三极管 b-e 结压降为 0.7V，如果需要输出电流 10mA，R_b 应当是多少？

5.13　对习题图 5.13 所示电路，如果输入的是幅度为 8V 方波信号，试绘制输出电压信号和 I_d 的波形，并指出输出波形的特点和形成该特点的原因。用 Multisim 对电路仿真，仿真中令电容值分别是 $0.01\mu F$、$0.1\mu F$ 和 $1\mu F$，观察输出信号和 I_d 的变化，并指出波形变化与电容值的关系。

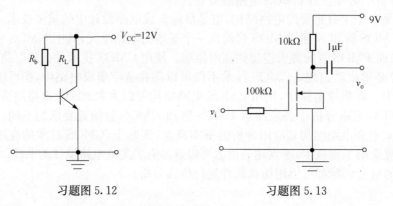

习题图 5.12　　　　　　　　习题图 5.13

5.14　绘制习题图 5.14 所示低频小信号的等效电路。

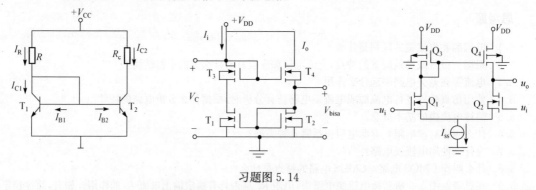

习题图 5.14

5.15　绘制习题图 5.15 所示电路的大信号等效电路，设电路具有正常的开关功能，如果输入一个脉冲信号，把 I_c 或 I_e 作为输出信号，试绘制输出信号的波形。脉冲信号的高电平为 V_{CC}，低电平为系统地电平。用 Multisim 仿真本题电路，分析电阻 R_b 和 R_L 对输出信号和电路特性的影响。

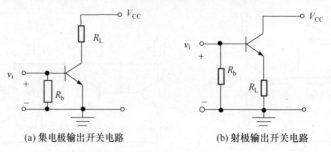

(a) 集电极输出开关电路　　　　　(b) 射极输出开关电路

习题图 5.15

5.16 绘制习题图 5.16 所示电路的直流大信号等效电路,并计算 I_d。

5.17 电路如题图 5.17 所示(参考第 2 章有关偏置电路的内容)。

(1) 指出电路的特征;

(2) 绘制电路的低频小信号等效电路;

(3) 分析电路输入和输出的关系,分析中设 v_{bias} 为常数。

5.18 设习题图 5.18 所示电路的输入为低频小信号 $v_i = V_m \sin\omega t$,要求电流源的输出电流与输入信号电压保持线性关系,即 $i_o = Kv_i$。试分析

(1) 电流源最大允许端电压与 V_m 之间的关系。

(2) 若给定电流源输出电流最大值,计算负载电阻的最大值。

提示:设电容对交流信号短路。

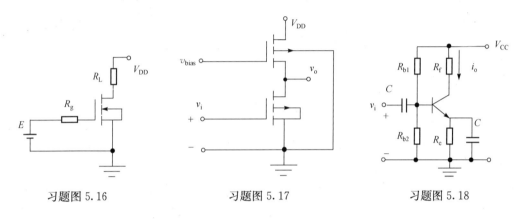

习题图 5.16   习题图 5.17   习题图 5.18

5.19 分析习题图 5.19 所示电路在交流低频小信号输入条件下,电路参数对电流源输出电流 I_s 的影响,图中 R_s 是负载电阻。图中使用的是增强型 MOS 管。

5.20 多路电流源电路如习题图 5.20 所示,已知所有晶体管的特性均相同,U_{BE} 均为 0.7V。试求 I_{C1}、I_{C2} 各为多少。

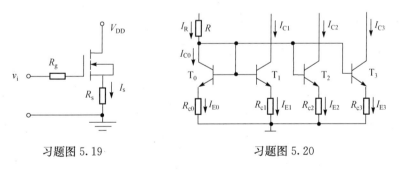

习题图 5.19   习题图 5.20

5.21 推导习题图 5.21 所示电路在低频小信号输入条件下,MOS 管 T 电流 I_d 的表达式,并分析该电流的特点。提示:利用场效应管的交流低频小信号模型。

5.22 把习题图 5.21 中的 T 管用一个电流源代替,把原电路改变为 CMOS 电路。

(1) 绘制电路原理图;

(2) 绘制 CMOS 电路的等效电路;

(3) 分析 T_2 管的源极电流。

5.23 设习题图 5.23 所示电路中 I_1 为常数,所有增强型 NMOS 管的 g_m、V_{th} 和 R_{ds} 完全相同并已知,计算 V_o。

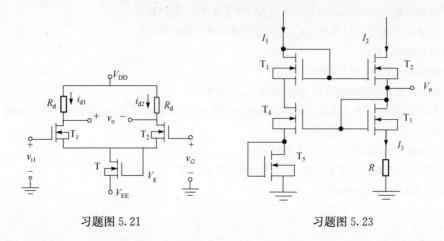

习题图 5.21　　　　　　　　　　　习题图 5.23

5.24　用 Multisim 对习题图 5.24 所示电路进行仿真研究,并对方波输入信号时的输出信号波形进行解释。

5.25　用 Multisim 对习题图 5.25 所示电路进行仿真研究。设输入信号中的差模信号和共模信号幅度相同,分析两个漏极电阻相差 0%、1%、5% 和 10% 情况下电路的共模抑制比。

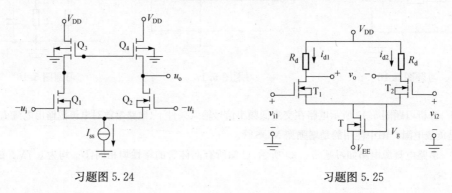

习题图 5.24　　　　　　　　　　　习题图 5.25

第6章 功率放大电路

6.1 功率放大电路的概述

功率放大电路的任务是提供负载以足够的信号功率。功率放大电路与小信号放大电路一样,是一个能量转换电路,即把电源的直流电能转化为由信号控制的交流电能。在电子设备和自动控制系统中,放大电路的末级或末前级一般是功率放大级,以便前置电压放大级送来的电压信号进行功率放大,使电路能够给出足够大的功率,驱动执行机构工作。功率放大电路是要求在允许失真的条件下尽量提高它的输出功率和效率。因此它的负载条件和电压放大电路不同,电压放大电路的负载电阻往往尽可能考虑用得大一些,使其获得较高的信号电压。但功率放大电路的负载必须考虑使它获得较大的功率。同理,在三极管的选择上也不同,功率放大电路中的三极管必须能供给负载较大的电流,如此方能有较大的功率输出。功率放大电路属于大信号放大,因此研究的重点和分析的方法与小信号交流电压放大电路也不尽相同。

6.1.1 功率放大电路所关注的问题

1. 功率放大电路所关注的问题

根据功率放大电路的工作特点,需要解决以下几个问题。

(1) 要求输出功率尽可能大。在三极管参数允许的范围内,输出电压、输出电流的变化范围要尽可能大,以便获得最大功率输出。

(2) 要求转换效率高。由于大信号输出,因此要注意提高三极管的转换效率,这就要求在输入功率一定的条件下,使输出的交流信号尽可能大些。

(3) 要求非线性失真小。由于输出交流信号的幅值较大,三极管非常容易发生非线性失真,因此这个问题要特别注意。以上3个问题是相互影响的,因此在实际电路中要彼此兼顾,合理选择电路结构、确定三极管的工作方式。

2. 晶体管极限工作区域的限制

从晶体管的输出特性曲线可以发现,基极电流 I_b 等量增加时,集电极电流 I_s 将成倍增加,容易使输出电流波形发生非线性失真。集电极电压和电流的最大摆动幅度,将受到晶体管极限工作区的限制。根据晶体管的极限参量,集电极参量从以下3方面受到限制。

(1) 集电极的最大电流 I_{cm} 应小于 I_{CM}。

(2) 集电极的最大电压 U_{cem} 应小于 BU_{CER}。

(3) 集电极的耗损功率 $i_C u_{CE}$ 应小于 P_{CM}。

以上3个极限参数反映在输出特性上,如图6.1.1所示。由于 $P_{CM}=i_C u_{CE}$,在 i_C-u_{CE} 坐标中的这一条曲线,叫作最大集电极功率耗损线。放大管在工作时不允许进入过耗损区,否则管子就有可能损坏。

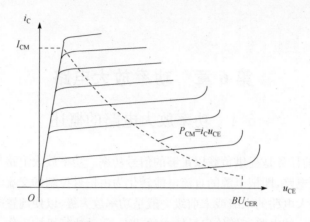

图 6.1.1　极限工作区域的限制

3. 输出功率与晶体管功耗的矛盾

功率放大电路的实质在于通过晶体管的电流控制作用,把电源提供给负载的直流功率转变成交流输出功率。这样,就存在一个电源功率转换的效率问题。定义晶体管集电极功率转换效率为

$$\eta_{\mathrm{C}} = \frac{P_{\mathrm{o}}}{P_{\mathrm{V}}}$$

式中,P_{o} 为晶体管交流输出功率;P_{V} 为电源提供给的直流输入功率。

例 6.1.1　有一个功率放大电路,电源提供给的直流功率转换成交流输出功率的转换效率为 $\eta_{\mathrm{C}} = 0.5$。这说明了什么?

解　说明电源提供的直流功率 P_{E} 中,只有一半通过晶体管转换成交流输出功率,另一半被晶体管的集电结以发热的形式消耗掉了。可见,如果输出功率越大,管子的功耗就越大。

以上分析,提出一个问题,如何提高 η_{C}。这问题对于充分发挥晶体管的潜力,解决输出功率与晶体管功耗的矛盾很有必要。

4. 散热问题

在功率放大电路中,放大管的转换效率一般总是小于 0.78。应此,有相当大的功率将消耗在晶体管 PN 结上,使 PN 结温度升高。当晶体管的结温度超过允许值时是很危险的。因为由于结温升高,使 I_{CBo} 增加,从而 I_{C} 增加,P_{C}(集电极损耗功率)增加。P_{C} 的增加又使结温升高增加,如此恶性循环,将使晶体管烧坏。

因管子本身热容量很小,散热性能很差,如果不采取措施来解决散热问题,就不可能充分利用晶体管可能输出的功率。

6.1.2　功率放大电路的特点

1. 主要技术指标

功率放大电路有两个主要技术指标。

1) 最大输出功率 P_{om}

功率放大电路提供给负载的信号功率称为输出功率。在输入为交流信号且输出基本不失

真条件下,最大输出功率是交流功率,表达式为

$$P_{om} = I_{om}U_{om}$$

式中,I_{om} 和 U_{om} 均为最大交流有效值。

2) 转换效率 η_C

功率放大电路的最大输出功率与电源所提供的功率之比称为转换效率。

$$\eta_C = \frac{P_o}{P_V}$$

式中,P_o 为晶体管交流输出功率;P_V 为总输入功率(包括电源提供给的直流输入功率)。

电源提供的功率是直流功率,其值等于电源输出电流平均值与电压之积。

通常功率放大电路输出功率大,电源消耗的直流功率也就多。因此,在一定的输出功率下,减小直流电源的功耗,就可以提高电路的效率。

2. 功率放大电路中的晶体管

在功率放大电路中,为使输出功率尽可能大,要求晶体管工作在尽限应用状态,即晶体管集电极电流最大时接近 I_{CM},管压降最大时接近 $U_{(BR)CEO}$,耗损功率最大时接近 P_{CM}。I_{CM}、$U_{(BR)CEO}$ 和 P_{CM} 分别是晶体管的极限参数:最大集电极电流、c-e 间能承受的最大管压降和集电极最大耗损功率。因此,在选择功放管时,要特别注意极限参数的选择,以保证管子安全工作。

应当指出,功放管通常为大功率管,请查阅手册时要特别注意其散热条件,使用时必须安装合适的散热片,有时还要采取各种保护措施。

3. 功率放大电路的分析方法

由于功率放大电路的输出信号很大,功率放大管特性的非线性不可忽略,所以在分析功率放大电路时,不能采用仅适用于小信号的交流等效电路法,而大部分的分析、计算常采用图解法。

此外,由于功率放大电路的输入信号较大,输出波形容易产生非线性失真,电路中应采用适当方法改善输出波形,如引入交流负反馈。

6.1.3 功率放大电路组成

功率放大电路的组成形式很多,它们的组成都是围绕着提高输出功率和转换效率。此外,还常围绕功率放大电路频率响应的改善和消除非线性失真来组成的电路。在电子电路应用中,对功率放大电路提出了如下几项要求:

(1) 输入电阻大,可以降低对前级电路的影响。

(2) 输出电阻小,可以保证相应的功率输出能力。

(3) 线性度好,可以在功率放大的同时保证很小的波形失真。

(4) 效率高,即输出功率与带负载时的输入功率比值大。

为满足上述四项要求,工程中设计出了各种各样的功率放大电路,可以分为甲类功率放大电路、乙类功率放大电路、甲乙类功率放大电路等。典型的电路如图 6.1.2~

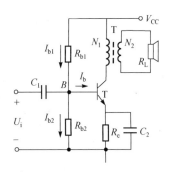

图 6.1.2 变压器耦合功率放大电路

图 6.1.4 所示。图 6.1.2 是变压器耦合功率放大电路,它是甲类功率放大电路;图 6.1.3 是推挽功率放大电路,它是乙类功率放大电路;图 6.1.4 是消除交越失真的推挽功率放大电路,它是甲乙类功率放大电路。这三类功率放大电路各有自身的特点,在下面几节中分别讨论。

本节简单介绍甲类和乙类这两种形式的交流功率放大电路的基本模块电路。

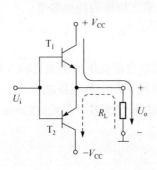

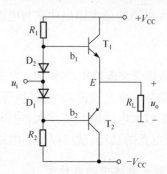

图 6.1.3　推挽功率放大电路　　　　图 6.1.4　消除交越失真的推挽功率放大电路

6.2　功率放大电路

6.2.1　甲类功率放大电路分析

甲类功率放大电路特点如下所述。

(1) 在整个信号周期内放大管的集电极都有电流流过,即集电极电压和电流的交流成分波形与信号电压波形一样。

(2) 为了保证放大管工作在甲类状态,必须选用正确的工作点。一般静态工作点 Q 选在交流负载线的中点。这样在交流信号作用下,保证放大管的动态范围在特性曲线的线性区内。

(3) 甲类功率放大电路的转换效率不高,理论上能达到的最大值为 50%。实际上,由于非线性失真和饱和压降等,一般只能做到 $25\% \sim 35\%$。

(4) 在无信号输入时,放大管输出交流功率 $P_o = 0$,因此电源供给的直流功率将全部被集电极以发热的形式所消耗。

甲类功率放大电路的分析方法有,计算分析和图解法分析,目的是求出输出功率 P_o 和转换效率 η_C。

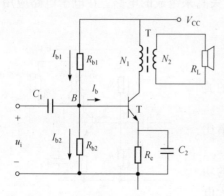

图 6.2.1　变压器耦合甲类功率放大电路

例 6.2.1　图 6.2.1 电路是一个变压器耦合甲类功率放大电路。已知 $R_{b1} = 30\text{k}\Omega$, $R_{b2} = 5\text{k}\Omega$, $R_e = 10\Omega$, $R_L = 8\Omega$, $V_{CC} = 12\text{V}$, $\beta = 50$, $U_{BEQ} = 0.7\text{V}$,集电极饱和时压降 $U_{CES} = 0.2\text{V}$,集电极交流分量的有效值 I_c 最大为 10mA。变压器匝数比 $n = N_1 / N_2 = 5$,输入信号幅度 $u_{icm} = 100\text{mV}$,频率 $f = 20\text{kHz}$。计算输出功率 P_o 和转换效率 η_C。

解　(1) 变压器耦合甲类功率放大电路的变压器的作用。

如果不用变压器耦合,而把扬声器直接接到集电极回路,会出现什么问题?

扬声器线圈阻抗 $R_L=8\Omega$,如果集电极电流中交流分量的有效值 I_c 最大为 10mA,则扬声器上得到的最大功率为

$$P_o=I_o^2 R_L=(10\text{mA})^2\times 8\Omega=0.8\text{mW}$$

这样小的功率,声音将会很小。如果把扬声器的阻抗提高 25 倍,使 $R_L=200\Omega$,在集电极电流 I_c 不变的情况下功率也将提高 25 倍。

$$P_o=I_o^2 R_L=(10\text{mA})^2\times 200\Omega=20\text{mW}$$

将扬声器的线圈阻抗提高到 200Ω,制作工艺上有困难,但用变压器变换阻抗比较容易。

当放大电路输入端加入激励信号时,通过输出变压器的阻抗变换,在放大电路的集电极电路呈现为一个交流等效负载 R'_L。下面通过图 6.2.2 计算交流等效负载 R'_L。

根据变压器特性,变压器匝数比与电压比成正比、与电流比成反比:

$$\frac{N_1}{N_2}=\frac{u_1}{u_2}=\frac{i_2}{i_1}=n=5 \tag{6.2.1}$$

从变压器初级两端看进去的等效负载 R'_L 为

$$R'_L=\frac{u_1}{i_1}=\frac{nu_2}{\dfrac{i_2}{n}}=n^2 R_L=5^2\times 8=200\Omega \tag{6.2.2}$$

式(6.2.2)表明,对于变压器初级来讲,相当于接上了电阻 R_L 的 n^2 倍的电阻,所以变压器在这里起到了阻抗变换作用。如果合理地选择比值 n,就可以使负载 R_L 合理的折合到初级后的电阻 R'_L 与管子所需要的负载电阻相匹配,以便在负载上获得较大的输出功率。

了解了交流负载电阻 R'_L 后,图 6.2.1 变压器耦合甲类功率放大电路就可以等效为图 6.2.3所示。

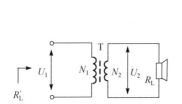

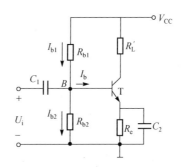

图 6.2.2　变压器的阻抗变换　　　图 6.2.3　阻抗变换后的变压器耦合甲类功率放大电路

(2) 图解法分析。

① 直流负载线:因为变压器原边线圈直流电阻很小,可以认为直流短路。同时,在功率放大电路中,为了有效利用电源电压,R_e 一般用得很小(根据输出管功率不同从 $0.5\sim10\Omega$),它的直流压降可忽略不计,因此,直流负载电阻等于零,故直流负载线是垂直于 $u_{CE}=V_{CC}$ 轴的直线,如图 6.2.4 所示。直流负载线与 $i_B=I_B$ 的输出特性曲线相交于 Q 点,Q 是静态工作点,其坐标为 (V_{CC},I_{CQ})。

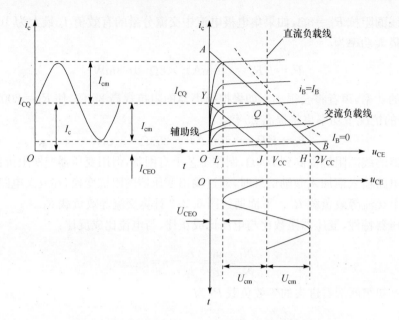

图 6.2.4　变压器耦合甲类功率放大电路图解分析

② 交流负载线:根据第 3 章用辅助线的方法,作交流负载线。先作斜率为 $-1/R'_L$ 的辅助线,再过 Q 点作平行于辅助线的直线,这一直线便是交流负载。方法是:在横轴上找点 $J(V_{CC},0)$,作斜率为 $-1/R'_L$ 的辅助线与纵轴的交点 Y,坐标是 $(0,V_{CC}/(R_C//R_L))$,连接 J、Y 两点,便是辅助线,通过 Q 点作平行于辅助线的直线,这一直线便是交流负载。在横轴上交点的坐标是 $(2V_{CC},0)$,如图 6.2.4 所示。

为了保证放大管工作在甲类状态,必须选用正确的工作点。一般静态工作点 Q 选在交流负载线的中点。这样在交流信号作用下,保证放大管的动态范围在特性曲线的线性区内。

图中 L 点是集电极临界饱和压降 $U_{CES}=0.2V$,L 点的坐标是 $(0.2V,0)$。H 点是集电极临界截止压降的坐标,是 $(23.8V,0)$。输出信号的最大交流电压为 $U_{cm}=V_{CC}-U_{CEQ}=12-0.2=11.8V$。

(3) 输出功率和效率。

甲类功率放大电路的工作特点是,所有工作电流全部通过放大管。这种功率放大电路实际上与普通放大电路的工作方式相同。根据以上分析计算等效负载 R'_L 上的输出功率和效率。

等效负载 R'_L 上的交流电流最大幅度为 I_{CQ},交流电压的最大幅度为 $V_{CC}-U_{CEQ}$。最大输出功率 P_o 为交流电压和交流电流的有效值的乘积,即

$$P_o=\frac{U_{cm}}{\sqrt{2}}\cdot\frac{I_{cm}}{\sqrt{2}}=\frac{1}{2}U_{cm}\cdot I_{cm}=\frac{1}{2}\times(V_{CC}-U_{CES})(V)\times I_{cm}(mA)$$

$$=\frac{1}{2}\times(12-0.2)(V)\times10(mA)=59mW \tag{6.2.3}$$

电源供给的功率为

$$P_V=V_{CC}\cdot I_c=12(V)\times10(mA)=120mW \tag{6.2.4}$$

转换效率 η_C 为

$$\eta_C=\frac{P_o}{P_V}=\frac{\frac{1}{2}U_{cm}\cdot I_{cm}}{V_{CC}\cdot I_c}=\frac{59mW}{120mW}\approx49.2\% \tag{6.2.5}$$

理想状态下计算转换效率：在集电极饱和时压降为 $U_{CES}=0$，集电极反向饱和电流 $I_{CEO}=0$。此时，$U_{cm}=V_{CC}$，$I_{cm}=I_C$，得转换效率 η_C 为

$$\eta_C = \frac{P_o}{P_V} = \frac{\frac{1}{2}V_{CC} \cdot I_c}{V_{CC} \cdot I_c} = 50\% \tag{6.2.6}$$

从以上分析看出，电源提供的功率 P_V 只有一半输出功率供给负载，其他功率绝大部分都消耗在输出变压器和功率放大管上。在变压器上的消耗功率比较少，主要是管子的损耗，如

$$P_C = P_V - P_o = V_{CC} \cdot I_c - \frac{1}{2}U_{cm}I_{cm} = 120 - 59 = 61\text{mW} \tag{6.2.7}$$

式(6.2.7)表明，当输入信号为零时，甲类功率放大电路输出功率为 $P_o=0$，但电源提供的功率仍为 $P_V=V_{CC}I_c$，电源付出的功率都消耗在管子上，所以在静态时管耗最大，这是甲类功率放大电路的一个缺点。当有输入信号时，电源提供的功率 P_V 不变，管耗的一部分转变为有用的输出功率 P_o，管耗减少。说明无论有无输入信号，电源提供的功率 P_V 不变。

(4) 放大电路的非线性失真。

功率放大电路中引起非线性失真的原因有如下 3 个方面。

① 晶体管的输入特性为非线性。作用在输入端的电压波形与电流波形不一致，如图 6.2.5(a)所示。

② 晶体管的输出特性曲线的非线性。输出特性曲线族间距不相等，在输入电流过大情况下，引起输出电流的非线性失真，如图 6.2.5(b)所示。

③ 输出变压器的磁化特性曲线(B-H 曲线)的非线性。次级线圈上通过的输出电流与初级线圈的电流之间为非线性。

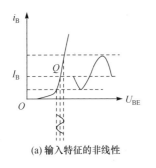 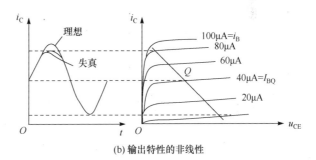

图 6.2.5 非线性失真

为了减小非线性失真，必须从晶体管和变压器两方面入手。选择合适的静态工作点和限制集电极电流的摆动范围，减小非线性特性曲线引起的非线性失真。选择适当的变压器铁心的材料、铁心的大小、线圈的匝数等，在保证最大输出时，变压器仍工作在磁化特性曲线线性部分，而不进入磁饱和状态。

6.2.2 乙类功率放大电路

乙类功率放大电路特点如下。

(1) 乙类推挽功率放大电路集电极效率高，理论上可做到 78%，实际上可做到 60% 左右。甲类功率放大电路，理论上可做到 50%，实际上可做到 25%~35%。

(2) 乙类推挽功率放大电路无静态工作点，这是提高效率的关键。所以电路能充分发挥

晶体管的作用。

(3) 推挽功率放大电路能抑制偶次谐波,因此非线性失真小。

甲类功率放大电路存在一个突出的问题就是放大电路效率低。在理想情况下,最高效率为 50%。在实际放大电路中能得到 35% 左右就算很不错了。因此有一半以上的功率白白浪费。特别严重的是,功率放大电路在放大语言或音乐时,工作在最大信号的时间只占总工作时间的百分之几左右,而大部分时间是工作在小信号或间歇信号状态。然而,甲类放大电路即使没有输入信号,电源也要提供和有信号时同等的功率,这时全部功率都白白消耗,使管子发热。

为了提高效率,关键在哪里呢? 甲类功率放大电路中,设有静态工作点。在没有输入信号时,电路也在消耗电源功率。人们通常希望输入信号为零时电源不提供功率,输入信号越大,负载获得的功率也越大,电源提供的功率也随之增大,从而提高效率。为了达到上述目的,设想将晶体管的静态工作点设在 O 点,晶体管可以工作在截止和导通两种状态,从图 6.2.6 所示的 i_c-u_{BE} 特性曲线可以看出,当 $u_{BE} > 0$ 时晶体管导通,集电极有电流 i_c。当 $u_{BE} < 0$ 时晶体管截止,集电极无电流 i_c。晶体管是靠信号的正半波工作,电源在正半波供给功率。集电极的电流只有半波输出,这样产生严重的失真。为了解决失真,可以采用两只晶体管轮流工作,一只晶体管能放大正半波信号,另一只晶体管能放大负半波信号,然后把两管的输出波形叠加起来,形成完整的功率放大信号。这种只能对一个方向变化的信号进行功率放大的电路,叫作乙类功率放大电路,也叫作 B 类功率放大电路,电路如图 6.2.7 所示,该电路是无输出变压器的功率放大电路,简称为 OTL 电路。在电路中交替导通的方式称为"推挽"工作方式。因此产生了变压器耦合乙类推挽功率放大电路,如图 6.2.8 所示。

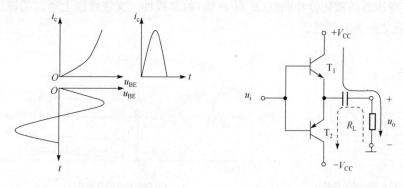

图 6.2.6　晶体管工作特性　　　　　图 6.2.7　互补放大电路

例 6.2.2　图 6.2.8(a)是一个晶体管收音机的功率输出级,电路结构是变压器耦合乙类推挽功率放大电路。图中标出的负载电阻 $R_L = 8\Omega$,电源电压 $V_{CC} = 6V$,$N_1/N_2 = 3$,晶体管的特性曲线如图 6.2.8(b)所示。要求分析电路与计算:

(1) 工作原理;

(2) 负载上得到的最大输出功率有多少?

(3) 电源供给的直流功率?

(4) 晶体管的集电极功耗多少?

(5) 放大电路的效率 η_C 是多少?

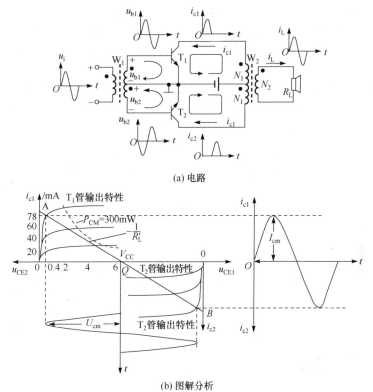

(a) 电路

(b) 图解分析

图 6.2.8　变压器耦合乙类推挽功率放大电路

解　(1) 工作原理。

图 6.2.8 是变压器耦合乙类推挽功率放大电路。它的特点是没有偏置电路,因此无信号输入时,$I_{BQ}=0$,同时 $I_{CQ}\approx0$,所以,没有信号输入时两个晶体管都不消耗功率。T_1 管和 T_2 管的特性完全相同。

在图 6.2.8 所示电路中,变压器 W_1 在电路中同时供给两个晶体管振幅相等、相位相反的两个电压控制信号,起倒相的作用。当输入信号使变压器副边电压极性为上"$+$"下"$-$"时,T_1 管导通,T_2 管截止;当输入信号使变压器副边电压极性为上"$-$"下"$+$"时,T_2 管导通,T_1 管截止,电流如图中所示。通过变压器 W_2,使信号在负载 R_L 上获得正弦波电压,从而获得交流功率。图 6.2.8(b)为图 6.2.8(a)所示电路的图解分析,等效负载上能够获得的最大电压幅值近似等于 V_{CC}。

从图 6.2.8 看出,T_1 管和 T_2 管的基极电位 u_{b1} 和 u_{b2} 相位相差 $180°$,集极电流 i_{c1} 和 i_{c2} 相位相差 $180°$。负载 R_L 上获得正弦波电压。

图 6.2.8(b)是变压器耦合乙类推挽功率放大电路的图解分析。当输入信号为零时,集电极电流为零,所以可以认为静态工作点 Q 在电压轴 $u_{CE}=V_{CC}$ 处。T_1 管和 T_2 管的等效交流负载分别为 $R_L'=(N_1/N_2)^2R_L$,其交流负载线的斜率 $\tan\alpha=1/R_L'$,图中给出了交流负载线 AB。当输入信号达到最大值时,$i_c=I_{cm}$,集电极上的电压 u_{CE} 为最小。集电极电压摆动的最大幅度 $U_{cm}=I_{cm}(N_1/N_2)^2R_L$。由于变压器 W_2 的耦合作用,使信号在负载 R_L 上获得完整的正弦波信号。

(2) 负载上得到的最大输出功率有多少?

负载电阻折合到集电极回路的等效负载电阻

$$R'_L = \left(\frac{N_1}{N_2}\right)^2 R_L = 9 \times 8 = 72\Omega$$

交流负载线 AB 有三个关键点 A、Q、B。A 点为 $u_{CE1}=0$，$i_{c1} \approx V_{CC}/R'_L = 6/72 \approx 83\text{mA}$；$Q$ 点为 $u_{CE1}=u_{CE1}=V_{CC}$，$i_{c1}=i_{c2}=0$；B 点为 $u_{CE}=0$，$i_{c2} \approx V_{CC}/R'_L = 6/72 \approx 83\text{mA}$。

由图 6.2.8(a)可以看出交流负载线和管子的饱和压降线交于 $u_{CE1}=0.4$，$i_{c1} \approx V_{CC}/R'_L = (6-0.4)/72 \approx 78\text{mA}$，则在 R'_L 上的最大功率(最大输出功率)(输出功率等于输出电压有效值 U_o 和输出电流有效值 I_o 的乘积)是

$$P_o = U_o \cdot I_o = \frac{U_{cm}}{\sqrt{2}} \cdot \frac{I_{cm}}{\sqrt{2}} = \frac{1}{2}U_{cm} \cdot I_{cm} = \frac{1}{2} \times \frac{U_{cm}^2}{R_L}$$

$$= \frac{1}{2}(6-0.4) \times (78) \times 10^{-3} = 218.4\text{mW} \tag{6.2.8}$$

负载电阻 R_L 上得到的交流输出功率为

$$P_o = \frac{1}{2}U_{Lm} \cdot I_{Lm}$$

式中，U_{Lm} 为负载电压 u_L 的峰值；I_{Lm} 为负载电流 i_L 的峰值。

如果输出变压器 W_2 无损耗，则

$$I_{Lm} = \left(\frac{N_1}{N_2}\right)I_{cm}$$

$$U_{Lm} = \left(\frac{N_2}{N_1}\right)U_{cm}$$

于是得负载电阻 R_L 上得到的交流输出功率为

$$P_o = \frac{1}{2}U_{Lm} \cdot I_{Lm} = \frac{1}{2}U_{cm} \cdot I_{cm}$$

$$= \frac{1}{2}(6-0.4) \times (78) \times 10^{-3} = 218.4\text{mW} \tag{6.2.9}$$

在充分利用晶体管的理想条件下，$I_{cm}=I_{CM}$，$U_{cm}=V_{CC}$，则负载电阻 R_L 上的输出功率为

$$P_o = \frac{1}{2}U_{cm} \cdot I_{cm} \approx \frac{1}{2}I_{CM} \cdot V_{CC} = \frac{1}{2}\frac{V_{CC}}{R'_L} \cdot V_{CC} = 250\text{mW} \tag{6.2.10}$$

由此可见，最大输出功率由电源电压 V_{CC} 及晶体管的等效负载 R'_L 决定。

(3) 电源供给的直流功率。

从图 6.2.8(a)可见，通过每个晶体管的集电极电流是半个正弦波的不连续电流，而电源供给放大电路的直流功率等于电源电压 V_{CC} 和集电极平均电流 $\bar{I}_c$ 的乘积。半个正弦波电流的平均值为

$$\bar{I}_c = \frac{1}{\pi}\int_0^\pi I_{cm}\sin\omega t\,\mathrm{d}(\omega t) = \frac{-1}{\pi}\cos\omega t\,\Big|_0^\pi I_{cm} = \frac{2I_{cm}}{\pi}$$

由此求得直流电源 V_{CC} 供给两个晶体管的直流总功率为

$$P_V = V_{CC}\bar{I}_c = \frac{2V_{CC}I_{CM}}{\pi} = \frac{4P_o}{\pi} = \frac{4 \times 218.4 \times 10^{-3}}{\pi} \approx 278.2\text{mW} \tag{6.2.11}$$

（4）晶体管的集电极功耗。

管子的功率损耗，就是计算每个管子在一个周期内的平均功率。电源电压 V_{CC} 供给放大电路的直流功率为 P_V；功率放大电路交流信号的输出功率为 P_o；晶体管的集电极消耗功率为 P_C，即 $P_V = P_o + P_C$，因此消耗在晶体管的集电极上的功率为

$$P_C = P_V + P_o = \left(\frac{4}{\pi} - 1\right)P_o$$
$$= 0.274P_o = 0.274 \times 218.4 \times 10^{-3} \approx 59.8 \text{mW} \tag{6.2.12}$$

每一只晶体管的功耗为

$$P_C = \frac{1}{2}P_C = 0.137P_o = 0.137 \times 218.4 \times 10^{-3} \approx 29.9 \text{mW}$$

（5）放大电路的效率 η_C。

功率放大电路交流信号的输出功率 P_o 与电源供给放大电路的直流功率 P_V 之比，就是功率放大电路的效率 η_C，即

$$\eta_C = \frac{P_o}{P_V} = \frac{218.4}{278.2} = \frac{\pi}{4} = 78.5\% \tag{6.2.13}$$

以上分析说明乙类推挽功率放大电路的最大效率比甲类功率的最大效率大得多。

例 6.2.3　图 6.2.9 是双电源乙类互补功率放大电路，是无输出电容的功率放大电路，简称 OCL 电路。设已知 $V_{CC} = 12\text{V}$，$R_L = 16\Omega$，u_i 为正弦波。要求，分析电路与计算：

（1）工作原理；

（2）负载上得到的最大输出功率有多少？

（3）电源供给的直流功率有多少？

（4）晶体管的集电极功耗有多少？

（5）放大电路的效率 η_C？

解　（1）工作原理。

这个电路是无变压器耦合乙类功率放大电路，主要用两只不同类型的三极管构成，如图 6.2.9 所示：T_1 管是 NPN 型管；T_2 管是 PNP 型管。其他参数相同，特性对称。电路采用正、负双路等

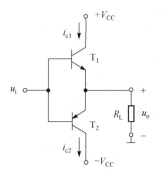

图 6.2.9　双电源乙类
互补功率放大电路

值电源供电，T_1 管和 T_2 管无偏置电压，即零偏压。输入电压 u_i 加至两管的基极，输出电压 u_o 取自两管的发射极，属共集组态电路，故具有输出电压跟随输入电压、带负载能力强等特点。互补放大电路一般应用在集成电路的输出级，作为集成电路输出级的功率放大电路。互补放大电路在第 4 章已经讨论过，它的工作原理这里不再讨论。下面求解互补放大电路的功率特性。

（2）负载上得到的最大输出功率。

在负载 R_L 得到的最大输出功率为

$$P_o = U_o I_o = \frac{U_{om}}{\sqrt{2}}\frac{I_{om}}{\sqrt{2}} = \frac{1}{2}U_{om}I_{om} = \frac{1}{2}\frac{U_{om}^2}{R_L} \tag{6.2.14}$$

图 6.2.9 中的 T_1、T_2 管可以看成工作在射极输出状态，电压放大倍数 $A \approx 1$。当输入信号足够大时，使 $U_{im} = U_{om} = U_{cm} = V_{CC} - U_{CES} \approx V_{CC}$ 和 $I_{om} = I_{cm}$ 时，可获得最大输出功率为

$$P_{om} = \frac{1}{2}\frac{U_{om}^2}{R_L} = \frac{1}{2}\frac{U_{cm}^2}{R_L} \approx \frac{1}{2}\frac{V_{CC}^2}{R_L} = \frac{1}{2}\frac{12^2}{16} = 4.5(\text{W}) \tag{6.2.15}$$

上式中的 I_{cm} 和 U_{cm} 可在图 6.2.10 中表示。

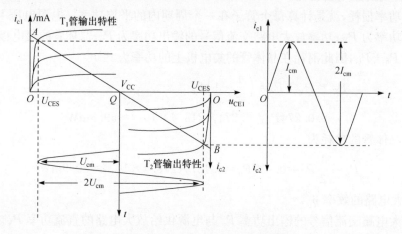

图 6.2.10　互补对称电路图解分析

(3) 晶体管的集电极功耗 P_{CM}。

考虑到 T_1 管和 T_2 管在一个信号周期内各导电半个周期,且通过两管的电流和两管两端的电压 u_{CE} 在数值上都分别相等。因此,当设输出电压为 $u_o = U_{om}\sin\omega t$ 时,T_1 管和 T_2 管的管耗为

$$P_{CM} = P_{cm1} + P_{cm2} = 2 \times \frac{1}{2\pi}\int_0^\pi (V_{CC} - u_o)\frac{u_o}{R_L}\mathrm{d}(\omega t)$$

$$= 2 \times \frac{1}{2\pi}\int_0^\pi \left[\frac{V_{CC}U_{om}}{R_L}\sin\omega t - \frac{U_{om}^2}{R_L}\sin^2\omega t\right]\mathrm{d}(\omega t)$$

$$= 2 \times \frac{1}{R_L}\left(\frac{V_{CC}U_{om}}{\pi} - \frac{U_{om}^2}{4}\right) = 2 \times \frac{4-\pi}{2\pi}P_{om} = 0.274 P_{om}$$

$$= 0.274 \times 4.5 = 1.233\mathrm{W} \tag{6.2.16}$$

(4) 电源供给的直流功率 P_V。

当 $u_i = 0$ 时,$P_V = 0$;当 $u_i \neq 0$ 时,由式(6.2.14)和式(6.2.16)得直流电源供给的功率 P_V 为

$$P_V = P_o + P_C = \frac{2V_{CC}U_{om}}{\pi R_L} \tag{6.2.17}$$

式(6.2.17)包括负载得到的信号功率和 T_1 管和 T_2 管消耗的功率两部分。

当输出电压幅值达到最大即 $U_{cm} \approx V_{CC}$ 时,则得电源供给的最大功率为

$$P_V = \frac{2V_{CC}^2}{\pi R_L} = \frac{2 \times 12^2}{3.14 \times 16} = 5.733(\mathrm{W}) \tag{6.2.18}$$

(5) 放大电路的效率 η_C:

$$\eta_C = \frac{P_o}{P_V} = \frac{\pi}{4}\frac{U_{om}}{V_{CC}} \tag{6.2.19}$$

当 $U_{cm} \approx V_{CC}$ 时,

$$\eta_C = \frac{P_o}{P_V} = \frac{4.5}{5.733} = \frac{\pi}{4} = 78.5\% \tag{6.2.20}$$

以上分析结论是假定互补对称电路工作在乙类、负载电阻为理想值,忽略管子的饱和压降 V_{CES} 和输入信号足够大 $(U_{im}=U_{om}=U_{cm}=V_{CC}-U_{CES}\approx V_{CC})$ 情况下得来的,实际效率比这个数值要低些。

若想得到最大输出功率,功率管的参数必须满足下列条件:

(1) 每只功率管的最大允许管耗 P_{CM} 必须大于 $0.2P_{om}$。

(2) 考虑到当 T_1、T_2 管分别导通时,功率管承担的电压最大值等于 $2V_{CC}$。因此,功率管应选用 $|U_{(BR)CEO}|>2V_{CC}$ 的功率管。

(3) 通过功率管的最大集电极电流为 V_{CC}/R_L,所选功率管的 I_{CM} 一般不宜低于此值。

6.2.3 甲乙类功率放大电路

乙类功率放大电路,输出信号在正负半周交替过零处,信号会出现微量的非线性失真,这种失真称为交越失真。产生交越失真的原因是电路中 T_1 管和 T_2 管无偏置电压即零偏压。为消除交越失真,一般采用的方法是设置合适的静态工作点。在静态时让 T_1 管与 T_2 管均处于临界导通或微导通状态,则当输入信号作用时,就能保证至少有一只管子导通,实现双向跟随。从而可消除交越失真的现象,这种消除交越失真的乙类功率放大电路,称为甲乙类功率放大电路。消除交越失真的分析在第 4 章已经讨论过,本节不再分析。甲乙类功率放大电路,如图 6.2.11 所示。

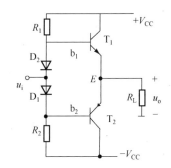
(a) 二极管消除交越失真甲乙类功率放大电路

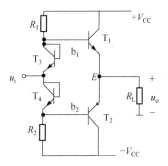
(b) 用三极管连接成二极管消除交越失真甲乙类功率放大电路

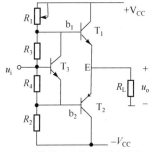
(c) U_{BE} 倍增甲乙类功率放大电路

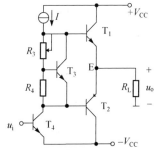
(d) 有恒流源的 U_{BE} 倍增甲乙类功率放大电路

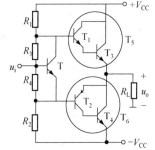
(e) 复合管结构甲乙类功率放大电路

图 6.2.11　甲乙类功率放大电路

例 6.2.4　图 6.2.12 是功率晶体管构成的 OTL 功率放大电路。计算功率放大电路的输出功率 P_o,电路的转换效率 η_C。

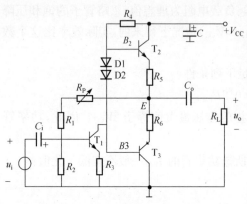

图 6.2.12　OTL 功率放大电路

解　由于功率晶体管构成的 OTL 功率放大电路如图 6.2.12 所示。功率管 T_2 为 NPN 型管,功率管 T_3 为 PNP 型管,它们参数相等,互为对偶关系,均采用发射极输出模式。限流保护电阻 $R_5 = R_6 \approx 0$,静态时,$U_E = U_{C0} = V_{CC}/2$,$U_{B2} - U_{B3} = 2U_D$,电路处于临界导通状态,静态功耗很低。放大管 T_1 构成共射电压放大电路,作为 T_2、T_3 管的驱动级。整个电路引入了深度负反馈环节。

若令功率管的饱和压降为 U_{CES},则 OTL 电路能够输出的最大功率 P_{om}、直流电源提供的功率 P_V、转换效率 η_C、最大输出时的晶体管总管耗 P_T 分别为

$$P_{om} = \frac{U_{om}^2}{R_L} = \frac{\left(\dfrac{V_{CC}}{2} - U_{CES}\right)^2}{2R_L} \approx \frac{V_{CC}^2}{8R_L} \tag{6.2.21}$$

$$P_V = V_{CC} I_{CC(AV)} = \frac{V_{CC}\left(\dfrac{V_{CC}}{2} - U_{CES}\right)}{\pi R_L} \approx \frac{V_{CC}^2}{2\pi R_L} \tag{6.2.22}$$

$$\eta_C = \frac{P_{om}}{P_V} = \frac{\pi\left(\dfrac{V_{CC}}{2} - U_{CES}\right)}{2V_{CC}} \approx \frac{\pi}{4} = 78.5\% \tag{6.2.23}$$

$$P_T \approx P_V - P_{om} \tag{6.2.24}$$

通常大电路输出最大不失真功率 P_{om} 时所对应的输入信号有效值 U_{im} 称为功放电路的输入灵敏度。

在功率放大电路中,大功率输出对输出晶体管提出了较高的要求。就 OTL 功放电路而言,统称需要选用极限参数 $I_{CM} > V_{CC}/2R_L$、$U_{(BR)CEO} > V_{CC}$、$P_{CM} > 0.2P_{om}$ 的大功率管,同时在使用电路中还应考虑其正常工作时的散热条件。

在放大电路中,当输入信号为正弦波时,得到结论如下。

(1) 若晶体管在信号的整个周期内均导通(即导通角 $\theta = 360°$),则称为工作在甲类状态,甲类功率放大电路的效率 $\eta_C = 50\%$;

(2) 若晶体管仅在信号的正半周或负半周导通(即 $\theta = 180°$),则称为工作在乙类状态,乙类功率放大电路的效率 $\eta_C = 78.5\%$;

(3) 若晶体管的导通时间大于半个周期且小于一个周期(即 $\theta = 180° \sim 360°$),则称为工作在甲乙类状态,甲乙类功率放大电路的效率 $\eta_C = 78.5\%$。

提高功率放大电路功率转换效率的根本途径是减小功放管的功耗,方法如下。

(1) 减小功放管的导通角,增大其在一个信号周期内的截止时间,从而减小功放管所消耗的平均功率;因而在有些功放中,功放管工作在丙类状态中,即导通角小于 $180°$。

(2) 使功放管工作在开关状态,也称为丁类状态,此时管子仅在饱和导通时消耗功率。而且由于管压降很小,故无论电流大小,功放管的瞬时功率都不大,因此功放管的平均功耗也就不大,电路的效率必然较高。

应当指出,当功放中的功放管工作在丙类或丁类状态时,集电极电流将严重失真,因此,必须采取措施消除失真,如采用谐振功率放大电路,从而使负载获得基本不失真的信号功率。

6.3　集成功率放大电路

集成功率放大电路除了具有通用集成电路的特点外,还具有输出功率高、电源利用率高、功耗低、温度稳定性好、失真小、安装调试简单等特点,且还设置了过热、过流、过压保护电路,器件损坏率低。

集成功率放大电路品种很多,下面介绍几种典型集成功率放大电路件。

6.3.1　LM386 音频集成功率放大电路

LM386 是一种音频集成功率放大电路,如图 6.3.1 所示。LM386 具有自身功耗低、电压增益可调(20～200)、电源电压范围大(5～18V)、外接元件少和总谐波失真小(0.2%)等优点,广泛用于音频设备中。

LM386 集成音频功率放大电路,它由输入级、中间级、输出级构成的三级放大电路,集成功率放大电路的三级放大电路划分区域如图 6.3.1 所示。

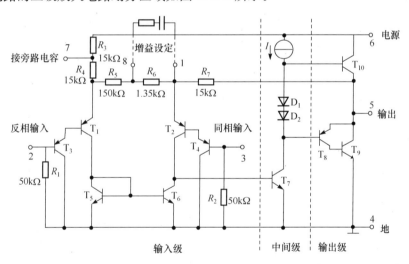

图 6.3.1　LM386 音频集成功率放大电路

第一级:差分放大电路作为输入级。

T_1 管和 T_3 管、T_2 管和 T_4 管构成复合管,作为差分放大电路的放大管;T_5 管和 T_6 管组成镜像电流源,作为 T_1 管和 T_2 管的有源负载。

信号从 T_3 管和 T_4 管的基极输入,从 T_2 管的集电极输出,电路为双端输入单端输出差分放大电路。根据第 4 章关于镜像电流源作为差分放大电路有源负载的分析可知,单端输出电路的增益近似等于双端输出电路的增益。

引脚 2 为反相输入端,3 为同相输入端,电路可以利用瞬时极性法判断出。

第二级:共射放大电路作为中间级。

T_7 管为放大管,恒流源作为有源负载,以增大放大倍数。电阻 R_7 从输出端连接到 T_2 管的发射极,形成反馈通路,并与 R_5 和 R_6 构成反馈网络,从而引入了深度电压串联负反馈,使整个电路具有稳定的电压增益。

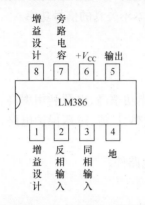

图 6.3.2　LM386 的外形
和引脚的排列

在引脚1和8(或者1和5)外接电阻时,应只改变交流通路,所以必须在外接电阻回路中串联一个大容量电容,如图 6.3.1 所示。外接不同阻值的电阻时,电压放大倍数的调节范围为 20～200,即电压增益的调节范围为 26～46dB。

第三级:功率放大电路作为输出级。

T_1管和 T_2 管复合成 PNP 型管,与 NPN 型管 T_{10}构成准互补输出级。二极管 D_1 和 D_2 为输出级提供合适的偏置电压,可以消除交越失真。电路由单电源供电。输出端(引脚5)应外接输出电容后再接负载。

LM386 的外形和引脚的排列如图 6.3.2 所示。

引脚 2 为反相输入端,3 为同相输入端;引脚 5 为输出端;引脚 6 和 4 分别为电源和地;引脚 1 和 8 为电压增益设定端。使用时在引脚 7 和地之间接旁路电容,通常取 $10\mu F$。

6.3.2　LM380 集成功率放大电路

BJT 集成音频功率放大电路 LM380 的原理电路如图 6.3.3 所示,它由输入级、中间级和输出级组成。三极管 T_1～T_4 管构成复合管差分输入级,由 T_5、T_6 管构成的镜像电流源作为有源负载。

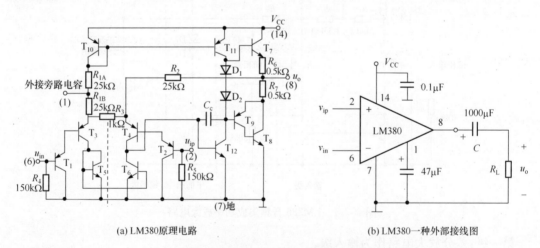

(a) LM380原理电路　　　　　　　　(b) LM380一种外部接线图

图 6.3.3　LM380 集成音频功率放大电路

输入级的单端输出信号传送至由 T_{12}组成的共射中间级,T_{10} 和 T_{11}构成有源负载,这一级的主要作用是提高电压放大倍数,其中 C_c 是补偿电容,以保证电路稳定工作。

三极管 T_7、T_8、T_9 和二极管 D_1、D_2组成通常的互补对称输出级。T_8、T_9 等效于一个 PNP 型管,这种复合方案是考虑到集成电路中横向 PNP 管的电流放大系数较低的缘故。

差分输入级的静态工作电流,分别由输出端和电源正端通过电阻 R_1($R_1=R_{1A}+R_{1B}$)和 R_2来供给。从电路结构和参数可以看出,通过这一级两边的电流是接近相等的。例如,当两输入端对地短路时,有 $(V_{CC}-3U_{BE})/(R_{1A}+R_{1B})\approx(U_o-2U_{BE})/R_2$,其中 V_{CC} 为电源电压;U_{BE}为三极管的基-射结的电压降;U_o为直流输出电压,其值近似为 $V_{CC}/2$。因此,静态时,R_3 中几乎没有直流电流通过。

为了改善电路的性能,引入了交、直流两种反馈。直流反馈是由输出端通过 R_2 引到输入级 T_4 的射极,以保持静态输出电压 U_o 基本恒定。交流反馈是由 R_2 和 R_3 引入的。若将差分输入级用一对称轴(虚线)划分为两半,则 R_3 的中点为交流地电位点。用瞬时极性法可以判断,所引入的是电压串联负反馈,其反馈系数为 $F=(R_3/2)/(R_2+R_3/2)$,这样就能维持电压放大倍数恒定。按图中给定参数,可求出电路的闭环电压增益为

$$A_{uf} \approx \frac{1}{F_u} = 1 + \frac{2R_2}{R_3} = 51$$

LM380 的输入信号可以从两端输入,也可从单端输入。由于 T_1、T_2 管的输入回路各有电阻 R_4、R_5(150kΩ)构成偏流通路,故允许一端开路。图 6.3.3(b)是 LM380 一种双端输入外部接线图。

图中电容 C_c 为相位补偿电容,跨接于中间放大级 T_{12} 的基极与集电极之间,构成米勒效应补偿,以消除可能产生的自激振荡。

LM380 功率放大电路是一种很流行的固定增益的功率放大电路,它能够提供大到 5W 的交流信号功率输出。

另一种集成音频功率放大电路的型号为 LM384,其原理电路与 LM380 相同,但其额定电源电压由 LM380 的 22V 升到 28V。

6.3.3 集成功率放大电路的应用

1. LM386 集成功率放大电路的主要性能指标

集成功率放大电路的主要性能指标有最大输出功率、电源电压范围、电源静态电流、电压增益、频带宽、输入阻抗、输入偏置电流、总谐波失真等。

LM386-1 和 LM386-3 的电源电压为 4~12V,LM386-4 的电源电压为 5~18V。因此,对于同一负载,当电源电压不同时,最大输出功率的数值将不同;当然,对于同一电源电压,当负载不同时,最大输出功率的数值也将不同。已知电源的静态电流(可查阅手册)和负载电流最大值(通过最大输出功率和负载可求出),可求出电源的功耗,从而得到转换效率。LM386 产品的性能如表 6.3.1 所示。表 6.3.2 给出了几种集成功放的主要参数。

表 6.3.1 LM386-4 集成功率放大电路的主要性能指标

型号	LM386-4	型号	LM386-4
电路类型	OTL	输出功率/W	(V_{CC}=16V、R_L=32Ω)
电源电压范围/V	5.0~18	电压增益/dB	26~46
静态电源电流/mA	4	频带宽/kHz	300(1,8 开路)
输入阻抗/kΩ	50	总谐波失真	0.2%

表 6.3.2 几种集成功放的主要参数

型号	LM2877	TDA1514A	TDA1556
电路类型	OTL(双通道)	OCL	BTL(双通道)
电源电压范围/V	6.0~24	±10~±30	6.0~18
静态电源电流/mA	25	56	80

续表

型号	LM2877	TDA1514A	TDA1556
输入阻抗/kΩ		1000	120
输出功率/W	4.5	$48(V_{CC}=\pm 32V、R_L=4\Omega)$	$22(V_{CC}=14.4V、R_L=4\Omega)$
电压增益/dB	70(开环)	89(开环),30(闭环)	26(闭环)
频带宽/kHz		0.02~25	0.02~15
增益频带宽积/kHz	65		
总谐波失真	0.07%	90dB	0.1%

表 6.3.1 中的电压增益均在信号频率为 1kHz 条件下测试所得。应当指出,表中所示均为典型数据,使用时应进一步查阅手册,以便获得更确切的数据。

2. LM386 集成功率放大电路的应用

图 6.3.4 所示为 LM386 外接元件最少的一种基本用法。由于器件的 1 脚和 8 脚开路,电路为增益为 $A_u=20$。于 1 脚及 8 脚间加一个 $10\mu F$ 的电容即可使增益变成 200。图中 $10k\Omega$ 的可变电阻是用来调整扬声器音量大小,若直接将 V_i 输入即为音量最大的状态。外接 $0.05\mu F$ 的电容与 10Ω 的电阻串联构成校正网络,用来进行输出相位的补偿。电容 C_3 是电路的交流旁路电容。电容 C_4 用于给电源去耦。

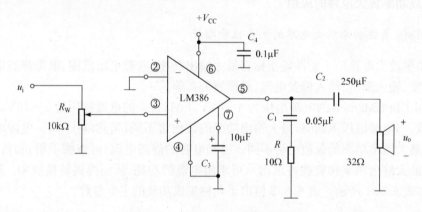

图 6.3.4　LM386 的一种基本用法

经查阅手册可知,当 $V_{CC}=16V$、$R_L=32\Omega$ 时,输出功率 $P_{om}=1W$,若认为电路的饱和压降为零,则电路的输入电压有效值约为

$$U_{im}=\frac{U_{om}}{A_u}\approx\frac{\dfrac{V_{CC}}{2\sqrt{2}}}{A_u}=\frac{\dfrac{16}{2\sqrt{2}}}{20}V\approx 283mV$$

本 章 小 结

本章主要讨论功率放大电路的组成、工作原理、最大输出功率和效率的估算,以及集成功放的应用。

（1）功率放大电路在电源电压确定情况下，以输出尽可能大的不失真的信号功率和具有尽可能高的转换效率为组成原则。功放管常工作在尽限应用状态。低频功放有变压器耦合乙类推挽电路、OTL、OCL、BTL 电路等。

（2）功放的输入信号幅值较大，分析时应采用图解法。首先求出功率放大电路负载上可能获得的最大交流电压的幅度，从而得出负载上可能获得的最大交流功率，即电路的最大输出功率 P_{om}；同时求出此时电源提供的直流平均功率 P_V、P_{om} 与 P_V 之比即为转换效率。

OCL 电路为直接耦合功率放大电路。为了消除交越失真，静态时应使功放管微导通；OCL 电路中功放管工作在甲乙类状态。在忽略静态电流的情况下，最大输出功率和转换效率分别为

$$P_{om}=\frac{U_{om}^2}{R_L}=\frac{(V_{CC}-U_{CES})^2}{2R_L}$$

$$\eta_C=\frac{P_{om}}{P_V}=\frac{\pi}{4}\frac{V_{CC}-U_{CES}}{V_{CC}}$$

所选用的功放管的极限参数应满足 $U_{(BR)CEO}>2V_{CC}$，$I_{CM}>V_{CC}/R_L$，$\left.P_{om}>0.2P_{om}\right|_{U_{CES}=0}$。

（3）OTL、OCL 和 BTL 均有不同性能指标的集成电路，只需要外接少量元件，就可成为实用电路；在集成功放内部均有保护电路，以防止功放管过流、过压、过损耗或二次击穿。

本章中的所有例题都可以用仿真软件进行仿真分析。

思考题与习题

思考题

6.1　功率放大电路与电压放大电路的基本区别是什么？

6.2　工程应用中对功率放大电路的基本要求与电子电路的什么参数有关？

6.3　为什么单管放大电路不适宜作为功率放大电路？

6.4　功率放大电路的主要任务是什么？功率放大电路重点要解决的问题是什么？

6.5　乙类互补功率放大电路中功率管的安全工作条件指的是什么？怎样估算这些参数？

6.6　功率放大电路的输出功率、电源提供的总功率与电路中的哪些因素有关？什么条件下乙类互补功率放大电路的输出功率最大？其最大功率表达式是什么？

6.7　甲类、乙类、甲乙类功率放大电路各具有什么特点？

6.8　试分析 OTL、BTL 电路的最大不失真输出电压、最大输出功率和效率。

6.9　甲乙两类放大电路各有什么优缺点？形成这些优缺点的原因是什么？

6.10　在思考题图 6.10 所示电路中，二极管 D_1 和 D_2 的基本功能是什么？功率管 T_1、T_1 的饱和压降 U_{CES} 为多少？

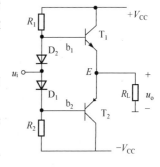

思考题图 6.10

习题

6.11　已知习题图 6.11 所示电路，计算电路的效率。

6.12　在习题图 6.12 中的 OTL 电路中，电容 C 的作用是什么？静态时为什么要使电容 C 上的电压等于 $V_{CC}/2$？

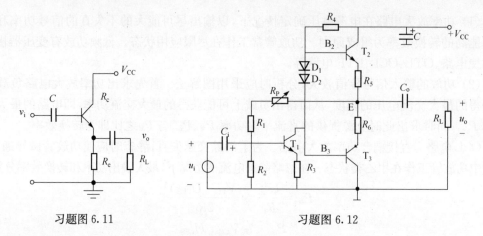

习题图 6.11　　　　　　　　　习题图 6.12

6.13　习题图 6.13 所示,T_1 和 T_2 管的饱和管压降 $|U_{CES}|=3V$,$V_{CC}=15V$,$R_L=8\Omega$。试分析计算:

(1) 电路中 D_1 和 D_2 管的作用;

(2) 静态时,晶体管发射极电位 U_{EQ} 为多少?

(3) 电路的最大输出功率为多少?

6.14　在习题图 6.14 所示电路中,已知 $V_{CC}=16V$,$R_L=4\Omega$, T_1 和 T_2 管的饱和管压降 $|U_{CES}|=2V$,输入电压足够大。试计算:

(1) 最大输出功率 P_{om} 和效率 η_C 各为多少?

(2) 晶体管的最大功耗 P_{Tmax} 为多少?

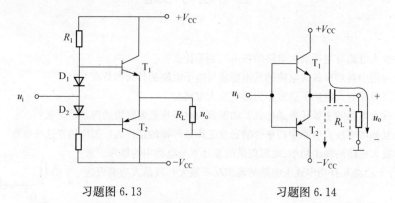

习题图 6.13　　　　　　　　　习题图 6.14

6.15　分析习题图 6.15 所示电路,根据电路的不同连接,分析:

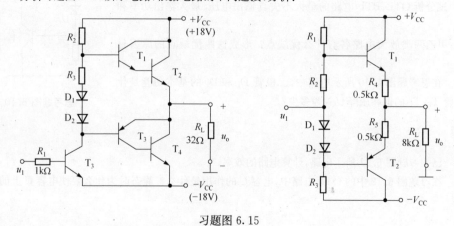

习题图 6.15

（1）最大输出功率 P_{om} 和效率 η_C 各为多少？

（2）晶体管的最大功耗 P_{Tmax} 为多少？

6.16　用 Multisim 仿真习题图 6.16 所示电路。

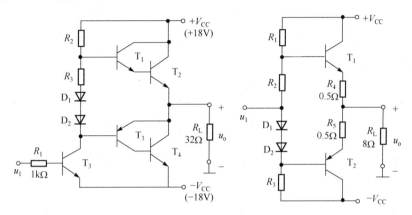

习题图 6.16

6.17　用 Multisim 对习题图 6.17 所示电路仿真研究。

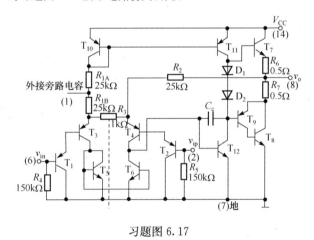

习题图 6.17

第 7 章　集成运算放大电路

集成电路简称 IC(Integrated Circuit),它是在半导体制造工艺的基础上,将各种元器件和连线等集成在一片硅片上制成,向用户提供一个具有相当高电压增益(电压放大倍数)的基本电路器件。集成运算电路是指,能实现对输入信号的运算处理的集成电路。运算放大电路种类很多,但无论哪一种运算放大电路,其基本电路模型和行为特性都一致,应用分析概念和方法也基本相同。

在工程实际应用中,运算放大电路的外特性直接影响到使用技术,不同的外特性会引起特殊的工艺要求。因此设计人员最关心的是运算放大电路的外特性,即各种电气性能指针、引脚排列等。此外,运算放大电路还是许多模拟集成电路中的基本单元电路。在当今模拟电子系统中,只要不涉及功率输出问题,几乎全部采用运算放大电路进行信号处理。

本章的内容是学习运算放大电路的基本特性、工程参数、基本运算放大电路,为运算放大电路的应用奠定基础。

7.1　运算放大电路的基本结构与分析模型

7.1.1　运算放大电路的基本结构

集成运算放大电路中的单元电路包括输入级、中间级、输出级和偏置电路 4 部分,各部分单元电路均采用直接耦合方式,如图 7.1.1(a)所示。它的输入级是差分放大电路,因此,有两个输入端,与输出信号 u_o 呈同相关系的输入"＋"端子,叫作同相输入端 u_+;与输出信号 u_o 呈反相关系的输入"－"端子,叫作反相输入端 u_-。中间级一般采用多级放大电路组成(共射、共集、共基组态)。输出级为了提高带负载能力采用功率放大电路(功率放大电路在第 6 章介绍)。实际上,集成运算放大电路的外部引出端子不止以上 3 个,还有用于连接正负电源、调节失调、校正相位、公共接地等端子。欲使电路工作在高性能状态,必须发挥这些端子的作用。图 7.1.1(b)所示为理想运算放大电路的国标电路符号,图 7.1.1(c)所示为国际通用符号,在本书中两种符号通用。

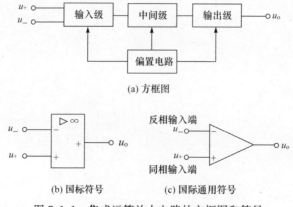

(a) 方框图

(b) 国标符号　　　(c) 国际通用符号

图 7.1.1　集成运算放大电路的方框图和符号

1. 输入级

输入级采用双端输入的高性能差分放大电路结构。其目的是实现输入电阻高,差模放大倍数大,抑制共模信号的能力强,静态电流小。在输入端有时还附加一些输入保护电路,以防止过高的输入信号损坏放大电路。运算放大电路不仅要能处理交流信号,也要有处理直流信号功能。

2. 中间级

中间级是整个集成运算放大电路的主放大电路。一般由多级放大电路以及专门的补偿电路组成,其作用是使集成运放具有较强的放大功能,而且为了提高电压放大倍数,经常采用复合管作为放大管,恒流源作集电极负载。其电压放大倍数可达千倍以上。

3. 输出级

输出级具有输出电压线性范围宽、输出电阻小、带负载能力强、非线性失真小等特点。集成运放的输出级多采用互补功率输出电路。

4. 偏置电路

偏置电路用于设置集成运放各级放大电路的静态工作点。一般采用电流源电路为各级提供合适的静态工作,从而确定了合适的静态工作点。

下面举例说明集成运算放大电路的内部结构。

例如,通用四运算放大电路 LM324 内部结构原理说明图如图 7.1.2(c)所示。

LM324 为四运放集成电路,采用 14 脚双列直插塑料封装。内部有 4 个运算放大电路,如图 7.1.2(a)所示,有相位补偿电路。电路功耗很小,工作电压范围宽,可用正电源 3～30V,或正负双电源 ±1.5～±15V 工作。它的输入电压可低到地电位,而输出电压范围为 0～V_{cc}。它的内部包含 4 组形式完全相同的运算放大电路,除电源共用外,4 组运放相互单独。每一组运算放大电路可用如图 7.1.2(b)所示的符号来表示,它有 5 个引出脚,其中"+"、"−"为两个信号输入端,"u_+"、"u_-"为正、负电源端,"u_o"为输出端。两个信号输入端中,u_{i-}(−)为反相输入端,表示运放输出端 u_o 的信号与该输入端的相位相反;u_{i+}(+)为同相输入端,表示运放输出端 u_o 的信号与该输入端的相位相同。LM324 引脚排列见图 7.1.2(a)。由于 LM324 四运放电路具有电源电压范围宽、静态功耗小、可单电源使用、价格低廉等特点,因此被非常广泛应用在各种电路中。

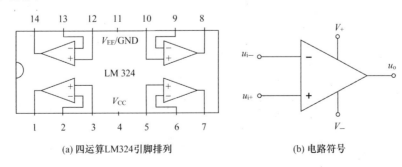

(a) 四运算 LM324 引脚排列　　　　　　　　　　(b) 电路符号

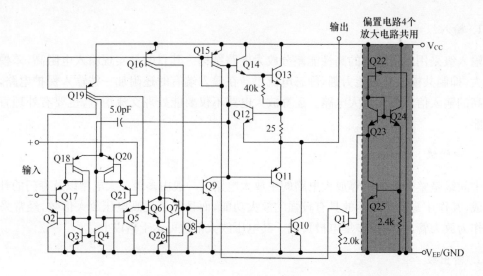

(c) LM324运算放大电路的电路内部结构原理说明图(芯片手册中的电路原理图)

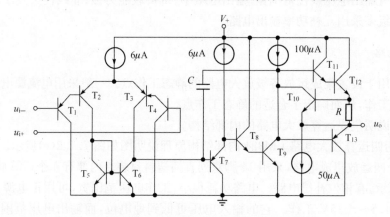

(d) 简化后的电路,是分析其内部电路的原理图

图 7.1.2　LM324 运算放大电路的电路内部结构原理说明图

分解各功能单元,对相关单元电路进行定性分析。

图 7.1.2(d)所示多级放大电路按先后分为第一级差分放大(包含三极管 $T_1 \sim T_6$)、中间级放大(包含三极管 $T_7 \sim T_9$)、输出级放大(包含三极管 $T_{10} \sim T_{13}$)。下面逐一分析其作用。

(1) 第一级差分放大电路(包含三极管 $T_1 \sim T_6$)如图 7.1.3 所示,T_1、T_4 作为差分放大电路的放大管,T_2、T_3、T_5、T_6 组成有源负载,其中 T_5、T_6 构成基本镜像电流源,较大的有源负载可以提高差模放大倍数,并且提供稳定的静态工作点。采用差动输入方式不仅可以放大有用信号,还可以抑制干扰的共模信号。

(2) 中间级放大(包含三极管 $T_7 \sim T_9$)如图 7.1.4 所示,3 个三极管中 T_7、T_8 为共集组态。这样的放大方式,输入电阻高、输出电阻低、对后级电路的驱动能力器。T_9 为共射组态,可以增大放大倍数。三极管均由直流稳压源提供稳定的静态工作点,其中 T_8 与 T_9 之间的电流源给三极管提供了直流偏置,保证三极管工作在放大区。

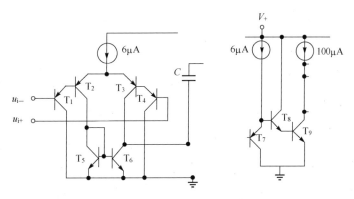

图 7.1.3　第一级差分放大电路　　　　　　图 7.1.4　中间级放大

（3）输出级放大（包含三极管 $T_{10} \sim T_{13}$）如图 7.1.5 所示，最后的输出级放大电路中 T_{13} 共集放大（图 7.1.5(b)），输出电阻低，适宜作为输出级。图 7.1.5(c)所示的 $T_{10} \sim T_{12}$ 提供共集放大电路的有源负载，通过增大 R 提高了放大倍数。

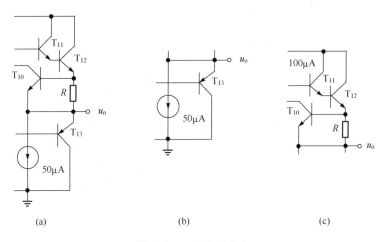

图 7.1.5　输出级放大

从图 7.15 中可以看出，在两个输入端之间，相当于有两个 PN 结的反向电阻，一般可以达到几百兆欧，因此运算放大电路两输入端之间具有极高的电阻。

根据三极管的基本工作原理，为使输入端电路能正常工作，就必须有一定的基极电流。从图 7.1.2(d)可以看出，T_1 和 T_4 具有一定的电位，因此具有提供基极电流的条件，而能否提供基极电流，还必须要有电流通路。从电路图上可以看出，基极电流通路必须靠外电路提供。输入端的两个差分电路有相同的偏置电流和通道。输出电路中采用了达林顿管的形式，同时还采用了推拉电路，目的是为了提供输出电流的能力。T_{10} 是一个自举电路，使输出端的电位与 T_9 输出的电位按比例变化，也就是说，当 T_{10} 发射极电位上升时，T_{10} 基极电位也随之上升。输出端 T_{12} 和 T_{13} 之间电阻的作用是保护输出端不会出现大电流。当输出电压超过 V_{CC} 减去 3 个 PN 结压降的值后，T_{10} 达到饱和状态，输出电压不再变化。当 T_9 的输出电位接近 0V 时，输出端也接近 0V。

7.1.2　运算放大电路的分析模型

1. 开环放大电路、闭环放大电路

开环是指电路系统的输出与输入之间没有通过电路连接的情况,如图 7.1.6(a)所示。运算放大电路的输入输出关系可表示为

$$u_\text{o} = K(u_+ - u_-) \tag{7.1.1}$$

式中,K 是运算放大电路的开环放大倍数。从式(7.1.1)可以看出,如果两个输入信号电压相同,则输出为零。也就是说,理想运算放大电路在输入信号为零时的输出也为零。运算放大电路的开环放大倍数越高,运算放大电路就越接近理想状态。当开环放大倍数 $K \to \infty$,说明运算放大电路在开环工作时,放大电路工作在非线性状态。

闭环是指电路系统的输出信号通过某种电路连接到输入端的情况,如图 7.1.6(b)所示。运算放大电路在闭环工作时,放大电路工作在线性状态。图中反馈网路一般用反馈电阻构成。

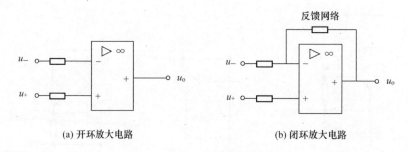

(a) 开环放大电路　　　　　　　　(b) 闭环放大电路

图 7.1.6　运算放大电路应用电路

2. 集成运算放大电路的电压传输特性

集成运放的输出电压 u_o 与输入端电压之间的关系曲线称为电压传输特性,即

$$u_\text{o} = f(u_+ - u_-) \tag{7.1.2}$$

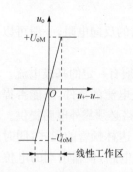

图 7.1.7　电压传输特性

对于正、负两路电源供电的集成运放,电压传输特性如图 7.1.7 所示。从图示曲线可以看出,集成运放有线性放大区域(称为线性区)和饱和区域(称为非线性区)两部分。在线性区,曲线的斜率为电压放大倍数,在非线性区,输入输出关系 $u_\text{o} = K(u_+ - u_-)$,输出电压只有两种可能的极限量,如 $+U_\text{oM}$ 或 $-U_\text{oM}$。

3. 理想运算放大电路模型

工程上常用等效电路来描述理想运算放大电路。理想运算放大电路的等效电路仅由一个电压控制电压源组成。等效电路的差分输入电阻 R_i 趋于无穷大,相当于开路。K 为开环增益。这个等效电路就是理想运算放大电路的电路模型,如图 7.1.8 所示。

理想运放具有如下特性:

（1）差分输入阻抗，$R_i \to \infty$；

（2）输出阻抗，$R_o = 0$；

（3）开环电压增益，$K \to \infty$；

（4）频带宽度，$\Delta f \to \infty$；

（5）开环差模信号电压无穷大增益，$K_{ud} \to \infty$；开环共模信号

电压零增益，$K_{uc} = 0$。

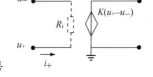

图 7.1.8　理想运算放大
电路模型

在理想情况下，输入阻抗无限大、开环放大倍数 K 无限大，输出阻抗为零。这就是理想运算放大电路的定义。

根据理想运算放大电路的定义得

$$u_+ = u_- \tag{7.1.3}$$

$$i_+ = i_- = 0 \tag{7.1.4}$$

4. 虚段、虚短、虚地

根据理想运算放大电路的定义，K 无限大，输入阻抗无限大即 $K \to \infty$、$R_i \to \infty$ 时，有 $i_+ = i_- = 0$，说明运算放大电路输入端有断点，实际上断点是不存在的，这就是虚段概念。

根据理想运算放大电路的定义，K 趋向于无限大，输入阻抗无限大即 $K \to \infty$、$R_i \to \infty$ 时，且 $i_+ = i_- = 0$，有 $u_+ = u_-$，说明运算放大电路输入端有短路点，实际上短路是不存在的，这就是**虚短概念**。

根据理想运算放大电路的定义，K 趋向于无限大，输入阻抗无限大即 $K \to \infty$、$R_i \to \infty$ 时，且 $i_+ = i_- = 0$，两个输入端有 $u_+ = u_-$，其中两个输入端中有一个接地，则另一个的电位也会接近地电位，则 $u_+ = u_- = 0$，这就是**虚地概念**。

理想运算放大电路的数学模型（式(7.1.3)和式(7.1.4)）要求实际运算放大电路的开环电压放大能力要尽可能大，同时输入阻抗要尽可能高。

5. 运算放大电路的开环电路和闭环电路模型

图 7.1.9 是用理想运算放大电路组成的开环电路和闭环电路模型。

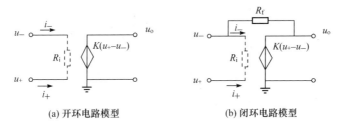

(a) 开环电路模型　　　　　　　(b) 闭环电路模型

图 7.1.9　开环电路和闭环电路模型

7.2　运算放大电路的工程分析参数

工程中集成运算放大电路的主要性能指标在应用中十分重要，它直接关系到所组成的应用电路的性能。本节将讨论运算放大电路工程参数及运算放大电路的特性曲线，特性曲线的特点就在于给出了参数在一定范围内的变化特征和资料。工程参数和特性曲线可以全面地描

述集成运算放大电路的主要性能。

7.2.1　工程参数

(1) 开环电压增益 A_{uo} 是指运放输出和输入之间没有反馈时(开环)的差分电压放大倍数,即开环时的输出信号电压 u_o 与输入差分信号 u_{id} 电压之比。常表示为

$$A_{uo} = \frac{u_o}{u_{id}} \qquad\qquad (7.2.1)$$

对于集成运放来说,总是希望 A_{uo} 大。目前,高增益运放的增益可高达 140dB(即 10^7 倍),所以理想运放的 A_{uo} 常认为是无穷大。

(2) 输出阻抗 R_o 是指运放在开环时的输出阻抗。

(3) 差分输入阻抗 R_i 是指运放在开环时,两差分输入端之间呈现的阻抗。

(4) 最大输出电压 U_{PP} 是指在规定的失真范围,输出电压幅度的正负峰值。它表征了输出跟踪输入的线性范围,输入差分电压若超过此范围,将被限幅。运算放大电路的开环电压传输特性如图 7.1.7 所示。

(5) 共模抑制比 K_{CMR} 是指运放的差分电压增益与共模电压增益之比。差分电压增益 A_d 就是开环电压增益 A_{uo};共模电压增益 A_c 则是运放两输入端加同一信号时,输出信号电压与输入信号电压之比。

$$K_{CMR} = 20\log A_d / A_c \qquad\qquad (7.2.2)$$

(6) 输入偏置电流 I_b。集成运放的两个输入端是差分对管的基极,因此两个输入端总需要一定的输入电流 I_{b1}、I_{b2}。在没有输入信号、集成运算放大电路输出电压为零时 $u_o = 0$,两个输入端静态电流(非信号电流)的平均值,如图 7.2.1 所示。偏置电流为

$$I_b = (I_{b1} + I_{b2})/2$$

无论由三极管还是场效应管制作的运算放大电路,都需要有一个偏置电流,以保证管子的输入端处于较高的输入电阻和正常工作状态。如果没有偏置电流,只靠输入信号提供偏置电流,则器件处于不正常工作状态。因此,任何运算放大电路正常工作的前提之一,是外部电路必须提供一个可靠的偏置电流通道。下面举例说明输入偏置电流的作用。

例 7.2.1　用 Multisim 仿真图 7.2.2 所示的反相放大器电路,观察两个电路的区别,并分析有无偏置电流对运算放大电路的影响。

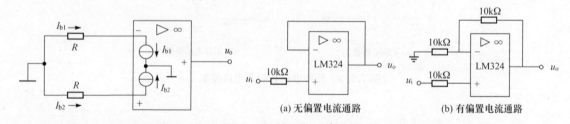

图 7.2.1　输入偏置电流　　　　　　　图 7.2.2　反相放大器电路图

解　在 Multisim 中选择 LM324 并连接电路图 7.2.2(a),可以得到图 7.2.3(a)所示电路的输入和输出波形。可以看到,由于没有偏置电路,所以放大电路没有输出信号。这说明输入信号没能进入放大电路,原因就是放大电路的输入端没有偏置电流,从而封锁了输

入信号。

在 Multisim 中选择 LM324 并连接电路图 7.2.2(b)，可以得到图 7.2.3(b)所示电路的输入和输出波形。可以看到，输出信号与输入信号波形相同，但幅度增加了一倍，这是因为放大电路的放大倍数为 2。图 7.2.3(b)说明电路工作正常。

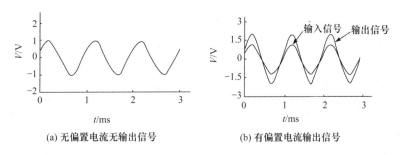

(a) 无偏置电流无输出信号　　　　　　　　　　(b) 有偏置电流输出信号

图 7.2.3　实验结果

如果在 Multisim 中把 LM324 偏置电流从 40nA 改为 0nA，则图 7.2.2(a)所示电路的输入输出波形将与图 7.2.3(b)完全相同，这是因为仿真模型中的偏置电流为 0，成为了理想输入端。

从上述实验结果可以看到，如果没有偏置电流，运算放大电路电路不会正常工作。

(7) 输入失调参数。

① 输入失调电压 U_{is}。输入失调电压是指在室温条件下，当输入电压为零时运算放大电路的输出电压。输入失调电压是由于输入电路不对称造成的，因此，需要对其进行补偿。有时也把输入电压为零时，为使输出电压也为零而需要在输入端所加的输入电压，叫作输入失调电压，如图 7.2.4 所示。目前一般运算放大电路都具有内部补偿电路，以补偿输入失调电压。

② 输入失调电流 I_{is}。输入失调电流是指输出电压为零时，放大电路两输入端输入的静态电流之差。$I_{is}=I_{b1}-I_{b2}$ 由于放大电路差分输入电路不可能做到百分之百对称，因此输入失调电流总会存在。对于运算放大电路组成的电路来说，如果输入失调电流的回路中包括有外界信号源，则会因为信号源内阻的存在，引起输入误差电压(输入失调电流在信号源内阻上的压降)，从而引起输出误差。输入失调电流的影响可以用图 7.2.5 说明。

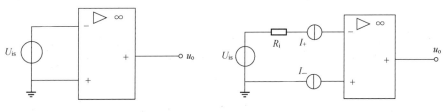

图 7.2.4　失调电压　　　　　　　　　　　　图 7.2.5　输入失调电流

实际上，由于运算放大电路的输入端需要有外接电阻提供输入偏置电流通道，所以，输入失调电流总会对电路产生影响，这是在选择运算放大电路偏置电阻时必须注意的问题。

例 7.2.2　设同相放大电路电路如图 7.2.6 所示，其中运算放大电路的输入失调电流为 $20nA(1nA=10^{-9}A)$，$R_2=R_1=R$，分析输入失调电流的影响并确定 R_1 和 R_2 的选择范围。

解　考虑运算放大电路输入电阻时,可以得到如图 7.2.7 所示的等效电路。

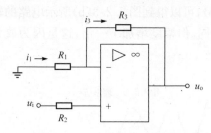

图 7.2.6　同相放大电路电路

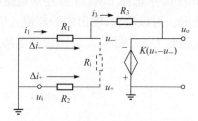

图 7.2.7　考虑输入电阻时的同相放大电路等效电路

忽略输出端的影响后,由图 7.2.6 可以得到,两输入端之间的电压为

$$\Delta U = I_+ R_2 - I_- R_1$$

在 $R_2 = R_1 = R$ 的条件下,

$$\Delta U = (I_+ - I_-)R_1 = \Delta I \, R$$

式中,ΔI 为输入失调电流。令 $\Delta I = 20\text{nA}$,则输入失调电流引起的输出电压为

$$\Delta U = 20 \times 10^{-9} R$$

当给定对 ΔU 的限制后,就可以计算出 R 的取值范围。例如,要求 $\Delta U < 20\mu\text{V}$ 时,$R < 1\text{k}\Omega$,如果要求 $\Delta U < 200\mu\text{V}$,则 $R < 10\text{k}\Omega$。

(8) 电源电压。电源电压是器件正常工作的基本条件。一般运算放大电路对电源波动的抑制能力比较强,但输出信号的幅度不可能达到电源电压,因此,使用中要注意电源的技术指针、电源极性(双电源还是单电源)和电源幅度。

(9) 最大输出电压 U_{OPP}。最大输出电压是运算放大电路的饱和输出电压,是指在给定的电源电压下,运算放大电路所能达到的最大输出电压。在使用运算放大电路时,经常会发现最大输出电压不能达到电源电压。例如,用运算放大电路设计的同相放大电路,当电源电压为 15V、电路放大倍数为 30、输入信号是幅度为 0.5V 的正弦波时,发现最大输出电压是 14V,并且输出信号的顶部为直线,发生了波形失真。这说明运算放大电路的最大输出电压并不等于电源电压。在工程上,用饱和输出电压参数提供运算放大电路所能达到的最高输出电压。例如,当电源电压为 15V 时,最大输出电压是 13V,则说明运算放大电路的饱和输出电压是 13V。如果运算放大电路具有正负电源,则其正负输出的饱和输出电压是相同的。

(10) 最大共模输入电压 $u_{\text{Ic(max)}}$。当运放输入端上的共模电压超过一定值时,常常会使运放失去差模放大能力。为此,最大共模输入电压不应超出规定范围。

(11) 最大差模输入电压 $u_{\text{Id(max)}}$。差模输入电压超出允许值时,将导致输入级三极管 PN 结击穿(有关 PN 结将在后面作详细介绍)。最大差模输入电压不得超过规定范围。

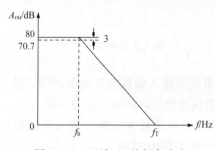

图 7.2.8　运放 A_{uo} 的频率响应

(12) 频带宽度 f_h。随着输入信号频率的增高,运算放大电路的放大倍数会下降,如图 7.2.8 所示。当 A_{uo} 下降到低频时的 0.707(用分贝表示正好是 -3dB)时,所以与此相对应的频率 f_h 常称为 3dB 带宽。如果继续增加输入信号频率,当 A_{uo} 下降到等于 1(即 0dB)时,与此相对应的频率 f_T 称为单位增益带宽,例如,5G28 的 $f_\text{T} = 5\text{MHz}$。

(13) 转换速率 SR。运放的频带宽度等指标都是在小信号的条件下测量的,在实际应用中,有时需要运放在大信号情况下工作(输出电压峰值接近运放的最大输出电压 U_{OPP}),此时,常常需要考虑运放的另一个重要指标——转换速率,常用 SR 表示。

$$\text{SR} = \left| \frac{\mathrm{d}u_o}{\mathrm{d}t} \right|_{\max} \qquad (7.2.3)$$

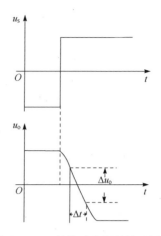

图 7.2.9　转换速率限制情况图

它是输出电压对时间的变化率,当运放电路输入端加上如图 7.2.9 所示的阶跃信号 u_s 时,由于瞬态响应方面的原因,输出电压 u_o 总是跟不上输入电压的变化,SR 越大的运算放大电路,其输出电压的变化率越大,所以 SR 大的运放才可能允许在较高的工作频率下输出较大的电压幅度。图 7.2.9 为输出电压波形受转换速率限制的情况。

以上介绍了运算放大电路的主要技术指标,它们归纳起来可以分为 3 大类,即直流指标、小信号指标和大信号指标,如表 7.2.1 所示。

表 7.2.1　运算放大电路指标分类

指标分类	指标名称
直流指标	U_{IO}、I_{IO}、I_{IB}、$\Delta U_m / \Delta T$、$\Delta I_m / \Delta T$
小信号指标	A_{uo}、u_{Id}、u_o、K_{CMR}、f_h、f_T
大信号指标	U_{OPP}、I_{omax}、$u_{Id(max)}$、$u_{Ic(max)}$、SR

随着电子技术的发展,新一代器件的各项性能指标,更趋于理想化。

(14) 功率损耗。功率损耗是指器件在正常工作时所具有的最大功率消耗能力。

(15) 噪声幅度。运算放大电路噪声性能的好坏,可以用等效输入噪声电压密度 V_n 和等效输入噪声电流密度 I_n 来表示,也可以用放大电路输入端的信号噪声比与输出端信号噪声比之商来评价。这个商称为噪声系数,定义为

$$N_F = 10 \lg \frac{P_{si}/P_{ni}}{P_{so}/P_{no}} (\mathrm{dB}) \qquad (7.2.4)$$

式中,P_{si} 和 P_{so} 分别为放大电路输入和输出的信号功率;P_{ni} 是信号加到放大电路输入端的噪声功率;P_{no} 是信号加到放大电路输出端的噪声功率,它包括信号源带来的噪声和放大电路器件产生的噪声。

(16) 工作温度与保存温度。工作温度是指运算放大电路正常工作时允许达到的最高温度。如果超过这个温度,就会降低器件的技术特性,甚至损坏器件。保存温度是指运算放大电路在不工作时的环境温度范围,如果超出这个温度范围,就会造成器件性能下降或损坏。

此外,运算放大电路与其他半导体器件一样,除了基本工作参数外,还有一组极限参数。必须注意,极限参数给出的不是电路正常工作时的限制条件,而是给出了保证器件不损坏的最起码条件,极限参数并不能保证电路按设计要求正常工作。极限参数包括最大最小电源电压、最大功率、输出条件、温度极限等。

7.2.2　特性曲线

运算放大电路的特性曲线,是为选择运算放大电路和电路设计提供基本依据。运算放大

电路特性曲线主要有小信号增益频率响应特性曲线、大信号增益频率响应特性曲线、温度与功率关系特性曲线、电源特性曲线等。

频率特性曲线所给出的是运算放大电路工作时信号频率与增益之间的关系,在使用中必须把运算放大电路的频率响应特性作为选择器件的基本依据之一。

作为电子器件,运算放大电路也具有小信号和大信号两种不同的频率特性曲线。

1. 小信号频率响应特性曲线

小信号增益频率响应特性曲线提供了运算放大电路在小信号输入情况下的频率特性。根据这条曲线,可以确定使用运算放大电路时所允许达到的电压增益。一般可以使用厂家提供的开环增益曲线替代小信号频率响应特性曲线。

根据信号与系统理论提供的频域分析方法,运算放大电路的增益与频率之间的关系可以描述为

$$H(s) = \frac{V_o(s)}{V_i(s)} = \frac{A_0}{1 + s/\omega_b} \qquad (7.2.5)$$

式中,$\omega_b = 2\pi f_b$,$s = j\omega$,式(7.2.5)可以用图 7.2.10 所示的曲线表示。

从图 7.2.10 可以看到,运算放大电路的小信号频率相应特性曲线提供了增益与频率之间的关系。就是说,如果要提高系统的增益,就必须降低系统的频率带宽,反之,如果要提高系统带宽,则必须降低系统增益。

图 7.2.11 是 LM324 运算放大电路的小信号频率响应特性曲线。从图中可以看出,在小信号条件下,如果放大电路增益选择为 40dB(相当于电压放大倍数为 100 倍),这时运算放大电路组成的放大电路只具有 10kHz 的频带宽度,也就是说,只能对频率在 10kHz 以下的信号进行放大或其他处理,而高于 10kHz 的信号都将会严重衰减。

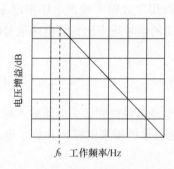
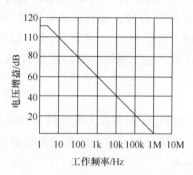

图 7.2.10　运算放大电路的小信号特性曲线　　图 7.2.11　LM324 运算放大电路的小信号特性曲线

2. 大信号频率响应特性曲线

大信号增益频率响应特性曲线提供了运算放大电路处理大信号情况下的频率响应特性。所谓大信号工作条件,是指运算放大电路输出信号的转换速率 SR 超过了允许的最大值。这种情况一般发生在输入信号幅度与输出信号幅度比较接近而信号的幅度又比较大时。

在大信号条件下,由于转换速率 SR 的原因,会使运算放大电路的输出信号受到非线性的影响,这时运算放大电路不再工作在线性条件下。例如,对于正弦信号 $v_i = V_m \sin\omega t$,当运算放大电路的放大倍数等于 1 时,

$$SR = \frac{dv_o}{dt}\bigg|_{max} = \frac{dv_i}{dt}\bigg|_{max} = V_m\omega\cos\omega t\,|_{max}$$

SR 的最大值发生在 $t=0$ 时刻(正弦信号的过零点),此时的最大值是 $V_m\omega$。设运算放大电路允许使用的最大转换速率是 SR_M,令此时对应的角频率为 ω_M,则有

$$V_m\omega_M = SR_M$$

由于使用的电压增益等于 1,所以 V_m 也是输出电压的最大值,即 $V_{om}=V_m$。由此得到

$$V_o = V_{om}\left(\frac{\omega_M}{\omega}\right)$$

可见,考虑频率的作用时,如果 $\omega<\omega_M$,则输出信号仍然可以是一个正弦波,否则就会受到转换速率的影响而变成非正弦波。

上述分析说明,如果输出信号随时间变化率的最大值超过了运算放大电路允许的 SR,则输出信号就不可能在输入信号的过零点过零,并使波形产生畸变,如图 7.2.12 所示。

图 7.2.13 是 LM324 运算放大电路的大信号特性曲线。从图中可以看出,在大信号条件下,如果放大电路增益选择为 10dB(相当于电压放大倍数为 3.16 倍),这时运算放大电路组成的放大电路只具有 10kHz 的频带宽度,也就是说,只能对频率在 10kHz 以下的信号进行放大或其他处理,而高于 10kHz 的信号都将会严重衰减。

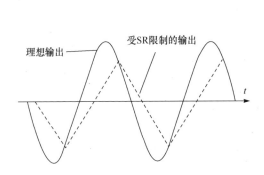
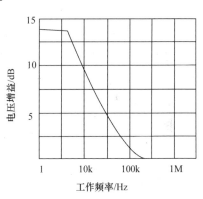

图 7.2.12　转换速率限制引起的大信号输出畸变　图 7.2.13　LM324 运算放大电路的大信号特性曲线

7.3　基本集成运算放大电路

在工程实际中,基本集成运算放大电路是构成各种运算电路的基本电路。本节将介绍比例运算电路、加减法运算电路、微积分运算电路、对数和指数运算电路等基本运算电路。

7.3.1　比例运算电路

由于集成运算放大电路开环放大倍数很大,理想情况可视为无穷大。所以,在实际应用中,常引入负反馈,使运放放大倍数下降,运算放大电路可以稳定地工作于线性放大状态。

集成运放的应用电路有不同的连接方法,根据信号的输入端不同,可以将运放电路分为 3 种基本组态,即反相输入组态、同相输入组态和差动输入组态。

1. 反相比例运算电路

例 7.3.1　反相输入组态电路如图 7.3.1 所示。图中 $R_f=10k\Omega$,$R_1=5k\Omega$,输入信号幅度

最大值为 50mV、频率为 100Hz 的正弦波。试问：

(1) 求 u_o 与 u_i 的比例系数,求电压放大倍数;

(2) 求平衡电阻 R_P;

(3) 分析本电路的特点。

解 图 7.3.1 是反相输入组态电路和等效电路。所谓反相,是指输入和输出信号的相位相反。反相端接输入信号,同相端通过电阻 R_P 接地。R_1 为输入回路电阻,R_f 为反馈电阻,二者共同决定反馈的强弱。

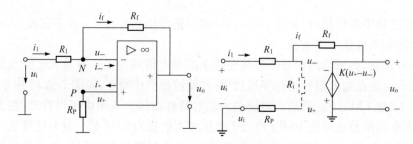

图 7.3.1　反相比例运算电路

(1) 根据运算放大电路工作在线性区的两个理想依据

$$\begin{cases} u_+ = u_- \\ i_+ = i_- = 0 \end{cases} \tag{7.3.1}$$

由虚地的概念得

$$u_- = u_+ = 0$$

由虚段概念 $i_+ = i_- = 0$ 可得流过 R_1 上的电流 i_1 等于流过 R_f 上的电流 i_f,即

$$i_1 = i_f$$

得节点 N 的电流方程为

$$\frac{u_i - u_-}{R_1} = \frac{u_- - u_o}{R_f}$$

由于 N 点虚地,于是 $\qquad \dfrac{u_i}{R_1} = \dfrac{-u_o}{R_f}$

得

$$u_o = -\frac{R_f}{R_1} u_i = (-2 \times 50)\text{mV} = -100\text{mV} \tag{7.3.2}$$

于是,反相比例运算电路闭环电压放大倍数为

$$A_{uf} = \frac{u_o}{u_i} = -\frac{R_f}{R_1} = -\frac{10\text{k}}{5\text{k}} = -2 \tag{7.3.3}$$

式(7.3.2)说明,输出电压 u_o 与输入电压 u_i 成正比,比例系数为 $-R_f/R_1 = -2$,负号表示 u_o 与 u_i 相位相反。式(7.3.3)说明,输出电压 u_o 是输入电压 u_i 的 2 倍。

(2) 集成运算放大电路的输入端是差分放大电路,其输入端为双端输入,为了使双输入端对称平衡,必须引入平衡电阻 R_P,其值等于连接在反相端的总直流电阻。

静态时,$u_i = 0$,$u_o = 0$,所以反相端总电阻为 $R_1 /\!/ R_f$,平衡电阻选 $R_P = R_1 /\!/ R_f$。

R_P 的作用是消除输入偏置电流 I_B 引起的误差,因为 R_P 和 $R_1 /\!/ R_f$ 相等,所以 I_B 流过它们产生的压降也相等,因而对输出没有影响。有时为了画图简单,R_P 常不画出。

(3) 由此可知,反相比例运算电路具有如下特点。①输出电压 u_o 与输入电压 u_i 成正比,比例系数为 $-R_f/R_1$,负号表示 u_o 与 u_i 相位相反,R_f 和 R_1 足够精确时,就能保证运算的精度和工作的稳定性。②比例系数可大于 1、小于 1 或等于 1。当 $-R_f/R_1 = -1$ 时,电路成了反相器。③在理想情况下,因同相端电位为零,所以反相输入端的电压也为零,称为"虚地"。因此加在集成运放输入端的共模电压很小,有利于运放的工作。④由于反相输入,运放引入的是电压并联负反馈,因此,电路闭环后,输入电阻大大减小。⑤R_P 是一平衡电阻,且 $R_P = R_1 /\!/ R_f$,其作用是消除静态电流对输出电压的影响。⑥如果输入电压 u_i 的变化范围很大,图 7.3.1 所示电路的输出也会进入饱和区,按分段电路模型分析,电压传输特性如图 7.3.2 所示。所谓线性应用是指处在斜直线这一区域。

例 7.3.2　用 Multisim 对图 7.3.3 所示的反相放大电路进行仿真实验。仿真中设 $R_1 = R_P = 10\text{k}\Omega$,$R_f$ 分别为 $100\text{k}\Omega$ 和 $1000\text{k}\Omega$,选择 Multisim 提供的虚拟运算放大电路,并把电源电压设置为 $\pm 15\text{V}$,输入信号幅度最大值为 0.05V、频率为 100Hz 的正弦波。如果 $R_f = 3.5\text{M}\Omega$ 会产生什么样的结果?

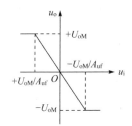

图 7.3.2　反相比例电压传输特性

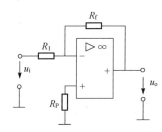

图 7.3.3　反相放大电路仿真实验电路

解　设 R_f 分别为 $100\text{k}\Omega$ 和 $1000\text{k}\Omega$,得到如图 7.3.4 和图 7.3.5 所示波形。图中示波器的 A 通道连接输入信号(信号源输出信号),B 通道连接放大电路电路输出信号。

从仿真实验中可以发现,输入输出信号的相位相差 $180°$,也就是说,输入信号与输出信号反相。同时,随着 R_f 的增加,在输入信号幅度不变的情况下,输出信号的幅度增加了。这说明,增加 R_f 就增加了放大电路电路的放大倍数。

如果仿真实验中把 R_f 改为 $3.5\text{M}\Omega$,则得到如图 7.3.6 所示波形。

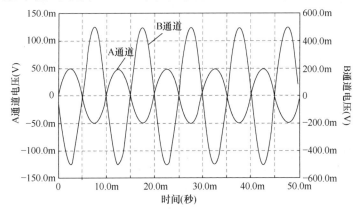

图 7.3.4　$R_f = 100\text{k}\Omega$ 时的放大电路输入与输出

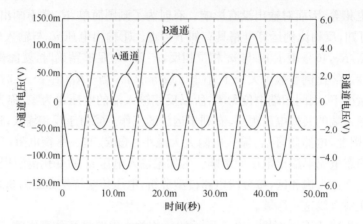

图 7.3.5　$R_f=1000\text{k}\Omega$ 时的放大电路输入与输出

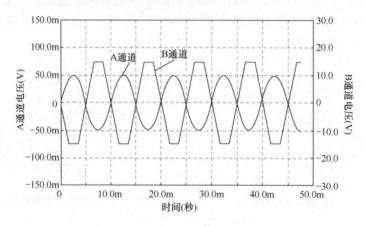

图 7.3.6　$R_f=3.5\text{M}\Omega$ 时的放大电路输入与输出

从图 7.3.6 可以看到,这时的放大电路已经不能正常放大信号了,输出波形出现了严重失真,并且发生相位移动。这说明,当反相放大电路的放大倍数比较大时,输出出现了失真信号;同时,最大的输出电压是电源电压,这是输出信号不能超过电源电压的原因。对于实际的运算放大电路,输出电压的最大值往往不能达到电源电压,而是达到小于电源电压的一个电压值。如果因为放大倍数过大,或输入信号幅度过大而引起输出波形失真,这时就叫作放大电路电路进入了饱和状态。

理论计算图 7.3.3 的输出电压为

$$u_o=-\frac{R_f}{R_1}u_i$$

上式表明,图 7.3.3 所示电路输入信号与输出信号的相位相差 $180°$,这与仿真实验的结果一致,所以这个放大电路叫作反相放大电路。反相放大电路放大倍数的绝对值可以大于 1,也可以小于 1。当电路放大倍数的绝对值小于 1 时叫作衰减电路。反相放大电路的电压放大倍数与 R_f 成正比,与 R_1 成反比。这些都与仿真实验结果吻合。

从例 7.3.2 可以看出,尽管运算放大电路使用的是理想运算放大电路,但实际的电压放大倍数却是有限值 R_f/R_1。这是因在输入与输出之间存在 R_f。使运算放大电路的输入与输出端之间形成了电路连接,输入与输出之间具有电路连接的结构叫作反馈结构。

从以上分析和例题可以看出,运算放大电路组成的放大电路与三极管和场效应晶体管组成的运算放大电路的行为特性基本相同,都是对输入的电压信号进行放大并且具有非线性的特征。但运算放大电路组成的放大电路与三极管、场效应晶体管组成的放大电路有如下两个根本的区别。

(1) 运算放大电路电路中存在的开环放大倍数和闭环放大倍数概念。运算放大电路的所有理想特性都是建立在开环放大倍数无限大和输入电阻无限大基础之上的,而闭环放大倍数则是运算放大电路组成的电压放大电路具有的实际放大能力。

(2) 运算放大电路组成的放大电路只有线性工作区和饱和区(输出信号幅度超过运算放大电路电源电压范围),只要输出电压小于运算放大电路允许输出的最大电压,就可以认为信号没有失真。

此外,运算放大电路组成的放大电路不仅可以放大交流信号,还可以放大直流信号。在放大直流信号时,由于理想运算放大电路的静态工作点总是零,所以可以实现放大电路之间的直接连接,形成高倍数的放大电路。不过,由于实际运算放大电路的输出总具有一定的电位漂移,使输出电位不为 0,所以在设计高倍数直流放大电路时应当注意。

例 7.3.3　在图 7.3.7 所示电路中,电阻 $R_1=100\text{k}\Omega$、$R_2=100\text{k}\Omega$、$R_3=2.08\text{k}\Omega$、$R_4=100\text{k}\Omega$。试求 u_o 与 u_i 的比例系数和电压放大倍数。

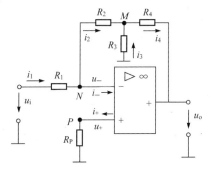

图 7.3.7　T 形网络反相比例运算电路

解　根据运算放大电路工作在线性区的两个理想依据

$$\begin{cases} u_+=u_- \\ i_+=i_-=0 \end{cases}$$

由虚地的概念得

$$u_-=u_+=0$$

由虚段概念 $i_+=i_-=0$ 可得流过 R_1 上的电流 i_1 等于流过 R_2 上的电流 i_2,即

$$i_1=i_2$$

节点 N 的电流方程为

$$\frac{u_i-u_-}{R_1}=\frac{u_--u_M}{R_2}$$

得节点 M 的电位

$$u_M=-\frac{R_2}{R_1}u_i$$

在电阻 R_2、R_3 和 R_4 上的电流为

$$i_2=\frac{u_--u_M}{R_2}=\frac{R_2}{R_1R_2}u_i$$

$$i_3=\frac{0-u_M}{R_3}=\frac{R_2}{R_1R_3}u_i$$

$$i_4=-\frac{u_M-u_o}{R_3}=\left(-\frac{R_2}{R_1}u_i-u_o\right)\frac{1}{R_4}$$

节点 M 的电流方程为

$$i_4 = i_2 + i_3$$

将 i_2、i_3、i_4 代入上式求得输出电压

$$u_o = -\frac{R_2 + R_4}{R_1}\left(1 + \frac{R_2 /\!/ R_4}{R_3}\right)u_i = (-50 \times 0.05)\text{V} = 2.5\text{V}$$

表明 u_o 与 u_i 的比例系数为 -50。当 $R_3 = \infty$ 时，u_o 与 u_i 的关系如式(7.3.2)所示。因为 R_3 的引入使反馈系数减小，所以为保证足够的反馈深度，应选用开环增益更大的集成运放。

2. 同相比例运算电路

例 7.3.4　同相输入组态电路如图 7.3.8 所示。图中 $R_f = 10\text{k}\Omega$，$R_1 = 5\text{k}\Omega$，$R_2 = 5\text{k}\Omega$，输入信号幅度最大值为 50mV、频率为 100Hz 的正弦波。试求：

(1) u_o 与 u_i 的比例系数；

(2) 电压放大倍数；

(3) 分析本电路的特点。

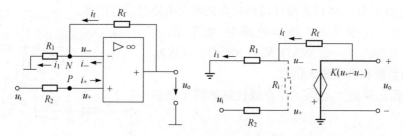

图 7.3.8　同相比例运算电路

解　图 7.3.8 是同相输入组态电路。同相端通过电阻 R_2 接输入信号，反相端通过电阻 R_1 接地，R_f 为反馈电阻为。

(1) 运算放大电路工作在线性区的两个理想依据为

$$\begin{cases} u_+ = u_- \\ i_+ = i_- = 0 \end{cases}$$

由理想依据得

$$u_- = u_+ = u_i$$

由虚段概念 $i_+ = i_- = 0$ 可得流过 R_1 上的电流 i_1 等于流过 R_f 上的电流 i_f，即

$$i_1 = i_f$$

得节点 N 的电流方程为

$$\frac{u_- - 0}{R_1} = \frac{u_o - u_-}{R_f}$$

$$u_o = \left(1 + \frac{R_f}{R_1}\right)u_- = \left(1 + \frac{R_f}{R_1}\right)u_+ \tag{7.3.4}$$

同相输入端 $u_+ = u_i$ 得

$$u_o = \left(1 + \frac{R_f}{R_1}\right)u_i = (3 \times 50)\text{mV} = 150\text{mV} \tag{7.3.5}$$

(2) 同相比例运算电路的闭环电压放大倍数为

$$A_{uf} = \frac{u_o}{u_i} = 1 + \frac{R_f}{R_1} = 3 \tag{7.3.6}$$

（3）分析本电路的特点，由此可知：①输出电压 u_o 与输入电压 u_i 成正比，比例系数为 $1+R_f/R_1$，输出与输入的相位相同。当 R_f 和 R_1 足够精确时，就能保证比例运算精度和工作的稳定性。②比例系数可大于或等于1。当 $R_f=0$ 或 $R_1=\infty$ 时，即 $R_f/R_1=0$ 时，同相运算电路的闭环电压放大倍数为1，电路成了电压跟随器，如图7.3.9所示。$A_{uf}=\dfrac{u_o}{u_i}=1+\dfrac{R_f}{R_1}=1$。③在理想情况下，因为同相端电位与反相输入端的电压均不为零，因此加在集成运放输入端的共模电压比反相输入要大。④由于同相输入，运放引入的是电压串联负反馈，所以同相比例运算电路具有高输入电阻。闭环输入电阻不会因为 $R_1 /\!/ R_f$ 的存在而减小。⑤同相比例电压传输特性如图7.3.10所示。线性应用是指中间斜直线这一段。

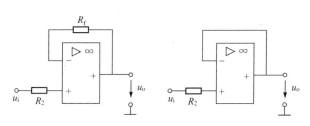

图 7.3.9 电压跟随器

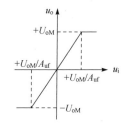

图 7.3.10 同相比例电压传输特性

例 7.3.5 同相输入组态电路如图7.3.11所示。图中 $R_f=100\text{k}\Omega$，$R_1=5\text{k}\Omega$，$R_2=5\text{k}\Omega$，$R_3=10\text{k}\Omega$，输入信号幅度最大值为 50mV、频率为 100Hz 的正弦波。试求：

（1）u_o 与 u_i 的比例系数；

（2）电压放大倍数。

解 （1）运算放大电路工作在线性区的两个理想依据为

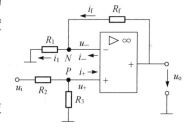

图 7.3.11 例 7.3.5 电路图

$$\begin{cases} u_+=u_- \\ i_+=i_-=0 \end{cases}$$

由虚段概念 $i_+=i_-=0$ 可得流过 R_1 上的电流 i_1 等于流过 R_f 上的电流 i_f，即

$$i_1=i_f$$

得节点 N 的电流方程为

$$\frac{u_- -0}{R_1}=\frac{u_o-u_-}{R_f}$$

得

$$u_o=\left(1+\frac{R_f}{R_1}\right)u_-=\left(1+\frac{100}{5}\right)u_-=21u_-$$

节点 P 的电压方程为

$$u_+=\frac{R_3}{R_2+R_3}u_i=\left(\frac{10}{5+10}\right)u_i=0.67u_i$$

由理想依据 $u_-=u_+$ 将节点 P 方程代入节点 N 方程，得输出电压

$$u_o=\left(1+\frac{R_f}{R_1}\right)u_-=\left(1+\frac{R_f}{R_1}\right)u_+=\left(1+\frac{R_f}{R_1}\right)\frac{R_3}{R_2+R_3}u_i=14.07u_i=(21\times0.67\times50)\text{mV}=703.5\text{mV}$$

(2) 电压放大倍数为

$$A_u = \frac{u_o}{u_i} = \left(1 + \frac{R_f}{R_1}\right)\frac{R_3}{R_2 + R_3} = 14.07$$

综上所述,对于单一信号作用的运算电路,在分析运算关系时,应首先列出关键节点的电流方程,然后根据"虚短"和"虚断"的原则,进行整理,即可得输出电压和输入电压的运算关系。

例 7.3.6　理想集成运算放大电路构成如图 7.3.12 所示的电路。若 $R_1 = R_2 = 100\text{k}\Omega$,$R_3 = 50\text{k}\Omega$,$R_4 = 200\text{k}\Omega$,试:

(1) 写出 u_o 与 u_i 的表达式;

(2) 求出平衡电阻 R_{P1} 和 R_{P2} 的值。

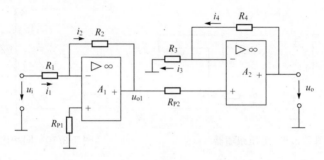

图 7.3.12　例 7.3.6 电路

解　由电路可知,此电路是两级级联,运放 A_1 构成的是一个反相比例运算电路,A_2 构成的是一个同相比例运算电路。分析该电路 $u_{o1} = f(u_i)$ 的关系时,可把第一级的输出电 u_{o1} 可看作第二级的输入信号。

(1) 运放 A_1 构成的电路是一个实现反相比例运算的电路,可得

$$u_{o1} = -\frac{R_2}{R_1} \cdot u_i$$

运放 A_2 构成的电路是一个实现同相比例运算的电路,可得

$$u_o = \left(1 + \frac{R_4}{R_3}\right) \cdot u_{o1}$$

将以上两式整理得

$$u_o = \left(1 + \frac{R_4}{R_3}\right)u_{o1} = -\frac{R_2}{R_1}\left(1 + \frac{R_4}{R_3}\right)u_i$$

代入已知条件,得

$$u_o = -\frac{100}{100}\left(1 + \frac{200}{50}\right) \cdot u_i = -5u_i$$

(2) R_{P1}、R_{P2} 分别为两级放大电路的平衡电阻,由此可得

$$R_{P1} = R_1 /\!/ R_2 = 100 /\!/ 100\text{k}\Omega = 50\text{k}\Omega$$

$$R_{P2} = R_3 /\!/ R_4 = 50 /\!/ 200\text{k}\Omega = 40\text{k}\Omega$$

7.3.2　加减法运算电路

反相求和运算电路的多个输入信号均作用于集成运放的反相输入端,如图 7.3.13 所示。

1. 反相求和电路

例 7.3.7 反相求和电路如图 7.3.13 所示。图中 $R_f=50\text{k}\Omega,R_1=24\text{k}\Omega,R_2=8\text{k}\Omega$。输入信号幅度最大值为 $u_{i1}=50\text{mV}$、$u_{i2}=20\text{mV}$，频率为 100Hz 的正弦波。试求：

（1）输出信号 u_o 与输入信号 u_{i1}、u_{i2} 的关系，如果 $R_1=R_2=R_f$，输出信号 u_o 为多少？

（2）平衡电阻 R_P 的值。

解 方法 1：

（1）根据运算放大电路工作在线性区的两个理想

依据 $\begin{cases} u_+=u_- \\ i_+=i_-=0 \end{cases}$ 得

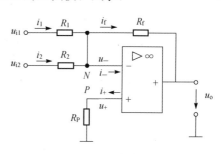

图 7.3.13 反相求和电路

$$\begin{cases} i_1+i_2=i_f \\ u_+=u_-=u_P=0 \end{cases}$$

建节点 N 的电流方程为

$$i_1+i_2=i_f$$

式中

$$i_1=\frac{u_{i1}-u_-}{R_1}=\frac{u_{i1}}{R_1},\quad i_2=\frac{u_{i2}-u_-}{R_2}=\frac{u_{i2}}{R_2},\quad i_f=\frac{u_--u_o}{R_f}=-\frac{u_o}{R_2}$$

代入节点 N 的电流方程得输出信号 u_o 为

$$u_o=-R_f\left(\frac{u_{i1}}{R_1}+\frac{u_{i2}}{R_2}\right)=-50\times\left(\frac{u_{i1}}{24}+\frac{u_{i2}}{8}\right)\approx-2.08u_{i1}-6.25u_{i2}$$
$$=-(2.08\times50+6.25\times20)=-229\text{mV}$$

如果 $R_1=R_2=R_f$，输出信号 u_o 为

$$u_o=-R_f\left(\frac{u_{i1}}{R_1}+\frac{u_{i2}}{R_2}\right)=-(u_{i1}+u_{i2})=-(50+20)=-70\text{mV}$$

由以上公式可见，当改变某一路信号输入电阻时，不会影响其他输入信号与输出间的比例关系。只要把电阻阻值选得足够精确，就可保证反相加法运算的精度和稳定性。

（2）平衡电阻 R_P 为

$$R_P=R_1/\!/R_2/\!/R_f\approx5\text{k}\Omega$$

方法 2：

除了用节点电流法解反相求和外，还可利用叠加原理，首先分别求出各输入电压单独作用时的输出电压，然后将它们相加，得到所有信号共同作用时输出电压与输入电压的运算关系。

设 u_{i1} 的作用，此时应将 u_{i2} 接地，如图 7.3.14 所示。根据运算放大电路工作在线性区两个理想依据和"虚短"、"虚断"的概念，得

$$u_{o1}=-\frac{R_f}{R_1}u_{i1}$$

同理，设 u_{i2} 的作用，此时应将 u_{i1} 接地。根据运算放大电路工作在线性区的两个理想依据和"虚短"、"虚断"的概念，得

$$u_{o2} = -\frac{R_f}{R_2}u_{i2}$$

当 u_{i1}、u_{i2} 同时作用时,得

$$u_{o1} = u_{o1} + u_{o2} = -\frac{R_f}{R_1}u_{i1} - \frac{R_f}{R_2}u_{i2} = -229\text{mV}$$

如果 $R_1 = R_2 = R_f$,输出信号 u_o 为

$$u_o = u_{o1} + u_{o2} = -\frac{R_f}{R_1}u_{i1} - \frac{R_f}{R_2}u_{i2} = -(u_{i1} + u_{i2})$$

$$= -(50+20) = -70\text{mV}$$

以上两种计算方法所得结论一致。

2. 同相求和电路

同相求和运算电路的多个输入信号均作用于集成运放的同相输入端,如图 7.3.15 所示。

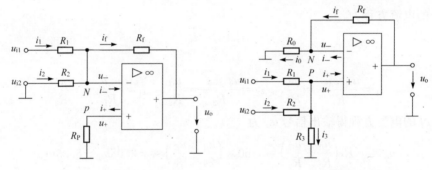

图 7.3.14　叠加计算反相求和　　　　　图 7.3.15　同相求和电路

例 7.3.8　同相求和电路如图 7.3.15 所示。图中 $R_f = 50\text{k}\Omega$、$R_0 = 6\text{k}\Omega$、$R_1 = 10\text{k}\Omega$、$R_2 = 20\text{k}\Omega$、$R_3 = 20\text{k}\Omega$。输入信号幅度最大值为 $u_{i1} = 50\text{mV}$、$u_{i2} = 20\text{mV}$,频率为 100Hz 的正弦波。试求:

(1) 输出信号 u_o 与输入信号 u_{i1}、u_{i2} 的关系,如果 $R_1 = R_2 = R_f$,输出信号 u_o 为多少?

(2) 平衡电阻 R_P 的值。

解　根据运算放大电路工作在线性区的两个理想依据 $\begin{cases} u_+ = u_- \\ i_+ = i_- = 0 \end{cases}$ 得

$$\begin{cases} i_0 = i_f \\ u_+ = u_- \end{cases}$$

建节点 P 的电流方程为

$$i_1 + i_2 = i_3$$

式中

$$i_1 = \frac{u_{i1} - u_+}{R_1}, \quad i_2 = \frac{u_{i2} - u_+}{R_2}, \quad i_3 = \frac{u_+}{R_3}$$

代入节点 P 的电流方程得

$$\frac{u_{i1} - u_+}{R_1} + \frac{u_{i2} - u_+}{R_2} = \frac{u_+}{R_3}$$

整理上式得

$$u_+ = \frac{1}{1/R_1 + 1/R_2 + 1/R_3} \cdot \left(\frac{u_{i1}}{R_1} + \frac{u_{i2}}{R_2} \right)$$

根据同相比例放大式(7.3.4),得输出信号 u_o 为

$$u_o = \left(1 + \frac{R_f}{R_0} \right) u_+ = \left(1 + \frac{R_f}{R_0} \right) \cdot \frac{1}{1/R_1 + 1/R_2 + 1/R_3} \cdot \left(\frac{u_{i1}}{R_1} + \frac{u_{i2}}{R_2} \right) \qquad (7.3.7)$$

其中,同相端所接的总电阻 R_P 为

$$R_P = \frac{1}{1/R_1 + 1/R_2 + 1/R_3}$$

$$= \frac{1}{1/10 + 1/20 + 1/20} = 5\text{k}\Omega$$

反相端的总电阻 R_N 为

$$R_N = \frac{1}{1/R_0 + 1/R_f} = \frac{R_0 \cdot R_f}{R_0 + R_f} = \frac{6 \times 50}{6 + 50} \approx 5\text{k}\Omega$$

如考虑到运放两输入端直流电阻平衡的条件,即 $R_N = R_P$,将上述关系式代入式(7.3.7)中,则得

$$u_o = \left(1 + \frac{R_f}{R_0} \right) u_+ = \left(1 + \frac{R_f}{R_0} \right) \cdot R_N \cdot \left(\frac{u_{i1}}{R_1} + \frac{u_{i2}}{R_2} \right)$$

$$= R_f \cdot \left(\frac{u_{i1}}{R_1} + \frac{u_{i2}}{R_2} \right) = 50 \times \left(\frac{50}{10} + \frac{20}{20} \right) = 300\text{mV}$$

当 $R_1 = R_2 = R_f$ 时,同相求和运算电路的输出信号 u_o 为

$$u_o = u_{i1} + u_{i2} = 70\text{mV}$$

与反相求和运算电路相同,也可用叠加原理求解同相求和运算电路。

注意,运算电路必须满足平衡电阻条件 $R_N = R_P$。

3. 加减混合运算电路

例 7.3.9　加减混合运算电路如图 7.3.16 所示。图中 $R_f = 50\text{k}\Omega$、$R_1 = 24\text{k}\Omega$、$R_2 = 8\text{k}\Omega$、$R_3 = 10\text{k}\Omega$、$R_4 = 20\text{k}\Omega$、$R_5 = 20\text{k}\Omega$。4 个输入信号为幅度最大值为 $u_{i1} = 50\text{mV}$、$u_{i2} = 20\text{mV}$、$u_{i3} = 50\text{mV}$、$u_{i4} = 20\text{mV}$,频率为 100Hz 的正弦波。试求:

(1) 输出信号 u_o 与输入信号 u_{i1}、u_{i2}、u_{i3}、u_{i4} 的关系。

(2) 如果 $R_1 = R_2 = R_3 = R_4 = R_f$,输出信号 u_o 为多少?

解　从比例运算电路和求和运算电路的分析可知,输出电压与同相输入端信号电压极性相同,与反相输入端信号电压极性相反,因而如果多个信号同时作用同相输入端和反相输入端时,在运算电路的输出端必然可以实现加减运算。电路的求解可以采用叠加原理方法。

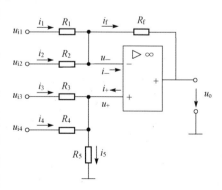

图 7.3.16　加减混合运算电路

令同相输入端信号电压为零,$u_{i3}=u_{i4}=0$,反相输入端作用输入端信号 u_{i1}、u_{i2} 如图图 7.3.17(a)所示。根据例 7.3.7 反相求和电路解的过程,得输出信号 u_{o1} 与输入信号 u_{i1}、u_{i2} 关系为

$$u_{o1}=-R_f\left(\frac{u_{i1}}{R_1}+\frac{u_{i2}}{R_2}\right)=-50\times\left(\frac{u_{i1}}{24}+\frac{u_{i2}}{8}\right)\approx-2.08u_{i1}-6.25u_{i2}$$

$$=-(2.08\times50+6.25\times20)=-229\text{mV}$$

当 $R_1=R_2=R_f$ 时,反相求和运算电路的输出信号 u_{o1} 为

$$u_{o1}=-R_f\left(\frac{u_{i1}}{R_1}+\frac{u_{i2}}{R_2}\right)=-(u_{i1}+u_{i2})$$

$$=-(50+20)=-70\text{mV}$$

令反相输入端信号电压为零,$u_{i1}=u_{i2}=0$,同相输入端作用输入端信号 u_{i3}、u_{i4} 如图图 7.3.17(b)所示。根据例题 7.3.8 同相求和电路解的过程,得输出信号 u_{o2} 与输入信号 u_{i3}、u_{i4} 关系为

如果考虑到运放两输入端直流电阻平衡的条件,即 $R_N=R_P$,将上述关系式代入式(7.3.7)中,则得

$$u_{o2}=\left(1+\frac{R_f}{R_1}\right)u_+=\left(1+\frac{R_f}{R_1}\right)R_N\left(\frac{u_{i3}}{R_3}+\frac{u_{i4}}{R_4}\right)$$

$$=R_f\left(\frac{u_{i3}}{R_3}+\frac{u_{i4}}{R_4}\right)=50\times\left(\frac{50}{10}+\frac{20}{20}\right)=300\text{mV}$$

当 $R_3=R_4=R_f$ 时,同相求和运算电路的输出信号 u_{o2} 为

$$u_{o2}=R_f\cdot\left(\frac{u_{i3}}{R_3}+\frac{u_{i4}}{R_4}\right)=u_{i3}+u_{i4}=70\text{mV}$$

输入信号 u_{i1}、u_{i2},u_{i3}、u_{i4},同时作用同相输入端和反相输入端时,输出信号 u_o 与输入信号 u_{i1}、u_{i2}、u_{i3}、u_{i4} 的关系为

$$u_o=u_{o2}+(-u_{o1})=R_f\left(\frac{u_{i3}}{R_3}+\frac{u_{i4}}{R_4}\right)-R_f\left(\frac{u_{i1}}{R_1}+\frac{u_{i2}}{R_2}\right)=300-229=71\text{mV}$$

当 $R_1=R_2=R_3=R_4=R_f$ 时,输出信号 u_o 与输入信号 u_{i1}、u_{i2}、u_{i3}、u_{i4} 的关系为

$$u_o=u_{o2}+(-u_{o1})=70-70=0\text{mV}$$

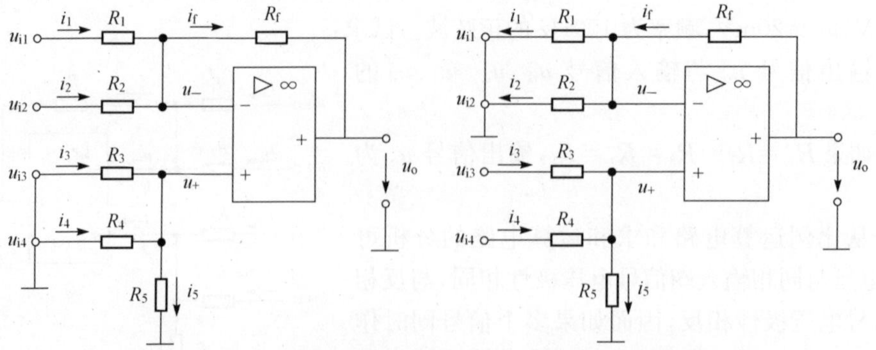

(a) 反相输入端作用时的等效电路　　　　　　(b) 同相输入端作用时的等效电路

图 7.3.17　用叠加原理方法求解加减混合运算电路

4. 差动输入组态运算电路

在工程实际中,为了提高系统的抗干扰能力,以获取信号源的信号,一般使用运算放大电路来设计差分放大电路。当输入信号从两个输入端输入时,便为差动输入组态。这种组态常用于测量电路中,故常称为仪表放大电路或测量放大电路。图 7.3.18 是差动输入放大电路的基本集成运算放大电路。

例 7.3.10　差动输入组态运算电路如图 7.3.18 所示。图中 $R_f = 50\text{k}\Omega$、$R_1 = 5\text{k}\Omega$、$R_2 = 5\text{k}\Omega$、$R_3 = 50\text{k}\Omega$。输入信号为幅度最大值为 $u_{i1} = 50\text{mV}$、$u_{i2} = 20\text{mV}$,频率为 100Hz 的正弦波。试求:输出信号 u_o 与输入信号 u_{i1}、u_{i2} 的关系。

解　为了保证运放两个输入端对地的电阻平衡,同时为了避免降低共模抑制比,通常要求

$$R_1 = R_2$$
$$R_f = R_3$$

电路的求解可以采用叠加原理方法。

根据运算放大电路工作在线性区的两个理想依据

$$\begin{cases} u_+ = u_- \\ i_+ = i_- = 0 \end{cases}$$

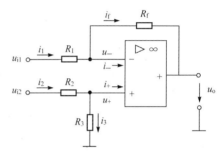

图 7.3.18　差动输入放大电路的基本电路

令 $u_{i2} = 0$,得 $u_+ = 0$。求反相输入的输出电位为

$$u_{o1} = -\frac{R_f}{R_1}u_{i1} = \left(-\frac{50}{5} \times 50\right)\text{mV} = -500\text{mV}$$

令 $u_{i1} = 0$。求同相输入的输出电位为

$$u_{o2} = \left(1 + \frac{R_f}{R_1}\right)u_- = \left(1 + \frac{R_f}{R_1}\right)u_+ = \left(1 + \frac{R_f}{R_1}\right)\frac{R_3}{R_2 + R_3}u_{i2} = \left(1 + \frac{50}{5}\right)\frac{50}{5+50} \times 20$$
$$= (11 \times 0.91 \times 20)\text{mV} \approx 200\text{mV}$$

输入信号 u_{i1}、u_{i2} 同时作用同相输入端和反相输入端时,输出信号 u_o 的差动输入组态为

$$u_o = u_{o2} + u_{o1} = (200 - 500)\text{mV} = -300\text{mV}$$

如果满足 $R_1 = R_2$,$R_f = R_3$ 的关系,输出电压可得

$$u_o = \frac{R_f}{R_1}(u_{i2} - u_{i1}) = \left(\frac{50}{5}(20 - 50)\right)\text{mV} = 300\text{mV}$$

例 7.3.11　三运算放大电路差分放大电路是工程中常用的差分放大电路结构,仪用放大电路,如图 7.3.19 所示。图中的运算放大电路 A_1 和 A_2 叫作输入放大部分,A_3 叫作差分放大部分。电路具有相当高的输入电阻,同时可以做到较高的共模抑制比。电路中 $R_1 = 50\text{k}\Omega$、$R_2 = 5\text{k}\Omega$、$R_3 = 10\text{k}\Omega$、$R_4 = 2\text{k}\Omega$,输入信号为幅度最大值为 $u_{i1} = 50\text{mV}$、$u_{i2} = 20\text{mV}$,频率为 100Hz 的正弦波。试求:输出信号 u_o 与输入信号 u_{i1}、u_{i2} 的关系。

解　根据运算放大电路工作在线性区的两个理想依据

$$\begin{cases} u_+ = u_- \\ i_+ = i_- = 0 \end{cases}$$

用"虚短"和"虚段"概念求解。

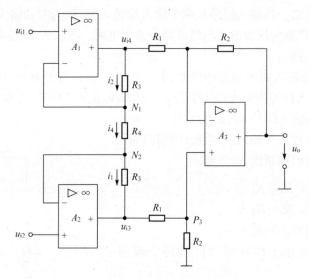

图 7.3.19　仪用放大电路

由"虚短"概念可知，$u_{i1} = u_{N1}$，$u_{i2} = u_{N2}$，得

$$i_4 = \frac{u_{i2} - u_{i1}}{R_4}$$

由"虚段"概念可知，$i_1 = i_2 = i_4$，得

$$u_{i3} - u_{i4} = i_4(R_4 + 2R_3) = \left(1 + \frac{2R_3}{R_4}\right)(u_{i1} - u_{i2})$$

A_3、R_1、R_2 构成差分放大电路，得

$$u_o = \frac{R_2}{R_1}(u_{i1} - u_{i2}) = \frac{R_2}{R_1}\left(1 + \frac{2R_3}{R_4}\right)(u_{i1} - u_{i2})$$

$$= \left[\frac{50}{5}\left(1 + \frac{2 \times 10}{2}\right)(50 - 20)\right] \text{mV} = 3.3\text{V}$$

7.3.3　微分运算电路和积分运算电路

在工程中，微分电路和积分电路主要用于信号处理，例如，对信号电压进行平滑处理或提取信号中的交流成分等。

1. 微分运算电路

微分运算电路如图 7.3.20(a)所示，图 7.3.20(b)是微分运算电路的等效电路(电路模型)。

由于基本微分运算电路对输入信号中的快速变化分量敏感，所以该电路对输入信号中的高频干扰和噪声成分十分灵敏，使电路的信噪比大为下降，所以在实用的微分电路中，通常在输入回路中串联一个小电阻 R_1，如图 7.3.20 所示。

微分电路可用来作为数学模拟运算器外，在电子技术中可以作为波形变换器。

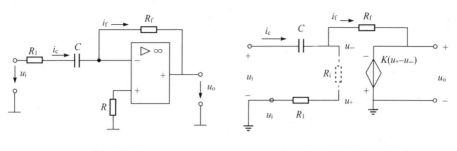

(a) 微分运算电路　　　　　　　　　　　　　　(b) 微分运算电路的等效电路

图 7.3.20　基本微分运算电路

例 7.3.12　设微分运算电路如图 7.3.21(a) 所示，电路中电源电压 $V=\pm12\text{V}$，$R_f=10\text{k}\Omega$，$C=100\text{nF}$，输入信号为三角波信号电压 u_i，其频率为 1kHz，幅度为 2.5V，波形如图 7.3.21(b) 所示。运算放大电路采用 LM324AD。不计 R_1 的影响，分析微分运算电路的特性；试画出输出电压 u_o 的波形。

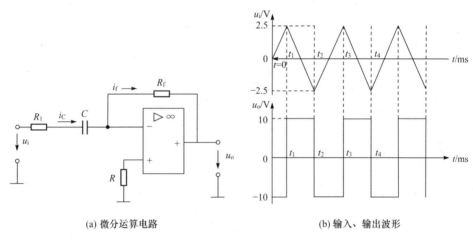

(a) 微分运算电路　　　　　　　　　　　　　　(b) 输入、输出波形

图 7.3.21　例 7.3.12 图

解　根据运算放大电路工作在线性区的理想依据，集成运算的同相输入端通过电阻 R 接地，$u_+=u_-=0$，为虚地。电路中，电容 C 中电流等于电阻 R_f 中电流

$$\begin{cases} u_+=u_-=0 \\ i_f=i_C \end{cases}$$

根据微分运算电路，得电阻 R_f 上的电流为

$$i_f=\frac{u_--u_o}{R_f}=-\frac{u_o}{R_f}$$

电路中通过电容上的电流（电流定义 $i=q/t$，电容的定义 $C=q/u$）为

$$i_C=C\frac{\mathrm{d}(u_i-u_-)}{\mathrm{d}t}=C\frac{\mathrm{d}u_i}{\mathrm{d}t}$$

整理上两式得

$$u_o=-R_fi_f=-R_fC\frac{\mathrm{d}u_i}{\mathrm{d}t} \tag{7.3.8}$$

可见,输出信号电压 u_o 与输入信号电压 u_i 对时间成微分关系,负号表示它们在相位上相反。$\tau=RC$ 为积分时间常数,它的时间常数由 R_fC 决定,R_fC 的大小受运放的输出电压的限制。根据题意,输入信号为三角波信号电压,在进行微分计算时,可以按时间段计算。

在 $t=0$ 到 $t_1=(1/10^3)/4=0.25\text{ms}$ 时间内,微分运算输出电压为

$$u_o=-R_fi_f=-R_fC\frac{du_i}{dt}=-10\times10^3\times100\times10^{-9}\times\frac{2.5}{0.25\times10^{-3}}=-10\text{V}$$

在 $t_1=0.25\text{ms}$ 到 $t_2=(1/10^3)/2=0.75\text{ms}$ 时间内,微分运算输出电压为

$$u_o=-R_fi_f=-R_fC\frac{du_i}{dt}=-10\times10^3\times100\times10^{-9}\times\frac{-2.5-2.5}{(0.75-0.25)10^{-3}}=10\text{V}$$

在 $t_2=0.75\text{ms}$ 到 $t_3=(1/10^3)/2=1.25\text{ms}$ 时间内,微分运算输出电压为

$$u_o=-R_fi_f=-R_fC\frac{du_i}{dt}=-10\times10^3\times100\times10^{-9}\times\frac{2.5-(-2.5)}{(1.25-0.75)10^{-3}}=-10\text{V}$$

根据以上计算得输出电压波形为方波信号波形,如图 7.3.21(b)所示。

在微分运算电路中输入阶跃信号时,运放的输出信号将发生突变,出现尖脉冲电压,尖脉冲的幅度与 R_fC 的大小和 u_i 的变化速率有关,但最大值受运放输出饱和电压 $+U_{OM}$ 和 $-U_{OM}$ 的限制。而当 u_i 不变时,u_o 将保持零值,如图 7.3.22 所示。

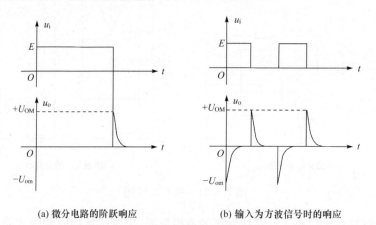

(a) 微分电路的阶跃响应   (b) 输入为方波信号时的响应

图 7.3.22　微分电路的激励响应

微分电路实际上可以被看作一种隔离直流电压信号的电路。从电路图上可以看出,对于直流(或频率很低的)信号,电容处于开路状态,因此,这部分的信号输入为零,而高频信号可以顺利通过电容。这说明,可以使用微分电路对直流信号进行隔离,使输出信号中不再具有直流信号成分。图 7.3.22 是微分电路的单位阶跃响应和输入为方波信号时的响应。

2. 积分运算电路(一阶积分电路)

积分运算电路如图 7.3.23(a)所示,图 7.3.23(b)是积分运算电路的等效电路(电路模型)。积分电路可用来作为显示器的扫描电路、模数转换器或作为数学模拟运算器等。

例 7.3.13　设一阶积分电路如图 7.3.24(a)所示,电路中电源电压 $V=\pm15\text{V}$,$R_1=10\text{k}\Omega$,$C=5\text{nF}$,输入信号电压 u_i 波形如图 7.3.24(b)所示,在 $t=0$ 时,电容器 C 的初始电压 $u_c(0)=0$。分析积分电路的特性,试画出输出电压 u_o 的波形。

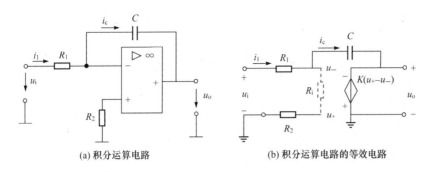

(a) 积分运算电路 (b) 积分运算电路的等效电路

图 7.3.23 积分运算电路

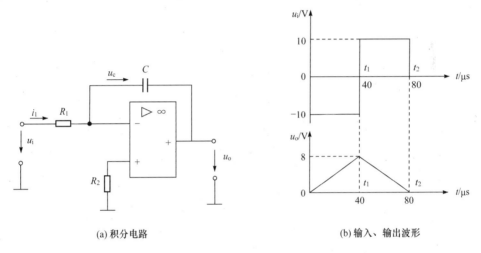

(a) 积分电路 (b) 输入、输出波形

图 7.3.24 例 7.3.13 图

解 根据运算放大电路工作在线性区的理想依据,集成运算的同相输入端通过电阻 R_2 接地,$u_+ = u_- = 0$,为虚地。电路中,电容 C 中电流等于电阻 R_1 中的电流。

$$\begin{cases} u_+ = u_- = 0 \\ i_1 = i_C \end{cases}$$

得

$$i_1 = i_C = \frac{u_i - u_-}{R_1} = C\frac{\mathrm{d}(u_- - u_o)}{\mathrm{d}t}$$

整理后

$$u_o = -\frac{1}{R_1 C}\int u_i \mathrm{d}t = -\frac{1}{\tau}\int u_i \mathrm{d}t$$

上式表明,输出信号电压 u_o 等于输入信号电压 u_i 对时间的积分,负号表示它们在相位上是相反,$\tau = R_1 C$ 为积分时间常数。

根据题意,输入信号分为两段 $t=0$ 到 $t_1 = 40\mu s$ 和 $t_1 = 40\mu s$ 到 $t_2 = 80\mu s$,得积分值为

$$u_o = -\frac{1}{R_1 C}\int_0^{t_1} u_i \mathrm{d}t - \frac{1}{R_1 C}\int_{t_1}^{t_2} u_i \mathrm{d}t \tag{7.3.9}$$

在 $t=0$ 时,$u_o(0)=0$,当 $t_1 = 40\mu s$ 时,输入电压为常数 $u_i = U_i = -10\mathrm{V}$,输出电压为

$$u_o(t_1) = -\frac{1}{R_1 C}\int_0^{t_1} u_i \mathrm{d}t = -\frac{U_i}{R_1 C}t_1$$

$$= \left(-\frac{-10}{10\times 10^3 \times 5\times 10^{-9}}\times 40\times 10^{-6}\right)\mathrm{V} = 8\mathrm{V}$$

在 $t_1 = 40\mu s$ 到 $t_2 = 80\mu s$ 时,在考虑积分起始时刻的输出电压为

$$u_o(t_2) = u_o(t_1) - \frac{1}{R_1 C}\int_{t_1}^{t_2} u_i \mathrm{d}t = u_o(t_1) - \frac{U_i}{R_1 C}(t_2 - t_1)$$

$$= \left(8 - \frac{10\times(80-40)\times 10^{-6}}{10\times 10^3\times 5\times 10^{-9}}\right)\mathrm{V} = 0\mathrm{V}$$

输出电压 u_o 的波形如图 7.3.24(b)所示。由于 $u_+ = u_- = 0$,电容两端的电压 $u_c = u_o$。

当输入为阶跃信号时,若 $t = 0$,电容上的电压为零,则输出电压波形如图 7.3.25(a)所示。当输入为方波和正弦波时,输出电压波形分别如图 7.3.25(b)和图 7.3.25(c)所示。可见,利用积分运算电路可以实现方波-三角波的波形变换和正弦-余弦的移相功能。

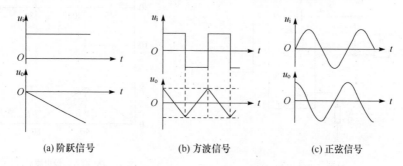

(a) 阶跃信号   (b) 方波信号   (c) 正弦信号

图 7.3.25　不同输入信号积分电路的输出波形

积分电路实际上就是一种低通滤波器。从电路图上可以看出,对于高频信号,如果把电容看成短路状态,则高频信号的增益为零,而低频信号的增益很大,直流信号的增益为无限大。这说明,当使用积分器对直流信号进行积分处理时,电路将会很快达到饱和输出电压,因此,应当尽量避免对直流信号进行积分。

从图 7.3.26 看出。当输入信号 u_i 为阶跃电压时,在阶跃电压作用下,电容器将以近似恒流方式进行充电,输出电压 u_o 与时间 t 呈近似线性关系,如图 7.3.26 所示。因此

$$u_o \approx -\frac{U_i}{R_1 C}t = -\frac{U_i}{\tau}t$$

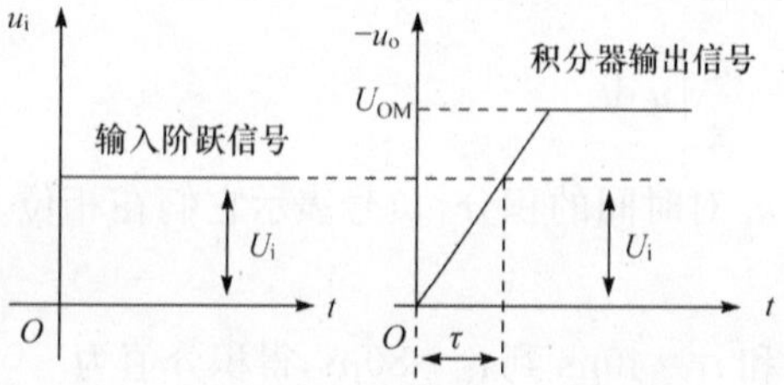

图 7.3.26　积分器的阶跃响应波形

当 $t = \tau$ 时,$-u_o = U_i$。当 $t > \tau$ 时,u_o 增大,直到 $-u_o = +U_{OM}$,即运放输出电压的最大值 U_{OM} 受直流电源电压的限制,致使运放进入饱和状态,u_o 保持不变,而停止积分。

理想积分器的时间常数 $\tau = RC$,因此必须根据信号所要求的最大积分时间选择积分常数,否则将会引起信号失真。

此外,还必须考虑运算放大电路失调电压 u_{os} 和偏置电流 I_b 引起的误差。图 7.3.27 是考虑运算放大电路失调电压 u_{os} 和偏置电流 I_b 影响

的积分电路图。

由图 7.3.27 可以得到输出端的误差电压表达式

$$\Delta u_{\mathrm{o}} = \frac{1}{RC}\int u_{\mathrm{os}}\mathrm{d}t + \frac{1}{C}\int i_{\mathrm{b}}\mathrm{d}t$$

可见,如果希望误差尽量小,除了要选择失调电压和偏置电流小的运算放大电路外,还应当使 R_1C 尽量大,特别是在可能的情况下应选择较大的电容值。

在实际积分电路中,考虑电容器 C 漏电的影响,在电路中并联 R_3 用来模拟 C 的漏电,在电容 C 接并联电阻 R_3 还有一个重要作用,即利用外接电阻 R_3 引入直流负反馈,可以有效地抑制失调电压 u_{os} 和偏置电流 I_{b} 所造成的积分漂移现象,如图 7.3.28 所示。由于输入失调电压 u_{os} 和偏置电流 I_{b} 及它们的温漂的存在,电容 C 将因不断充电而造成所谓积分漂移现象。此时,即使输入信号 $u_{\mathrm{s}}=0$,而积分电路输出电压仍不断向一个方向缓慢变化,直至输出电压趋于饱和值。当然通过调整 R_3 的阻值可以补偿失调电流 I_{b} 的影响,调节输出调零电位器可以补偿失调电压 u_{os} 的影响,从而可使积分漂移减至最小。

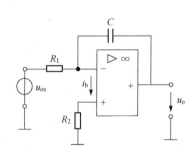 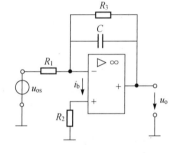

图 7.3.27 一阶积分电路误差分析 图 7.3.28 C 上的并联电阻 R_3 用来模拟 C 的漏电

3. 积分运算电路实现电荷放

某些传感器属于电容性传感器,如压力传感器、压电式加速度传感器等。这类传感器的阻抗非常高,呈容性,输出电压很微弱。它们工作时,将产生正比于被测物理量的电荷量,且具有较好的线性度。积分运算电路可以将电荷量转换成电压量,电路如图 7.3.29 所示。

电容性传感器可等效为因存储电荷而产生的电动势 u_{t} 与一个输出电容 C_{t} 串联,如图中虚线框内所示。u_{t}、C_{t} 和电容上的电量 q 之间的关系为

图 7.3.29 电荷放电路

$$u_{\mathrm{t}}=\frac{q}{C_{\mathrm{t}}} \qquad (7.3.10)$$

在理想运放条件下,根据"虚短"和"虚断"的概念,$u_{+}=u_{-}=0$,为虚地。将传感器对地的杂散电容 C 短路,消除因 C 而产生的误差。得

$$\frac{u_{\mathrm{o}}}{\dfrac{1}{\mathrm{j}\omega C_1}}=-\frac{u_{\mathrm{t}}}{\dfrac{1}{\mathrm{j}\omega C_{\mathrm{t}}}}$$

整理上式得集成运放的输出电压

$$u_o = -\frac{\dfrac{1}{j\omega C_1}}{\dfrac{1}{j\omega C_t}}u_t = -\frac{C_t}{C_1}u_t$$

将式(7.3.10)代入,可得

$$u_o = -\frac{q}{C_1} \qquad\qquad (7.3.11)$$

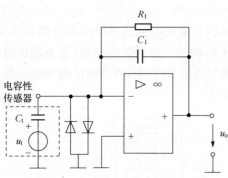

图 7.3.30　C_1 上并联电阻 R_1 电荷放电路

为了防止因 C_1 长时间充电导致集成运放饱和,常在 C_1 上并联电阻 R_1,如图 7.3.30 所示。并联 R_1 后,为了使 $\dfrac{1}{\omega C_1} \ll R_1$,传感器输出信号频率不能过低,$f$ 应大于 $\dfrac{1}{2\pi R_1 C_1}$。

为了减少传感器输出电缆的电容对放大电路的影响,一般常将电荷放大电路装在传感器内;为了防止传感器在过载时有较大的输出,则在集成运放输入端加保护二极管,如图 7.3.30 所示。

7.3.4　对数运算电路和指数运算电路

对数运算电路是利用 PN 结伏安特性所具有的指数规律,将二极管或者三极管分别接入集成运放的反馈回路和输入回路,可以实现对数运算和指数运算,而利用对数运算、指数运算和加减运算电路相组合,便可实现乘法、除法、乘方和开方等运算。

1. 对数运算电路

1) 二极管实现的对数运算电路

采用二极管实现的对数运算电路如图 7.3.31 所示。二极管的正向电流与端电压的近似关系为

$$i_D \approx I_S e^{\frac{u_D}{U_T}}$$

对上式取对数得

$$u_D = U_T \ln \frac{i_D}{I_S}$$

根据运算放大电路工作在线性区的理想依据,电路中,集成运放的同相输入端通过电阻 R_2 接地,即 $u_+ = u_- = 0$,为虚地。电路中,二极管 D 中电流等于电阻 R_1 中的电流

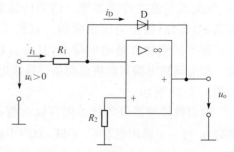

图 7.3.31　二极管的对数运算电路

$$\begin{cases} u_+ = u_- = 0 \\ i_1 = i_D \end{cases}$$

因此

$$i_1 = i_D = \frac{u_i}{R_1}$$

得电路的输出电压为

$$u_o = -u_D \approx -U_T \ln \frac{u_i}{I_S R_1} \tag{7.3.12}$$

式 (7.3.12) 表明, 电路的输出与输入呈现对数运算关系。运算关系与 U_T 和 I_S 有关, 所以运算精度受温度、二极管内部载流子的复合运动及较大电流时内阻不可忽略的影响。所以, 二极管的电流是在一定的电流范围才满足指数特性。为了扩大输入电压的动态范围, 实用电路中常用三极管取代二极管。

2) 三极管实现的对数运算电路

利用晶体三极管的对数运算电路如图 7.3.32 所示。由虚地概念得, 节点方程为

$$i_1 = i_D = \frac{u_i}{R_1}$$

在忽略晶体管基区体电阻压降且认为晶体管的共基电路放大系数 $\alpha = 1$ 的情况, 若 $u_{BE} \gg U_T$, 则

$$i_C = i_D \approx I_S e^{\frac{u_{BE}}{U_T}}$$

对上式取对数得

$$u_{BE} = U_T \ln \frac{i_C}{I_S}$$

得电路的输出电压为

$$u_o = -u_{BE} \approx -U_T \ln \frac{u_i}{I_S R_1} \tag{7.3.13}$$

式 (7.3.13) 与式 (7.3.12) 相同, 和二极管构成的对数运算电路一样。必须指出的是, 输出电压的幅度不可能超过 b-e 结压降。

对数放大电路的特性与 R_1 有关, 同时, 其输出特性也与所选用的三极管直接有关。R_1 的大小直接关系到输出电压幅度。电阻 R_2 的作用是抑制失调电压, 应选择 $R_2 = R_1$。

2. 指数运算电路

将对数运算电路中的电阻和晶体管互换, 便可得到指数运算电路, 如图 7.3.33 所示。由虚地概念得, 节点方程为

$$i_1 = i_T = -\frac{u_o}{R_1} = I_S e^{\frac{u_i}{U_T}}$$

得电路的输出电压为

$$u_o = -i_1 R_1 = -I_S e^{\frac{u_i}{U_T}} R_1 \tag{7.3.14}$$

式 (7.3.14) 表明, 电路的输出与输入呈现指数运算关系。为使晶体管导通, u_i 应大于零, 在发射结导通电压范围内, 其变化范围很小。从式 (7.3.14) 可以看出, R_1 的大小直接关系到输出电压幅度的大小。

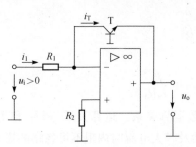

图 7.3.32　利用晶体三极管的对数运算电路

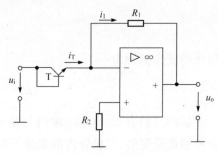

图 7.3.33　指数运算

7.3.5　对数和指数运算电路实现的乘法和除法运算电路

对数运算电路和指数运算电路实现的乘法运算电路的原理框图,如图 7.3.34 所示。

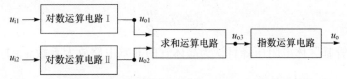

图 7.3.34　对数运算电路和指数运算电路实现的乘法运算电路的原理框图

图中两个输入信号 u_{i1}、u_{i2} 分别进行对数运算,并将对数运算输出信号 u_{o1}、u_{o2} 进行求和,对求和运算值 u_{o3} 进行指数运算,指数运算输出为输入信号 u_{i1}、u_{i2} 的乘积。

实现原理框图的具体电路如图 7.3.35 所示。

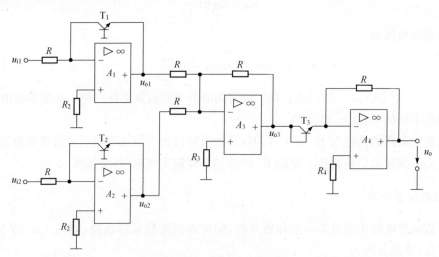

图 7.3.35　乘法运算电路

图 7.3.35 所示电路中

$$u_{o1} \approx -U_T \ln \frac{u_{i1}}{I_S R}, \quad u_{o2} \approx -U_T \ln \frac{u_{i2}}{I_S R}$$

为了满足指数运算电路输入电压的幅度要求,求和运算电路的系数为 1,故

$$u_{o3} = -(u_{o1} + u_{o2}) \approx -U_T \ln \frac{u_{i1} u_{i2}}{(I_S R)^2}$$

得电路的输出电压为

$$u_o \approx -I_S e^{\frac{u_{o3}}{U_T}} R \approx -\frac{u_{i1} u_{i2}}{I_S R} \tag{7.3.15}$$

式(7.3.15)说明对数运算电路和指数运算电路实现的乘法运算电路。

若将图 7.3.34 和图 7.3.35 所示电路中的求和运算电路换为求差分运算电路,则实现除法运算电路。

7.4　集成模拟乘法器及其在运算电路中的应用

7.4.1　模拟乘法器简介

模拟乘法器是实现两个模拟量相乘的非线性电子器件,利用它可以方便地实现乘法、除法、乘方和开方运算电路。实现模拟量乘法和除法的电路有多种方案,电路比较复杂,一般采用专用的集成电路,叫作集成乘法器。就对模拟集成乘法电路而言,多采用变跨导型电路。

1. 模拟乘法器的符号和等效电路

模拟乘法器的符号如图 7.4.1(a)所示,图中 u_x 和 u_y 是模拟乘法器的两个输入端,u_o 是模拟乘法器的一个输出端。模拟乘法器的输出电压为

$$u_o = k u_x u_y \tag{7.4.1}$$

式中,k 为乘法系数,其值 $+0.1V^{-1}$ 或 $-0.1V^{-1}$,当 $k = 1/(10V)$ 时,叫作 10V 制通用乘法器。

模拟乘法器的电路模型如图 7.4.1(b)所示。图中 r_{i1} 和 r_{i2} 是模拟乘法器的两个输入端的输入电阻,r_o 是模拟乘法器的输出电阻。

理想模拟乘法器应具备如下条件:

(1) r_{i1} 和 r_{i2} 值为无穷大;

(2) r_o 值为零;

(3) k 值不随输入信号幅值和频率的变化而变化;

(4) 当 u_x 或 u_y 为零时,电路为零,电路没有失调电压、电流和噪声。

从式(7.4.1)看出,乘法器每一个输入电压都可能有正负两个极性(也就是乘数的符号),这就会有四种输出组合。如果以输入的两个信号分别为纵横两个坐标,则乘法器输出的符号就会对应于四个坐标区,也就是数学上 xy 坐标平面的 4 个象限。对于乘法器来说,如果输入信号被限制为一种极性(例如,只能是正电压或负电压信号),则这种乘法器的输出信号的极性就只有一种,这种乘法器叫作一象限乘法器。如果对输入信号的电压极性没有限制,则这种乘法器的输入电压信号极性就会有四种组合状态,输出信号电压也会分别出现在 xy 坐标平面的四个象限,这种乘法器叫作四象限乘法器,四象限乘法器的传输特性如图 7.4.2 所示。

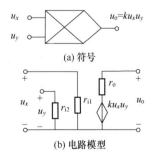

(a) 符号

(b) 电路模型

图 7.4.1　模拟乘法器的符号和电路模型

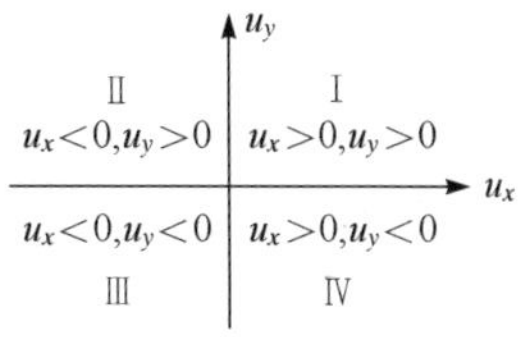

图 7.4.2　模拟乘法器的 4 个象限及传输特性

在上述条件下,无论 u_x 和 u_y 的波形、幅值、频率、极性如何变化,式(7.4.1)均成立。本节的分析均设模拟乘法器为理想器件。

2. 变跨导型模拟乘法器的工作原理

1) 四象限变跨导型模拟乘法器

图 7.4.3 是双差分对管模拟乘法器,它是电压输入,电流输出的乘法器。由图可见,它由三个差分对管组成,差分对管 T_1、T_2 和 T_3、T_4 分别由 T_5、T_6 提供偏置电流。I_o 为恒流源电流,差分对管 T_5、T_6 由 I_0 提供偏置电流。输入信号电压 u_1 交叉地加在 T_1、T_2 和 T_3、T_4 的输入端,输入电压 u_2 加在 T_5、T_6 的输入端。平衡调制器的输出电流为

$$i = i_1 - i_{II} = (i_1 + i_3) - (i_2 + i_4) = (i_1 - i_2) - (i_4 - i_3) \tag{7.4.2}$$

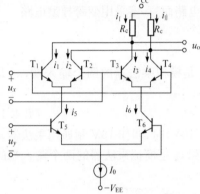

式中,$i_1 - i_2$、$i_4 - i_3$ 分别是差分对管 T_1、T_2 和 T_3、T_4 的输出差值电流。得

$$\begin{cases} i_1 - i_2 = i_5 \operatorname{th}\left(\dfrac{u_x}{2U_T}\right) \\[2mm] i_4 - i_3 = i_6 \operatorname{th}\left(\dfrac{u_x}{2U_T}\right) \\[2mm] i_5 - i_6 = I_0 \operatorname{th}\left(\dfrac{u_y}{2U_T}\right) \end{cases} \tag{7.4.3}$$

因此

$$i = I_0 \operatorname{th}\left(\frac{u_x}{2U_T}\right) \operatorname{th}\left(\frac{u_y}{2U_T}\right) \tag{7.4.4}$$

图 7.4.3　四象限变跨导型模拟乘法器

式(7.4.4)表明,i 和 u_x、u_y 之间是双曲正切函数关系,u_x 和 u_y 不能实现乘法运算关系。只有当 $u_x \leqslant 2U_T$ 和 $u_y \leqslant 2U_T$ 时,才能够实现理想的相乘运算。

$$i = \frac{I_0}{4U_T^2} u_x u_y \tag{7.4.5}$$

式(7.4.5)中,u_x 和 u_y 的线性动态范围比较小,需要对 u_x 和 u_y 的动态范围进行扩展,从而提高模拟乘法器的性能。

2) 扩展 u_y 的动态范围电路

为了扩大输入电压 u_y 的线性动态范围,可在 T_5、T_6 管发射极之间接入负反馈电阻 R_E。为了便于集成化,图中将电流源 I_0 分成两个 $I_0/2$ 的电流源,见图 7.4.4。

当接入 R_E 后双差分对管的输出差值电流为

$$i \approx \frac{2u_y}{R_E} \operatorname{th}\left(\frac{u_x}{2U_T}\right) \tag{7.4.6}$$

可以计算出 u_y 允许的最大动态范围为

$$-\left(\frac{1}{4} I_0 R_E + U_T\right) \leqslant u_y \leqslant \frac{1}{4} I_0 R_E + U_T \tag{7.4.7}$$

典型的模拟乘法器集成电路 MC1596 是常用的廉价且性能较好的乘法器。MC1596 的内部电路如图 7.4.5 所示。图中,$T_1 \sim T_6$ 共同组成双差分对管模拟乘法器,T_7、T_8 作为 T_5、T_6 的电流源。在端②与③之间的外接反馈电阻 R_E 用来扩展 u_y 的动态范围,端⑥和⑨上接电阻为两输出端的负载电阻,作为 u_x 信号从端⑦、⑧输入,u_y 信号从①、④输入。

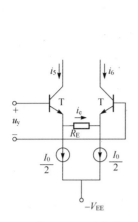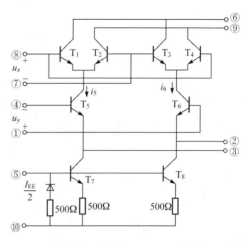

图 7.4.4　扩展 u_y 的动态范围电路　　　图 7.4.5　模拟乘法器 MC1596 的内部电路

3. 同时扩展 u_x、u_y 的动态范围电路

作为通用的模拟乘法器,还必须同时扩展 u_x 的动态范围,为此,在图 7.4.6 上增加 $T_7 \sim T_{10}$ 补偿电路,如图 7.4.6 所示。图中 T_7、T_8 是将集-基极短接的差分对管,在管发射极之间接入反馈电阻 R_{E1}。当接入补偿电路后双差分对管的输出差值电流为

$$i = \frac{4u_x u_y}{I_0' R_{E1} R_{E2}} \tag{7.4.8}$$

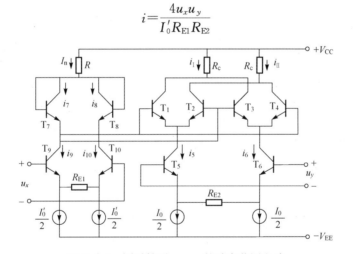

图 7.4.6　同时扩展 u_x、u_y 的动态范围电路

可以计算出 u_x、u_y 允许的最大动态范围为

$$\begin{cases} -\left(\dfrac{1}{4} I_0' R_{E1} + U_T\right) \leqslant u_x \leqslant \dfrac{1}{4} I_0' R_{E1} + U_T \\[2mm] -\left(\dfrac{1}{4} I_0 R_{E2} + U_T\right) \leqslant u_y \leqslant \dfrac{1}{4} I_0 R_{E2} + U_T \end{cases} \tag{7.4.9}$$

7.4.2　模拟乘法器的工程应用参数

（1）输出失调电压。输出失调电压的定义与运算放大电路失调电压的定义基本相同,产生的原因是乘法器无法做到在输入信号为零时输出为零。

（2）满量程误差。满量程误差定义为理想最大输出信号电压与实际输出最大信号之间的

相对误差。

（3）非线性误差。非线性误差是指在乘法器输出信号最大幅度范围内，理想输出信号与实际输出信号之间的最大相对误差。这个误差说明乘法器的传输特性并不是一条直线。

（4）误差温度系数。误差温度系数实质上是误差随温度变化的比率。

（5）小信号带宽。小信号带宽的定义与运算放大电路带宽的定义基本相同，使指乘法器增益降低为最大增益的 70.7% 时所对应的信号频率。

（6）转换速率，是指乘法器为单位增益（放大倍数为 1）、输入信号为最大幅度的方波电压时，乘法器输出电压的最大平均变化率。

工程中常用的乘法器电路为四象限乘法器。比较典型的是 MC1495、AD834，主要用于希望得到两输入信号线性乘积的信号处理场合。MC1495 用于一个输入电压信号与另一个幅度固定的开关信号（也叫作载波信号）相乘的场合，主要用在通信系统的幅度调制电路中。

7.4.3　模拟乘法器在运算电路中的应用

利用集成模拟乘法器和集成运放组合，通过各种不同的外接电路，可组成各种运算电路，还可组成各种函数发生器、调制解调和锁相环电路等。下面介绍几种基本应用。

1. 四象限乘方运算电路

1）平方运算电路

图 7.4.7　平方运算电路

图 7.4.7 所示电路是平方运算电路，输出电压为

$$u_o = ku^2 \tag{7.4.10}$$

2）3 次方运算电路和 4 次方运算电路

图 7.4.8 所示电路是 3 次方运算电路，输出电压为

$$u_o = ku^3 \tag{7.4.11}$$

图 7.4.9 所示电路是 4 次方运算电路，输出电压为

$$u_o = ku^4 \tag{7.4.12}$$

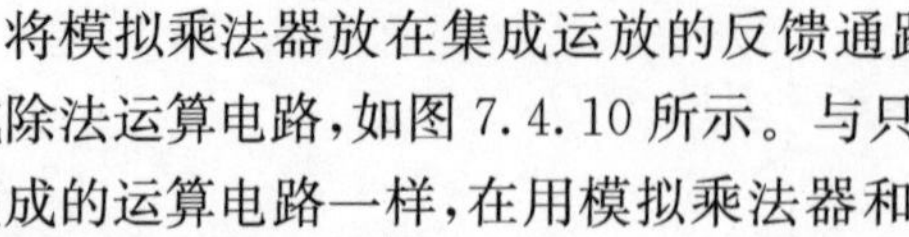

图 7.4.8　3 次方运算电路　　　　　　图 7.4.9　4 次方运算电路

2. 除法运算电路

将模拟乘法器放在集成运放的反馈通路中，便可构成除法运算电路，如图 7.4.10 所示。与只用集成运放组成的运算电路一样，在用模拟乘法器和集成运放共同构成运算电路时，也必须引入负反馈，据此可确定二者的连接方法。

根据理想集成运放和理想模拟乘法器条件，得图 7.4.10 所示电路的输出电压为

$$u_o = -\frac{R_2}{kR_1} \cdot \frac{u_{i1}}{u_{i2}} \tag{7.4.13}$$

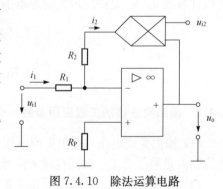

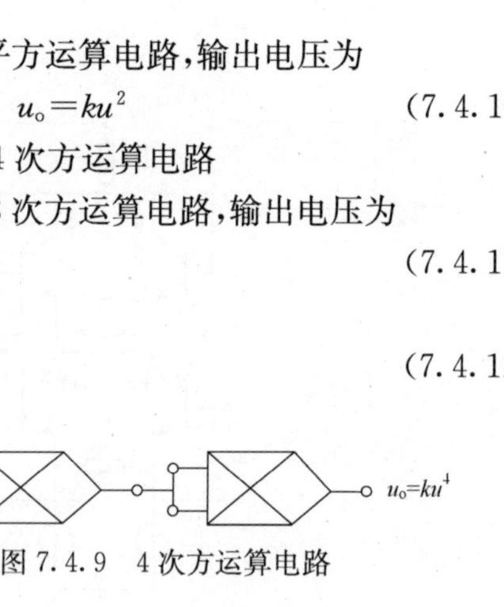

图 7.4.10　除法运算电路

3. 开方运算电路

在除法运算电路中,令 $u_{i2}=u_o$,就构成平方根运算电路,如图 7.4.11 所示。

根据理想集成运放和理想模拟乘法器条件,得图 7.4.11所示电路的输出电压为

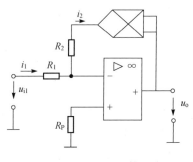

$$u_o=\sqrt{-\frac{R_2 u_{i1}}{kR_1}} \qquad (7.4.14)$$

注意:为了使根号下为正数,u_{i1} 与 k 必须符号相反。

图 7.4.11　开方运算电路

7.5　集成运算电压比较电路

电压比较器应用广泛。在信号变换电路中常将正弦和非正弦信号变换成矩形波。在自动控制系统经常要将一个模拟信号的大小与另一个模拟信号的大小进行比较,根据比较的结果来决定控制机构的动作。

电压比较器是反相输入端电位 u_- 与同相输入端电位 u_+ 进行大小比较,运算放大电路工作在开环状态。由于理想运算放大电路开环放大倍数为无穷大,因此即使是在两个输入端之间输入一个微小的信号,也能使放大电路饱和,即输出电压 u_o 为 $+U_{OM}$ 或 $-U_{OM}$,运算放大电路处于非线性工作状态。

7.5.1　单门限电压比较器

1. 反相输入电压比较器

输入电压 u_i 接入运算放大电路的反相输入端,参考电压 U_R 接入运算放大电路的同相输入端,输入电压与参考电压进行比较,如图 7.5.1(a)所示。u_i 在逐渐增大或减小过程中,u_i 的值大于或小于参考电压 U_R 时(门限电压),输出电压 u_o 产生跃变,从 $+U_{OM}$ 跃变为 $-U_{OM}$,或者从 $-U_{OM}$ 跃变为 $+U_{OM}$,如图 7.5.1(b)所示。图 7.5.1(b)是反相输入电压比较器的传输特性。

当输入电压小于参考电压时,即 $u_i-U_R<0$,输出电压 $u_o=+U_{OM}$。当输入电压大于参考电压时,即 $u_i-U_R>0$,输出电压 $u_o=-U_{OM}$。

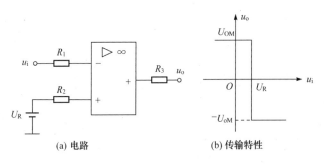

(a) 电路　　　　　　　　　　(b) 传输特性

图 7.5.1　反相输入电压比较器

如果参考电压 $U_R=0$ 时,输入电压与零进行比较,这时的比较器称反相过零比较器。电路与传输特性如图 7.5.2 所示。

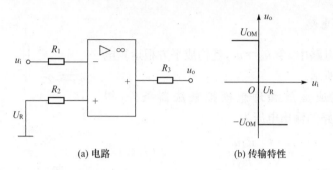

(a) 电路　　　　　　　　(b) 传输特性

图 7.5.2　反相输入电压过零比较器

例 7.5.1　反相输入限幅输出电压比较器如图 7.5.3(a)所示,电路中参考电压 $U_R=2V$,稳压二极管 $U_Z=5V$,电源电压 $+V_{CC}=12V$,输入信号电压动态范围为 $+5\sim-5V$。求:

(1) 电路输出电压,画传输特性曲线。

(2) 当参考电压 U_R 为零,即同相端接地,输入 u_i 为正弦信号时,画比较器的输出波形。

解　(1)图 7.5.1 所示反相输入电压比较器的两个输出极限电压 $+U_{OM}$ 和 $-U_{OM}$ 约为运放电源电压 $+V_{CC}$。若要限定输出极限电压的幅值,可在输出端接入两个反向串联的稳压二极管,如图 7.5.3(a)所示,图中 R_3 为稳压管限流电阻。

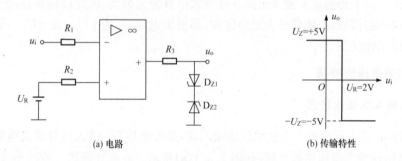

(a) 电路　　　　　　　　(b) 传输特性

图 7.5.3　反相输入限幅输出电压比较器

当输入电压 u_i 大于参考电压时,即 $u_i>U_R=2V$。反相电压比较器的输出电压约等于电源电压 $-U_{OM}\approx V_{CC}=-12V$。稳压二极管的作用,使得比较器输出电压的幅度被限制在 $-5V$,即 $u_o=U_Z=-5V$。

当输入电压 u_i 小于参考电压时,即 $u_i<U_R=2V$。反相电压比较器的输出电压约等于电源电压 $U_{OM}\approx V_{CC}=12V$。由于稳压二极管的作用,使得比较器输出电压的幅度被限制在 $+5V$,即 $u_o=U_Z=+5V$。

通过以上分析,可得反相输入限幅输出电压比较器电压传输特性如图 7.5.3(b)所示。

(2) 若参考电压 U_R 为零,即同相端接地,称为反相过零比较器,如图 7.5.4(a)所示。输入 u_i 为正弦信号,比较器的输出为矩形波,矩形波的幅度为 $u_o=U_Z=+5V$,如图 7.5.4(b)所示。

2. 同相输入电压比较器

电路输入电压 u_i 接入运算放大电路的同相输入端,参考电压 U_R 接入运算放大电路的反相输入端,如图 7.5.5(a)所示。u_i 在逐渐增大或减小过程中,u_i 的值大于或小于参考电压 U_R 时,输出电压 u_o 产生跃变,从 $-U_{OM}$ 跃变为 $+U_{OM}$,或者从 $+U_{OM}$ 跃变为 $-U_{OM}$,如图 7.5.5(b)

所示。

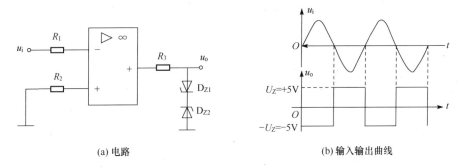

(a) 电路　　　　　　　　　　　　　(b) 输入输出曲线

图 7.5.4　反相过零比较器

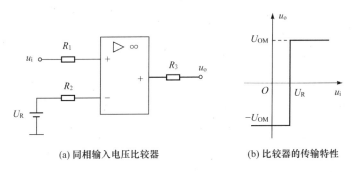

(a) 同相输入电压比较器　　　　　　(b) 比较器的传输特性

图 7.5.5　同相输入电压比较器

如果参考电压 $U_R = 0$ 时，输入电压与零进行比较，这时的比较器称为同相过零比较器，如图 7.5.6(a) 所示。电路的传输特性如图 7.5.6(b) 所示。若输入信号为正弦信号，输出波形如图 7.5.6(c) 所示。图 7.5.6(c) 与图 7.5.4(b) 比较，发现输出波形都是矩形波，但在正弦波一个周期内，比较器输出的矩形波方向相反。

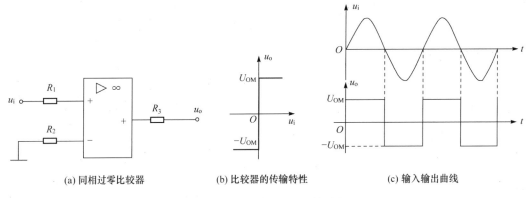

(a) 同相过零比较器　　　(b) 比较器的传输特性　　　　(c) 输入输出曲线

图 7.5.6　同相过零比较器

综上所述，分析一般单门限电压比较器传输特性的三个要素的方法如下。

（1）通过研究集成运放输出端所接的限幅电路来确定电压比较器的输出电压的幅值；

（2）写出集成运放同相输入端、反相输入端电位 u_+ 和 u_- 的表达式，令 $u_+ = u_-$，解得的输入电压就是阈值电压 U_T；

（3）u_o 在 u_i 过 U_T 时的跃变方向取决于 u_i 作用于集成运放的哪个输入端。当 u_i 从同相输入端输入(或通过电阻接通同相输入端)时，$u_i<U_T$，$u_o=-U_{OM}$；$u_i>U_T$，$u_o=+U_{OM}$。当 u_i 从反相端输入(或通过电阻接反相输入端)时，$u_i<U_T$，$u_o=+U_{OM}$；$u_i>U_T$，$u_o=-U_{OM}$。

7.5.2　双门限电压比较器

在实际工作中，时常遇到需要检测输入模拟信号的电平是否处在给定的两个门限电平之间，这就要求比较器有两个门限电平。这种比较器称为双门限比较器。

1. 窗口比较器

窗口比较器的电路如图 7.5.7(a)所示，电路由两个集成运放器组成，输入电压 u_i 各通过一个电阻 R 分别接到 A_1 的同相输入端和 A_2 的反相输入端，参考电压 U_{R1} 和 U_{R2} 分别加在 A_1 的反相输入端和 A_2 的同相输入端，其中 $U_{R1}>U_{R2}$，两个集成运放的输出端各通过一个二极管后并联在一起，成为双门限比较器的输出端。

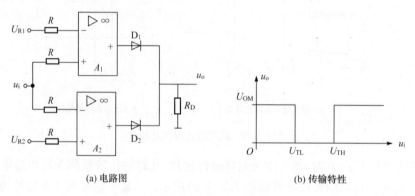

(a) 电路图　　　　　　　　　　　　　(b) 传输特性

图 7.5.7　双门限比较器

若 $u_i<U_{R2}<U_{R1}$，此时运放 A_1 输出低电平，A_2 输出高电平，于是二极管 D_1 截止，D_2 导通，则输出电压 $u_o=U_{OM}$，为高电平。

若 $u_i>U_{R1}>U_{R2}$，此时运放 A_1 输出高电平，A_2 输出低电平，于是二极管 D_1 导通，D_2 截止，则输出电压 $u_o=U_{OM}$，为高电平。

只有当 $U_{R2}<u_i<U_{R1}$ 时，运放 A_1、A_2 均输出低电平，二极管 D_1、D_2 均截止，则输出电压 $u_o=0$，为低电平。比较器的传输特性如图 7.5.7(b)所示。由图可见，这种比较器有两个门限电平，上限电平 U_{TH} 和下限电平 U_{TL}。在本电路中，$U_{TH}=U_{R1}$，$U_{TL}=U_{R2}$。由于图 7.5.7(b)所示其电压传输特性像一个窗口，故电路由此得名。

2. 迟滞比较器

顾名思义，迟滞比较器是一个具有迟滞回环传输特性的比较器，如图 7.5.8(a)所示。图 7.5.8(a)所示电路是反相输入迟滞比较器，如果将 u_i 与 U_R 位置互换，就可组成同相输入迟滞比较器。

图 7.5.8(a)组成了具有双门限值的反相输入迟滞比较器，它在反相输入单门限电压比较器的基础上引入了正反馈网络。由于正反馈作用，这种比较器的门限电压是随输出电压 u_o 的变化而改变的，图 7.5.8(b)是图 7.5.8(a)所示电路的电压传输特性。

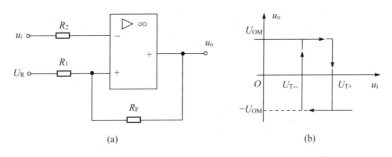

图 7.5.8 反相输入迟滞比较器

比较器中的运放处于正反馈状态。u_i 在逐渐增大或减小过程中,u_i 的数值大于或小于运算放大电路同相端电位 U_+ 时,输出电压 u_o 产生跃变。设运放是理想的,由图 7.5.8(a) 求得

$$\frac{U_R - U_+}{R_1} = \frac{U_+ - U_o}{R_F}$$

整理上式,得同相端电位 U_+ 为

$$U_+ = \frac{R_F}{R_1 + R_F} U_R + \frac{R_1}{R_1 + R_F} U_o$$

根据输出电压 u_o 的不同值($+U_{OM}$ 或 $-U_{OM}$),可求出上门限电压 U_{T+} 和下门限电压 U_{T-} 分别为

$$U_{T+} = \frac{R_F}{R_1 + R_F} U_R + \frac{R_1}{R_1 + R_F} U_{OM} \tag{7.5.1}$$

$$U_{T-} = \frac{R_F}{R_1 + R_F} U_R + \frac{R_1}{R_1 + R_F} (-U_{OM}) \tag{7.5.2}$$

门限宽度或回差电压为

$$\Delta U_T = U_{T+} - U_{T-} \tag{7.5.3}$$

讨论传输特性曲线。

设从 $u_i = 0$,$u_o = +U_{OM}$,$U_+ = U_{T+}$ 开始讨论。

当 u_i 由零向正方向增加到接近 $U_+ = U_{T+}$ 前,u_o 一直保持 $u_o = +U_{OM}$ 不变。当 u_o 增加到略大于 U_{T+} 时,u_o 由 $+U_{OM}$ 下跳到 $-U_{OM}$,即 $u_o = -U_{OM}$,同时使 $U_+ = U_{T+}$ 下跳到 $U_+ = U_{T-}$,u_i 再增加,u_o 保持 $u_o = -U_{OM}$ 不变,其传输特性如图 7.5.8(b)所示。

若减小 u_i,只要 $u_i > U_+ = U_{T-}$,则 $u_o = -U_{OM}$ 将始终保持不变,只有当 $u_i < U_+ = U_{T-}$ 时,u_o 才由 $u_o = -U_{OM}$ 跳变到 $u_o = +U_{OM}$,其传输特性如图 7.5.8(b)所示。

迟滞比较器由于存在回差电压,具有很强的抗干扰能力。但回差电压也导致了输出电压的滞后现象,使控制精度下降,因此在实际使用中要根据需要选择回差电压的大小。

例 7.5.2 设图 7.5.8 电路参数,$R_1 = 100\Omega$,$R_F = 10k\Omega$,输出 $u_o = \pm U_{OM} = 5V$,参考电压 $U_R = 1V$。计算上门限电压 U_{T+}、下门限电压 U_{T-} 及回差电压。如果参考电压 $U_R = 0V$,画出反相输入迟滞比较器电路,画出电压传输特性曲线。

解 上门限电压 U_{T+} 和下门限电压 U_{T-} 分别为

$$U_{T+}=\frac{R_F}{R_1+R_F}U_R+\frac{R_1}{R_1+R_F}U_{OM}=\frac{10\times10^3}{100+10\times10^3}\times1+\frac{100}{100+10\times10^3}\times5=1.04\text{V}$$

$$U_{T-}=\frac{R_F}{R_1+R_F}U_R+\frac{R_1}{R_1+R_F}(-U_{OM})=\frac{10\times10^3}{100+10\times10^3}\times1+\frac{100}{100+10\times10^3}\times(-5)=0.94\text{V}$$

计算回差电压

$$\Delta U_T=U_{T+}-U_{T-}=1.04-0.94=0.1\text{V}$$

如果参考电压 $U_R=0$V，反相输入迟滞比较器电路，如图 7.5.9(a)所示。电压传输特性曲线如图 7.5.9(b)所示。

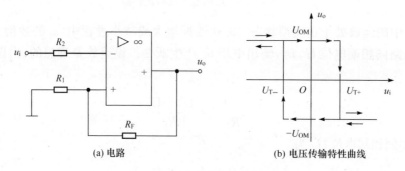

(a) 电路　　　　　　　　　　　(b) 电压传输特性曲线

图 7.5.9　反相输入迟滞比较器

7.6　集成运放的选择

通常情况下，在设计集成运放应用电路时，需要正确选择集成运算放大电路，在选择集成运算放大电路前要了解运放的类型，了解运放主要性能指标的意义，了解运放的外部电路结构。下面介绍集成运放的种类及正确选择运放的要求。

7.6.1　集成运放的种类

集成运放的种类很多，可从内部电路的工作原理、电路的可控性和电路参数的特点等方面分类。

1. 按工作原理分类

1）电压放大型

输出回路等效成由电压控制的电压源 $u_o=A_{od}u_i$。这类集成运算放大电路可实现电压放大。输出等效为电压源的运放，输出电阻很小，通常为几十欧。

2）电流放大型

输出回路等效成由电流控制的电流源 $i_o=A_{od}i_i$。这类集成运算放大电路可实现电流放大。输出等效为电流源的运放，输出电阻较大，通常为几千欧以上。

3）跨导型

跨导型集成运算放大电路是将输入电压转换成输出电流，输出回路等效成由电压控制的电流源 $i_o=A_{iu}u_i$。这类集成运算放大电路可实现输入电压、输出电流的放大。A_{iu} 的量纲为电导，它是输出电流与输入电压之比，故称为跨导。输出等效为电流源的运放，输出电阻较大，通常为几千欧以上。

　　4）互阻型

　　互阻型集成运算放大电路是将输入电流转换成输出电压,输出回路等效成由电流控制的电压源 $u_o = A_{iu} i_i$。这类集成运算放大电路可实现输入电流、输出电压的放大。A_{iu} 的量纲为电阻,它是输出电压与输入电流之比,故称为互阻。输出等效为电压源的运放,输出电阻很小,通常为几十欧。

　　2. 按可控性分类

　　1）可控增益运放

　　可控增益集成运算放大电路可分为两类电路,一类由外接的控制电压来调整开环差模增益,称为电压控制增益的放大电路;另一类是利用数字编码信号来控制开环差模增益的,这类运放是模拟电路与数字电路的混合集成电路,具有较强的编程功能。

　　2）选通控制运放

　　输入为多通道,输出为一个通道的选通控制集成运算放大电路。这类集成运算放大电路,是利用输入逻辑信号的选通作用来确定电路对哪个通道的输入信号进行放大。

　　3. 按性能指标分类

　　性能指标可分为通用型和特殊型两类。通用型运放用于无特殊要求的电路中。特殊型运放为了适应各种特殊要求,某一方面性能特别突出。

　　1）高阻型

　　高输入电阻的运放称为高阻型运放。它们的输入级的管输入电阻大于 10^9。该器件适用于测量电路中的放大电路、信号发生电路或采样保持电路。

　　2）高速型

　　高速型运放,它的增益带宽多在 10MHz 左右,有的高达千兆赫;转换速率大多在几十伏/微秒至几百伏/微秒,有的高达几千伏/微秒,适用于模-数转换器、数-模转换器、锁相环电路和视频放大电路。

　　3）高精度型

　　高精度型运放,它的失调电压和失调电流比通用型运放小两个数量级,而开环差模增益和共模抑制比均大于 100dB,适用于对微弱信号的精密测量和运算,常用于高精度的仪器设备中。可以说高精度型运放具有低失调、低温漂、低噪声、高增益等特点。

　　4）低功耗型

　　低功耗型运放具有静态功耗低,工作电源电压低等特点,它们的功耗只有几毫瓦,甚至更小,适用于能源有严格限制的情况,例如,空间技术、军事科学及工业中的遥感遥测等领域。

　　另外集成运算放大电路还可分为双电源供电和单电源供电;单运放、双运放和四运放;双极型和 CMOS 型。

7.6.2　放大电路中的干扰和噪声

　　在微弱信号放大时,干扰和噪声的影响不容忽视。因此,在选择集成运放和电路形式时要考虑抗干扰能力和抑制噪声能力。只有了解干扰信号的来源和噪声的来源,才能有效地抑制。

1. 干扰的来源及抑制措施

干扰信号常产生电磁波或尖峰脉冲,它通过电源线、磁耦合或传输线间的电容进入放大电路。较强的干扰常常来源于高压电网、电动机、电焊机、无线电发射装置以及雷电等。因此,为了减小干扰对电路的影响,在可能的情况下应远离干扰源,必要时加金属屏蔽罩;在已知干扰频率范围的情况下,还可在电路中加一个合适的有源滤波电路。并且在电源接入电路之处加滤波环节,通常将一个 $10\sim30\mu F$ 的胆电容和一个 $0.01\sim0.1\mu F$ 的独石电容并联接在电源接入处。

2. 噪声的来源及抑制措施

噪声的形式很多,只有了解噪声才能很好地抑制噪声。在电子电路中,因电子无序的热运动而产生的噪声,称为热噪声;因 PN 结载流子数目的随机变化而产生的噪声,称为散弹噪声;频谱集中在低频段且与频率成反比的噪声,称为闪烁噪声或 $1/f$ 噪声。晶体三极管和场效应管中存在上述 3 种噪声,而电阻中仅存在热噪声和 $1/f$ 噪声。

为了减小电阻产生的噪声,可选用金属膜电阻,且避免使用大阻值电阻;为了减小放大电路的噪声,可选用低噪声集成运放;当已知信号频率范围时,可加有源滤波电路;此外,在数据采集系统中,可提高放大电路输出的采样频率,剔除异常数据取平均值的方法,减小噪声影响。

7.6.3 集成运放的选择

在设计集成运放应用电路时,通常情况下,应根据以下几方面的要求选择运放。

(1) 信号源的性质。根据信号源的特性,考虑信号源是电压源还是电流源、内阻大小、输入信号的幅度及频率的变化范围等,选择运放的差模输入电阻、带宽、转换速率等指标参数。

(2) 负载的性质。根据负载的特性,考虑负载是容性负载或感性负载,考虑负载对频率参数的要求。确定所需运放的输出电压和输出电流的幅值、频率。

(3) 精度要求。根据精度要求,考虑电路的增益、响应时间、灵敏度。选择运放的开环差模增益、失调电压、失调电流及转换速率 SR 等指标参数。

(4) 环境条件。根据放大电路环境温度的变化,在选择运放时,考虑运放的失调电压及失调电流的温漂等参数。根据放大电路环境干扰信号特性,在选择运放时,考虑运放的抑制措施及抗干扰能力。

根据上述分析可以通过查阅手册等手段选择某一型号的运放,必要时还可以通过各种EDA 软件进行仿真,最终确定最满意的芯片。

本 章 小 结

本章的重点内容是介绍有关集成运算放大电路的基本概念、工程参数和应用分析。

在运算放大电路讨论中,着重讨论了理想运算放大电路的基本行为特性和应用分析的一般方法。同时也讨论了两种基本电路组态结构及分析技术。对于运算放大电路的基本工作参数作了简要介绍。本章讨论了运算放大电路构成模拟信号的数学运算电路,讨论了数学运算电路的电压传输特性、工作原理及应用。

电压比较电路是运算放大电路的一种应用。在信号变换电路中常将正弦和非正弦信号变换成矩形波。在自动控制系统经常要将一个模拟信号的大小与另一个模拟信号的大小进行比较,根据比较的结果决定控制机构的动作。

需要特别指出的是运算放大电路的频率特性是运算放大电路应用分析和电路设计中的重要依据。

本章中的所有例题都可以用仿真软件进行仿真分析。

思考题与习题

思考题

7.1 运算放大电路的两种基本组态形式有什么区别?

7.2 运算放大电路能否有类似三极管或场效应管那样的三种组态电路? 为什么?

7.3 什么样的运算放大电路叫作理想运算放大电路?

7.4 运算放大电路理想特性成立的条件是什么?

7.5 运算放大电路有哪些工程参数,这些参数代表了运算放大电路的什么特性?

7.6 运算放大电路的小信号频率特性和大信号频率特性有什么不同?

7.7 如果运算放大电路在使用中没有偏置电流通路,会产生什么后果?

7.8 如何使用 PSpice 分析运算放大电路?

7.9 使用 PSpice 分析电路时,应当注意运算放大电路的哪些物理特性?

7.10 如何使用 SystemView 分析运算放大电路应用电路?

7.11 使用 Workbench 分析运算放大电路时应当注意什么问题?

习题

7.12 绘制习题图 7.12 所示理想运算放大电路的等效电路。

7.13 设习题图 7.13 所示电路中使用理想运算放大电路,且只使用正电源。

(1) 设输入信号分别是正弦波、方波。试定性地绘制出电路的输出电压波形。

(2) 设图示电路中 $R_1 = R_2 = 10\text{kW}, R_f = 200\text{k}\Omega, v_i$ 分别是峰峰值 $V_{PP} = 20\text{mV}$,频率 $f = 10\text{kHz}$ 的正弦波和方波。用 Multisim 仿真电路,并与(1)的结果作对比。

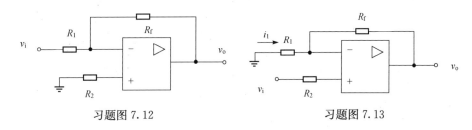

习题图 7.12　　　　　　　　习题图 7.13

7.14 对于习题图 7.12 所示电路,如果不能忽略运算放大电路两输入端之间的电阻,试绘制相应的等效电路,并根据等效电路推导出输出信号与输入信号之间的关系。

7.15 绘制习题图 7.15 所示电路的等效电路,指出电路能否正常工作并说明原因。提示:可用 Multisim 或 SystemView 仿真。

7.16 需要设计一个同相电压放大电路,输入信号的幅度为 10mV,输出信号要求达到 1V,信号最高频率为 200Hz,试用运算放大电路 LM324 设计一个电路,实现上述要求。

7.17 分析习题图 7.17 所示电路的行为特性。

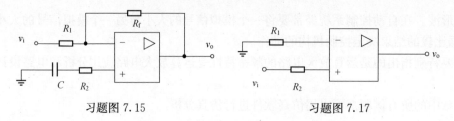

习题图 7.15　　　　　　　　　　　　　　习题图 7.17

7.18　分析习题图 7.18 所示电路的行为特点,指出方波信号的作用。

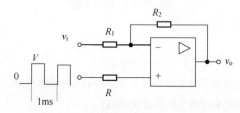

习题图 7.18

7.19　分析习题图 7.19 所示电路的行为特性,利用 Multisim 或 SystemView 对电路进行仿真,并给出输入信号为正弦波时的输出波形。图中使用的是理想运算放大电路。

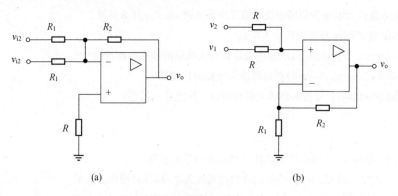

(a)　　　　　　　　　　　　　　　　(b)

习题图 7.19

7.20　电路如习题图 7.20 所示,已知 $R_2 \gg R_4$,$R_1 = R_2$。试问:

(1)电路的比例系数为多少?

(2)若 R_4 开路,则 u_o 与 u_i 的比例系数为多少?

7.21　分析习题图 7.20 所示电路的行为特性,利用 Multisim 对电路进行仿真,并给出输入信号为正弦波时的输出波形。图中使用的是理想运算放大电路。

7.22　反相求和电路如习题图 7.22 所示。图中 $R_f = 100\text{k}\Omega$、$R_1 = 50\text{k}\Omega$、$R_2 = 25\text{k}\Omega$、$R_3 = 20\text{k}\Omega$,输入信号幅度最大值为 $u_{i1} = 50\text{mV}$、$u_{i2} = 20\text{mV}$、$u_{i3} = 20\text{mV}$,频率为 100Hz 的正弦波。试求:

(1)输出信号 u_o 与输入信号 u_{i1}、u_{i2}、u_{i3} 的关系;

(2)平衡电阻 R_P 的值。

7.23　分析同相求和电路习题图 7.23,问:若 $R_0 /\!/ R_f = R_1 /\!/ R_2$,可以省去 R_3 吗?

7.24　微分电路输入一个三角波信号电压如习题图 7.24 所示,频率为 1Hz,幅度为 2.5V,不计 R_2 的影响,变化率 $du_i(t)/dt = 2.5/0.5\text{ms} = 5 \times 10^3$。画出电路输出波形(方波),并计算输出幅度。

7.25　习题图 7.25 中,设 $k_1 = 10\text{V}^{-1}$,$k_2 = 0.1\text{V}^{-1}$,则当 $N > 1$ 时,电路实现乘方运算。若 $N = 2$,则电路为平方运算电路;若 $N = 10$,则电路为 10 次幂运算电路。计算 N 次幂运算电路的输出输入电压的关系。

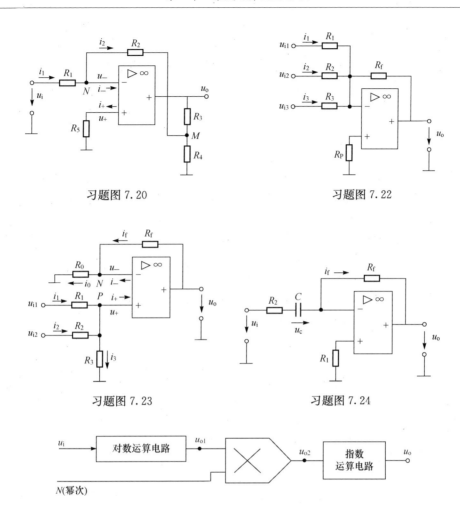

习题图 7.20　　　　　　　　习题图 7.22

习题图 7.23　　　　　　　　习题图 7.24

习题图 7.25

7.26　习题图 7.26 中,已知模拟乘法器的 $k=0.1\text{V}^{-1}$。

(1) 分析电路对 u_{i3} 的极性有要求吗?

(2) 求电路的运算关系式。

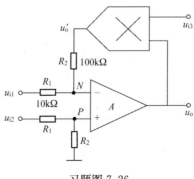

习题图 7.26

第8章 反馈放大电路的分析

8.1 负反馈的基本概念

8.1.1 反馈及反馈通路

在电子电路中,为了改善放大电路的性能,普遍采用反馈的方法。反馈是指将电路输出电量(电压或电流)的一部分或全部,通过电路的形式送回到输入回路,以影响输入电量(电压或电流)的过程。反馈体现了输出信号对输入信号的作用。

按照反馈放大电路各部分电路的主要功能可将其分为基本放大电路和反馈网络(反馈通路)两部分,如图8.1.1所示,此图是电路组成框图,是对系统的一种抽象概括。基本放大电路的主要功能是放大信号,反馈网络的主要功能是传输反馈信号。图中,x_i是反馈放大电路的输入信号(输入量);x_d是基本放大电路的净输入信号(净输入量),它不仅决定于输入信号(输入量),还与反馈信号(反馈量)有关;x_o是输出信号,x_f是反馈信号。图中,符号"⊕"表示比较环节(比较电路)。

基本放大电路的放大倍数为$A=x_o/x_d$,反馈网络的反馈系数为$F=x_f/x_o$。输入信号 x_i、输出信号 x_o、反馈信号 x_f、净输入信号 x_d可以是电压,也可以是电流。引入反馈以后的放大电路的放大倍数为 A_f。

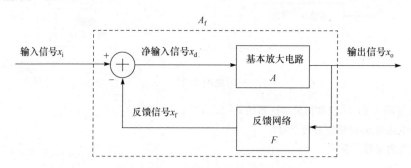

图8.1.1 反馈放大电路组成框图

判断一个放大电路中是否存在反馈,只要看该电路的输出回路与输入回路之间是否存在反馈网络,即反馈通路。若没有反馈网,则不能形成反馈,这种情况称为开环。若有反馈网络存在,则能形成反馈,称这种状态为闭环。图8.1.2(a)所示电路无反馈元件,是一个开环系统。而图8.1.2(b)有反馈元件 R_f,即输出电压信号经 R_f、R_1 分压后,回送到运放的反相输入端,故存在反馈。

8.1.2 反馈的分类

1. 正反馈与负反馈

反馈放大电路可分为正反馈放大电路和负反馈放大电路,由图8.1.1可以看出。

(1) 正反馈:在外加输入信号不变时,若反馈的信号能使基本放大电路的净输入信号增

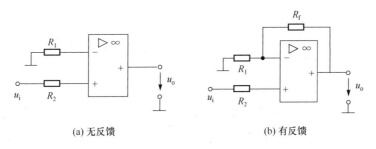

(a) 无反馈　　　　　　　　　　　　　　　(b) 有反馈

图 8.1.2　反馈与反馈通路

加,这种反馈称为正反馈。净输入量为 $x_d = x_i + x_f$。对于频率信号而言,正反馈就是反馈信号
与输入信号同相相加,从而提高输出信号。由图 8.1.1 可以看出。

(2) 负反馈:在外加输入信号不变时,若反馈的结果使基本放大电路的净输入信号减小,
这种反馈称为负反馈。净输入量为 $x_d = x_i - x_f$。对于频率信号而言,负反馈就是反馈信号与
输入信号反相相加,从而抑制输出信号的增加。由图 8.1.1 可以看出。

2. 直流反馈与交流反馈

按照反馈信号本身的交、直流性质可分为交流反馈和直流反馈。直流反馈的作用是稳定
静态工作点,对动态性能没有影响。交流反馈对动态性能有影响,而对静态工作点无影响。本
章主要讨论交流负反馈及其对电路动态持性的影响情况。

(1) 直流反馈:在电子电路中,反馈信号 x_f 中只有直流分量,叫作直流反馈。

(2) 交流反馈:在电子电路中,反馈信号 x_f 中只有交流分量,叫作交流反馈。

3. 电压反馈、电流反馈

电压反馈或电流反馈由反馈通路在放大电路输出端的取样决定。

(1) 电压反馈:如果把输出电压 u_o 的一部分或全部以一定的方式回送到输入端,则称为电
压反馈。反馈信号取自输出电压,这时反馈信号 x_f 和输出电压 u_o 成比例,即 $x_f = Fu_o$,电压反
馈的目的是使输出电压稳定。

(2) 电流反馈:如果把输出电流 i_o 的一部分或全部以一定的方式回送到输入端,则称为电
流反馈。反馈信号取自输出电流,这时反馈信号 x_f 和输出电流 i_o 成比例,即 $x_f = Fi_o$,电流反馈
的目的是使输出电流稳定。

4. 串联反馈、并联反馈

(1) 串联反馈:如果反馈信号与输入信号串联后再进入输入端,即反馈信号 x_f 与输入信号
x_i 以电压的形式叠加,净输入电压 $u_d = u_i + u_f$,叫作串联反馈。串联反馈的结果是改变净输入
电压。

(2) 并联反馈:如果反馈信号与输入信号并联后再进入输入端,即反馈信号 x_f 与输入信号
x_i 以电流的形式叠加,净输入电流 $i_d = i_i + i_f$,叫作并联反馈。并联反馈的结果是改变净输入电
流。

8.1.3　反馈的判断

1. 有无反馈的判断

若放大电路中存在反馈通路,并由此影响放大电路的净输入量,则表明电路引入了反馈,否则电路中便没有反馈。

例 8.1.1　判断图 8.1.3 所示电路有无反馈。

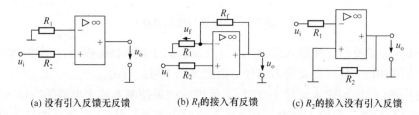

(a) 没有引入反馈无反馈　　　(b) R_f 的接入有反馈　　　(c) R_2 的接入没有引入反馈

图 8.1.3　反馈与反馈通路

解　在图 8.1.3(a)所示电路中,集成运放的输出端与同相输入端、反相输入端均无反馈通路,故电路中没有引入反馈。

在图 8.1.3(b)所示电路中,电阻 R_f 将集成运放的输出端与反相输入端相连接,因而影响放大电路的净输入量,所以该电路中引入了反馈。

在图 8.1.3(c)所示电路中,虽然电阻 R_2 跨接在集成运放的输出端与同相输入端之间,但是因为同相输入端接地,R_2 只不过是集成运放的负载,而不会影响放大电路的净输入量,所以该电路没有引入反馈。

2. 正反馈、负反馈的判断

在实际电路中,正、负反馈的判断通常采用瞬时极性法。首先,在基本放大电路输入端设定输入信号瞬时极性,标注为"⊕";然后逐级导出输出信号的瞬时极性;其次通过反馈通路导出反馈信号的瞬时极性,判定反馈信号对输入端的影响。若使净输入信号增强,则为正反馈;若使净输入信号减弱,则为负反馈。

例 8.1.2　判断图 8.1.4 所示集成运放电路是正反馈还是负反馈。

解　在图 8.1.4(a)所示电路中,R_f 是反馈网络的元件,输入信号从集成运放同相端输入,设同相输入端电位对地为"⊕",因而输出电压对地也为"⊕";u_o 在 R_f 和 R_1 回路产生电流,电流方向如图中所示,该电流在 R_1 上产生极性为右"⊕"左"⊖"的反馈电压 u_f,使反相输入端电位对地为正;由此导致集成运放的净输入电压 $u_d = u_i - u_f$ 的数值减小,说明电路引入了负反馈。

在图 8.1.4(b)所示电路中,输入信号从反相端输入,设集成运放反相输入端电位对地为"⊕",因而输出电压对地为"⊖"。由于 u_o 的作用使 R_f 产生电流 i_f,i_f 对 i_i 分流,导致集成运放的净输入电流 $i_d = i_i - i_f$ 的数值减小,说明电路引入了负反馈。

在图 8.1.4(c)所示电路中,输入信号从反相端输入,设输入电压的瞬时极性对地为"⊕",则输出电压 u_o 极性对地为"⊖";输出电压 u_o 作用于 R_f 和 R_1 回路产生电流,方向如图中所示,该电流在 R_1 上产生极性为左"⊕"右"⊖"的反馈电压 u_f,即同相输入端电位对地为"⊖",所以必然导致集成运放的净输入电压 $u_d = u_i + u_f$ 的数值增大,说明电路引入了正反馈。

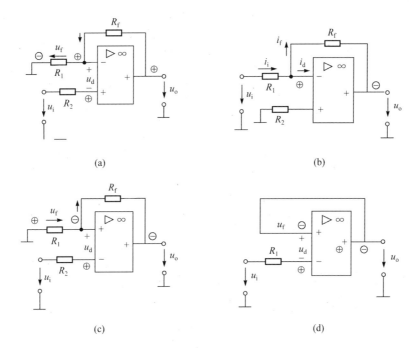

图 8.1.4　瞬时极性法判断反馈极性

在图 8.1.4(d)所示电路中,输入信号从反相端输入,设输入电压的瞬时极性对地为"⊕",则输出电压 u_o 极性对地为"⊖";输出电压 u_o 直接加到同相端,即同相输入端电位对地为"⊖",所以必然导致集成运放的净输入电压 $u_d = u_i + u_f$ 的数值增大,说明电路引入了正反馈。

从本例可知,单运放构成的反馈电路中,若反馈接回运放的同相端,则为正反馈;若接回反相端,则为负反馈。

对于分立元件电路,可以通过判断输入级放大管的净输入电压(b-e 间或 e-b 间电压,g-s 间或 s-g 间电压)或者净输入电流(i_B 或 i_E、i_S)因反馈的引入被增大还是被减小,来判断反馈的极性。

例 8.1.3　判断图 8.1.5 所示分立元件组成的反馈电路的正、负反馈。

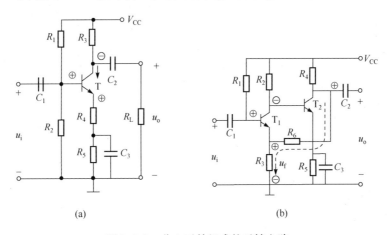

图 8.1.5　分立元件组成的反馈电路

解　图 8.1.5(a)所示电路中,R_4、R_5 构成反馈网络。因射极电容 C_3 的旁路作用,电阻 R_5 上不存在交流反馈信号,所以对交流反馈而言,只有 R_4 构成反馈通路。设输入信号的瞬时极性为"⊕",如图中所标,经 T 管倒相放大后,其集电极电位为"⊖",发射极电位为"⊕"(即反馈信号 u_f),因而使该放大电路的净输入信号电压 $u_{be}=u_d=u_i-u_f$ 比没有反馈电阻 R_4(即没有 R_4)时的减小,所以由 R_4 引入的交流反馈是负反馈。

图 8.1.5(b)所示电路中,R_6、R_3 构成反馈网络,设输入电压的瞬时极性对地为"⊕",因而 T_1 管的基极电位对地为"⊕",共射电路输出电压与输入电压反相,故 T_1 管的集电极电位对地为"⊖",即 T_1 管的集电极电位对地为"⊖";第二级仍为共射电路,故 T_2 管的集电极电位对地为"⊕",即输出电压 u_o 极性为上"⊕"下"⊖";输出电压 u_o 作用于 R_6 和 R_3 回路,产生电流,如图中虚线所示,从而在 R_3 上得到反馈电压 u_f;根据 u_f 的极性得到 u_f 极性为上"⊕"下"⊖",如图中所标注。作用的结果使 T_1 管 b-e 间电压减小,$u_d=u_i-u_f=u_{se}$ 故判定电路引入了负反馈。

3. 直流反馈与交流反馈的判断

判断直流反馈、交流反馈,可以通过反馈存在于放大电路的直流通路之中还是交流通路之中。若反馈存在于放大电路的直流通路,反馈为直流反馈;若反馈存在于放大电路的交流通路,反馈为交流反馈。

例 8.1.4　判断图 8.1.6 所示的反馈电路是直流反馈还是交流反馈。

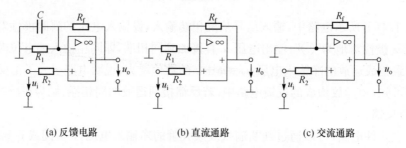

(a) 反馈电路　　　　　(b) 直流通路　　　　　(c) 交流通路

图 8.1.6　直流反馈与交流反馈的判断

解　在反馈电路(图 8.1.6(a))中,电容 C 对直流可视为开路,对交信号可视为短路,因此图 8.1.6(a)所示电路的直流通路和交流通路,分别为图 8.1.6(b)和(c)所示。在图 8.1.6(b)所示电路中,电阻 R_1 可产生直流反馈,在图 8.1.6(c)所示电路中,没有交流反馈。结论为本电路只有直流反馈。

例 8.1.5　判断图 8.1.7 所示的反馈电路是直流反馈还是交流反馈。

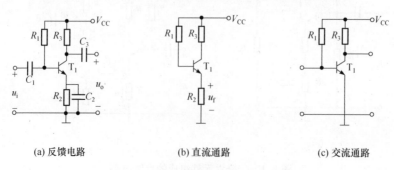

(a) 反馈电路　　　　　(b) 直流通路　　　　　(c) 交流通路

图 8.1.7　直流反馈与交流反馈的判断

解　在反馈电路(图 8.1.7(a))中,电容 C_1、C_2、C_3 对直流信号可视为开路,对交流信号可视为短路,因此图 8.1.7(a)所示的直流通路和交流通路,如图 8.1.7(b)和(c)所示,在图 8.1.7(b)所示电路中,电阻 R_2 可产生直流反馈;在图 8.1.7(c)所示电路中,没有交流反馈。结论本电路只有直流反馈。

4. 电压反馈与电流反馈的判断

判断电压反馈、电流反馈的常用方法是输出短路法,即假设输出电压 $u_o=0$,或令负载电阻 $R_L=0$,看反馈信号是否还存在。若反馈信号不存在了,则说明反馈信号与输出电压成比例,是电压反馈;若反馈信号还存在,则说明反馈信号不是与输出电压成比例,而是与输出电流成比例,是电流反馈。

例 8.1.6　判断图 8.1.8 所示的反馈电路是电压反馈还是电流反馈。

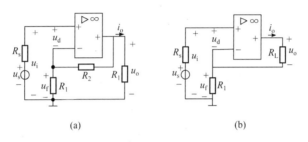

(a)　　　　　　　　　　　　　(b)

图 8.1.8　判断反馈电路是电压反馈还是电流反馈

解　在反馈电路(图 8.1.8(a))中,电阻 R_1、R_2 构成反馈通路。用输出短路法判断,令输出电压 $u_o=0$,则反馈信号不存在,这时反馈信号与输出电压成比例,即 $u_f=Fu_o$,当 $u_o=0$ 时,$u_f=0$,则图 8.1.8(a)所示电路是电压反馈。

在反馈电路(图 8.1.8(b))中,电阻 R_1、R_L 构成反馈通路。用输出短路法判断,令输出电压 $u_o=0$ 或负载电阻 $R_L=0$,则反馈信号存在,这时反馈信号与输出电流成比例,即 $i_f=Fi_o$,当 $i_o=0$ 时,$i_f=0$,则图 8.1.8(b)所示电路是电流反馈。

例 8.1.7　判断分立元件构成的反馈电路(图 8.1.9)是电压反馈还是电流反馈。

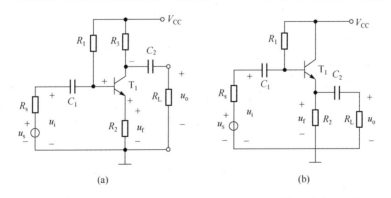

(a)　　　　　　　　　　　　　(b)

图 8.1.9　判断分立元件构成的反馈电路是电压反馈还是电流反馈

解　在反馈电路(图 8.1.9(a))中,电阻 R_2 构成反馈通路,电阻 R_2 上的电压为 $u_f=i_eR_2$,是本电路的交流反馈信号。用"输出短路法"判断,令输出电压 $u_o=0$ 或负载电阻 $R_L=0$,由于 $i_c\neq0$,所以 $i_e\neq0$,因此反馈信号 u_f 仍然存在,说明反馈信号与输出电流成比例,即 $i_f=Fi_o$,

图 8.1.9(a)所示电路是电流反馈。

在反馈电路(图 8.1.9(b))中,电阻 R_2、R_L 构成反馈通路,电阻 $R=R_2//R_L$ 上的电压为 $u_f=i_eR$,是本电路的交流反馈信号。用"输出短路法"判断,令输出电压 $u_o=0$ 或负载电阻 $R_L=0$,得 $u_f=0$,因此反馈信号 u_f 不存在,说明反馈信号与输出电压成比例,即 $u_f=Fu_o$,图 8.1.9(b)所示电路是电压反馈。

5. 串联反馈与并联反馈判断

判断串联反馈。反馈信号与输入信号相串联后再进入输入端,即反馈信号 x_f 与输入信号 x_i 以电压的形式叠加,净输入电压变化为 $u_d=u_i\pm u_f$。式中,$u_d=u_i-u_f$ 为串联负反馈,$u_d=u_i+u_f$ 为串联正反馈。

判断并联反馈。反馈信号与输入信号并联后再进入输入端,即反馈信号 x_f 与输入信号 x_i 以电流的形式叠加,净输入电流变化为 $i_d=i_i\pm i_f$。式中,$i_d=i_i-i_f$ 为并联负反馈,$i_d=i_i+i_f$ 为并联正反馈。

例 8.1.8 判断图 8.1.10 所示的反馈电路是串联反馈还是并联反馈。

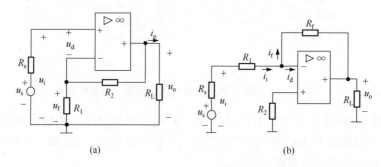

(a)   (b)

图 8.1.10 判断是串联反馈还是并联反馈

解 在反馈电路(图 8.1.10(a))中,电阻 R_1、R_2 构成反馈通路,并将输出电压分压后,在电阻 R_1 上产生反馈电压 u_f。反馈信号 u_f 与输入信号 u_i 以电压的形式叠加,即净输入电压变化为 $u_d=u_i-u_f$。所以图 8.1.10(a)是串联负反馈电路。

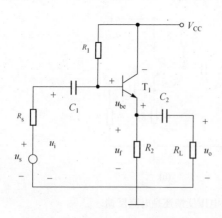

图 8.1.11 判断分立元件构成的反馈
电路是串联反馈还是并联反馈

在反馈电路(图 8.1.10(b))中,本电路是反向放大器,电阻 R_f 构成反馈通路,电路中的电流方向如图中所示,图中输入电流 i_i 与反馈电流 i_f 叠加,即净输入电流变化为 $i_d=i_i-i_f$。所以图 8.1.10(b)是并联负反馈电路。

例 8.1.9 判断分立元件构成的反馈电路(图 8.1.11)是串联反馈还是并联反馈。

解 在反馈电路(图 8.1.11)中,电阻 R_2 构成反馈通路,电阻 R_2 上的电压为 $u_f=i_eR_2$,是本电路的交流反馈信号。反馈信号 u_f 与输入信号 u_i 以电压的形式叠加,即净输入电压变化为 $u_d=u_{be}=u_i-u_f$。所以图 8.1.11 是串联负反馈电路。

8.2 负反馈放大电路的四种基本组态

8.1 节介绍了电压与电流反馈、串联与并联反馈的概念。根据输出端取样对象和输入端连接方式的区别,负反馈放大电路有 4 种基本组态,电压串联负反馈、电压并联负反馈、电流并联负反馈和电流串联负反馈。本节将以例题形式介绍交流负反馈的 4 种基本组态及特点。主要介绍交流负反馈的 4 种基本组态的连接方式及电路组成框图,计算电路的基本参量。

8.2.1 电压串联负反馈

例 8.2.1 电压串联负反馈电路如图 8.2.1(a)所示,分析电路连接方式、电路组成框图、基本参量。

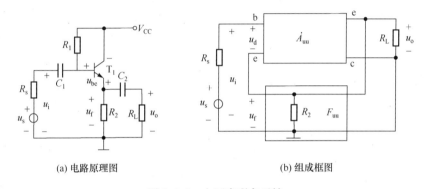

(a) 电路原理图　　　　　　　　　　(b) 组成框图

图 8.2.1　电压串联负反馈

解 图 8.2.1(a)电路是由三极管构成的共集放大电路,实现射极输出器的功能。

(1) 电路组成框图。根据电路原理图的交流通路、电压反馈、串联负反馈电路连接方式,得电路的组成框图如图 8.2.1(b)所示。图中,基本放大电路是由图 8.2.1(a)中的三极管构成的有源二端口网络,即基本放大网络 $\dot{A}_{uu}$;反馈通路是由图 8.2.1(a)中的电阻 R_2 构成的一个无源二端口网络,即反馈网络 F_{uu}。图中,反馈网络的输入端与基本放大电路的输出端口并联连接;而反馈网络的输出端与基本放大电路的输入端口串联连接。

(2) 连接方式。①在电路的输出端,三极管构成基本放大电路,输出信号由三极管的发射极输出,在负载电阻 R_L 上获得输出电压 u_o。反馈通路由电阻 R_2 构成,并与负载电阻并联,实现反馈信号的电压取样,即 $u_f = u_o$。根据"输出短路法"判定电路的输出端是电压反馈。②在电路的输入端,反馈电阻 R_2 与三极管的 b-e 串联,在输入回路中实现电压求和,即 $u_i = u_{be} + u_f = u_d + u_f$。在输入端实现电压的求和,说明反馈通路与基本放大电路串联连接,即净输入电压变化为 $u_d = u_i - u_f = u_i - u_{be}$,输入端是串联反馈。③在输入电压不变的情况下,若由于某种原因引起输出电压 u_o 增大,势必引起反馈信号 u_f 增大,导致净输入电压 $u_{be} = u_d$ 减少,从而使输出电压 u_o 减少,实现负反馈作用。上述过程可表示为

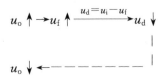

以上分析可知,图 8.2.1(a)所示电路的功能是输入电压控制输出电压,是电压放大电路。

具有稳定输出电压的功能。

(3) 基本参量。反馈放大电路由基本放大电路和反馈网络组成。可用开环放大倍数 A 和反馈系数 F 分别描述两个网络的特性。基本放大电路的开环放大倍数 A 定义为输出与净输入量之比。反馈网络的反馈系数 F 定义为反馈量与输出量(反馈网络的输入)之比。在电压串联负反馈电路中,净输入量、反馈量、输出量均是电压信号。开环放大倍数(电压放大倍数)及反馈系数分别为

$$A_{uu} = \frac{u_o}{u_d} \tag{8.2.1}$$

$$F_{uu} = \frac{u_f}{u_o} \tag{8.2.2}$$

式中,A_{uu} 和 F_{uu} 均是电压之比,无量纲。

例 8.2.2　绘制图 8.2.2 所示电路原理图的电压串联负反馈电路组成框图。

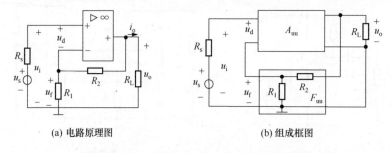

(a) 电路原理图　　　　　　　　　(b) 组成框图

图 8.2.2　运放组成的电压串联负反馈

解　图 8.2.2(a)中,集成运放组成基本放大电路,电阻 R_1、R_2 构成反馈网络。电路原理图构成的组成框图如图 8.2.2(b)所示。图中,反馈网络的输入端与基本放大电路的输出端口并联连接,以实现反馈信号的电压取样;而反馈网络的输出端与基本放大电路的输入端口串联连接,实现电压求和,即 $u_i = u_d + u_f$,式中反馈量 $u_f = \dfrac{R_1}{R_1 + R_2} u_o$。

8.2.2　电压并联负反馈

例 8.2.3　电压并联负反馈电路如图 8.2.3(a)所示,分析电路连接方式、电路组成框图、基本参量。

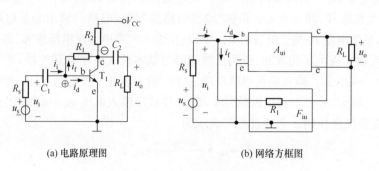

(a) 电路原理图　　　　　　　　　(b) 网络方框图

图 8.2.3　电压并联负反馈

解　图 8.2.3(a)所示电路是由三极管构成的共发射极放大电路,实现集电极输出的

功能。

（1）电路组成框图。根据电路原理图的交流通路和电压反馈、并联负反馈电路连接方式，得电路的组成框图，如图 8.2.3(b)所示。图中，基本放大电路，是由图 8.2.3(a)中的三极管构成的有源二端口网络，即基本放大网络 A_{ui}；反馈通路是由图 8.2.3(a)中的电阻 R_1 构成的一个无源二端口网络，即反馈网络 F_{iu}。图中，反馈网络的输入端与基本放大电路的输出端口并联连接。反馈网络的输出端与基本放大电路的输入端口并联连接。

（2）连接方式。①在电路的输出端，三极管构成基本放大电路，输出信号由三极管的集电极输出，在负载电阻 R_L 上获得输出电压 u_o。反馈通路由电阻 R_1 构成，连接在三极管的集电极与基极之间，在集电极实现反馈信号的电压取样，即 $u_f = u_o$。根据输出短路法判定电路的输出端是电压反馈。②在电路的输入端，反馈电阻 R_1 连接在三极管的基极与集电极之间，在基极形成电流的分流。分流电流叫作反馈电流 i_f。反馈电流的形成，说明反馈通路与基本放大电路并联连接，在基极实现电流求和，即 $i_i = i_d + i_f$。式中反馈电流为 $i_f = \dfrac{u_i - (-u_o)}{R_1}$，表明反馈量取自输出电压 u_o，且转换成反馈电流 i_f。这时的净输入电流变化为 $i_d = i_i - i_f$，输入端是并联反馈。③在输入电压不变的情况下，若由于某种原因引起输出电压 u_o 减少，势必引起反馈信号 i_f 增大，导致净输入电流 i_d 的减少，从而使输出电压 u_o 增大。实现负反馈作用。上述过程可表示为

$$u_o \downarrow \longrightarrow i_f \uparrow \xrightarrow{\quad i_d = i_i - i_f \quad} i_d \downarrow \longrightarrow u_o \uparrow$$

以上分析可知，图 8.2.3(a)所示电路的功能是将反馈电压通过反馈网络转换成电流，利用电流控制输出电压，实现稳定输出电压的功能。

（3）基本参量。①基本放大电路的开环放大倍数 A 定义为基本放大电路的输出电压与净输入电流量之比。②反馈网络的反馈系数 F 定义为反馈网络的输出电流（反馈量）与基本放大电路的输出电压（反馈网络的输入）之比。

在电压并联负反馈电路中净输入量和反馈量是电流信号，输出量是电压信号，所以，开环放大倍数（电阻增益）和反馈系数分别为

$$A_{ui} = \frac{u_o}{i_d} \tag{8.2.3}$$

$$F_{iu} = \frac{i_f}{u_o} \tag{8.2.4}$$

式中，A_{ui} 具有电阻的量纲，F_{iu} 具有电导的量纲。

8.2.3　电流并联负反馈

例 8.2.4　电流并联负反馈电路如图 8.2.4(a)所示。图中用了两个三极管构成的多级放大电路实现电流并联负反馈。试分析电路连接方式、电路组成框图、基本参量。

解　（1）电路组成框图。根据电路原理图的交流通路、电流反馈、并联负反馈电路连接方式，得电路的组成框图，如图 8.2.4(b)所示。图中，基本放大电路，是由图 8.2.4(a)中的三极管构成的有源二端口网络，即基本放大网络 A_{ii}。反馈通路是由图 8.2.4(a)中的电阻 R_f 和 R_{e2} 构成的一个无源二端口网络，即反馈网络 F_{ii}。图中，反馈网络的输入端与基本放大电路的输出端口串联连接；反馈网络的输出端与基本放大电路的输入端口并联连接。

（2）连接方式。①在电路的输出端，三极管 T_1、T_2 构成基本放大电路，电阻 R_f、R_{e2} 构成反

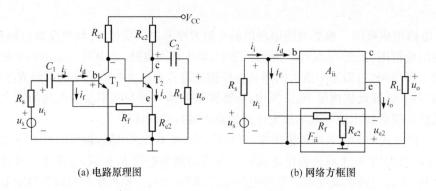

(a) 电路原理图　　　　　　　　　　　(b) 网络方框图

图 8.2.4　电流并联负反馈

馈通路。反馈信号取自 T_2 管发射极的输出电流 i_o,实现电流取样。根据"输出短路法"判定电路的输出端是电流反馈。②在电路的输入端,电阻 R_f 连接在 T_1 管的基极与 T_2 管的发射极之间,在 T_1 管的基极形成电流的分流。分流电流叫作反馈电流 i_f。反馈电流的形成说明反馈通路与基本放大电路并联连接,在 T_1 管的基极实现电流求和,即 $i_i = i_d + i_f$。式中反馈电流为

$i_f = \dfrac{u_i - (-u_{e2})}{R_f} = \dfrac{i_o R_{e2}}{R_f} \approx \dfrac{(i_o - i_f)R_{e2}}{R_f}$,表明反馈信号取自输出电流 i_o,且转换成反馈电流 i_f。

这时的净输入电流变化为 $i_d = i_i - i_f$,输入端是并联反馈。③本电路是负反馈放大电路。电路的瞬时极性如图 8.2.4(a)所示。在输入电压不变的情况下,若由于某种原因引起输出电流电压 i_o 减少,势必引起反馈信号 i_f 增大,导致净输入电流 i_d 的减少,从而使输出电流 i_o 增大。

$$i_o \downarrow \rightarrow i_o R_{e2} \downarrow \rightarrow i_f \uparrow \xrightarrow{i_d = i_i - i_f} i_d \downarrow \rightarrow i_o \uparrow$$

以上分析可知,图 8.2.4(a)所示电路的功能是输入电流控制输出电流,是电流放大电路,具有稳定输出电流的功能。

(3) 基本参量。在电流并联负反馈电路中,净输入量、反馈量和输出量都是电流信号,所以,开环放大倍数(电流放大倍数)和反馈系数分别为

$$A_{ii} = \frac{i_o}{i_d} \tag{8.2.5}$$

$$F_{ii} = \frac{i_f}{i_o} \tag{8.2.6}$$

式中,A_{ii} 和 F_{ii} 均是电流之比,无量纲。

8.2.4　电流串联负反馈

例 8.2.5　三极管构成的分压偏置共射极放大电路如图 8.2.5(a)所示,本电路实现电流串联负反馈。分析电路连接方式、电路组成框图、基本参量。

解　(1) 电路组成框图。根据电路原理图的交流通路和电流串联负反馈的电路连接方式,得电路的组成框图如图 8.2.5(b)所示。图中,基本放大电路是由图 8.2.5(a)中的三极管、电阻构成的有源二端口网络,即基本放大网络 A_{iu};反馈通路是由图 8.2.5(a)中的电阻 R_e 构成的一个无源二端口网络,即反馈网络 F_{ui}。图中,反馈网络的输入端与基本放大电路的输出端串联连接。反馈网络的输出端与基本放大电路的输入端串联连接。

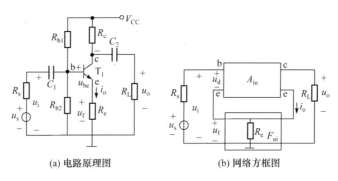

図(a) 电路原理图　　　　　　　　(b) 网络方框图

图 8.2.5　电流串联负反馈

（2）连接方式。①在电路的输出端，基本放大电路由三极管 T_1 构成，电阻 R_e 构成反馈通路。反馈通路连接到 T_1 管的发射极，取自 T_1 管发射极的输出电流 i_o，实现电流取样。根据"输出短路法"判定电路的输出端是电流反馈。②在电路的输入端，反馈电阻 R_e 与三极管的 b-e 串联，在输入回路中实现电压求和，即 $u_i = u_{be} + u_f = u_d + u_f$。在输入端实现电压的求和说明反馈通路与基本放大电路串联连接，即净输入电压变化为 $u_d = u_i - u_f = u_i - u_{be}$，式中反馈电压为 $u_f = i_o R_e$，表明反馈信号取自输出电流 i_o，且转换成反馈电压 u_f。③本电路是负反馈放大电路。电路的瞬时极性见图 8.2.5(a)。在输入电压不变的情况下，若由于某种原因引起输出电流电压 i_o 减少，势必引起反馈信号 u_f 减少，导致净输入电压 $u_d = u_i - u_f$ 的增大，从而使输出电流 i_o 增大，即

$$i_o \downarrow \rightarrow u_f \downarrow \xrightarrow{u_d = u_i - u_f} u_d \uparrow \rightarrow i_o \uparrow$$

电流串联负反馈电路如图 8.2.5(a)所示。

以上分析可知，图 8.2.5(a)所示电路的功能是输入电压控制输出电流，是电压转换成电流的放大电路，电路具有稳定输出电流的功能。

（3）基本参量。在电流串联负反馈电路中，净输入量和反馈量都是电压信号，输出量是电流信号，所以，开环放大倍数（电导增益）和反馈系数分别为

$$A_{iu} = \frac{i_o}{u_d} \tag{8.2.7}$$

$$F_{ui} = \frac{u_f}{i_o} \tag{8.2.8}$$

式中，A_{iu} 具有电导量纲，F_{ui} 具有电阻量纲。

例 8.2.6　试判断图 8.2.6 所示电路级间反馈的极性（是正反馈还是负反馈）、反馈的性质（是直流反馈还是交流反馈）和组态。

解　根据瞬时极性法，见图中的"⊕"、"⊖"号，可知电路是负反馈。因电容 C 的存在，反馈信号中只有交流成分，所以是交流反馈。因反馈信号和输入信号加在差分放大电路两个输入端，故为串联反馈。因反馈信号与输出电压成比例，故为电压反馈。所以 R_4 和 C 引入的是电压串联交流负反馈。集成运算与电阻 R_3 构成的是电压并联负反馈。

在分析反馈电路时，首先找出反馈元件及反馈信

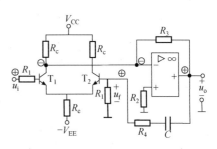

图 8.2.6　例 8.2.6 电路

号,然后通过列出反馈信号与输出信号的关系式,分析反馈信号与输出量之间的关系,从而判断反馈的组态;然后采用瞬时极性法判断反馈的极性(正反馈/负反馈);还应根据反馈支路是否有电容元件判断反馈的性质(交流反馈/直流反馈),应该引起注意的是直流反馈没有组态的概念。

8.2.5　4种基本组态的电路组成框图

4种基本组态的电路组成框图如图 8.2.7 所示。

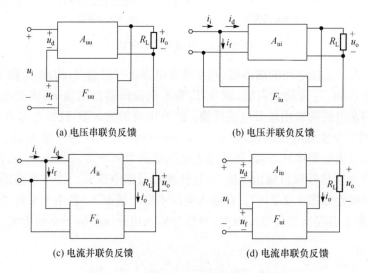

(a) 电压串联负反馈　　　　　　　　(b) 电压并联负反馈

(c) 电流并联负反馈　　　　　　　　(d) 电流串联负反馈

图 8.2.7　4种基本组态的电路组成框图

不同的反馈组态,A、F、A_f 的物理意义不同,量纲也不同,电路实现的控制关系不同,其功能也不同,4 种组态的负反馈放大电路的比较如表 8.2.1 所示。

表 8.2.1　4种组态的负反馈放大电路的比较

反馈组态	x_i、x_f、x_d	x_o	A	F	A_f	功能
电压串联	u_i、u_f、u_d	u_o	$A_{uu}=\dfrac{u_o}{u_d}$	$F_{uu}=\dfrac{u_f}{u_o}$	$A_{uuf}=\dfrac{u_o}{u_i}$	u_i控制 u_o 电压放大
电压并联	i_i、i_f、i_d	u_o	$A_{ui}=\dfrac{u_o}{i_d}$	$F_{iu}=\dfrac{i_f}{u_o}$	$A_{uif}=\dfrac{u_o}{i_i}$	i_i控制 u_o 电流转换成电压
电流并联	i_i、i_f、i_d	i_o	$A_{ii}=\dfrac{i_o}{i_d}$	$F_{ii}=\dfrac{i_f}{i_o}$	$A_{iif}=\dfrac{i_o}{i_i}$	i_i控制 i_o 电流放大
电流串联	u_i、u_f、u_d	i_o	$A_{iu}=\dfrac{i_o}{u_d}$	$F_{ui}=\dfrac{u_f}{i_o}$	$A_{iuf}=\dfrac{i_o}{u_i}$	u_i控制 i_o 电压转换成电流

8.3　负反馈放大电路的分析计算

根据负反馈放大电路的组成框图,计算负反馈放大电路的增益,并讨论深度负反馈电路的增益及低频输入时的输入、输出电阻。

8.3.1　负反馈放大电路增益的表达式

为了分析方便,我们将反馈放大电路方框图 8.1.1 重画于图 8.3.1 所示。图中各量之间的关系如下。

基本放大电路的净输入信号为

$$x_d = x_i - x_f \tag{8.3.1}$$

基本放大电路的增益为

$$A = \frac{x_o}{x_d} \tag{8.3.2}$$

反馈网络的反馈系数为(开环增益)

$$F = \frac{x_f}{x_o} \tag{8.3.3}$$

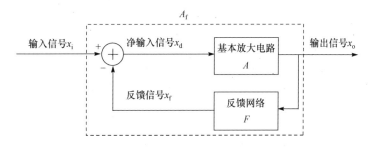

图 8.3.1　负反馈放大电路的一般方框图

负反馈放大电路的增益(闭开环增益)为

$$A_f = \frac{x_o}{x_i} \tag{8.3.4}$$

将式(8.3.1)~式(8.3.3)代入式(8.3.4),得负反馈放大电路的增益的一般表达式为

$$A_f = \frac{x_o}{x_i} = \frac{A x_d}{x_d + x_f} = \frac{A}{\left(1 + \dfrac{x_f}{x_d}\right)} = \frac{A}{1 + AF} \tag{8.3.5}$$

式中,AF 是信号经由放大器 A 和反馈网络 F 所组成的闭合环路的传输系数,常称为环路增益。

$$AF = \frac{x_o}{x_d} \cdot \frac{x_f}{x_o} = \frac{x_f}{x_d} \tag{8.3.6}$$

由式(8.3.5)可以看出,引入负反馈后,放大电路的闭环增益 A_f 改变了,其大小与 $1+AF$ 这一因数有关。

$$D = \frac{A}{A_f} = 1 + AF \tag{8.3.7}$$

$1+AF$ 是衡量反馈程度的重要指标,负反馈放大电路的所有性能的改变程度都与 $1+AF$ 有关。通常把 $1+AF$ 的大小称为反馈深度。下面我们对 $1+AF$ 进行讨论。

(1) 当 $|1+AF| > 1$ 时,$|A_f| < |A|$,表示引入反馈后,放大器的闭环增益下降,可见这是负反馈的情况。放大器闭环增益下降的原因是放大器的净输入 x_d 被削弱。当 $|1+AF| \gg 1$ 时,$|A_f| \approx \dfrac{1}{|F|}$,说明在深度负反馈条件下,放大器的闭环增益几乎取决于反馈系数,而与开环

增益的具体数值无关。

(2) 当 $|1+AF| < 1$ 时, $|A_f| > |A|$,表示反馈使放大器的闭环增益提高,反馈属于正反馈。同样,放大器闭环增益提高的原因是放大器的净输入 x_d 被增大。

(3) 当 $|1+AF| = 0$ 时,闭环增益 $|A_f| = \infty$,这意味着反馈放大器在没有输入信号的情况下,仍然有信号的输出,这种状态称为自激振荡。

例 8.3.1 如图 8.3.1 所示,基本放大电路的放大倍数为 $A = 5000$,求:反馈系数为 $F = 0.02$ 和 $F = 0.04$ 时,闭环放大倍数 A_f、环路增益及反馈深度。在满足深度负反馈条件下,求闭环放大倍数 A_f。

解 当 $F = 0.02$ 时,闭环放大倍数

$$A_f = \frac{A}{1+AF} = \frac{5000}{1+5000 \times 0.02} \approx 49.5$$

环路增益

$$AF = 5000 \times 0.02 = 100$$

反馈深度

$$1+AF = 1+5000 \times 0.02 = 101 \gg 1$$

在深度负反馈条件下,$1+AF = 101 \gg 1$ 时,闭环放大倍数为

$$A_f \approx \frac{1}{F} = \frac{1}{0.02} = 50$$

当 $F = 0.04$ 时,闭环放大倍数

$$A_f = \frac{A}{1+AF} = \frac{5000}{1+5000 \times 0.04} \approx 24.9$$

环路增益

$$AF = 5000 \times 0.04 = 200$$

反馈深度

$$1+AF = 1+5000 \times 0.04 = 201$$

在深度负反馈条件下,$1+AF = 201 \gg 1$ 时,闭环放大倍数为

$$A_f \approx \frac{1}{F} = \frac{1}{0.04} = 25$$

由此例题可知在深度负反馈 $|1+AF| \gg 1$ 条件下,放大器的闭环增益几乎取决于反馈系数,而与开环增益的具体数值无关。

例 8.3.2 已知某电压串联负反馈放大电路在中频区的反馈系数 $F_{uu} = 0.02$,输入信号 $u_i = 20\text{mV}$,开环电压增益 $A_{uu} = 10^4$。试求该电路的闭环电压增益 A_{uuf}、反馈电压 u_f 和净输入电压 u_d。

解 电压串联负反馈放大电路组成框图如图 8.3.2 所示。根据组成框图和式(8.3.5),求闭环电压增益 A_{uuf}、反馈电压 u_f、净输入电压 u_d。

方法1:由式(8.3.2)、式(8.3.3)和式(8.3.5)可求得该电路的闭环电压增益为

$$A_{uuf} = \frac{A_{uu}}{1+A_{uu}F_{uu}} = \frac{10^4}{1+10^4 \times 0.02} \approx 49.75$$

反馈电压为

$$u_f = F_{uu}u_o = F_{uu}A_{uuf}u_i = 0.02 \times 49.75 \times 20 \times 10^{-3} \approx 19.9\text{mV}$$

净输入电压为

$$u_d = u_i - u_f = 20 \times 10^{-3} - 19.9 \times 10^{-3} = 0.1 \text{mV}$$

方法 2：

由式(8.3.1)、式(8.3.2)和式(8.3.5)得如下关系式：

$$u_d = \frac{u_i}{1 + A_{uu} F_{uu}}$$

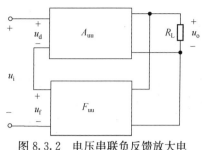

图 8.3.2 电压串联负反馈放大电路组成框图

对于本例题，净输入电压为

$$u_d = \frac{u_i}{1 + A_{uu} F_{uu}} = \frac{20 \times 10^{-3}}{1 + 10^4 \times 0.02} = 0.0995 \approx 0.1 (\text{mV})$$

反馈电压为

$$u_f = u_i - u_d = 20 - 0.1 = 19.9 (\text{mV})$$

由此例题可知在深度负反馈条件下，反馈信号与输入信号的大小相差甚微，净输入信号则远小于输入信号。

不同组态的反馈，A、F 和 A_f 有不同的含义，详见表 8.3.1。

表 8.3.1 4 种反馈方式下，A、F 和 A_f 的不同含义

反馈方式	电压串联型	电压并联型	电流并联型	电流串联型
输出量 x_o	u_o	u_o	i_o	i_o
输入量 x_i、x_f、x_d	u_i、u_f、u_d	i_i、i_f、i_d	i_i、i_f、i_d	u_i、u_f、u_d
开环增益 $A = x_o/x_d$	$A_{uu} = u_o/u_d$	$A_{ui} = u_o/i_d$	$A_{ii} = i_o/i_d$	$A_{iu} = i_o/u_d$
反馈系数 $F = x_f/x_o$	$F_{uu} = u_f/u_o$	$F_{iu} = i_f/u_o$	$F_{ii} = i_f/i_o$	$F_{ui} = u_f/i_o$
闭环增益 $A_f = x_o/x_i = \dfrac{A}{1+AF}$	$A_{uuf} = u_o/u_i = \dfrac{A_{uu}}{1+A_{uu}F_{uu}}$	$A_{uif} = u_o/i_i = \dfrac{A_{ui}}{1+A_{ui}F_{iu}}$	$A_{iif} = i_o/i_i = \dfrac{A_{ii}}{1+A_{ii}F_{ii}}$	$A_{iuf} = i_o/u_i = \dfrac{A_{iu}}{1+A_{iu}F_{ui}}$

8.3.2 深度负反馈放大倍数的近似计算

从工程实际出发，为了便于研究和测试，人们常常利用反馈系数 F，在深度负反馈条件下估算放大电路的放大倍数。本小节将重点研究具有深度负反馈放大电路的放大倍数的估算方法。

1. 电压串联负反馈

根据表 8.3.1，电压串联负反馈电路放大倍数为

$$A_{uuf} = \frac{u_o}{u_i} = \frac{A_{uu}}{1 + A_{uu} F_{uu}}$$

在例 8.3.2 计算中可知，在深度负反馈条件下，反馈信号与输入信号的大小相差甚微，净输入信号则远小于输入信号。可以认为电路引入深度串联负反馈时，$u_i \approx u_f$，净输入电压 u_d 可忽略不计。得深度负反馈条件下，电压串联负反馈电路放大倍数等于反馈系数的倒数，即

$$A_{uuf} = \frac{u_o}{u_i} \approx \frac{u_o}{u_f} = \frac{1}{F_{uu}}$$

例 8.3.3　试求图 8.3.3 所示电路在深度负反馈条件下的电压放大倍数 A_{uuf}。已知 $R_1 = 10\mathrm{k}\Omega$、$R_4 = 100\mathrm{k}\Omega$。

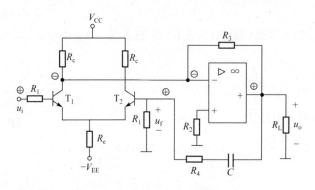

图 8.3.3　例 8.3.3 电路图

解　图 8.3.3 所示电路中引入了电压串联负反馈，R_1 和 R_4 组成反馈网络。所以得反馈网络的反馈系数

$$F_{uu} = \frac{u_f}{u_o} = \frac{\dfrac{R_1}{R_1 + R_4} u_o}{u_o} = \frac{R_1}{R_1 + R_4} = 0.091$$

反馈条件下的电压放大倍数

$$A_{uuf} = \frac{u_o}{u_i} = \frac{1}{F_{uu}} = 1 + \frac{R_4}{R_1} = 11$$

放大倍数与负载电阻 R_L 无关，表明引入深度电压负反馈后，电路的输出可近似为受控恒压源。

2. 电压并联负反馈

根据表 8.3.1，电压并联负反馈电路放大倍数为

$$A_{uif} = \frac{u_o}{i_i} = \frac{A_{ui}}{1 + A_{ui}F_{iu}}$$

在深度负反馈条件下，可以认为电路引入深度并联负反馈时，$i_i \approx i_f$，净输入电流 i_d 可忽略不计。得深度负反馈条件下，电压并联负反馈电路放大倍数等于反馈系数的倒数，即

$$A_{uif} = \frac{u_o}{i_i} \approx \frac{u_o}{i_f} = \frac{1}{F_{iu}}$$

例 8.3.4　图 8.3.4 所示电路，试求：

(1) 深度负反馈条件下的放大倍数 A_{uif}；

(2) 考虑信号源的 u_s、R_s 时，求电压放大倍数 A_{usf}。已知 $R_1 = 40\mathrm{k}\Omega$、$R_2 = 4\mathrm{k}\Omega$、$R_s = 10\mathrm{k}\Omega$。

解　(1) 试求放大倍数 A_{uif}。图 8.3.4(a) 所示电路是电压并联负反馈，图 8.3.4(b) 是图 8.3.4(a) 的电路组成框图。图中电阻 R_1 组成反馈网络，R_1 上流过的反馈电流

$$i_f = \frac{u_b + u_o}{R_1} \approx \frac{u_o}{R_1}$$

得反馈网络的反馈系数

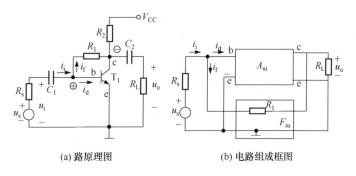

(a) 路原理图　　　　　　　(b) 电路组成框图

图 8.3.4　例 8.3.4 电路图

$$F_{iu} = \frac{i_f}{u_o} = \frac{\dfrac{u_o}{R_1}}{u_o} = \frac{1}{R_1} = \frac{1}{40 \times 10^3} = 25 \times 10^{-6}$$

在深度负反馈条件下,放大倍数 A_{uif}(互阻增益)为

$$A_{uif} = \frac{u_o}{i_i} \approx \frac{u_o}{i_f} = \frac{1}{F_{iu}} = R_1 = 40 \text{k}\Omega$$

(2) 考虑信号源的 u_s、R_s 时,求电压放大倍数 A_{usf}。考虑信号源的电压为 u_s(电压源),内阻为 R_s,由于净输入电流 i_d 可认为很小,忽略不计,所以 $i_f = i_i$。信号源的电压 u_s 几乎全部落在 R_s 上,所以

$$u_s \approx i_i R_s \approx i_f R_s$$

于是可得电压放大倍数

$$A_{usf} = \frac{u_o}{u_s} \approx \frac{u_o}{i_f R_s} = \frac{1}{F_{iu}} \cdot \frac{1}{R_s} = -\frac{R_1}{R_s} = -4$$

值得注意的是,以上计算都是在深度负反馈条件下求得的,否则就会得出当 $R_s \to 0$ 时,$A_{usf} \to \infty$ 的错误结论。

3. 电流并联负反馈

根据表 8.3.1,电流并联负反馈电路放大倍数为

$$A_{iif} = \frac{i_o}{i_i} = \frac{A_{ii}}{1 + A_{ii} F_{ii}}$$

在深度负反馈条件下,可以认为电路引入深度并联负反馈时,$i_i \approx i_f$,净输入电流 i_d 可忽略不计。得深度负反馈条件下,电流并联负反馈电路放大倍数等于反馈系数的倒数,即

$$A_{iif} = \frac{i_o}{i_i} \approx \frac{i_o}{i_f} = \frac{1}{F_{ii}}$$

例 8.3.5　图 8.3.5 所示电路,试求:

(1) 深度负反馈条件下的放大倍数 A_{iif};

(2) 考虑信号源的 u_s、R_s 时,电压放大倍数 A_{usf};

(3) 学习者根据本例题参数,用 Multisim 进行仿真(选:$C_1 = C_2 = C_e = 1\mu$F,信号 2.5kHz、10mV,三极管选 2N2222)。已知 $R_{c1} = 3$kΩ、$R_{c2} = 500\Omega$、$R_s = 1.2$kΩ、$R_f = 10$kΩ、$R_{e1} = 50\Omega$、$R_{e2} = 50\Omega$。

解　(1) 试求放大倍数 A_{iif}。图 8.3.5(a) 所示电路是电流并联负反馈,图 8.3.5(b) 是

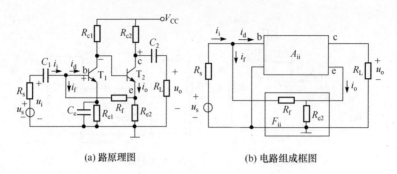

(a) 路原理图　　　　　　　　(b) 电路组成框图

图 8.3.5　例 8.3.5 电路图

图 8.3.5(a)的电路组成框图。图中电阻 R_f、R_{e2} 组成反馈网络,R_f 上流过的反馈电流

$$i_f = \frac{u_i - (-u_{e2})}{R_f} = \frac{i_o R_{e2}}{R_f} \approx \frac{(i_o - i_f)R_{e2}}{R_f}$$

整理得反馈电流

$$i_f = \frac{u_i - (-u_{e2})}{R_f} = \frac{i_o R_{e2}}{R_f} \approx \frac{R_{e2}}{R_f + R_{e2}} i_o$$

得反馈网络的反馈系数

$$F_{ii} = \frac{i_f}{i_o} = \frac{\dfrac{R_{e2}}{R_f + R_{e2}} i_o}{i_o} = \frac{R_{e2}}{R_f + R_{e2}} = \frac{50}{10 \times 10^3 + 50} = 0.005$$

在深度负反馈条件下,放大倍数 A_{iif} 为

$$A_{iif} = \frac{i_o}{i_i} \approx \frac{i_o}{i_f} = \frac{1}{F_{ii}} = \frac{R_f + R_{e2}}{R_{e2}} = 200$$

(2) 考虑信号源的 u_s、R_s 时,求电压放大倍数 A_{usf}。考虑信号源的电压为 u_s(电压源)、内阻为 R_s 时,由于净输入电流 i_d 可认为很小,忽略不计,所以 $i_f = i_i$。信号源的电压 u_s 几乎全部落在 R_s 上,所以

$$u_s \approx i_i R_s \approx i_f R_s$$

于是可得电压放大倍数

$$A_{usf} = \frac{u_o}{u_s} \approx \frac{i_o R_{c2}}{i_f R_s} = \frac{1}{F_{ii}} \cdot \frac{R_{c2}}{R_s} = 200 \times \frac{0.5}{1.2} = 83$$

值得注意的是,以上计算都是在深度负反馈条件下求得的,否则就会得出当 $R_s \to 0$ 时,$A_{usf} \to \infty$ 的错误结论。

4. 电流串联负反馈

根据表 8.3.1,电流串联负反馈电路放大倍数为

$$A_{iuf} = \frac{i_o}{u_i} = \frac{A_{iu}}{1 + A_{iu} F_{ui}}$$

在深度负反馈条件下,反馈信号与输入信号的大小相差甚微,净输入信号则远小于输入信号。可以认为电路引入深度串联负反馈时,$u_i \approx u_f$,净输入电压 u_d 可忽略不计。得深度负反馈条件下,电流串联负反馈电路放大倍数等于反馈系数的倒数,即

$$A_{iuf} = \frac{i_o}{u_i} = \frac{i_o}{u_f} = \frac{1}{F_{ui}}$$

例 8.3.6　图 8.3.6 所示电路,试求:

(1) 深度负反馈条件下的放大倍数 A_{iuf};

(2) 电压放大倍数 A_{uf};

(3) 学习者根据本题参数,用 Multisim 进行仿真。已知 $R_{b1} = 10k\Omega$、$R_{b2} = 100k\Omega$、$R_e =$ 150Ω、$R_s = 1k\Omega$、$R_c = 5k\Omega$、$R_L = 50k\Omega$、$R_s = 1k\Omega$、$V_{CC} = 12V$、$\beta = 50$、$U_{BEQ} = 0.7V$、$C_1 = C_2 =$ $C_e = 1\mu F$,信号源频率为 50kHz,三极管选 2N2222。

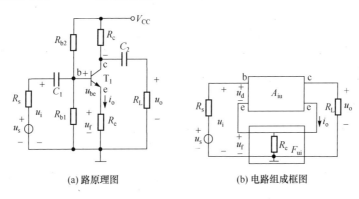

(a) 路原理图　　　　　　　　　　(b) 电路组成框图

图 8.3.6　例 8.3.6 电路图

解　(1) 深度负反馈条件下的放大倍数 A_{iuf}。图 8.3.6(a) 所示电路是电流串联负反馈,图 8.3.6(b) 是图 8.3.6(a) 的电路组成框图。图中电阻 R_e 组成反馈网络,反馈电压

$$u_f = i_o R_e$$

得反馈网络的反馈系数

$$F_{ui} = \frac{u_f}{i_o} = \frac{i_o R_e}{i_o} = R_e = 150$$

在深度负反馈条件下,放大倍数 A_{iuf} 为

$$A_{iuf} = \frac{i_o}{u_i} = \frac{i_o}{u_f} = \frac{1}{F_{ui}} = \frac{1}{150} = 0.007$$

(2) 电压放大倍数 A_{uf}。由图得输出电压 $u_o = i_o R'_L$,求得电压放大倍数 A_{uf} 为

$$A_{uf} = \frac{u_o}{u_i} = \frac{i_o R'_L}{u_f} = \frac{1}{F_{ui}} R'_L = \frac{1}{F_{ui}} \cdot \frac{R_c R_L}{R_c + R_L}$$

$$= \frac{1}{150} \times \frac{5 \times 10^3 \times 50 \times 10^3}{5 \times 10^3 + 50 \times 10^3} \approx 30$$

综上所述,求解深度负反馈放大电路放大倍数的一般步骤如下:

(1) 正确判断反馈组态;

(2) 求解反馈系数;

(3) 利用 F 求解 A_f、A_{uf}(或 A_{uf})。

8.3.3　深度负反馈输出电阻输入电阻的近似计算

1. 输出电阻 R_{of} 的近似表达式

大家知道,放大器输出电阻的大小反映了放大器带负载的能力。由于负载变化时,放大器

的输出电压或输出电流均要发生变化，因此可以把负载变化视作变动因素，而负反馈将削弱这种变化。电压反馈可以削弱输出电压的变化，电流反馈可以削弱输出电流的变化。

1）电压反馈使输出电阻减小

电压负反馈稳定输出电压，必然使输出电阻增大。在电压负反馈中，可将放大器输出用电压源等效，如图 8.3.7 所示。图中 R_o 是基本放大电路的输出电阻（即开路输出电阻），A 是基本放大电路在负载 R_L 开路时的增益，$u_o = Ax_d$ 为开路输出电压，$x_f = Fu_o$ 为反馈量，x_i 为输入量，$x_d = x_i - x_f$ 为放大器的净输入量。

为求输出电阻的等效电路 R_{of}，在输出端加入交流电压 u_o，它等效输出电压 u_o，并令输入信号 $x_i = 0$，于是有

$$x_d = -Fu_o \tag{8.3.8}$$

由图可得

$$R_o = \frac{u_o - u_o'}{i_o} = \frac{u_o - A(-Fu_o)}{i_o} = \frac{u_o}{i_o}(1 + AF) \tag{8.3.9}$$

因为

$$R_{of} = \frac{u_o}{i_o} \tag{8.3.10}$$

所以

$$R_{of} = \frac{R_o}{1 + AF} \tag{8.3.11}$$

可见，输出电阻的减小是一种等效的概念。实质是电压负反馈可以使输出电压稳定，而这种稳定作用是通过调节净输入量 x_d 来实现的。

式(8.3.11)适用于反馈的不同引入方式（串联或并联）。

2）电流反馈使输出电阻增大

电流负反馈稳定输出电流，必然使输出电阻增大。在电流负反馈中，可将放大器输出用电流源等效，如图 8.3.8 所示。图中 R_o 是基本放大电路的输出电阻，A 是基本放大电路在负载短路时的增益，$i_o = Ax_d$ 是短路电流，$x_f = Fi_o$ 为反馈量，x_i 为输入量，$x_d = x_i - x_f$ 为放大器的净输入量。

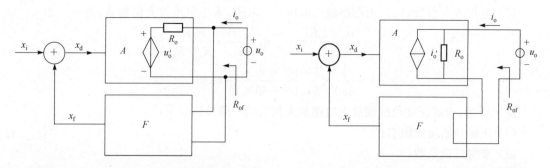

图 8.3.7　电压负反馈计算输出电阻等效电路　　　图 8.3.8　电流负反馈计算输出电阻等效电路

为求输出电阻的等效电路，将负载电阻开路，在输出端加入交流电压 u_o，它等效输出电压 u_o，并令输入信号 $x_i = 0$，得 $x_d = -Fi_o$。于是 R_o 上的电压为 u_o。因此，流入基本放大电路的电流 i_o 为

$$i_o = i_o' + i_o'' = Ax_d + \frac{u_o}{R_o} = (-AFi_o) + \frac{u_o}{R_o} \tag{8.3.12}$$

电流反馈输出电阻为

$$R_{of} = \frac{u_o}{i_o} = R_o|1+AF| \tag{8.3.13}$$

说明 R_{of} 增大到 R_o 的 $|1+AF|$ 倍。当 $1+AF$ 趋于无穷大时,R_{of} 也趋于无穷大,电路的输出等效为恒流源。

对于电流负反馈使输出电阻增大的概念,仍然应该从电流负反馈使输出电流稳定这个意义上去理解。因为若输出电流的大小与负载的变化无关,将意味着放大器相当于输出电阻为无穷大的电流源。

由于电压负反馈可以使放大器的等效输出电阻减小,所以常用于负载要求有恒压输出的情况,而电流负反馈可以使放大器的等效输出电阻增大,因而适用于负载要求有恒流输出的情况。

2. 输入电阻 R_{if} 的近似表达式

在本章开始时就强调指出,负反馈的结果使基本放大电路的净输入信号减小(削弱闭合环路内各处的电压或电流的变化),而且减小的程度取决于反馈深度 $|1+AF|$。当引入串联负反馈时,将把净输入电压 u_d 削弱到无反馈时的 $1/|1+AF|$;当引入并联负反馈时,将把净输入电流 i_d 减弱到无反馈时的 $1/|1+AF|$。所以不难推论,两种反馈形式对放大器输入电阻的不同影响。

1) 串联负反馈时输入电阻增大

图 8.3.9 是串联负反馈计算输入电阻的等效电路。设无反馈(开环)放大器输入电阻为

$$R_i = \frac{u_d}{i_i} \tag{8.3.14}$$

串联负反馈输入电压为

$$u_i = u_d + u_f = |1+AF|u_d \tag{8.3.15}$$

引入反馈后,输入电阻为

$$R_{if} = \frac{u_i}{i_i} = \frac{u_d + u_f}{i_i} = \frac{u_d + Fx_o}{i_i} = \frac{u_d + FAu_d}{i_i}$$

$$= |1+AF|\frac{u_d}{i_i} = |1+AF|R_i \tag{8.3.16}$$

可见,当引入串联负反馈后,放大器输入电阻将增大 $|1+AF|$ 倍。

2) 并联负反馈时输入电阻减小

图 8.3.10 是并联负反馈计算输入电阻的等效电路。设无反馈(开环)放大器输入电阻为

$$R_i = \frac{u_i}{i_d} \tag{8.3.17}$$

并联负反馈输入电流

$$i_i = i_d + i_f = i_d + Fx_o = |1+AF|i_d \tag{8.3.18}$$

引入反馈后,输入电阻为

$$R_{if} = \frac{u_i}{i_i} = \frac{1}{|1+AF|}R_i \tag{8.3.19}$$

可见,引入并联负反馈后,放大器输入电阻将减小为原来的 $1/|1+AF|$ 。

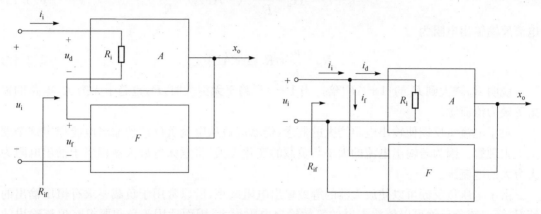

图 8.3.9　串联负反馈计算输入电阻等效电路　　图 8.3.10　并联负反馈计算输入电阻的等效电路

例 8.3.7　求图 8.3.11 所示电流负反馈放大电路的电流放大倍数 A_{uf} 和接上旁路电容 C_3 (无交流反馈)时的电压放大倍数 A_u ,并求输入电阻 R_i 和 R_{if} 。图中三极管 T 的电流放大倍数 $\beta=100,r_{be}=1k\Omega$ 。

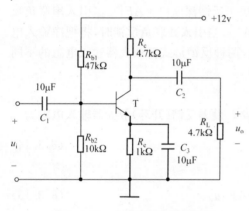

图 8.3.11　电流串联负反馈电路

解　接旁路电容 C_3 时,由例 3.2.2 得

$$A_u=-\frac{\beta}{r_{be}}(R_c//R_L)=-\frac{100}{1}\times2.35=-235$$

$$R_i=R_{b1}//R_{b2}//r_{be}=47k\Omega//4.7k\Omega//1k\Omega=0.81k\Omega$$

不接旁路电容时,根据深度负反馈放大倍数公式可得

$$A_{iuf}=\frac{1}{F_{uif}}=\frac{i_o}{u_f}=\frac{i_o}{i_oR_e}=\frac{1}{R_e}$$

$$A_{uf}=\frac{u_o}{u_f}=\frac{-i_o(R_c//R_L)}{i_oR_e}=-\frac{R_c//R_L}{R_e}$$

$$=-\frac{4.7k\Omega//4.7k\Omega}{1k\Omega}=-2.35$$

$$R_{if}=R_i(1+AF)=0.81(1+235\times1)k\Omega\approx191k\Omega$$

8.4　负反馈对放大电路性能的改善

引入负反馈后,电路的放大倍数降低了,这是我们不希望的,但引入负反馈可以对放大电路诸多方面的性能有所改善。因此可以说电路引入负反馈是以牺牲放大倍数为代价,换取对性能的改善。

8.4.1　提高闭环增益的稳定性

一般说来,放大器的开环放大倍数 A 是不稳定的,它会受到许多实际因素的影响而发生变化。例如,环境温度变化时,晶体管 β 、工作电流等都将发生变化,因而使放大倍数 A 发生变化,如图 8.4.1 所示。当引入负反馈以后,由于输出量的变化受到了削弱,因而可以使闭环放大倍数得到稳定。

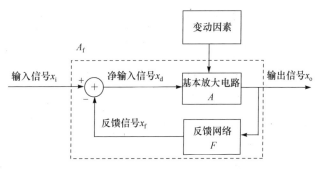

图 8.4.1　干扰对放大倍数的影响

由于引入负反馈以后,闭环放大倍数的绝对值减小了,所以必须用增益的相对变化量来衡量放大电路在引入反馈前、后的稳定程度。

根据负反馈放大电路增益的如下一般表达式为

$$A_f = \frac{A}{1+AF}$$

以 A 为变量,对 A_f 求导数,可得

$$\frac{\mathrm{d}A_f}{\mathrm{d}A} = \frac{1}{1+AF} - \frac{AF}{(1+AF)^2} = \frac{1}{(1+AF)^2}$$

或

$$\mathrm{d}A_f = \frac{\mathrm{d}A}{(1+AF)^2}$$

再用式(8.3.5)分别除等号的两边,得

$$\frac{\mathrm{d}A_f}{A_f} = \frac{1}{1+AF} \cdot \frac{\mathrm{d}A}{A} \tag{8.4.1}$$

对于负反馈,有 $|1+AF| > 1$,所以

$$\frac{\mathrm{d}A_f}{A_f} < \frac{\mathrm{d}A}{A} \tag{8.4.2}$$

这表明,闭环增益的相对变化,只有开环增益相对变化的 $1/|1+AF|$。因此,在输入信号 x_i 不变时,稳定闭环增益,就是稳定输出信号 x_o。

例 8.4.1　假设晶体管放大电路的电压放大倍数 A_u 随温度上升减少了 10%,求引入负反馈后放大倍数的变化。设 $A_u = 6000$,反馈系数 $F = 0.01$。

解　因为

$$\frac{\mathrm{d}A}{A} = 0.1$$

代入式(8.4.1)得

$$\frac{\mathrm{d}A_f}{A_f} = \frac{1}{1+AF} \cdot \frac{\mathrm{d}A}{A} = \frac{1}{1+0.01 \times 6000} \times 0.1 \approx 0.0016 = 0.16\%$$

即加入负反馈后,放大倍数的变动由不加反馈时的 10% 减少到 0.16%,变动明显减小了。

引入负反馈后,降低了闭环增益,但换取了增益稳定度的提高。不过有如下两点值得注意。

（1）负反馈不能使输出量保持不变，只能使输出量趋于不变。而且只能减小由开环增益变化而引起的闭环增益的变化。如果反馈系数发生变化而引起闭环增益变化，则负反馈是无能为力的。所以，反馈网络一般都由无源元件组成。

（2）不同类型的负反馈能稳定的增益也不同，如电压串联负反馈只能稳定闭环电压增益，而电流串联负反馈只能稳定闭环互导增益。

8.4.2　减小非线性失真，抑制环内噪声

1. 减小非线性失真

在讨论小信号放大时，我们认为放大器输出量与输入量之间具有线性关系。但是，当信号幅度较大时，由于晶体管输入特性的非线性等因素，正弦变化的输入信号 u_i 将会产生非正弦变化。在这种情况下，输出信号 u_o 成为非正弦波，这种现象称为非线性失真。任何非正弦波总可以分解为基波和各次谐波的叠加，所以非线性失真的结果将在输出 u_o 信号中产生新的谐波成分，信号幅度越大，非线性失真越严重，表现为各次谐波成分的幅度就越大。各次谐波成分的均方根值与基波成分的有效值之比，称为非线性失真系 THD，用来衡量非线性失真的程度，即

$$\text{THD} = \frac{\sqrt{u_2{}^2 + u_3{}^2 + \cdots}}{u_1} \tag{8.4.3}$$

如果把 A 看成线性放大器，把谐波分量看作变动因素，由于负反馈能削弱变动因素的影响，那么，负反馈也能减小谐波成分。但由于引入负反馈后，基波成分也受到了削弱，因此，对非线性失真系数的影响不大。为便于比较，需要设法增大输入信号幅度，使放大器输出端上的基波成分保持反馈加入前的数值，而谐波成分因负反馈作用受到了削弱，这样，引入负反馈后的非线性失真系数便明显减小，以下说明。

设基本放大电路的输出电压

$$u_o = A_u u_i + e_d \tag{8.4.4}$$

式中，e_d 表示由线性失真产生的谐波成分。电路中引入电压串联负反馈，F_u 为其反馈系数，则输出电压

$$u_{of} = \frac{A_u u_i}{1 + A_u F_u} + \frac{e_d}{1 + A_u F_u} \tag{8.4.5}$$

可见，输出电压中，线性放大的部分和非线性失真的部分都减小了。为了使有用的输出信号大小不变，可以提高信号源的输入信号幅度。这样，新的输出电压为

$$u'_{of} = \frac{A_u u_i (1 + A_u F_u)}{1 + A_u F_u} + \frac{e_d}{1 + A_u F_u} = A_u u_i + \frac{e_d}{1 + A_u F_u} \tag{8.4.6}$$

由此可见，引入负反馈后，使非线性失真 e_d 减小了 $|1 + A_u F_u|$。但这是有条件的，必须把输入信号 u_i 提高 $|1 + A_u F_u|$ 倍，且 u_i 中不存在非线性失真。采用同样的原理也可以减小晶体管产生的背景噪声。

另外，以上分析是把基本放大电路看作失真很小的线性电路来讨论的，如果基本放大电路本身的非线性失真就很严重，如出现饱和或截止失真，此时 $A \approx 0$，即使增加了负反馈也难以改善波形的失真状况。

2. 抑制反馈环内噪声

对于放大电路来说，噪声或干扰是有害的。下面介绍负反馈能抑制噪声的原理。设在

图 8.4.2(a)的输入端,存在由该放大电路内部产生的折算到输入端的噪声或干扰电压 U_n。此时电压的信噪比为

$$\frac{S}{N}=\frac{|U_s|}{|U_n|}$$

为了提高电路的信噪比,在图 8.4.2(a)的基础上,另外增加一增益为 A_{u2} 的前置级,并认为该级为无噪声,然后对此整体电路加一反馈系数为 F 的反馈网络,如图 8.4.2(b)所示。由此可得反馈系统输出电压的表达式为

$$U_o=U_s\frac{A_{u1}A_{u2}}{1+A_{u1}A_{u2}F_u}+U_n\frac{A_{u1}}{1+A_{u1}A_{u2}F_u}$$

于是得新的信噪比

$$\frac{S}{N}=\frac{|U_s|}{|U_n|}|A_u|$$

上式说明,新信噪比比原有的信噪比提高了 A_u 倍。必须注意的是,无噪声放大电路 A_{u2} 在实践中是很难做到的,但可使它的噪声尽可能小,如精选器件、调整参数和改进工艺等。

例如,一台扩音机的功率输出级常有交流哼声,来源于电源的 50Hz 的干扰。其前置级或电压放大级由稳定的直流电源供电,噪声或干扰较小。当对整个系统的后面几级外加一个负反馈环时,对改善系统的信噪比具有明显的效果。

若噪声或干扰来自反馈环外,则引入负反馈也无济于事。

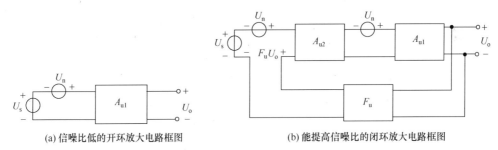

(a) 信噪比低的开环放大电路框图　　　　　　　(b) 能提高信噪比的闭环放大电路框图

图 8.4.2　负反馈抑制反馈环内噪声的原理框图

8.4.3　扩展通频带

由放大器的频率特性可知,放大倍数在高频段和低频段(指阻容耦合放大器)都要下降。如果把信号频率的变化看作变动因素,则引入负反馈以后使放大倍数稳定的结果,意味着幅频特性曲线下降的速率减缓,因而相当于放大器频带的扩展。可以这样理解:在中频段,开环放大倍数 A_m 较高,反馈信号也较高,因而使闭环放大倍数 A_{mf} 降低较多;而在高、低频段,开环放大倍数 A_H 和 A_L 较低,反馈信号也较低,因而使 A_{Hf} 和 A_{Lf} 降低得较少,所以幅频特性曲线下降的速率减缓,从而展宽了频带。这样也就减小了由于信号在不同频率被放大时,放大倍数的不同造成的频率失真。应当注意的是,频率失真是线性失真。

为了便于说明,设反馈网络由纯电阻组成,高频区和低频区各有一个极点。

设放大器在高频区的开环增益为

$$A_H=\frac{A_m}{1+j\dfrac{f}{f_H}}\tag{8.4.7}$$

式中,A_m 为中频段的开环放大倍数;f_H 是开环时的上限频率。当引入负反馈并假设反馈网络的反馈系数是与频率无关的实数 F 时,则有反馈放大电路的高频段闭环增益为

$$A_{Hf} = \frac{A_H}{1 + A_H F} \tag{8.4.8}$$

将式(8.4.7)代入式(8.4.8)并整理得

$$A_{Hf} = \frac{A_H}{1 + A_H F} = \frac{\dfrac{A_m}{1 + j\dfrac{f}{f_H}}}{1 + \dfrac{A_m}{1 + j\dfrac{f}{f_H}} F} = \frac{A_m}{1 + j\dfrac{f}{f_H} + A_m F}$$

将上式除以 $1 + A_m F$ 可得

$$A_{Hf} = \frac{\dfrac{A_m}{1 + A_m F}}{1 + j\dfrac{f}{(1 + A_m F) f_H}} = \frac{A_{mf}}{1 + j\dfrac{f}{f_{Hf}}} \tag{8.4.9}$$

由此可知,反馈放大电路的中频段闭环增益为

$$A_{mf} = \frac{A_m}{1 + A_m F} \tag{8.4.10}$$

反馈放大电路的上限频率为

$$f_{Hf} = f_H (1 + A_m F) \tag{8.4.11}$$

可见,闭环时的上限频率为开环时上限频率的 $|1 + AF|$ 倍。

利用上述推导方法可以得到负反馈放大电路的低频段的闭环增益为

$$A_{Lf} = \frac{A_{mf}}{1 - j\dfrac{f_{Lf}}{f}}$$

式中,闭环时的下限频率 f_{Lf} 为

$$f_{Lf} = \frac{f_L}{1 + A_m F} \tag{8.4.12}$$

式(8.4.12)说明下限频率减少,减少的程度为开环时下限频率 f_L 的 $1/(1 + A_m F)$。

在引入负反馈后,放大器闭环时的通频带被展宽 $(1 + A_m F)$ 倍。

$$BW_f = f_{Hf} - f_{Lf} = (1 + A_m F) f_H - \frac{1}{1 + A_m F} f_L$$

$$\approx (1 + A_m F) f_H, \quad f_H \gg f_L \tag{8.4.13}$$

例 8.4.2　用波特图表示引入负反馈后,放大电路通频带扩展特性。已知 $A_m = 100$(即 40dB),$F = 0.09$,$f_H = 100\text{kHz}$,$f_L = 10\text{Hz}$。

解　反馈放大电路的中频段闭环增益

$$A_{mf} = \frac{A_m}{1 + A_m F} = \frac{100}{1 + 100 \times 0.09} = \frac{100}{10} = 10$$

$$20\log A_{mf} = 20\log 10 = 20\text{dB}$$

说明反馈放大电路的闭环增益以 20dB/十倍频程的速度下降。反馈放大电路的上限频

率为

$$f_{Hf}=f_H(1+A_mF)=100\times10^3(1+100\times0.09)=10^6\,\text{Hz}$$

说明反馈放大电路的上限频率由 10^3 Hz 增大到 10^6 Hz。反馈放大电路的下限频率为

$$f_{Lf}=\frac{f_L}{1+A_mF}=\frac{10}{1+100\times0.09}=1\text{Hz}$$

说明反馈放大电路的下限频率由 10Hz 减少到 1Hz。

根据以上分析结果用波特图描述，如图 8.4.3 所示。

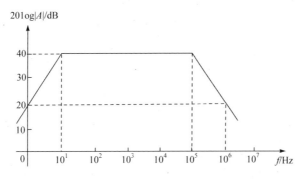

图 8.4.3　波特图描述

但必须指出，只有单极点放大电路中才存在上述关系。对于多级负反馈放大电路来说，虽然没有上述那种简单的关系，但扩展通频带的结论仍是正确的。

可见，引入负反馈是以牺牲放大倍数为代价，换取了对电路性能的改善。

8.5　负反馈放大电路的稳定性

以前的分析都是在假定放大器工作在稳定时得到的结论。除了增益下降外，负反馈对放大电路的众多性能改进，尤其是反馈越深，改进的性能就越好。实际上，由于基本放大电路在高频段或低频段都存在着附加相移。特别在多极点电路中，如在中频段施加负反馈时，有可能在高频段变为正反馈，从而引起放大器自激而丧失正常的放大功能，而且这种情况随着反馈的加深而越有可能发生。因此，有必要讨论反馈放大器产生自激的条件以及保证稳定工作的措施。

8.5.1　负反馈的稳定工作条件

1. 产生自激振荡的条件

在整个频域范围内，负反馈放大器的基本方程为

$$A=\frac{A}{1+AF}\qquad\qquad(8.5.1)$$

在前面的分析中，我们认为 A 与 F 都是与频率无关的常数，那么 A_f 为

$$A_f=\frac{A}{1+AF}\qquad\qquad(8.5.2)$$

实际上，在反馈环中，由于电抗元件的存在，在信号的高频段或低频段不仅放大倍数的绝

对值下降,而且出现了附加相移 $\Delta\varphi(\mathrm{j}\omega)$。附加相移的存在是引起放大器不稳定的主要因素。因为,负反馈放大器的反馈信号 x_f 与输入信号 x_i 反相,使净输入信号 x_d 减小,输出信号减小。

在式(8.5.1)中,

$$AF=-1$$

则

$$A=\frac{A}{1+AF}=\infty$$

这说明,放大器没有输入信号也有输出信号,电路产生了自激振荡。自激振荡会使放大电路失去正常的放大作用,其示意框图如图 8.5.1 所示。

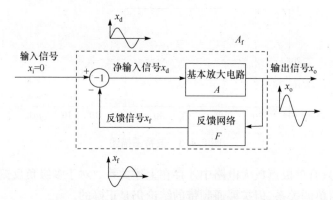

图 8.5.1 负反馈放大电路的自激振荡的方框图

归纳以上内容得产生自激振荡的条件,称为负反馈自激振荡的幅值条件和相位条件。

$$自激振荡\begin{cases}幅值条件:\ |AF|=1 \\ 相位条件:\ \varphi_A+\varphi_F=\pm(2n+1)\pi,\quad n=0,1,2,\cdots\end{cases} \tag{8.5.3}$$

在起振过程中,输出信号有一个从小到大的过程,这个过程有要满足起振条件。起振条件也要同时满足起振的幅值条件和相位条件

$$起振\begin{cases}幅值条件:\ |AF|>1 \\ 相位条件:\ \varphi_A+\varphi_F=\pm(2n+1)\pi,\quad n=0,1,2,\cdots\end{cases} \tag{8.5.4}$$

判断自激振荡的方法,用图 8.5.2 说明。

图 8.5.2(a)中使相位 $\varphi_A+\varphi_F=-180°$ 的频率为 f_0,使 $20\log|AF|=0\mathrm{dB}$ 的频率为 f_c。当 $f=f_0$ 时,$20\log|AF|>0\mathrm{dB}$,即 $|AF|>1$ 满足起振条件,说明具有这个特性的反馈放大电路能够产生自激振荡,振荡频率为 f_0。

图 8.5.2(b)中使 $\varphi_A+\varphi_F=-180°$ 的频率为 f_0,使 $20\log|AF|=0\mathrm{dB}$ 的频率为 f_c。当 $f=f_0$ 时,$20\log|AF|<0\mathrm{dB}$,即 $|AF|<1$ 不满足起振条件,说明具有这个特性的反馈放大电路不能够产生自激振荡。

综上所述,在已知环路增益频率特性的条件下,判断负反馈放大电路是否稳定的方法如下:

(1) 若不存在 f_0,电路稳定。

(2) 若存在 f_0,并且 $f_0<f_\mathrm{c}$,则电路不稳定,必然产生自激振荡;若存在 f_0,并且 $f_0>f_\mathrm{c}$,则电路稳定,不会产生自激振荡。

2. 稳定裕度

为了使负反馈放大电路稳定地工作,必须设法破坏自激振荡的上述两个条件或条件之一。使电路具有相位裕度 φ_m 和幅值裕度 G_m。

1) 相位裕度 φ_m

令 $\varphi_A+\varphi_F$ 与 180° 的差值为相位裕度 φ_m:

$$\varphi_m=180°-|\varphi_A+\varphi_F|_{f=f_0} \tag{8.5.5}$$

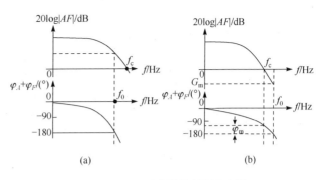

图 8.5.2　用环路增益判断稳定性

当 $|AF|=1$ 时,应使 $\varphi_A+\varphi_F<-135°$,即所谓离开 $-180°$ 还有 45°,相位裕度 $\varphi_m=45°$,放大电路稳定。φ_m 越大,电路越稳定。一般取 $\varphi_m>45°$,电路有足够的相位裕度,如图 8.5.2 所示。

2) 幅值裕度 G_m

令 $f=f_0$ 时,对应的 $20\log|AF|$ 的值为幅值裕度 G_m:

$$G_m=20\log|AF|_{f=f_0} \tag{8.5.6}$$

电路幅值裕度 $G_m<0$,$|G_m|$ 越大,电路越稳定。一般取 $G_m\leqslant-10\text{dB}$,电路有足够的幅值相位裕度,如图 8.5.2 所示。

8.5.2　负反馈自激振荡的消除

根据以上分析,负反馈放大电路一旦出现自激振荡现象,我们应当采取一些有效措施予以消除。当然,减小反馈系数(反馈深度),可以消除自激。但是反馈深度下降不利于放大电路性能的改善。下面介绍既有足够的反馈深度又能消除自激的措施——相位补偿。

所谓相位补偿就是在反馈环中增加一些电路元件修改环路放大倍数的波特图,破坏自激振荡条件。相位补偿分滞后补偿和超前补偿两种。

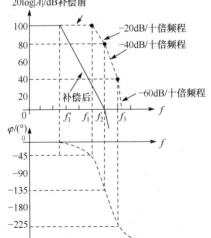

图 8.5.3　电容补偿前后的幅频特性

1. 滞后补偿

滞后补偿就是在基本放大电路中接入一个滞后环节,改变 A 的频率特性以获得足够的相位裕度,消除自激。

设基本放大电路由三级构成:

$$A=\cfrac{A_m}{\left(1+j\cfrac{f}{f_1}\right)\left(1+j\cfrac{f}{f_2}\right)\left(1+j\cfrac{f}{f_3}\right)}$$

幅频特性如图 8.5.3 虚线(曲线)所示。主极点频率 f_1 对应的最大附加相移为 $-45°$,第二转折频率 f_2 对应的最大附加相移为 $-135°$,第三转折频率 f_3 对应的

最大附加相移为 $-225°$。$-180°$ 点就在第二极点和第三极点之间。如果引入滞后环节使 $20\lg|A|=0$，则对于电阻反馈网络，$\varphi_m>45°$，电路不会自激。下面介绍实现此目的的方法。

1) 电容补偿

电容补偿是在放大电路产生主极点频率 f_1 的回路里并接电容 C，使主极点频率由 f_1，压低到 f_1'，如图 8.5.4(a)所示。图 8.5.4(b)是等效电路，R_{o1} 是前级的输出电阻，R_{i2} 和 C_{i2} 是后级的输入电阻和电容。

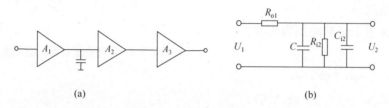

(a)　　　　　　　　　　　　　　　　　(b)

图 8.5.4　电容补偿电路

补偿前主极点频率为

$$f_1=\frac{1}{2\pi(R_{o1}//R_{i2})C_{i2}}$$

补偿后主极点频率为

$$f'=\frac{1}{2\pi(R_{o1}//R_{i2})\cdot(C_{i2}+C)}<f_1 \tag{8.5.7}$$

选择合适的 C 值使幅频特性中 $-20\text{dB}/$十倍频段加长，直到在第二个转折频率 f_2 处与横轴相交，即 $20\lg|A|=0\text{dB}$。

2) RC 串联补偿

电容补偿使放大电路的通领带变窄。如果在电容补偿电路中，用电阻和电容串联代替电容后可构成 RC 串联补偿，如图 8.5.5 所示。

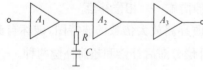

图 8.5.5　RC 串联补偿

与单纯的电容滞后补偿不同，RC 滞后补偿可在 $A(j\omega)$ 中引入一个零点。该零点与 $A(j\omega)$ 的一个极点相消，从而使放大器补偿后的频带损失小。在实际中，补偿元件的数值可通过实验得到。

3) 米勒效应补偿

将补偿元件跨接在某级放大电路的输入端和输出端，则构成米勒效应补偿，如图 8.5.6 所示。根据米勒定理，折合到输入端的等效电容增大为 $|1+K|$ 倍，电阻减小为原来的 $1/|1+K|$。因此，实际所需要的电容量大大减小，有利于补偿元件的集成化。

2. 超前补偿

在前面分析中，我们设 F 不是频率的函数，用校正和补偿 $A(j\omega)$ 的办法来消振。如果我们在反馈环中设计成 F 是频率的函数，而且在 $F(j\omega)$ 的表达式中引入一个"导前相移"与 $A(j\omega)$ 的"滞后相移"相抵消，从而获得足够的相位域度消除自激叫作超前补偿，如图 8.5.7 所示。

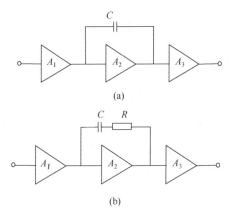

图 8.5.6　米勒效应补偿

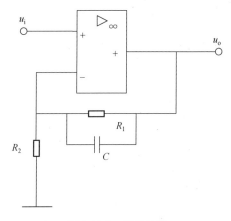

图 8.5.7　超前补偿

本 章 小 结

　　反馈的引入是放大器的需要,如何正确而适当地引入反馈,以及随之而出现的一系列闭环放大电路的分析计算问题是本章讨论的主要内容。

　　关于反馈的方式,从输入端上看,有串联引入和并联引入之分;从输出端上看,有电压取样和电流取样之分。因而可以组合构成:串联-电压型、串联-电流型、并联-电压型和并联-电流型四种具体的反馈电路。记住这四种反馈电路的基本结构将有助于分析比较复杂的反馈电路。

　　我们常用瞬时极性法来判别反馈的正负极性。负反馈的结果是使放大倍数减小,但由此换来了输出信号稳定等一系列放大器性能招标的改善,因而在放大电路中获得了广泛的应用。正反馈的作用相反,但放大电路中(如在有源滤波器中),有时却利用它来提高某一频率范围内的增益,只是需要十分谨慎,以免引起自激振荡。

　　串联反馈的特点是原输入信号与反馈信号以电压的形式进行合成,因而要求输入信号源有较低的内阻,并联反馈的特点是两种信号以电流的形式进行合成,因而要求输入信号源有较高的内阻。

　　电压反馈的取样对象是输出电压,因而当把输出负载短接时,反馈信号随即为零;电流反馈的取样对象为输出电流,所以负载短接时,输出电流依然存在,反馈信号也依然存在。因此可以区分这两种反馈形式。分析电路时,要首先认清负载所在的位置。

　　负反馈的基本作用是削弱放大电路的净输入,并力图维持输出量恒定。这可以解释各种形式的负反馈电路对放大器指标的不同影响,特别要注意它们的区别。例如,串联负反馈和并联负反馈对输入电阻的影响恰好相反,电压负反馈和电流负反馈对输出电阻的影响也恰好相反。

　　反馈的引入给放大电路的计算带来了一定的困难,因此需要引入新的分析方法。框图分析法是分析反馈电路的重要工具。

　　分析的结果表明,反馈对放大器各项指标的影响程度均与反馈深度 $|1+AF|$ 有关。$|1+AF|>1$(通常只要求大于 10)的负反馈称为深度负反馈。此时 $A_f=1/F$,A_f 几乎完全取决于反馈网络的参数。

　　对一般的负反馈放大电路(如闭环集成运放电路和多级分立元件反馈放大电路)均可采用

深度反馈条件下的近似计算法。必须掌握用这一方法估算 r_i、r_o 和 A_f 的大小和趋向。

事实上，A 和 F 都是频率的函数。因此，通常所指的负反馈是对放大器在通带内的情况而言的，在通带外(如频率较高或较低时)，由于 A 和 F 所产生的附加相移，可能使负反馈转变为正反馈，并且在一定条件下将使电路产生自激振荡。$AF = -1$ 是临界自激的条件，利用波特图可以方便地分析和判断电路是否可能出现自激。

一个优质的放大器应当是既能加入一定深度的负反馈，又不致引起自激，并有足够的稳定裕度。本章介绍了四种补偿校正方法，使上述矛盾得到了比较完美的解决。电容滞后补偿法简单、方便，但放大器频带较窄；阻容滞后补偿可以得到较宽的频带因而应用最为广泛；米勒效应补偿，实际所需要的电容量大大减小，有利于补偿元件的集成化；超前补偿的频谱最宽，但对参数要求苛刻，不易调整。

本章中的所有例题都可以用仿真软件进行仿真分析。

思考题与习题

思考题

8.1　反馈的基本定义是什么？既然反馈电路增加了电子电路元件的数量，为什么电子电路中还要引入反馈？

8.2　反馈分析方法的基础是什么？

8.3　直接耦合放大电路只能引入直流反馈，阻容耦合放大电路只能引入交流反馈。这种说法正确吗？举例说明。

8.4　在分析分立元件放大电路和集成运放电路中反馈的性质时，净输入电压和净输入电流分别指的是什么地方的电压和电流？电流负反馈电路的输出电流一定是负载电流吗？举例说明。

8.5　利用方块图说明为什么串联负反馈适用于输入信号为恒压源或近似恒压源的情况，而并联负反馈适用于输入信号为恒流源或近似恒流源的情况。

8.6　说明在负反馈放大电路的方块图中，什么是反馈网络，什么是基本放大电路；在研究负反馈放大电路时，为什么重点研究的是反馈网络，而不是基本放大电路。

8.7　为什么说"无论用集成运放组成哪种组态的负反馈放大电路，通常都可以认为引入的是深度负反馈"？

8.8　在中频区，负反馈放大电路的增益与其开环增益相比，是增加了还是减小了？

8.9　负反馈放大电路增益的一般表达式是在什么条件下推导出来的？

8.10　什么是深度负反馈？什么是环路增益？

习题

8.11　判断习题图 8.11 所示各电路中是否引入了反馈。若引入了反馈，则判断是正反馈还是负反债。若引入了交流负反馈，则判断是哪种组态的负反演，并求出反馈系数和深度负反馈条件下的电压放大倍数 A_{uf} 或 A_{usf}。设图中所有电容对交流信号均可视为短路。

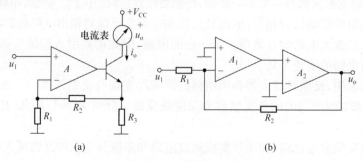

(a) 　　　　　　　　　　　　　　(b)

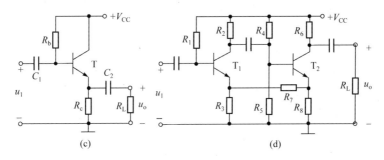

习题图 8.11

8.12 判断习题图 8.12 所示各电路中是否引入反馈,是直流反馈还是交流反馈,是正反馈还是负反馈。设图中所有电容对交流信号均可视为短路。

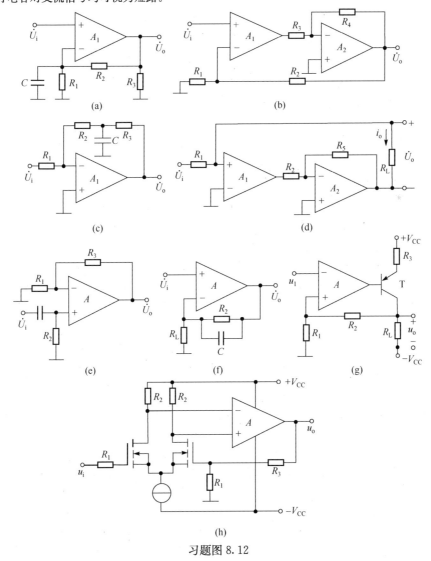

习题图 8.12

8.13 电路如习题图 8.13 所示。试指明反馈网络是由哪些元件组成的,并判断所引入的反馈类型(正或负反馈、直流或交流反馈、电压或电流反馈)。

8.14 电路如习题图 8.14 所示,判断它们的反馈组态。

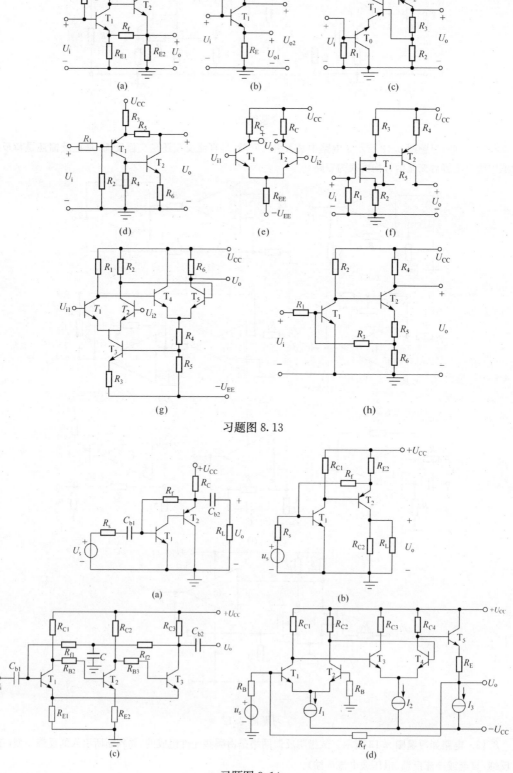

习题图 8.13

习题图 8.14

8.15　某负反馈放大电路的方框图如习题图 8.15 所示,已知其开环电压增益为 $A_u=2000$,反馈系数 $F=0.0495$。若输出电压 $U_o=2V$,求输入电压 U_i、反馈电压 U_f 及净输入电压 U_{id} 的值。

8.16　负反馈放大电路框图如习题图 8.16 所示,试推导其闭环增益 $A_f=X_o/X_i$ 的表达式。

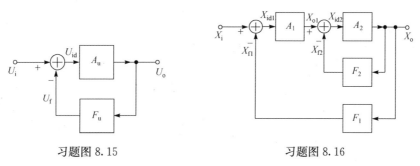

习题图 8.15　　　　　　　　　　　　　　　　习题图 8.16

8.17　试判断下面说法是否正确。

(1) 为了提高多级深度负反馈放大器的闭环增益 A_f,必须尽量提高开环增益 A。

(2) 负反馈能使放大电路的通频带展宽,因此可以用低频管代替高频管,只要反馈深度 F 足够大。

(3) 只要放大器的负载恒定,不管哪种反馈都能使电压增益得到稳定。

(4) 负反馈放大器的反馈效果与信号源内阻 R_s 有关,串联反馈使放大器输入阻抗增高,因而要采用高内阻 R_s 的信号源,才能得到反馈效果;并联反馈使放大器输入阻抗减小,因而要采用低内阻 R_s 的信号源,才能得到反馈效果。

(5) 在深度负反馈的条件下,$A_f \approx 1/B$。因此,不需选择稳定的电路参数。

(6) 当输入信号是一个失真的正弦波时,加入负反馈后能使失真得到改善。

(7) 共集电极(或共漏极)放大电路,由于 $A_f \leqslant 1$,故没有反馈。

(8) 无论放大电路出现何种噪声输出,加入负反馈后即可以减小其噪声输出电压。

8.18　运算放大器电路如习题图 8.18 所示。为稳定输出电压和较小的输入电阻,需引入什么类型的反馈,反馈电阻 R_f 应当如何接,对输出电阻有何影响? 如果要求输出电阻小,输入电阻高,电路应如何改接?

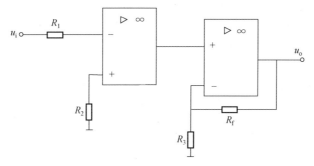

习题图 8.18

8.19　判断习题图 8.19 所示各电路引入的反馈极性及交流反馈的组态,并分别说明对输入电阻和输出电阻的影响。

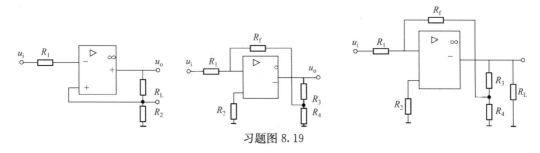

习题图 8.19

8.20 已知一个负反馈放大电路中基本放大电路的对数幅频特性如习题图 8.20 所示,反馈网络由纯电阻组成。试问:若要求电路稳定工作,即不产生自激振荡,则反馈系数的上限值为多少分贝,简述理由。

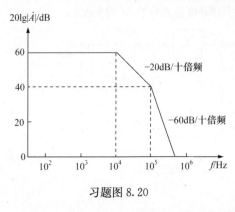

习题图 8.20

8.21 设计一个反馈放大电路。用以放大麦克风的输出信号。已知麦克风的输出信号是 10mV,输出电阻 $R=5k\Omega$。该放大电路的 $u_o=0.5V,R_L=75\Omega$。所用运算放大器的 $R_i=10k\Omega,R_o=100\Omega$。低频电压增益 $A_u=10^4$。

8.22 设计一个 $A_{if}=10$ 的负反馈放大电路,用于驱动 $R_L=50\Omega$ 的负载。它由一个内阻 $R_s=10k\Omega$ 的电流源提供输入信号。所用运算放大器的 $R_i=10k\Omega,R_o=100\Omega$。低频电压增益 $A_u=10^4$。

8.23 设某运算放大器的增益-带宽积为 4×10^5 Hz,若将它组成一同相放大电路时,其闭环增益为 50,问它的闭环带宽为多少?

8.24 一个运放的开环增益为 10^6,其最低的转折频率为 5Hz。若将该运放组成一个同相放大电路,并使它的增益为 100,问此时的带宽和增益-带宽积各为多少?

8.25 设某集成运放的开环频率响应的表达式为

$$A_u=\frac{10^5}{\left(1+j\dfrac{f}{f_{H1}}\right)\left(1+j\dfrac{f}{f_{H2}}\right)\left(1+j\dfrac{f}{f_{H3}}\right)}$$

其中,$f_{H1}=1MHz,f_{H2}=10MHz,f_{H3}=50MHz$。

(1) 画出它的波特图;

(2) 若利用该运放组成一个电阻性负反馈放大电路,并要求有 45° 的相位裕度,问此放大电路的最大环路增益为多少?

(3) 若用该运放组成一个电压跟随器,能否稳定地工作?

8.26 设某运放开环频率响应如习题图 8.26 所示。若将它接成一个电压串联负反馈电路,其反馈系数 $F=R_1/(R_1+R_2)$。为保证该电路有 45° 的相位裕度,试问 F 的变化范围为多少? 环路增益的范围为多少?

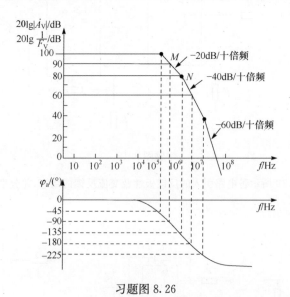

习题图 8.26

8.27 负反馈放大电路频率响应与习题图 8.26 相同。若补偿后的运放开环频率响应如习题图 8.27 所示。为保证该电路稳定地工作,F 的变化范围和相应的环路增益 AF 为多少? 并选择一合适 F 值。

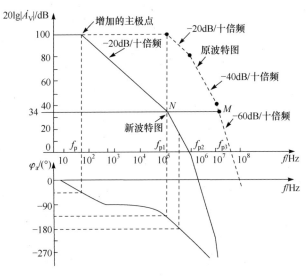

习题图 8.27

第9章 滤波电路与正弦信号产生

9.1 滤波电路的基本概念与分类

滤波电路的主要功能是传送输入信号中有用的频率成分,衰减或抑制无用的频率成分。本章主要讨论由 R、C 和运放组成的有源滤波电路。

滤波电路的用途非常广泛。对于电话、电视、收音机、雷达和声呐等,它是不可缺少的部件,在控制、测量和电力系统中也有重要的应用。事实上,滤波电路的使用已相当普遍,在现代复杂电气设备中很难找出不使用滤波电路的例子。

20 世纪 80 年代以来,滤波电路技术飞速发展,出现了多种形式的全集成滤波电路。目前,全集成滤波电路朝着高频、低电压和低功耗的方向发展。但是,集成运放的带宽有限,所以目前有源滤波电路的工作频率难以做得很高,以及难于对功率信号进行滤波,这是它的不足之处。本章主要讨论有源滤波电路。

9.1.1 滤波电路的基本模型

图 9.1.1 是滤波电路的功能框图,图中 $U_i(t)$ 表示输入信号,$U_o(t)$ 表示输出信号。滤波电路是一种特殊的电网络,一般用电压传递函数 $A(s)$ 来描述。滤波电路的传递函数是复频域,它是网络输出电压的拉普拉斯变换 $U_o(s)$ 和输入电压拉普拉斯变换 $U_i(s)$ 的比值,可表示为

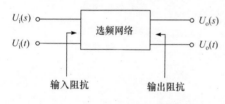

图 9.1.1 滤波电路的功能框图

$$A(s) = \frac{U_o(s)}{U_i(s)} \qquad (9.1.1)$$

复频域的传递函数 $A(s)$ 为分析电路带来了极大的方便,但在实际应用中,往往还需要了解电路在实频域的特性 $A(j\omega)$。在正弦稳态条件下,为了得到传递函数的实际频率特性,可以通过令 $s = j\omega$,计算 $A(s)$,即滤波电路的频率特性可用 $s = j\omega$ 代入式(9.1.1),得到

$$A(s)\big|_{s=j\omega} = A(j\omega) = \frac{U_o(j\omega)}{U_i(j\omega)} \qquad (9.1.2)$$

电压增益函数可以用频率特性来描述,可以用幅频特性 $|A(j\omega)|$ 和相频特性 $\varphi(\omega)$ 表示,即

$$A(s)\big|_{s=j\omega} = A(j\omega) = \frac{U_o(j\omega)}{U_i(j\omega)} = |A(j\omega)|\, e^{j\varphi(\omega)} \qquad (9.1.3)$$

式中,$|A(j\omega)|$ 是滤波电路传递函数的模,称为滤波电路的幅频特性;$\varphi(\omega)$ 是滤波电路的传递函数的相位,称为滤波电路的相频特性。

如果给定 $A(j\omega)$,即可得到 $A(s)$,从而实现所需滤波电路的问题就变化为实现该传递函数的问题。

通常情况下,有源滤波电路的幅度响应用增益 $G(j\omega)$ 表示,称为增益函数,它的单位是分贝(dB),它和幅度函数 $A(j\omega)$ 的关系是

$$G(\mathrm{j}\omega)=20\lg|A(\mathrm{j}\omega)|\ (\mathrm{dB}) \tag{9.1.4}$$

在滤波电路的设计中,主要关心的是幅频特性。在有些滤波电路如处理图像的滤波电路中,除了关心幅频特性外,还特别关心其相频特性。幅频特性有时使用衰减特性 $A(\omega)$ 表示,它是幅频特性的倒数,记为

$$A(\omega)=20\lg\left|\frac{1}{A(\mathrm{j}\omega)}\right|=20\lg\left|\frac{U_{\mathrm{i}}(\mathrm{j}\omega)}{U_{\mathrm{o}}(\mathrm{j}\omega)}\right| \tag{9.1.5}$$

相频特性用 $\varphi(\omega)$ 表示

$$\varphi(\omega)=\arctan\left\{\frac{I_{\mathrm{m}}[A(\mathrm{j}\omega)]}{\mathrm{Re}[A(\mathrm{j}\omega)]}\right\} \tag{9.1.6}$$

例 9.1.1 简单的无源滤波电路如图 9.1.2 所示。

(1) 求该滤波电路的传递函数。

(2) 画出该滤波电路在 $R\sqrt{C/L}=1/\sqrt{2}$ 情况下的幅频特性曲线 $|A(\mathrm{j}\omega)|$ 和衰减特性曲线 $A(\omega)$。

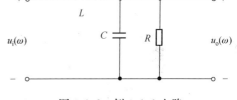

图 9.1.2 例 9.1.1 电路

解 利用电路的分压关系可以求得滤波电路的传递函数为

$$A(s)=\frac{U_{\mathrm{o}}(s)}{U_{\mathrm{i}}(s)}=\frac{\dfrac{1}{\dfrac{1}{R}+sC}}{sL+\dfrac{1}{\dfrac{1}{R}+sC}}$$

幅频特性,令 $s=\mathrm{j}\omega$ 代入上式,得

$$A(\mathrm{j}\omega)=\frac{U_{\mathrm{o}}(\mathrm{j}\omega)}{U_{\mathrm{i}}(\mathrm{j}\omega)}=\frac{\dfrac{1}{\dfrac{1}{R}+\mathrm{j}\omega C}}{\mathrm{j}\omega L+\dfrac{1}{\dfrac{1}{R}+\mathrm{j}\omega C}}=\frac{1}{1-\omega^{2}LC+\mathrm{j}\dfrac{\omega L}{R}}$$

$$|A(\mathrm{j}\omega)|=\frac{1}{\sqrt{(1-\omega^{2}LC)^{2}+\left(\dfrac{\omega L}{R}\right)^{2}}} \tag{9.1.7}$$

衰减特性

$$A(\omega)=20\lg\left|\frac{1}{A(\mathrm{j}\omega)}\right|=20\lg\left|\frac{U_{\mathrm{i}}(\mathrm{j}\omega)}{U_{\mathrm{o}}(\mathrm{j}\omega)}\right|$$

$$=20\lg\sqrt{(1-\omega^{2}LC)^{2}+\left(\frac{\omega L}{R}\right)^{2}} \tag{9.1.8}$$

相频特性

$$\varphi(\omega)=-\arctan\left(\frac{\omega L/R}{1-\omega^{2}LC}\right) \tag{9.1.9}$$

图 9.1.3 给出该滤波电路在 $R\sqrt{C/L}=1/\sqrt{2}$ 情况下的幅频特性曲线和衰减特性曲线。

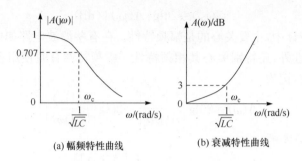

(a) 幅频特性曲线　　　(b) 衰减特性曲线

图 9.1.3　例 9.1.1 电路的频率特性曲线

从图 9.1.3 可以看出如下内容。

(1) 幅频特性曲线。当 $\omega=0$ 时，$|A(j\omega)|=1$。$|A(j\omega)|$ 取得最大数值，滤波电路允许信号通过，而在 $\omega>\omega_c=\dfrac{1}{\sqrt{LC}}$ 以后，$|A(j\omega)|$ 的数值相对减少，以致非常弱，滤波电路不允许信号通过，将这些频率的信号滤除。ω_c 称为截止频率，在 $\omega=\omega_c=\dfrac{1}{\sqrt{LC}}$ 处，$|A_u|$ 降到 70.0%，即 $|A(j\omega)|=0.707$。

(2) 衰减特性曲线。当 $\omega=0$ 时，衰耗特性 $A(\omega)=0$，说明滤波电路无衰耗，$|A(j\omega)|$ 取得最大数值，滤波电路允许信号通过，而在 $\omega>\omega_c=\dfrac{1}{\sqrt{LC}}$ 以后，衰耗特性 $A(\omega)$ 逐渐增大，$|A(j\omega)|$ 的数值相对减少，以致非常弱，滤波电路不允许信号通过。

可见，图 9.1.3 所示电路具有滤除频率高于 $\omega>\omega_c=\dfrac{1}{\sqrt{LC}}$ 频率的信号的能力。具有这种特性的电路称为低通滤波电路，$\omega=\omega_c=\dfrac{1}{\sqrt{LC}}$ 是低通滤波电路的截止角频率。

通过相频特性表达式 9.1。可以得到两个信号通过滤波电路的相位延时和群延时。相位延时 $\tau_p(\omega)$ 表示为

$$\tau_p=-\frac{\varphi(\omega)}{\omega} \tag{9.1.10}$$

它表示的是一个角频率为 ω 的正弦信号通过滤波电路后所产生的延时。

群延时 $\tau_g(\omega)$ 表示为

$$\tau_g=-\frac{\mathrm{d}\varphi(\omega)}{\mathrm{d}\omega} \tag{9.1.11}$$

群延时描述的是一群不同频率的信号通过滤波电路后所产生的时间延迟，它是在指定频率范围内，相位-频率特性曲线在不同频率处的斜率。当其值为常数时，表示信号中各频率分量的延迟时间相同，所以信号通过滤波电路后不会产生失真；如果它不是常数，而是随频率不同而变化，则表示信号经过滤波电路后将会产生相位失真。因为它描述的是一群不同频率信号通过滤波电路的特性，故称其为群延时特性。

例 9.1.2 简单的有源滤波电路如图 9.1.4 所示。

(1) 求该滤波电路的传递函数；

（2）画出该滤波电路在 $\omega_c = \dfrac{1}{RC}$ 情况下的幅频特性曲线 $|A(j\omega)|$ 和衰减特性曲线 $A(\omega)$。

解　利用电路的结构求得滤波电路的传递函数为

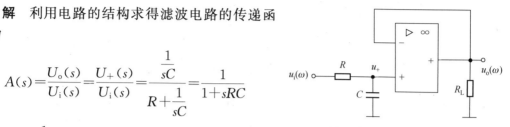

图 9.1.4　例 9.1.2 电路图

$$A(s) = \frac{U_o(s)}{U_i(s)} = \frac{U_+(s)}{U_i(s)} = \frac{\dfrac{1}{sC}}{R + \dfrac{1}{sC}} = \frac{1}{1 + sRC}$$

式中，$\omega_c = \dfrac{1}{RC}$。令 $s = j\omega$ 代入上式，得到如下结果。

幅频特性

$$A(j\omega) = \frac{U_o(j\omega)}{U_i(j\omega)} = \frac{U_+(j\omega)}{U_i(j\omega)} = \frac{\dfrac{1}{j\omega C}}{R + \dfrac{1}{j\omega C}} = \frac{1}{1 + j\dfrac{\omega}{\omega_c}}$$

$$|A(j\omega)| = \frac{1}{\sqrt{1 + \left(\dfrac{\omega}{\omega_c}\right)^2}}$$

衰减特性

$$A(\omega) = 20\lg\left|\frac{1}{A(j\omega)}\right| = 20\lg\sqrt{1 + (\omega RC)^2}$$

相频特性

$$\varphi(\omega) = -\arctan(\omega RC)$$

图 9.1.5 给出该滤波电路在 $\omega = \omega_c = \dfrac{1}{RC}$ 情况下的幅频特性曲线和衰减特性曲线。

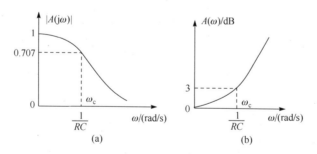

图 9.1.5　有源滤波电路幅频特性曲线和衰减特性曲线

从图 9.1.5 可以看出如下结论。

（1）幅频特性曲线。当 $\omega = 0$ 时，可得有源滤波电路的放大倍数 $|A(j\omega)| = 1$。$|A(j\omega)|$ 取得最大数值，滤波电路允许信号通过，而在 $\omega > \omega_c = \dfrac{1}{RC}$ 以后，$|A(j\omega)|$ 的数值相对减少，以致非常弱，滤波电路不允许信号通过，将这些频率的信号滤除。ω_c 称为截止频率，在 $\omega = \omega_c = \dfrac{1}{RC}$ 处，$|A_u|$ 降到 70.0%，即 $|A(j\omega)| = 0.707$。

（2）衰减特性曲线。当 $\omega=0$ 时，衰耗特性 $A(\omega)=0$，说明滤波电路无衰耗，$|A(\mathrm{j}\omega)|$ 取得最大数值，滤波电路允许信号通过，而在 $\omega>\omega_\mathrm{c}=\dfrac{1}{RC}$ 以后，衰耗特性 $A(\omega)$ 逐渐增大，$|A(\mathrm{j}\omega)|$ 的数值相对减少，以致非常弱，滤波电路不允许信号通过。

可见，图 9.1.4 所示电路具有滤除频率高于 $\omega>\omega_\mathrm{c}=\dfrac{1}{RC}$ 频率的信号的能力。具有这种特性的电路称为低通滤波电路，$\omega=\omega_\mathrm{c}=\dfrac{1}{\sqrt{LC}}$ 是低通滤波电路的截止角频率。

9.1.2　有源滤波电路分类、性能的描述

1. 滤波电路分类

滤波电路的分类形式很多，可以按照所处理的信号类型分类，可以按照所采用的电路器件类型分类，可以按照滤波电路幅频特性类型分类。

（1）滤波电路可以按照所处理的信号类型分为模拟滤波电路和数字滤波电路。用于处理模拟信号的滤波电路称为模拟滤波电路，用于处理数字信号的滤波电路称为数字滤波电路。模拟滤波电路按照信号的连续性，也可分为连续时间滤波电路和取样数据滤波电路。

（2）滤波电路可以按照所采用的器件类型分为无源滤波电路和有源滤波电路。无源器件组成的模拟滤波电路称为无源滤波电路，含有有源电路器件的模拟滤波电路称为有源滤波电路。

（3）滤波电路可以按照滤波电路幅频特性类型分为以下 4 种。①低通滤波电路(LPF)，允许截止频率以下的成分通过；②高通滤波电路(HPF)，允许截止频率以上的成分通过；③带通滤波电路(BPF)，允许特定的频率成分(频带)通过；④带阻滤波电路(BRF)，只除去特定的频率成分(频带)。这 4 种滤波电路的名称如表 9.1.1 所示。能够通过滤波电路的频带与被衰减的频带的分界叫作截止频率。

表 9.1.1　按通带特性分类的滤波电路名称和英文名称

滤波电路名称	英文名称	滤波电路名称	英文名称
低通滤波电路	LPF(Low Pass Filter)	带通滤波电路	BPF(Band Pass Filter)
高通滤波电路	HPF(High Pass Filter)	带阻滤波电路	BRF(Band Reject Filter)

滤波电路是按上述它对频率成分的过滤特性和设计滤波电路时所用的函数形式的组合情形来区分和命名的，且其中的函数形式名称大都采用了某个数学家的名字。例如，所用函数形式为巴特沃斯函数的低通滤波电路就称为巴特沃斯型低通滤波电路，所用函数为切比雪夫函数的低通滤波电路就称为切比雪夫型低通滤波电路，而所用函数为椭圆函数的高通(或其他)滤波电路则直接称为椭圆函数型高通(或其他)滤波电路。也就是说，滤波电路的名称一般包括函数名称和过滤特性两部分。

2. 滤波电路的性能描述

1) 低通滤波电路

低通滤波电路允许信号中的低频或直流分量通过，抑制高频分量或干扰和噪声。

理想低通滤波电路特性如图 9.1.6 所示，在 $0\sim\omega_\mathrm{c}$ 频率之间，幅频特性平直，它可以使信

号中低于 ω_c 的频率成分几乎不受衰减地通过低通滤波电路,而高于 ω_c 的频率成分受到极大地衰减。我们将 $0 \sim \omega_c$ 频率范围称为滤波电路的通带,把 $\omega_c \sim \infty$ 频率范围称为滤波电路的阻带。通带与阻带的分界频率称为滤波电路的截止频率,用 ω_c 表示。实际低通滤波电路的频率特性如图 9.1.6(a)所示。实际低通滤波电路的衰减特性如图 9.1.6(b)所示。

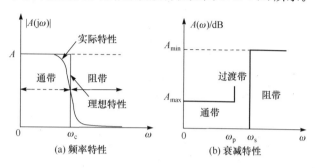

图 9.1.6　低通滤波电路的频率特性

图 9.1.6 中,ω_p 表示通带角频率;ω_s 表示阻带边缘角频率;ω_c 称为截止频率,是人为假定的通带和阻带之间的界限,通常定义为衰减 3dB 处的角频率。

2) 高通滤波电路

高通滤波电路允许信号中的高频分量通过,抑制低频或直流分量。

理想高通滤波电路幅频特性如图 9.1.7(a)所示。与低通滤波相反,频率为 $\omega_c \sim \infty$ 时,其幅频特性平直,滤波电路使信号中高于 ω_c 的频率成分几乎不受衰减地通过,把 $\omega_c \sim \infty$ 的频率范围称为滤波电路的通带。而低于 ω_c 的频率成分将受到极大地衰减,把 $\omega < \omega_c$ 频率范围称为滤波电路的阻带。

实际高通滤波电路的幅频特性如图 9.1.7(a)所示。实际高通滤波电路的衰减特性如图 9.1.7(b)所示。

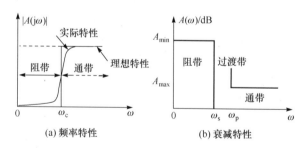

图 9.1.7　高通滤波电路的频率特性

图 9.1.7 中,ω_p 表示通带角频率;ω_s 表示阻带边缘角频率;ω_c 称为截止频率,是人为假定的通带和阻带之间的界限,通常定义为衰减 3dB 处的角频率。

3) 带通滤波电路(BPF)

带通滤波电路可以看成低通滤波电路和高通滤波电路性能的组合。它允许一个频带内的信号通过,而衰减频带以外的信号。带通滤波函数的幅频特性和衰减特性如图 9.1.8 所示。其中,ω_L 为低边截止频率,ω_H 为高边截止频率,ω_0 为中心频率。由如图 9.1.8 所示的理想幅频特性可知,该带通滤波电路的功能是允许频率高于 ω_L 而低于 ω_H 的信号通过电路,而使频率低于 ω_L 和高于 ω_H 的信号受到很大的衰减。实际的带通滤波电路有两个阻带和两个过渡带,它

的通带宽度为 $BW=\omega_L\sim\omega_H$，如图 9.1.8 所示。在通信设备中，带通滤波电路被用来从众多信号中选出有用的信号而衰减干扰信号。

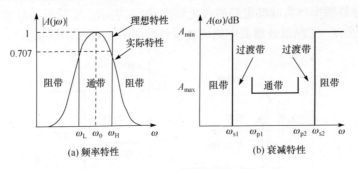

(a) 频率特性　　　　　　　(b) 衰减特性

图 9.1.8　带通滤波电路的频率特性

图 9.1.8 中，ω_p 表示通带角频率；ω_s 表示阻带边缘角频率；ω_c 称为截止频率，是人为假定的通带和阻带之间的界限，通常定义为衰减 3dB 处的角频率。

4) 带阻滤波电路

带阻滤波电路与带通滤波电路相反，它将一个频带内的信号完全衰减，而允许该频带以外的信号通过。带阻滤波函数的幅频特性和衰减特性如图 9.1.9 所示。其中，$|A(j\omega)|$ 为幅频特性曲线。ω_L 为低边截止频率，ω_H 为高边截止频率，ω_z 为阻带中心频率。由如图 9.1.9 所示的理想幅频特性可知，该滤波电路的功能是允许频率高于 ω_H 和低于 ω_L 的信号通过电路，而使频率低于 ω_H 高于 ω_L 的信号受到很大的衰减。在通信设备中，带阻滤波电路被用来抑制干扰信号。

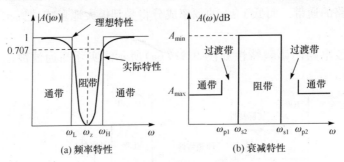

(a) 频率特性　　　　　　　(b) 衰减特性

图 9.1.9　带阻滤波电路频率特性

图 9.1.9 中，ω_p 表示通带角频率；ω_s 表示阻带边缘角频率；ω_c 称为截止频率，是人为假定的通带和阻带之间的界限，通常定义为衰减 3dB 处的角频率。

实际上，不可能用电路器件或电路实现理想滤波电路的特性，只能根据需要逼近它们。下面从它的通带特性、阻带特性和截止频率来研究实际滤波电路。以低通滤波电路为例讨论。

(1) 通带特性。实际低通滤波电路特性如图 9.1.10 所示，$0\sim\omega_c$ 频率范围称为滤波电路的通带。在实际滤波电路设计时，允许滤波电路的通带传输有一定的偏差，这个偏差用通带最大衰减 A_{max} 表示，它表示所设计的滤波电路通带衰减偏离理想值 0dB 的最大允许偏差。这就是说，当一个滤波电路的通带最大衰减 A_{max} 确定以后，在设计该滤波电路时，只要通带衰减为 $0\sim A_{max}$ 就可以满足设计要求了。一个实际的低通滤波电路的通带衰减特性如图 9.1.10(b)所示。

(2) 阻带特性。一个实际的电路可以在某一频率处使电路衰减为∞，但是不能在一个频率段内实现无穷大衰减。实际滤波电路阻带内的衰减只能为有限值。在实际滤波电路设计时，这个有限值用阻带最小衰减 A_{min} 来表示，它表示所设计的滤波电路阻带衰减偏离理想值∞

的最大允许偏差。这就是说,当一个滤波电路的阻带最小衰减 $A_{\min}$ 确定以后,在设计该滤波电路时,只要阻带衰减大于或等于 $A_{\min}$ 就可以满足设计要求了。一个实际的低通滤波电路的通带和阻带衰减特性如图 9.1.10(b)所示。

(3) 滤波电路的阻带和通带的边界特性。一个实际的滤波电路也不可能实现通带和阻带之间的突然变化。也就是说,通带的边界 ω_p 处不可能很陡。为此,在通带和阻带之间引入过渡带,如图 9.1.10(b)中 $\omega_p \sim \omega_s$ 中间的一段频率范围。在过渡带内,滤波电路的衰减由 $A_{\max}$ 逐渐增大到 $A_{\min}$。过渡带越窄,滤波电路的选择性越好,但同时滤波电路的电路越复杂,成本也越高。一般地说,在滤波电路的 ω_p 和 ω_s 一定的情况下,$A_{\max}$ 越小、$A_{\min}$ 越大,滤波电路的过渡带越窄,滤波电路的实现电路就越复杂,成本也就越高。

图 9.1.10(b)和图 9.1.10(c)分别表示了两个刚好满足同样特性要求的低通滤波电路的衰减函数。图 9.1.10(b)的通带、过渡带和阻带特性都是单调变化的。它的通带截止频率是 ω_p,通带宽度为 $BW = \omega_p$。

图 9.1.10(c)的通带特性是波动的,其波动值被限制在最大偏差 $A_{\max}$ 之内。在它的阻带边缘 ω_s 处,其衰减保持最低要求值 $A_{\min}$。在阻带范围内,其衰减等于或小于最低要求值 $A_{\min}$。这样的两个滤波特性都是可以用实际的滤波电路实现的。

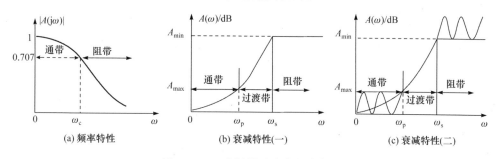

图 9.1.10　实际低通滤波电路特性

低通滤波电路、高通滤波电路、带通滤波电路、带阻滤波电路的幅频特性,在截止频率处,$|A_u|$ 降到 70.7%,即 $|A_u| = 0.707$。

前面了解了滤波电路的特性。下面举例来学习滤波电路的分析方法,学习滤波电路的典型结构。

9.2　有源低通滤波电路

9.2.1　一阶有源低通滤波电路

例 9.2.1　简单的有源低通滤波电路如图 9.2.1所示。

(1) 求该滤波电路的传递函数和幅频特性。

(2) 画出该滤波电路在 $\omega_c = \dfrac{1}{RC}$ 情况下的幅频特性曲线和衰减特性曲线 $A(\omega)$。

解　(1) 利用电路的结构求得滤波电路的传递函数为

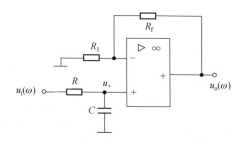

图 9.2.1　例 9.2.1电路图

$$A(s)=\frac{U_o(s)}{U_i(s)}=\frac{U_o(s)}{U_+(s)}\cdot\frac{U_+(s)}{U_i(s)}=\frac{\left(1+\frac{R_f}{R_1}\right)U_+(s)}{U_+(s)}\cdot\frac{\frac{1}{sC}U_i(s)}{R+\frac{1}{sC}}$$

$$=\left(1+\frac{R_f}{R_1}\right)\frac{1}{1+sRC} \tag{9.2.1}$$

$\omega_c=\omega_H=\dfrac{1}{RC}$ 是低通滤波电路的截止角频率。令 $s=j\omega$、通带电压增益 $A_o=1+\dfrac{R_f}{R_1}$ 代入式(9.2.1),得幅频特性

$$A(j\omega)=\frac{U_o(j\omega)}{U_i(j\omega)}=\frac{A_o}{1+j\frac{\omega}{\omega_c}}$$

$$|A(j\omega)|=\frac{A_o}{\sqrt{1+\left(\frac{\omega}{\omega_c}\right)^2}} \tag{9.2.2}$$

当 $\omega=\omega_c$ 时,幅频特性为

$$|A(j\omega)|=\frac{A_o}{\sqrt{1+\left(\frac{\omega}{\omega_c}\right)^2}}=\frac{A_o}{\sqrt{2}}=0.707A_o \tag{9.2.3}$$

用分贝表示为

$$20\lg\left|\frac{A(j\omega)}{A_o}\right|=20\lg\frac{1}{\sqrt{1+\left(\frac{\omega}{\omega_c}\right)^2}}\approx-3\mathrm{dB} \tag{9.2.4}$$

衰减特性为

$$A(\omega)=20\lg\left|\frac{A_o}{A(j\omega)}\right|=20\lg\sqrt{1+\left(\frac{\omega}{\omega_c}\right)^2}\approx3 \tag{9.2.5}$$

(2) 滤波电路在 $\omega=\omega_c=\dfrac{1}{RC}$ 情况下的幅频特性曲线和衰减特性曲线如图 9.2.2 所示。

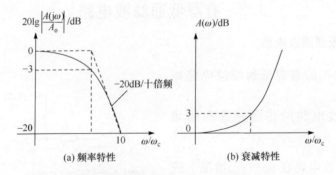

(a) 频率特性　　　　　　(b) 衰减特性

图 9.2.2　有源滤波电路的幅频特性曲线和衰减特性曲线

由于式(9.2.1)中分母为 s 的一次幂,故图 9.2.1 所示滤波电路称为一阶低通有源滤波电路。

从图 9.2.2(a)所示幅频响应来看,一阶滤波电路的滤波效果还不够好,幅频特性曲线按 $-20\mathrm{dB}/$ 十倍频下降。若要求响应曲线以 $-40\mathrm{dB}/$ 十倍频或 $-60\mathrm{dB}/$ 十倍频频的斜率变化,则需要采用二阶、三阶的滤波电路。实际上,高于二阶的滤波电路都可以由一阶和二阶有源滤波电路构成。因此,下面讨论二阶有源滤波电路的组成和特性。

9.2.2 二阶有源低通滤波电路

例 9.2.2 简单的有源低通二阶滤波电路如图 9.2.3 所示。

(1) 求该滤波电路的传递函数、幅频特性。

(2) 画出该滤波电路的幅频特性曲线。

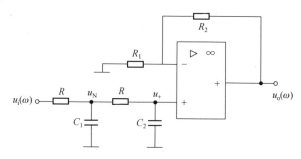

图 9.2.3 例 9.2.2 电路图

解 (1) 根据电路的结构求得滤波电路的传递函数为

$$A(s)=\frac{U_{\mathrm{o}}(s)}{U_{\mathrm{i}}(s)}=\left(1+\frac{R_2}{R_1}\right)\cdot\frac{U_{+}(s)}{U_{\mathrm{i}}(s)}=\left(1+\frac{R_{\mathrm{f}}}{R_1}\right)\cdot\frac{U_{+}(s)}{U_{\mathrm{N}}(s)}\cdot\frac{U_{\mathrm{N}}(s)}{U_{\mathrm{i}}(s)}$$

$$=\left(1+\frac{R_{\mathrm{f}}}{R_1}\right)\cdot\frac{\dfrac{\dfrac{1}{sC_2}U_{\mathrm{N}}(s)}{R+\dfrac{1}{sC_2}}}{U_{\mathrm{N}}(s)}\cdot\frac{\dfrac{\dfrac{1}{sC_1}//\left(R+\dfrac{1}{sC_2}\right)U_{\mathrm{i}}(s)}{R+\left[\dfrac{1}{sC_1}//\left(R+\dfrac{1}{sC_2}\right)\right]}}{U_{\mathrm{i}}(s)}$$

$$=\left(1+\frac{R_{\mathrm{f}}}{R_1}\right)\cdot\frac{1}{1+sRC_2}\cdot\frac{\dfrac{1}{sC_1}//\left(R+\dfrac{1}{sC_2}\right)}{R+\left[\dfrac{1}{sC_1}//\left(R+\dfrac{1}{sC_2}\right)\right]}$$

当 $C_1=C_2=C$ 时:

$$A(s)=\frac{U_{\mathrm{o}}(s)}{U_{\mathrm{i}}(s)}=\left(1+\frac{R_{\mathrm{f}}}{R_1}\right)\cdot\frac{1}{1+3sRC+(sRC)^2}$$

式中, $\omega_{\mathrm{c}}=\dfrac{1}{RC}$,令 $s=\mathrm{j}\omega$ 、通带电压增益 $A_{\mathrm{o}}=1+\dfrac{R_{\mathrm{f}}}{R_1}$ 代入上式,得幅频特性

$$A(\mathrm{j}\omega)=\frac{U_{\mathrm{o}}(\mathrm{j}\omega)}{U_{\mathrm{i}}(\mathrm{j}\omega)}=\frac{A_{\mathrm{o}}}{1+\mathrm{j}3\dfrac{\omega}{\omega_{\mathrm{c}}}-\left(\dfrac{\omega}{\omega_{\mathrm{c}}}\right)^2}$$

$$|A(\mathrm{j}\omega)|=\frac{A_{\mathrm{o}}}{\sqrt{\left(1-\left(\dfrac{\omega}{\omega_{\mathrm{c}}}\right)^2\right)^2+\left(3\dfrac{\omega}{\omega_{\mathrm{c}}}\right)^2}}$$

在截止频率处,幅频特性为

$$|A(j\omega)| = \frac{A_o}{\sqrt{\left(1-\left(\frac{\omega}{\omega_c}\right)^2\right)^2 + \left(3\frac{\omega}{\omega_c}\right)^2}} = \frac{A_o}{\sqrt{2}} = 0.707A_o$$

根据上式求得本电路的截止频率为

$$\omega = 0.37\omega_c$$

用分贝表示为

$$20\lg\left|\frac{A(j\omega)}{A_o}\right| \approx -3\text{dB}$$

当 $\omega = \omega_c$ 时,幅频特性为

$$|A(j\omega)| = \frac{A_o}{\sqrt{\left(1-\left(\frac{\omega}{\omega_c}\right)^2\right)^2 + \left(3\frac{\omega}{\omega_c}\right)^2}} = \frac{A_o}{3}$$

用分贝表示为

$$20\lg\left|\frac{A(j\omega)}{A_o}\right| \approx -9.54\text{dB}$$

当 $\omega = 10\omega_c$ 时,幅频特性为

$$|A(j\omega)| = \frac{A_o}{\sqrt{\left[1-\left(\frac{\omega}{\omega_c}\right)^2\right]^2 + \left(3\frac{\omega}{\omega_c}\right)^2}} = \frac{A_o}{103} \tag{9.2.6}$$

用分贝表示为

$$20\lg\left|\frac{A(j\omega)}{A_o}\right| \approx -40\text{dB} \tag{9.2.7}$$

(2) 根据以上计算可以画出幅频特性曲线,如图 9.2.4 所示。当 $\omega = 10\omega_c$ 时, $20\lg|A(j\omega)/A_o| \approx -40\text{dB}$。这表明二阶比一阶低通滤波电路的滤波效果好得多。进一步增加滤波电路的阶数,幅频特性就更接近理想特性。

例 9.2.3　将例 9.2.2 所示电路中 C_1 的接地改接到集成运放的输出端,得另一种有源低通二阶滤波电路如图 9.2.5 所示。

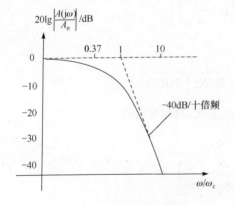

图 9.2.4　有源低通二阶滤
波电路的幅频特性曲线

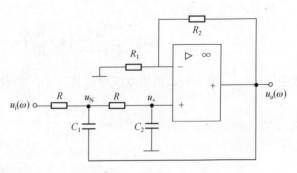

图 9.2.5　例 9.2.3 电路图

（1）求该滤波电路的传递函数、幅频特性。

（2）画出该滤波电路的幅频特性曲线。

解　根据电路的结构求得同相电压增益为

$$A_o(s) = \frac{U_o(s)}{U_+(s)} = 1 + \frac{R_2}{R_1}$$

设 $C_1 = C_2 = C$。对于节点 N 的电流方程为

$$\frac{U_i(s) - U_N(s)}{R} = \frac{U_N(s) - U_o(s)}{\frac{1}{sC}} + \frac{U_N(s) - U_-(s)}{R}$$

对于节点"＋"的电流方程为

$$\frac{U_N(s) - U_+(s)}{R} = \frac{U_+(s)}{\frac{1}{sC}}$$

联立以上 3 个方程,解出滤波电路的传递函数为

$$A(s) = \frac{A_o}{1 + (3 - A_o)sRC + (sRC)^2} \qquad (9.2.8)$$

式(9.2.8)为二阶低通滤波电路传递函数的表达式。当 $A_o < 3$ 时,电路才能稳定。当 $A_o > 3$ 时,电路将产生自激振荡。

令截止频率为

$$\omega_c = \frac{1}{RC}$$

等效品质因数

$$Q = \frac{1}{3 - A_o}$$

令 $s = j\omega$,3dB 截止角频率 $\omega_c = \frac{1}{RC}$,得电路的幅频特性为

$$20\lg\left|\frac{A(j\omega)}{A_o}\right| = 20\lg\frac{1}{\sqrt{\left[1 - \left(\frac{\omega}{\omega_c}\right)^2\right]^2 + \left(\frac{\omega}{Q\omega_c}\right)^2}}$$

当 $\omega = 0$ 时,$|A(j\omega)| = A_o$;当 $\omega \to \infty$ 时,$|A(j\omega)| \to 0$。显然,这是低通滤波电路的特性。下面画不同的品质因数的幅频特性曲线,如图 9.2.6 所示。

当 $Q = 0.707$ 和 $\omega/\omega_c = 1$ 时,$20\lg\left|\frac{A(j\omega)}{A_o}\right| = -3\text{dB}$。

当 $Q = 0.707$ 和 $\omega/\omega_c = 10$ 时,$20\lg\left|\frac{A(j\omega)}{A_o}\right| = -40\text{dB}$。

曲线表明当 $\omega > \omega_c$ 时,曲线按 -40dB/十倍频下降。说明二阶比一阶低通滤波电路的滤波效果好得多。进一步增加滤波电路的阶数,幅频特性就更接近理想特性。

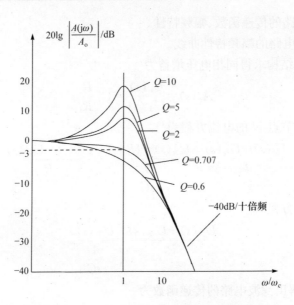

图 9.2.6　二阶低通滤波电路幅频特性曲线

9.3　有源高通滤波电路

9.3.1　一阶高通有源滤波电路

例 9.3.1　简单的有源低通滤波电路如图 9.3.1所示。

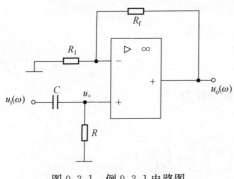

图 9.3.1　例 9.3.1电路图

(1)求该滤波电路的传递函数、幅频特性。

(2)画出该滤波电路在 $\omega_c = \dfrac{1}{RC}$ 情况下的幅频特性曲线。

解　由于低通与高通电路存在对偶关系,如果将图 9.2.1 中的电阻、电容对调,即可得一阶高通电路,电路如图 9.3.1 所示。

当运放的特性理想时,图 9.3.1 所示电路的传递函数为

$$A(s) = \frac{U_o(s)}{U_i(s)} = \frac{U_o(s)}{U_+(s)} \cdot \frac{U_+(s)}{U_i(s)} = \frac{\left(1 + \dfrac{R_f}{R_1}\right) U_+(s)}{U_+(s)} \cdot \frac{\dfrac{R}{\dfrac{1}{sC} + R} U_i(s)}{U_i(s)}$$

$$= \left(1 + \frac{R_f}{R_1}\right) \frac{1}{1 + \dfrac{1}{sRC}}$$

令 $s = j\omega$、通带电压增益 $A_o = 1 + \dfrac{R_f}{R_1}$ 代入上式,得幅频特性为

$$A(j\omega) = \frac{U_o(j\omega)}{U_i(j\omega)} = \frac{A_o}{1 - j\dfrac{\omega_c}{\omega}}$$

$$|A(j\omega)| = \frac{A_o}{\sqrt{1 + \left(\dfrac{\omega_c}{\omega}\right)^2}} \tag{9.3.1}$$

式中，$\omega_c = \omega_L = \dfrac{1}{RC}$ 是高通滤波电路的截止角频率 ω_L。

当 $\omega = \omega_c$ 时，幅频特性为

$$|A(j\omega)| = \frac{A_o}{\sqrt{1 + \left(\dfrac{\omega}{\omega_c}\right)^2}} = \frac{A_o}{\sqrt{2}} = 0.707A_o \tag{9.3.2}$$

用分贝表示为

$$20\lg\left|\frac{A(j\omega)}{A_o}\right| = 20\lg \frac{1}{\sqrt{1 + \left(\dfrac{\omega_c}{\omega}\right)^2}} \approx -3\text{dB} \tag{9.3.3}$$

由此可画出图 9.3.1 所示电路的幅频特性曲线，如图 9.3.2 所示。

9.3.2 二阶高通有源滤波电路

例 9.3.2 二阶高通有源滤波电路如图 9.3.3 所示。与一阶有源滤波电路一样，如果将图 9.2.3 所示二阶低通滤波器电路中的 R 和 C 对调，即可获得二阶高通有源滤波电路。在这里分析另一种典型二阶高通有源滤波器电路，如图 9.3.3 所示。

（1）求该滤波电路的传递函数、幅频特性。

（2）画出该滤波电路的幅频特性曲线。

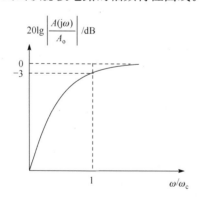

图 9.3.2 一阶高通有源滤波
电路的幅频特性

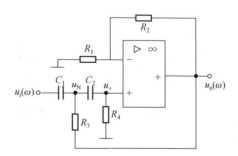

图 9.3.3 二阶高通有源滤波电路

解 根据电路的结构求得同相电压增益为

$$A_o(s) = \frac{U_o(s)}{U_+(s)} = 1 + \frac{R_2}{R_1}$$

假定所用组件是理想器件，对于节点 N 的电流方程为

$$\frac{U_i(s) - U_N(s)}{1/(sC_1)} = \frac{U_N(s) - U_o(s)}{R_3} + \frac{U_N(s) - U_+(s)}{1/(sC_2)} \tag{9.3.4}$$

对于节点"+"的电流方程

$$\frac{U_N(s) - U_+(s)}{1/(sC_2)} = \frac{U_+(s)}{R_4} \tag{9.3.5}$$

联立以上 3 个方程,并令 $C_1 = C_2 = C$、$R_3 = R_4 = R$。解出滤波电路的传递函数为

$$A(s) = \frac{A_o (sRC)^2}{1 + (3 - A_o)sRC + (sRC)^2} \tag{9.3.6}$$

式(9.3.6)为二阶高通滤波电路传递函数的表达式。当 $A_o < 3$ 时,电路才能稳定。当 $A_o > 3$ 时,电路将产生自激振荡。

截止频率为

$$\omega_c = \frac{1}{RC}$$

等效品质因数

$$Q = \frac{1}{3 - A_o}$$

令 $s = j\omega$、3dB 截止角频率 $\omega_c = \frac{1}{RC}$,得电路的幅频特性

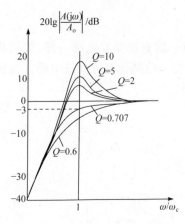

$$A(j\omega) = \frac{A_o}{1 - j\frac{\omega_c}{Q\omega} - \left(\frac{\omega_c}{\omega}\right)^2} \tag{9.3.7}$$

用分贝表示为

$$20\lg\left|\frac{A(j\omega)}{A_o}\right| = 20\lg\frac{1}{\sqrt{\left[1 - \left(\frac{\omega_c}{\omega}\right)^2\right]^2 + \left(\frac{\omega_c}{Q\omega}\right)^2}} \tag{9.3.8}$$

由式(9.3.7)得,当 $\omega = 0$ 时,$|A(j\omega)| = 0$;当 $\omega \to \infty$ 时,$|A(j\omega)| \to A_o$。显然,这是高通滤波电路的特性。下面画不同的品质因数的幅频特性曲线,如图 9.3.4 所示。

图 9.3.4 二阶高通有源滤波电路的幅频特性曲线

根据式(9.3.8)可画出不同 Q 值下的滤波器的幅频特性,如图 9.3.4 所示。我们一般把具有图 9.3.3 所示电路结构的有源滤波器称为压控电压源型电路。

9.4 有源带通滤波电路

将低通滤波器和高通滤波器串联,如图 9.4.1 所示,就可得到带通滤波电路。图中前部分的截止频率为 ω_H,后部分的截止频率为 ω_L,则通频带为 $\omega_H - \omega_L$。实际电路中也常采用单个集成运放构成压控电压源二阶带通滤波电路,如图 9.4.2 所示。

例 9.4.1 图 9.4.2 是二阶带通滤波电路。

(1) 试求二阶带通滤波电路的传递函数、幅频特性。

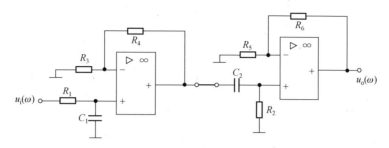

图 9.4.1　低通滤波器和高通滤波器串联

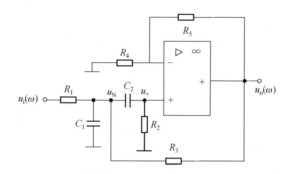

图 9.4.2　压控电压源二阶带通滤波电路

（2）试求截止频率 ω_H、ω_L，通频带 $\omega_H - \omega_L$。

（3）画出该滤波电路的幅频特性曲线。

解　根据图 9.4.2 所示电路的结构求得同相电压增益

$$A_o(s) = \frac{U_o(s)}{U_+(s)} = 1 + \frac{R_5}{R_4}$$

假定所用组件是理想器件，当 $C_1 = C_2 = C$、$R_1 = R$、$R_2 = 2R$ 时，电路的传递函数

$$A(s) = \frac{A_o sRC}{1 + (3 - A_o)sRC + (sRC)^2} \tag{9.4.1}$$

令中心频率 $\omega_o = \frac{1}{RC}$，令 $s = j\omega$、品质因数 $Q = \frac{1}{3 - A_o}$，得幅频特性（通带放大倍数）为

$$A(j\omega) = A_o Q \cdot \frac{1}{1 + jQ\left(\dfrac{\omega}{\omega_o} - \dfrac{\omega_o}{\omega}\right)} \tag{9.4.2}$$

当 $\omega = \omega_o$ 时，得通带放大倍数

$$A(j\omega) = A_o Q \tag{9.4.3}$$

令幅频特性式（9.4.2）的模为 $\sqrt{2}$，则

$$\left| Q\left(\frac{\omega}{\omega_o} - \frac{\omega_o}{\omega}\right) \right| = 1$$

解上式，取正根，得带通有源滤波器电路的下限截止频率 ω_L 和上限截止频率 ω_H 为

$$\omega_L = \frac{\omega_o}{2}\left[\sqrt{\left(\frac{1}{Q}\right)^2 + 4} - \frac{1}{Q}\right] \tag{9.4.4}$$

$$\omega_H = \frac{\omega_o}{2}\left[\sqrt{\left(\frac{1}{Q}\right)^2 + 4} + \frac{1}{Q}\right] \tag{9.4.5}$$

因此,通频带为

$$\omega_{BW} = \omega_H - \omega_L = \frac{\omega_o}{Q} \tag{9.4.6}$$

或

$$f_{BW} = f_H - f_L = \frac{f_o}{Q} \tag{9.4.7}$$

　　电路的幅频特性如图 9.4.3 所示。Q 值越大,通带的放大倍数数值越大,频带越窄,选频特性越好。调整电路的 A_o,能够改变频带宽度。

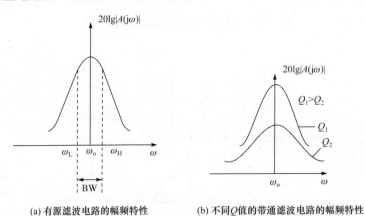

(a) 有源滤波电路的幅频特性　　　　　　(b) 不同 Q 值的带通滤波电路的幅频特性

图 9.4.3　压控电压源型二阶带通有源滤波电路的幅频特性

9.5　有源带阻滤波电路

例 9.5.1　图 9.5.1 是有源带阻滤波电路。

(1) 试求有源带阻滤波电路的传递函数、幅频特性。

(2) 试求截止频率 ω_H、ω_L。

(3) 画出该滤波电路的幅频特性曲线。

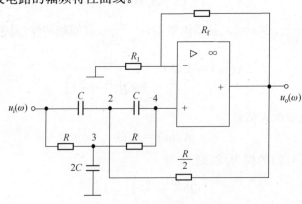

图 9.5.1　有源带阻滤波电路

　　图 9.5.1 所示电路为一个常见的有源带阻滤波器电路,该电路中采用了双 T 结构,因而该电路也称为双 T 型带阻滤波器。下面分析它的特性。

　　解　根据图 9.5.1 所示电路的结构求得同相电压增益为

$$A_o(s) = \frac{U_o(s)}{U_+(s)} = 1 + \frac{R_f}{R_1}$$

节点 2、3、4 的方程为

$$\frac{U_i(s) - U_2(s)}{1/(sC)} + \frac{U_0(s) - U_2(s)}{R/2} + \frac{U_0(s)/A_0 - U_2(s)}{1/(sC)} = 0 \tag{9.5.1}$$

$$\frac{U_i(s) - U_3(s)}{R} + \frac{U_0(s)/A_0 - U_3(s)}{R} - \frac{U_3(s)}{1/(2sC)} = 0 \tag{9.5.2}$$

$$\frac{U_2(s) - U_0(s)/A_0}{1/(sC)} + \frac{U_3(s) - U_0(s)/A_0}{R} = 0 \tag{9.5.3}$$

解得电路的传递函数为

$$A(s) = \frac{A_0(1+sRC)^2}{1 + 2(2-A_o)sRC + (sRC)^2}$$

令中心频率 $\omega_0 = \dfrac{1}{RC}$，令 $s = j\omega$、品质因数 $Q = \dfrac{1}{2(2-A_o)}$，得幅频特性（通带放大倍数）为

$$A(s) = \frac{U_0(s)}{U_i(s)} = A_0 \frac{s^2 + \omega_0^2}{s^2 + \omega_0/Q + \omega_0^2} \tag{9.5.4}$$

$$|A(j\omega)| = \frac{|\omega_0^2 - \omega^2|}{\sqrt{(\omega_0^2 - \omega^2)^2 + (\omega\omega_0/Q)^2}} A_0 \tag{9.5.5}$$

当 $\omega = 0$ 时，$|A(j\omega)| = A_0$；当 $\omega \to \infty$ 时，$|A(j\omega)| \to A_0$；当 $\omega = \omega_0$ 时，$|A(j\omega)| = 0$。可见滤波器具有带阻特性，ω_0 称为中心角频率。

令

$$\frac{|\omega_0^2 - \omega^2|}{\sqrt{(\omega_0^2 - \omega^2)^2 + (\omega\omega_0/Q)^2}} = \frac{1}{\sqrt{2}}$$

即

$$\frac{1}{1 + [\omega\omega_0/\omega_0^2 - \omega^2)Q]^2} = \frac{1}{2}$$

解得滤波器的截止角频率如下。

上限：　　$\omega_H = \dfrac{\omega_0}{2Q}(\sqrt{1+4Q^2} + 1)$

下限：　　$\omega_H = \dfrac{\omega_0}{2Q}(\sqrt{1+4Q^2} - 1)$

滤波器的阻带带宽为

$$\omega_{BW} = \omega_H - \omega_L = \frac{\omega_o}{Q}$$

或　　　　$$f_{BW} = f_H - f_L = \frac{f_o}{Q}$$

不同 Q 值下的幅频特性曲线如图 9.5.2 所示。

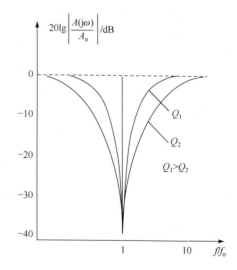

图 9.5.2　不同 Q 值下的幅频特性曲线

9.6　正弦波振荡电路

一个放大电路通常在输入端接上信号源的情况下才有信号输出。如果在它的输入端不外

接信号的情况下,在输出端仍有一定频率和幅度的输出。这种现象就是放大电路的自激振荡。而自激振荡电路(简称振荡电路)是一种不需要外接输入信号就能将直流能源转换成具有一定频率、一定幅度和一定波形的交流能量输出的电路。按振荡波形可分为正弦波振荡电路和非正弦波振荡电路。正弦波振荡电路在测量、通信、无线电技术、自动控制和热加工等许多领域中有着广泛的应用。本节首先讨论振荡器的振荡条件,然后介绍常用的正弦波振荡器。

9.6.1　正弦波振荡器振荡条件

正弦波振荡器是通过正反馈连接方式实现等幅正弦振荡的电路。这种电路是由两部分组成的,一是放大电路,二是反馈选频网络,见图 9.6.1。对电路性能的要求可以归纳为以下 3 点。

(1) 保证振荡器接通电源后能够从无到有建立起具有某一固定频率的正弦波输出。

(2) 振荡器在进入稳态后能维持一个等幅连续的振荡。

(3) 当外界因素发生变化时,电路的稳定状态不受到破坏。

要满足以上 3 个条件,就要求振荡器必须同时满足起振条件、平衡条件及稳定条件。

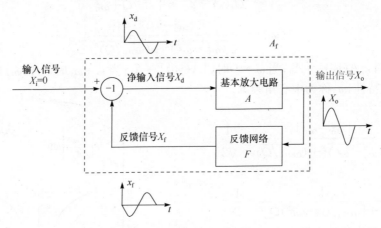

图 9.6.1　正弦波振荡电路的方框图

1. 产生正弦波振荡的条件

正弦波振荡电路必须同时满足起振条件、平衡条件及稳定条件,振荡器才能维持稳定的正弦波输出信号。

1) 起振条件

振荡电路在刚接通电源时,电流将从零跃变到某一数值,同时电路中还存在着各种固有噪声,它们都具有很宽的频谱,由于选频网络的作用,将频率为 ω_0 的分量信号在选频回路的输出端产生较大的正弦信号 X_f,当通过反馈网络,将 $X_f = X_d$ 加到放大电路输入端时,就是振荡器最初的激励信号 X_d。只要 X_f 与 X_d 同相,而且 $X_f > X_d$,尽管起始输出振荡信号很微弱,但是经过反馈、放大选频、再反馈、再放大,经过多次循环,一个正弦波就产生了。可见,振荡器接通电源后能够从小到大建立振荡条件是

$$AF\frac{X_f}{X_d} > 1 \tag{9.6.1}$$

式(9.6.1)叫环路增益,是振荡电路的起振条件。这个条件实质上包含下列两个条件。

（1）幅值起振条件：

$$X_{\mathrm{f}} > X_{\mathrm{d}} \quad \text{或} \quad |AF| > 1 \tag{9.6.2}$$

即放大倍数 A 与反馈系数 F 乘积的模大于1。

（2）相位起振条件：

$$\varphi_A + \varphi_F = 2n\pi \tag{9.6.3}$$

即放大电路的相移与反馈网络的相移之和为 $2n\pi$,其中 n 是整数。这也是正反馈条件。

2）平衡条件

振荡器起振后,振荡幅度不会无限增长下去,而是在某一点处于平衡状态。所以作为反馈振荡器,既要满足起振条件,又要满足平衡条件。由方框图可知,基本放大电路的输出为 $X_{\mathrm{o}} = AX_{\mathrm{d}} = AFX_{\mathrm{o}}$,反馈网络的输出为 $X_{\mathrm{f}} = FX_{\mathrm{o}}$。当 $X_{\mathrm{f}} = X_{\mathrm{d}}$ 时,则有

$$AF = 1 \tag{9.6.4}$$

式(9.6.4)就是振荡电路的振荡平衡条件。这个条件实质上包含下列两个条件。

（1）幅值平衡条件：

$$X_{\mathrm{f}} = X_{\mathrm{d}} \quad \text{或} \quad |AF| = 1 \tag{9.6.5}$$

即放大倍数 A 与反馈系数 F 乘积的模为1。

（2）相位平衡条件：

$$\varphi_A + \varphi_F = 2n\pi \tag{9.6.6}$$

即放大电路的相移与反馈网络的相移之和为 $2n\pi$,其中 n 是整数。这也是正反馈条件。

正弦波振荡电路振幅的建立和平衡过程,由图9.6.2可看出正弦波振荡电路起振后,振荡幅度不会无限增长下去,而是在某一点处于平衡状态。所以作为反馈振荡器,即要满足起振条件,又要满足平衡条件。在振荡电路接通电源后,环路增益 AT 具有随 X_{d} 增大而下降的特性。环路增益的相角 φ 维持在 $2n\pi$ 上。这样,起振时,AT$>$1,X_{d} 迅速增长,而后 AT 下降,X_{d} 的增长速度变慢,直到 AT$=$1 时,X_{d} 停止增长,振荡器进入平衡状态,在相应的平衡振幅 X_{dA} 处维持等幅振荡。振荡器达到平衡时,其器件处于非线性状态。

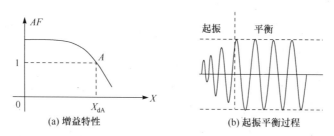

图 9.6.2　振荡幅度的建立和平衡过程

要注意,正弦波振荡电路的振荡频率是人为确定的。所以在正弦波振荡电路中,一要反馈信号能够取代输入信号,电路中必须引入正反馈;二要有选频网络,用以确定振荡频率,确保电路产生单一频率的正弦信号。

式(9.6.4)所示的自激振荡条件实质上与负反馈放大电路的自激振荡条件 $AF = -1$ 是一致的,这是因为负反馈放大电路在低频或高频时,若有附加相移 $\varphi_A + \varphi_F = \pm 180°$,负反馈就变成

正反馈,就能产生自激振荡。所以负反馈和正反馈放大电路两者的自激振荡条件相差一个符号。

3) 稳定条件

当振荡器满足了平衡条件建立起等幅振荡后,因多种因素的干扰会使电路偏离原平衡状态。振荡器的稳定条件是指电路能自动恢复到原来平衡条件所应具有的能力。稳定条件包括振幅稳定条件和相位稳定条件。

(1) 振幅稳定条件:

$$\frac{\partial AF}{\partial x_{\mathrm{d}}} < 0$$

上式是振幅稳定条件,该偏导数的绝对值越大,曲线在平衡点的斜率越大,其稳幅性能也越好。

(2) 相位稳定条件:

$$\frac{\partial \varphi}{\partial \omega} < 0$$

表示在 ω_0 附近具有负斜率变化,其绝对值越大相位越稳定。

9.6.2　正弦波振荡电路的组成及分类

由以上分析可知,正弦波振荡电路必须由以下四个部分组成。这四个部分也是判断电路是否能产生正弦波振荡的依据。

(1) 放大电路:正弦波振荡电路中的放大电路有两个作用,一是保证电路能够起振到动态平衡的过程,二是使电路获得一定幅值的输出量,实现能量的控制。

(2) 选频网络:保证电路产生正弦波振荡。确定电路的振荡频率,使电路产生单一频率的振荡。

(3) 正反馈网络:引入正反馈,使放大电路的输入信号等于反馈信号。

(4) 稳幅环节:也就是非线性环节,作用是使输出信号幅值稳定。在分立元件放大电路,一般依靠晶体管特性的非线性起到稳幅作用。

正弦波振荡电路常用选频网络所用元件来分类,分为 RC 正弦波振荡电路、LC 正弦波振荡电路和石英晶体正弦波振荡电路三种类型。RC 正弦波振荡电路的振荡频率较低,一般在1MHz 以下;LC 正弦波振荡电路的振荡频率多在 1MHz 以上;石英晶体正弦波振荡电路也可等效为 LC 正弦波振荡电路,其特点是振荡频率非常稳定。

9.7　RC 正弦波振荡电路

RC 正弦波振荡电路可分为 RC 串并联式正弦波振荡电路、移相式正弦波振荡电路和双 T 网络正弦波振荡电路。RC 串并联式正弦波振荡电路,因为具有波形好、振幅稳定、频率调节方便等优点,应用十分广泛。其电路主要结构是采用 RC 串并联网络作为选频和反馈网络。在分析正弦波振荡电路时,关键是要了解选频网络的频率特性,这样才能进一步理解振荡电路的工作原理。图 9.7.1 是 RC 正弦波振荡器电路原理图,图中将电阻 R_1 与电容 C_1 串联、电阻 R_2 与电容 C_2 并联构成选频网络和反馈网络,称为 RC 串并联电路网络;放大电路是由集成运放构成;反馈信号是由 RC 串并联电路取出,输入到集成运放正相端形成正反馈。

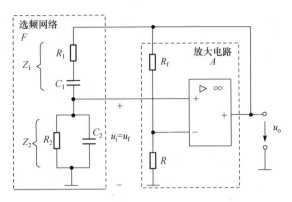

图 9.7.1　RC 正弦波振荡器电路原理图（文氏电桥）

9.7.1　RC 串并联选频网络

例 9.7.1　试求 RC 正弦波振荡电路中 RC 串并联选频网络的频率特性（幅频特性、相频特性、振荡频率）。电路原理如图 9.7.1 所示，已知 $R_1 = R_2 = R = 10\text{k}\Omega$，$C_1 = C_2 = C = 15\text{nF}$。

解　RC 正弦波振荡电路中，选频网络是 RC 串并联选频网络，如图 9.7.2 所示。

由图 9.7.2 有

$$Z_1 = R + \frac{1}{\mathrm{j}\omega C} = \frac{1 + \mathrm{j}\omega CR}{\mathrm{j}\omega C}$$

$$Z_2 = \frac{R \dfrac{1}{\mathrm{j}\omega C}}{R + \dfrac{1}{\mathrm{j}\omega C}} = \frac{R}{1 + \mathrm{j}\omega CR}$$

反馈网络的反馈系数为

$$F_u = \frac{u_f}{u_o} = \frac{Z_2}{Z_1 + Z_2} = \frac{\mathrm{j}\omega CR}{(1 - \omega^2 C^2 R^2) + \mathrm{j}3\omega CR}$$

$$= \frac{1}{3 + \mathrm{j}\left(\omega CR - \dfrac{1}{\omega CR}\right)}$$

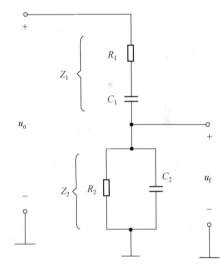

图 9.7.2　RC 串并联选频网络

令

$$\omega_o = \frac{1}{RC} \quad \text{或} \quad f_o = \frac{1}{2\pi RC} \tag{9.7.1}$$

得反馈网络的反馈系数为

$$F_u = \frac{1}{3 + \mathrm{j}\left(\dfrac{f}{f_o} - \dfrac{f_o}{f}\right)} \tag{9.7.2}$$

幅频特性为

$$|F_u| = \frac{1}{\sqrt{3^2 + \left(\dfrac{f}{f_o} - \dfrac{f_o}{f}\right)^2}} \tag{9.7.3}$$

相频特性为

$$\varphi_f = -\arctan\left[\frac{1}{3}\left(\frac{f}{f_o} - \frac{f_o}{f}\right)\right] \tag{9.7.4}$$

振荡频率为

$$f_o = \frac{1}{2\pi RC} = \frac{1}{2 \times 3.14 \times 10 \times 10^3 \times 15 \times 10^{-9}} = 1.06\text{kHz}$$

当 $f = f_o$ 时,幅频特性 $F = F_{max} = \dfrac{1}{3}$,$\varphi_f = 0°$;

当 $f \ll f_o$ 时,幅频特性 $F \to 0$,$\varphi_f \to +90°$;

当 $f \gg f_o$ 时,幅频特性 $F \to 0$,$\varphi_f \to -90°$。

这说明,当 $f = f_o$ 时,输出电压的幅值最大,并且输出电压是输入电压的 1/3,同时输出电压与输入电压同相。根据式(9.7.3)和式(9.7.4)画出串并联选频网络的幅频特性和相频特性,如图 9.7.3 所示。

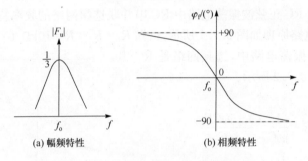

(a) 幅频特性　　　　　(b) 相频特性

图 9.7.3　串并联选频网络的频率特性

9.7.2　RC 桥式正弦波振荡电路

例 9.7.2　RC 桥式正弦波振荡电路,如图 9.7.4(a)所示。分析电路结构;试求电路的电压放大倍数、电路的振荡频率。已知 $R_1 = R_2 = 10\text{k}\Omega$、$C_1 = C_2 = C = 2\text{nF}$、$R_f = 10\text{k}\Omega$、$R = 5\text{k}\Omega$。

解　RC 串并联选频网络和同相比例运算电路构成 RC 桥式正弦波振荡电路。观察电路,R、R_f 构成负反馈网络,串联的 R_1 和 C_1、并联的 R_2 和 C_2 构成正反馈网络,它们各为一臂形成桥式正弦波振荡电路,如图 9.7.4(b)所示。集成运放的输出端和"地"接桥路的两个顶点作为电路的输出;集成运放的同相输入端和反相输入端接另外两个顶点是集成运放的净输入电压。

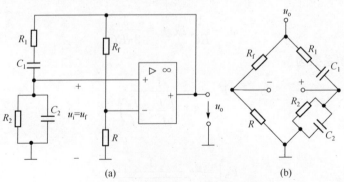

(a)　　　　　　　　　(b)

图 9.7.4　RC 桥式正弦波振荡电路

正反馈网络的反馈电压 u_f 是同相比例运算电路的输入电压。根据起振条件和幅值平衡条件得电压放大倍数为

$$A_u = \frac{u_o}{u_f} = 1 + \frac{R_f}{R} = 1 + \frac{10 \times 10^3}{5 \times 10^3} \geqslant 3$$

$$R_f \geqslant 2R$$

要取 R_f 略大于 $2R$ 电路就能保证起振。根据式(9.7.1)计算电路的振荡频率为

$$f_o = \frac{1}{2\pi R_1 C} = \frac{1}{2 \times 3.14 \times 10 \times 10^3 \times 2 \times 10^{-9}} = 7.962\text{kHz}$$

由于 u_o 与 u_f 具有良好的线性关系,所以为了稳定输出电压的幅值,一般应在电路中加入非线性环节来稳定输出电压。例如,可选用 R 为正温度系数的热敏电阻,当 u_o 因某种原因增大时,流过 R_f 和 R 上的电流增大,R 上的功耗随之增大,导致温度升高,因而 R 的阻值增大,从而使 A_u 数值减小,u_o 也就随之减小,从而使输出电压稳定。

此外,还可以在 R 回路串联两个并联的二极管,如图 9.7.5 所示。利用电流增大时,二极管动态电阻减小;电流减小时,二极管动态电阻增大的特点,加入非线性环节,从而使输出电压稳定。此时比例系数为

$$A_u = \frac{u_o}{u_f} = 1 + \frac{R_f + r_d}{R}$$

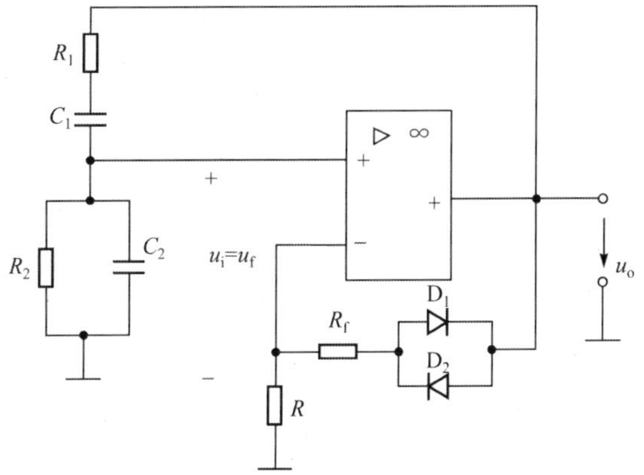

图 9.7.5　利用二极管的非线性环节实现 RC 正弦波振荡

9.8　LC 正弦波振荡电路

LC 正弦波振荡电路如图 9.8.1 所示。振荡电路由放大电路、选频网络、反馈网络组成。放大电路采用晶体管 T 构成,选频网络采用 LC 并联谐振回路,通过变压器 D 的耦合,将选出的信号正反馈到电路的输入端,形成 LC 正弦波振荡。

LC 正弦波振荡电路主要用于产生高频正弦波信号。常见的 LC 正弦波振荡电路有变压器反馈式、电感三点式和电容三点式三种。下面我们分别进行讨论。

9.8.1　LC 并联谐振回路

LC 并联谐振回路是由信号源与电感线圈和电容器并联组成的电路,如图 9.8.2 所示。图

中与感线圈 L 串联的电阻 R 代表线圈的损耗,电容 C 的损耗不考虑。I_s 为信号电流源。为了分析方便,在分析电路时也暂时不考虑信号源内阻的影响。下面我们主要讨论它的谐振频率、谐振时的阻抗以及 LC 并联回路的选频特性。

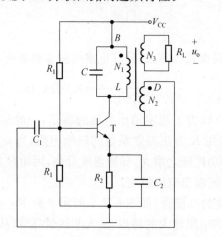 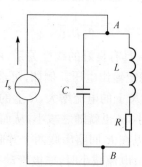

图 9.8.1　LC 正弦波振荡电路　　　图 9.8.2　LC 并联谐振回路

1) 谐振频率

从图 9.8.2 所示电路中,可知 LC 并联回路的阻抗为

$$Z = \frac{Z_1 \cdot Z_2}{Z_1 + Z_2}$$

式中,$Z_1 = R + j\omega L$;$Z_2 = 1/(j\omega C)$,即

$$Z = \frac{(R + j\omega L)\dfrac{1}{j\omega C}}{R + j\left(\omega L - \dfrac{1}{\omega C}\right)}$$

实际应用中,在谐振频率 f_0 附近,通常满足 $\omega L \gg R$,故

$$Z \approx \frac{\dfrac{L}{C}}{R + j\left(\omega L - \dfrac{1}{\omega C}\right)} = \frac{1}{\dfrac{CR}{L} + j\left(\omega C - \dfrac{1}{\omega L}\right)} \qquad (9.8.1)$$

由式(9.8.1)得,阻抗的模和阻抗相角为

$$|Z| = \frac{1}{\sqrt{\left(\dfrac{CR}{L}\right)^2 + \left(\omega C - \dfrac{1}{\omega L}\right)^2}} \qquad (9.8.2)$$

$$\varphi = -\arctan\left(\frac{\omega C - \dfrac{1}{\omega L}}{\dfrac{CR}{L}}\right) \qquad (9.8.3)$$

下面讨论并联回路阻抗的频率特性。

当回路谐振时,$\omega = \omega_o$,$\omega_o L - 1/(\omega_o C) = 0$。

并联谐振回路的阻抗为一个纯电阻,数值可达到最大值 $|Z| = R_p = L/(CR)$,R_p 称为谐

振电阻。阻抗相角为零 $\varphi=0$。从图 9.8.3 可以看出,并联谐振回路在谐振点频率为 ω_0 时,并联谐振回路相当于一个纯电阻电路。谐振点的频率为

$$\omega_0=\frac{1}{\sqrt{LC}} \quad 或 \quad f_0=\frac{1}{2\pi\sqrt{LC}}$$

当回路的角频率 $\omega<\omega_0$ 时,并联回路总阻抗呈电感性。
当回路的角频率 $\omega>\omega_0$ 时,并联回路总阻抗呈电容性。

2) 谐振时阻抗

由式(9.8.2)可以看出,在谐振时,$\omega_0 L=\dfrac{1}{\omega_0 C}$,阻抗为

$$Z_0=\frac{L}{RC} \tag{9.8.4}$$

如果引入谐振回路的品质因数 Q,式(9.8.4)可以写成

$$Z_0=Q\omega_0 L=\frac{Q}{\omega_0 C}=Q\sqrt{\frac{L}{C}} \tag{9.8.5}$$

式中

$$Q=\frac{\omega_0 L}{R}=\frac{1}{R\omega_0 C}=\frac{1}{R}\sqrt{\frac{L}{C}} \tag{9.8.6}$$

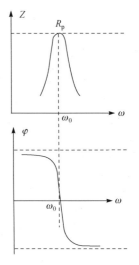

图 9.8.3　LC 并联谐振回路特性曲线

由式(9.8.4)~式(9.8.6)可知,LC 并联回路谐振时,阻抗呈纯阻性,而 Q 值越大,谐振时阻抗 Z_0 越大。在相同 L、C 的情况下,R 越小,表示回路谐振时的能量损耗越小。一般的 Q 值在几十至几百范围内。

3) LC 回路的频率特性

根据式(9.8.1)和式(9.8.6),阻抗 Z 可写成

$$Z=\frac{\dfrac{L}{RC}}{1+\mathrm{j}\dfrac{1}{R}\sqrt{\dfrac{L}{C}}\left(\omega L\sqrt{\dfrac{C}{L}}-\dfrac{1}{\omega C}\sqrt{\dfrac{C}{L}}\right)}$$

$$=\frac{Z_0}{1+\mathrm{j}Q\left(\dfrac{\omega}{\omega_0}-\dfrac{\omega_0}{\omega}\right)}=\frac{Z_0}{1+\mathrm{j}Q\left(\dfrac{f}{f_0}-\dfrac{f_0}{f}\right)} \tag{9.8.7}$$

它的幅频特性和相频特性分别为

$$|Z|=\frac{Z_0}{\sqrt{1+\left[Q\left(\dfrac{f}{f_0}-\dfrac{f_0}{f}\right)\right]^2}} \tag{9.8.8}$$

$$\varphi=-\arctan\left[Q\left(\frac{f}{f_0}-\frac{f_0}{f}\right)\right] \tag{9.8.9}$$

从式(9.8.8)和式(9.8.9)可画出它们的幅频特性曲线和相频特性曲线,如图 9.8.4 所示。

从图 9.8.4 中可以看出,当信号源 I_s 的频率 $f=f_0$ 时,$|Z|=Z_0$,$\varphi=0°$,Z 达到最大值并为纯阻性;当 $f\neq f_0$ 时,$|Z|$ 值减小。Q 值越大,谐振时的阻抗越大,且幅频特性越尖锐,相角随频率变化的程度也越集聚,选频效果越好。

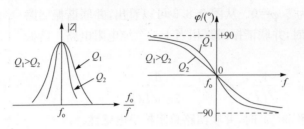

图 9.8.4　LC 并联回路的频率特性

9.8.2　LC 正弦波振荡电路

1. LC 振荡电路的基本形式

1) 变压器反馈式振荡电路

在图 9.8.5 电路中,反馈是由变压器副边绕阻 N_2 来实现的,LC 并联电路是选频网络,同

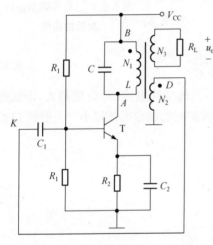

图 9.8.5　变压器反馈式 LC 正弦
波振荡电路

时作为单管共发射极放大电路的三极管集电极负载。由于 LC 并联电路谐振时呈纯阻性,而 C_1、C_2 分别是耦合电容和旁路电容,对于交流而言,可视为短路。因此,当 $f = f_0$ 时,管子的集电极输出与基极输入信号相位相差 180°。

判断该电路是否满足相位平衡条件,只要将图中的反馈端 K 点断开,引入一个频率为 f_0 的输入信号 u_i。假定极性为正,根据瞬时极性法,三极管的集电极 A 点电位极性与基极相反(即为负),故变压器绕阻 N_1 的 B 端极性为正。由于变压器副边与原边绕阻同名端的极性相同,所以绕阻 N_2 的 D 端极性也为正,即 u_f 为正,因此,u_f 与 u_i 同相,满足正弦波振荡的相位平衡条件,即 $\varphi_A = 180°$,$\varphi_f = 180°$,$\varphi_A + \varphi_f = 0$,满足相位平衡条件。

当电路与电源接通时,LC 产生并联谐振,谐振频率为

$$f_0 \approx \frac{1}{2\pi\sqrt{LC}} \tag{9.8.10}$$

由于变压器耦合的 LC 正弦波振荡器中的变压器存在匝间分布电容和三极管极间电容的影响,因此振荡频率不能太高,所以 f_0 的范围在几兆赫至十几兆赫。

变压器反馈时正弦波振荡电路的输出幅度的稳定是借助三极管的非线性区来达到的所以输出波形会产生一定的失真。由于 LC 并联电路具有良好的选频作用,因此输出波形一般失真度较小。

2) 电感三点式正弦波振荡电路

电感三点式振荡电路,也称电感反馈式振荡电路,如图 9.8.6 所示。由共基极放大电路组成。LC 并联电路中,电感分为 L_1 和 L_2 两部分。若将电路等效成交流通路分析,C_1、C_2 为隔直和旁路电容,看作短路;电源 V_{CC} 对地短路处理。由此可知,电感 L_1 上的电压就是反馈电压 u_f。

在图中将反馈端 K 点断开,设输入信号 u_i 为正极性,则三极管的集电极与发射极输入相

同也为正,故反馈信号 u_f 对地极性也为正 u_f 与 u_i 为同相位,满足相位平衡条件。电路的 φ_A 与 φ_f 均为 0°,所以 $\varphi_A + \varphi_f = 0$。

电感三点式振荡电路的振荡频率取决于谐振回路的谐振频率,即

$$f_0 = \frac{1}{2\pi \sqrt{(L_1 + L_2 + 2M)C}} \qquad (9.8.11)$$

式中,M 是线圈 L_1 与 L_2 之间的互感。

电感三点式振荡电路易起振,且采用可变电容器能在较宽的范围内调节振荡频率,在需要经常改变频率的场合(如收音机、信号发生器等)得到了广泛的应用。由于反馈电压取自电感,故输出波形中含有高次谐波,波形较差。此种电路的振荡频率一般在几十兆赫以下。

为了克服上述缺点,可以把以上电路中的电感 L_1 与 L_2 换成电容 C_1 与 C_2,电容 C 换成 L,就构成了电容三点式正弦波振荡电路。

3) 电容三点式振荡电路

电容三点式振荡电路,也称电容反馈式振荡电路,如图 9.8.7 所示。

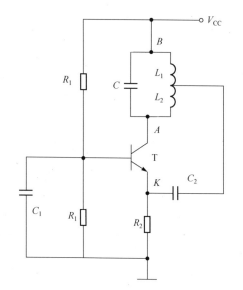
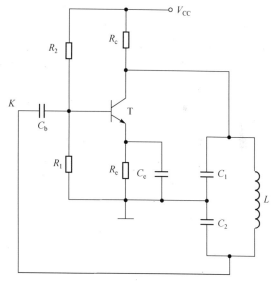

图 9.8.6 电感三点式振荡电路 　　图 9.8.7 电容三点式振荡电路

反馈信号取自电容 C_2 两端的电压,输入到三极管 T 的基极。如果将反馈端 K 断开,用瞬时极性法判断,可知 u_f 与 u_i 极性相同,故满足相位平衡条件。图中 C_b、C_e 为隔直和旁路电容。电容三点式振荡电路的振荡频率为

$$f_0 = \frac{1}{2\pi \sqrt{LC}} = \frac{1}{2\pi \sqrt{L \dfrac{C_1 C_2}{C_1 + C_2}}} \qquad (9.8.12)$$

由于 LC 并联回路中,电容 C_1 和 C_2 的 3 个端子分别与三极管 T 的 3 个电极相连,故称为电容三点式振荡电路。反馈电压取自电容 C_2 两端的电压,又称为电容反馈式振荡电路。

由于反馈电压取自电容两端的电压,使反馈电压中高次谐波分量较小,输出波形较好。而且由于电容 C_1、C_2 的容量可选得较小,这时应将管子极间电容计算到 C_1、C_2 中去,因此振荡频率较高,可以达到 100MHz 以上,但是管子的极间电容随温度因素变化,影响了振荡频率的稳

定度。图9.8.8所示为电容反馈式改进型振荡路。该电路是串联改进型振荡电路,称为克拉泼电路。

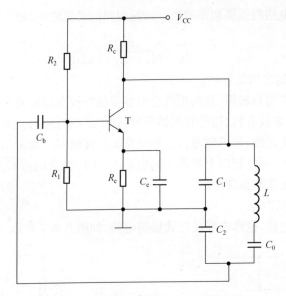

图9.8.8　电容反馈式改进型振荡电路

在电感L支路中串联电容C_0,使谐振频率主要由L和C_0决定。而C_1和C_2起分压作用,这样可选用较大容量的C_1和C_2,减弱极间电容的影响,提高振荡频率的稳定度。图9.8.8所示电路的振荡频率为

$$f_0 \approx \frac{1}{2\pi \sqrt{LC}} = \frac{1}{2\pi \sqrt{L \dfrac{1}{\dfrac{1}{C_1}+\dfrac{1}{C_2}+\dfrac{1}{C_0}}}} \tag{9.8.13}$$

由于$C_1 \gg C_0$,$C_2 \gg C_0$,式(9.8.13)可写成

$$f_0 \approx \frac{1}{2\pi \sqrt{LC_0}} \tag{9.8.14}$$

可见,调节C_0就可调节输出信号的频率。由于f_0与C_1、C_2的关系很小,故电路的频率稳定性较高。

图9.8.9(a)所示电路是并联改进型振荡电路,又称西勒电路。交流通路如图9.8.9(b)所示。与克拉泼电路的差别仅在于电感L上又并联了一个调节振荡频率的可变电容C_4。C_1、C_2、C_3均为固定电容,且满足$C_3 \ll C_1$,$C_3 \ll C_2$。由于C_3、C_4是同一数量级的电容,故回路总电容$C_\Sigma \approx C_3 + C_4$,西勒电路的振荡频率为

$$f_0 \approx \frac{1}{2\pi \sqrt{L(C_3+C_4)}} \tag{9.8.15}$$

与克拉泼电路相比,西勒电路不仅频率稳定性高。输出幅度稳定频率调节方便,而且振荡频率范围宽,振荡频率高,因此,是目前应用较广泛的一种三点式振荡器电路。

通过上述介绍,可以总结出三点式振荡电路为满足相位平衡条件,在电路基本结构上必须遵循如下原则:

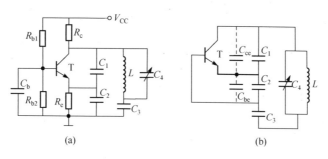

图 9.8.9　并联改进型振荡电路

（1）三极管发射极两侧接相同性质的电抗元件；

（2）三极管基极与集电极之间接与上面不同的电抗元件。

对于电感三点式电路，发射极两侧接电感，基极与集电极之间接电容；对于电容三点式电路，发射极两侧接电容，基极与集电极之间接电感。

例 9.8.1　试用相位平衡条件判断图 9.8.10（a）所示电路能否产生正弦波振荡？若能振荡，试计算其振荡频率 f_0，并指出它属于哪种类型的振荡电路？

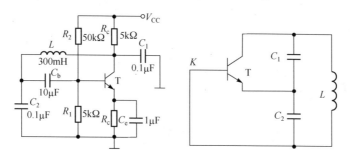

图 9.8.10　例 9.8.1 的电路

解　从图中可以看出，C_1、C_2、L 组成并联谐振回路。并且，$C_b \gg C_1$、$C_e \gg C_2$，由于 C_b 和 C_e 数值较大，对于高频振荡信号可视为短路，它的交流通路如图 9.8.10（b）所示。电容 C_1 上的电压为反馈电压。根据交流通路，用瞬时极性法判断，可知反馈电压 u_f 和放大电路输入电压 u_i 极性相同，故满足相位平衡条件。

振荡频率为

$$f_0 = \frac{1}{2\pi\sqrt{L\dfrac{C_1 C_2}{C_1 + C_2}}} = \frac{1}{2\pi\sqrt{300 \times 10^{-3} \times \dfrac{0.1 \times 10^{-6} \times 0.1 \times 10^{-6}}{0.1 \times 10^{-6} + 0.1 \times 10^{-6}}}} \approx 1300 \text{kHz}$$

图 9.8.15（b）表明，三极管的三个电极分别与电容 C_1 和 C_2 的三个端子相接，所以该电路属于电容三点式振荡电路。

图中 C_e 为高频旁路电容，如果把 C_e 去掉，信号在发射极电阻 R_e 上将产生损失，放大倍数降低，甚至难以起振。C_b 为高频耦合电容，它将振荡信号耦合到三极管基极。如果将 C_b 电容去掉，则三极管基极直流电位近似相等，由于静态工作点不合适，使电路无法工作。

电感反馈式振荡电路中 N_2 与 N_1 之间耦合紧密，振幅大；当 C 采用可变电容时，可以获得调节范围较宽的振荡频率，最高振荡频率可达几十兆赫。由于反馈电压取自电感，对高频信号具有较大的电抗，输出电压波形中常含有高次谐波。因此，电感反馈式振荡电路常用在对波形要求不高的设备之中,如高频加热器、接收机的本机振荡器等。

电容反馈式振荡电路的输出电压波形好,但若用改变电容的方法来调节振荡频率,则会影响电路的起振条件;而若用改变电感的方法来调节振荡频率,则比较困难。所以常常用在固定振荡频率的场合。在振荡频率可调范围不大的情况下,可以在电容三点式振荡电路选频回路中并接可调电容。

9.9　石英晶体正弦波振荡电路

9.9.1　石英晶体基本特性

在工程实际应用中,常常要求振荡的频率有一定的稳定度,频率稳定度一般用频率的相对变化量 $\Delta f/f_0$ 表示。从 LC 并联回路的频率特性可知,Q 值越大,选频性能越好,频率的相对变化量越小,即频率稳定度越高。

一般 LC 振荡电路的 Q 值只有几百,其 $\Delta f/f_0$ 值一般不小于 10^{-5},石英晶体振荡电路的 Q 值可达 $10^4 \sim 10^6$,其频率稳定度可达 $10^{-9} \sim 10^{-11}$,因此要求频率稳定度高的场合下,常采用石英晶体振荡电路。

1. 压电效应

石英晶体是一种各向异性的结晶体,其化学成分是二氧化硅(SiO_2)。将一块晶体以一定方位角切下晶体薄片,称为石英芯片。在石英芯片的两个对应表面上涂上银层,引出两个电极,加上外壳封装,就构成石英晶体振荡器,简称石英晶体或芯片。其符号、等效电路和电抗-频率特性如图 9.9.1 所示。

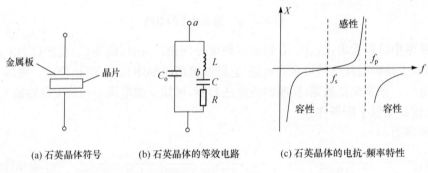

　(a) 石英晶体符号　　　(b) 石英晶体的等效电路　　　(c) 石英晶体的电抗-频率特性

图 9.9.1　石英晶体

当石英芯片的两个电极加上一个电场,芯片就会产生机械变性。反之,若在芯片的两侧施加机械压力,在相移的方向产生电场,这种物理现象称为压电效应。

当芯片的两极上施加交变电压,芯片会产生机械变性振动,同时芯片的机械变性振动又会产生交变电场。在一般情况下,这种机械振动和交变电场的幅度都非常小。当外加交变电压的频率与芯片的固有振荡频率相等时,振幅急剧增大,这种现象称为压电谐振。石英芯片的谐振频率完全取决于芯片的切片方向及其尺寸和几何形状等。

2. 等效电路

石英芯片的压电谐振和 LC 回路的谐振现象十分相似,其等效电路如图 9.9.1(b)所示。图中,C_0 表示金属极板间的静电电容,约几至几十皮法。L 和 C 分别模拟芯片振动的惯性和弹性,R 用于模拟芯片振动时的摩擦损耗。由于芯片的 L 很大,$10^{-3} \sim 10^2\,\mathrm{H}$,而 C 很小,仅 $10^{-2} \sim 10^{-1}\,\mathrm{pF}$,$R$ 也很小,所以回路品质因数 Q 很大,可达 $10^4 \sim 10^6$。因此利用石英晶体组成的振荡电路有很高的频率稳定度,$\Delta f / f_0$ 可达 $10^{-9} \sim 10^{-11}$(Δf 为频率偏移)。

3. 谐振频率与频率特性

当忽略 R 时,图 9.9.1(b)所示等效电路的等效电抗为

$$X = \frac{-\dfrac{1}{\omega C_0}\left(\omega L - \dfrac{1}{\omega C}\right)}{-\dfrac{1}{\omega C_0} + \left(\omega L - \dfrac{1}{\omega C}\right)} = \frac{\omega^2 LC - 1}{\omega(C_0 + C - \omega^2 L C_0 C)} \tag{9.9.1}$$

由图 9.9.1(b)和式(9.9.1)可知,它有如下两个谐振频率。

(1) 当 L、C、R 支路发生串联谐振时,等效阻抗最小,若不考虑损耗电阻 R,这时 $X=0$,即式(9.9.1)分子为零,回路的串联谐振频率为

$$f_{\mathrm{s}} = \frac{1}{2\pi\sqrt{LC}} \tag{9.9.2}$$

(2) 当频率高于 f_{s} 时,L、C、R 支路呈感性。它与电容 C_0 发生并联谐振,等效阻抗最大,当忽略 R 时,$X \to \infty$,即式(9.9.1)的分母为零,回路的并联谐振频率为

$$f_{\mathrm{p}} = \frac{1}{2\pi\sqrt{L\left(\dfrac{C_0 C}{C_0 + C}\right)}} = \frac{1}{2\pi\sqrt{LC}}\sqrt{1 + \frac{C}{C_0}} \tag{9.9.3}$$

由于 $C \ll C_0$,f_{s} 与 f_{p} 非常接近。

由式(9.9.1)可画出电抗-频率特性,如图 9.9.1(c)所示。当 $f_{\mathrm{s}} < f < f_{\mathrm{p}}$ 时,石英晶体呈电感性,其余频率范围内,石英晶体均呈容性。

9.9.2　石英晶体振荡电路

石英晶体振荡电路的基本形式有两类:一类是并联型晶体振荡电路,它是利用频率在 f_{s} 与 f_{p} 之间晶体阻抗呈感性的特点,与两个外接电容组成电容三点式振荡电路;另一类是串联型晶体振荡电路,它是利用晶体工作在串联谐振 f_{s} 时阻抗最小,且为纯阻性的特性来构成石英晶体振荡电路。

1) 并联型石英晶体振荡电路

目前应用最广的是类似电容三点式的皮尔斯晶体振荡电路,如图 9.9.2 所示。电路中,石英晶体作为电容三点式

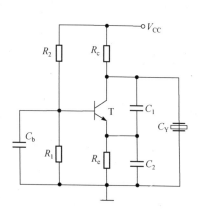

图 9.9.2　并联型石英晶体振荡电路

振荡电路的感性组件,其电路的振荡频率为

$$f_0 = \cfrac{1}{2\pi \sqrt{L\cfrac{C(C_0+C')}{C+C_0+C'}}}$$

式中,$C' = \cfrac{C_1 C_2}{C_1 + C_2}$。

由于 $C = C_0 + C'$,振荡频率为 f_s 与 f_p,所以

$$f_0 \approx \frac{1}{2\pi \sqrt{LC}} = f_s$$

振荡频率 f_0 接近 f_s,但略大于 f_s。可见石英振荡器在电路中呈现感性阻抗。

实际上,由于生产工艺的不一致性及老化等原因,振荡器的振荡频率往往与晶体标称频率稍有偏差。因而,在振荡频率准确度要求很高的场合,振荡电路中必须设置频率微调元件。图 9.9.3(a)示出了一个实用电路。图 9.9.3(b)为等效电路。图中,晶体在电路中作为电感元件用 L 表示,C_4 为微调电容,用来改变并接在晶体上的负载电容,从而改变振荡器的振荡频率。不过,频率调节范围是很小的。在实际电路中,除采用微调电容外还可采用微调电感或同时采用微调电感和微调电容。

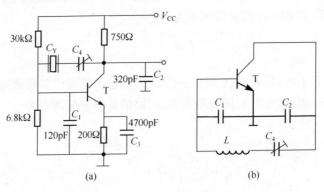

图 9.9.3　晶体振荡实例

前面讨论了基频晶体振荡电路。如果采用泛音晶体组成振荡电路,则需要考虑抑制基波和低次泛音振荡的问题。为此,可将皮尔斯电路中的 C_1 用 $L_1 C_1$ 谐振电路取代,如图 9.9.4 所示。假设晶体为五次泛音晶体,标称频率为 5MHz。为了抑制基波和三次泛音的寄生振荡,

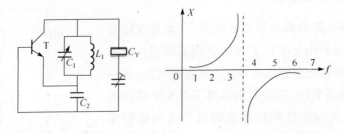

图 9.9.4　泛音晶体振荡电路及 LC 回路电抗频率特性

$L_1 C_1$ 回路应调谐在三次和五次泛音频率之间,如 3.5MHz。这样,在 5MHz 频率上,$L_1 C_1$ 回路呈容性,振荡电路符合组成法则。而对于基频和三次泛音频率来说,$L_1 C_1$ 回路呈感性,电路不

符合组成法则,因而不能在这些频率上振荡。至于七次及其以上的泛音频率,L_1C_1回路虽呈容性,但其等效电容量过大,致使电容分压比 n 过小,不满足振幅起振条件,因而也不能在这些频率上振荡。

2) 串联型晶体振荡电路

图 9.9.5 是串联型晶体振荡电路。当频率等于石英晶体的串联谐振频率 f_s 时,晶体阻抗最小且为纯阻性,用瞬时极性法可判断出这时满足相位平衡条件,而且在 $f=f_0$ 时,正反馈最强,电路产生正弦波振荡。振荡频率等于晶体串联谐振频率 f_s。

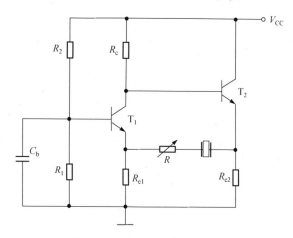

图 9.9.5　串联型晶体振荡电路

串联型晶体振荡电路如图 9.9.6 所示。在频率更高的场合,应使用串联谐振电阻很小的优质晶体。由图 9.9.6(b)所示等效电路可知,串联型晶振是在三点式振荡器基础上,晶体作为具有高选择性的短路元件接入到振荡电路的适当地方。只有当振荡在回路的谐振频率等于接入的晶体的串联谐振频率时,晶体才呈现很小的纯电阻,电路的正反馈最强。因此,频率稳定度完全取决于晶体的稳定度。谐振回路的频率为

$$f_0 = \frac{1}{2\pi\sqrt{LC_\Sigma}}$$

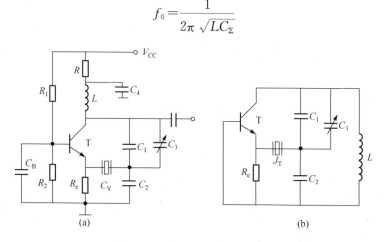

图 9.9.6　串联型晶体振荡电路

本章小结

(1) 有源滤波电路一般由 RC 网络和集成运放组成,主要用于小信号处理。按其幅频特性可分为低通、高通、带通和带阻滤波器四种电路。

(2) 有源滤波电路在应用时应根据有用信号、无用信号和干扰等所占频段来选择合理的类型。

(3) 有源滤波电路一般均引入电压负反馈,因而集成运放工作在线性区,故分析方法与运算电路基本相同,常用传递函数表示输出与输入的函数关系。

(4) 有源滤波电路的主要性能指标有通带放大倍数。通带截止频率、特征频率、带宽 BW 和品质因数 Q 等,用幅频特性描述。

(5) 在有源滤波电路中也常常引入正反馈,以实现压控电压源滤波电路。当参数选择不合适时,电路会产生自激振荡。

(6) 正弦波振荡电路由基本放大电路、选频网络、正反馈网络和稳幅环节四部分构成。正弦波振荡电路的幅值平衡条件是 $|AF|=1$,相位平衡条件是 $\varphi_A+\varphi_F=2n\pi$($n$ 为整数)。按选频网络所用元件的不同,正弦波振荡电路可分为 RC、LC 和石英晶体几种类型。

(7) RC 正弦波振荡电路的振荡频率较低。常用的桥式正弦波振荡电路由 RC 串并联网络和同相比例运算电路组成。若 RC 串并联网络中的电阻均为 R,电容均为 C,则振荡频率 $f_0=\dfrac{1}{2\pi RC}$,反馈系数 $F=1/3$,因而 $A_u>3$。

(8) LC 正弦波振荡电路的振荡频率较高,由分立元件组成。分为变压器反馈式、电感反馈式和电容反馈式三种。它们的振荡频率 f_0 由 LC 谐振回路决定。谐振回路的品质因数 Q 决定电路选频特性的好坏,Q 值越大,电路的选频特性越好。

(9) 石英晶体的振荡频率非常稳定,有串联和并联两个谐振频率,分别为 f_s 和 f_p,且 $f_s=f_p$。在 $f_s<f<f_p$ 极窄的频率范围内呈感性。利用石英晶体可构成串联型和并联型两种正弦波振荡电路。

(10) 在分析电路是否可能产生正弦波振荡时,应首先观察电路是否包含四个组成部分,进而检查放大电路是否能正常放大,然后利用瞬时极性法判断电路是否满足相位平衡条件,必要时再判断电路是否满足幅值平衡条件。

思考题与习题

思考题

9.1　什么叫无源滤波电路和有源滤波电路?

9.2　滤波电路的功能是什么? 什么是有源滤波和无源滤波? 为什么说有源滤波电路是信号处理电路?

9.3　如果把共射阻容耦合放大电路看成一个滤波电路,它属于什么类型的滤波电路? 其通带电压增益等于多少?

9.4　正弦波振荡电路的振荡条件和负反馈放大电路的自激条件都是环路放大倍数等于 1,但是由于反馈信号加到比较环节上的极性不同,前者为 $AF=1$,而后者则为 $AF=-1$。除了数学表达式的差异外,构成相位平衡条件的实质有什么不同?

9.5　在满足相位平衡条件的前提下,既然正弦波振荡电路的振幅平衡条件为 $|AF|=1$,如果 $|F|$

为已知,则 $|A|=1/F|$ 即可起振。你认为这种说法对吗?

9.6　设图 9.2.1 中,$R_1=1\text{k}\Omega$,R_f 由一个固定电阻 $R_{f1}=1\text{k}\Omega$ 和一个 $10\text{k}\Omega$ 可调电阻 R_{f2} 串联而成。试分析:

(1) 当 R_{f2} 调到零时,用示波器观察输出电压 u_o 的波形,将看到什么现象? 说明产生这种现象的原因。

(2) 当 R_{f2} 调到 $10\text{k}\Omega$ 时,电路又将出现什么现象? 说明产生这种现象的原因,并定性地画出 u_o 的波形。

9.7　在思考题图 9.7 中,利用 N 沟道 JFET 的漏源电阻 R_{DS} 随 u_{GS} 变负而增大的特点,可以达到稳幅的目的。若将 T 改用 P 沟道 JFET。为了达到同样的目的,图中的整流二极管 D 和滤波电阻 R_4、R_3 是否也要相应进行调整?

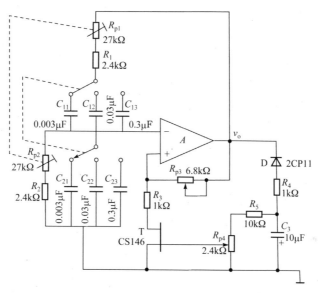

思考题图 9.7

9.8　电容三点式振荡电路与电感三点式振荡电路比较,其输出的谐波成分小,输出波形较好,为什么?

9.9　在电感三点式振荡电路中,若用绝缘导线绕制一个电感线圈(线圈骨架为一个纸质或其他材料制成的圆筒),问 L_1 和 L_2 如何绕制? 如何抽出 3 个端子? L_1 的匝数还是 L_2 的匝数应多少?

9.10　若将思考题图 9.10 中的 L_c 两端短接,将产生什么后果?

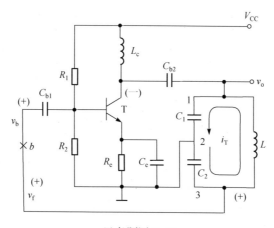

思考题图 9.10

9.11　试比较 RC 正弦波振荡电路、LC 正弦波振荡电路和石英晶体正弦波振荡电路的频率稳定度,说明哪一种频率稳定度最高,哪一种最低。为什么?

9.12 试分别说明,石英晶体在并联晶体振荡电路和串联晶体振荡电路中起何种(电阻、电感和电容)作用。

9.13 用 Multisim 仿真软件分析克拉泼电路、西勒电路、皮尔斯电路。观察其输出波形,以及电容、电感的选取对振荡器振荡频率的影响。

习题

9.14 习题图 9.14 是有源低通滤波电路。试求:

(1) 有源低通滤波电路的传递函数、幅频特性。

(2) 截止频率。

(3) 画出该滤波电路的幅频特性曲线。

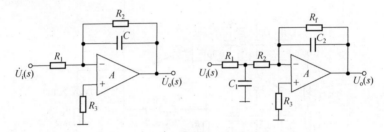

习题图 9.14

9.15 试求习题图 9.15 所示电路的传递函数、幅频特性、截止频率,并画出该滤波电路的幅频特性曲线。(本电路是全通滤波电路)

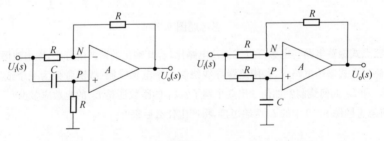

习题图 9.15

9.16 一阶 RC 高通或低通电路的最大相移绝对值小于 $90°$。试从相位平衡条件出发判断习题图 9.16 所示电路中哪个可能振荡,哪个不能,并简述理由。

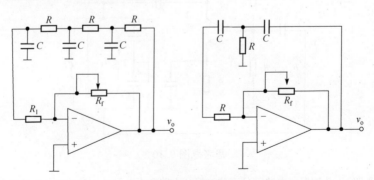

习题图 9.16

9.17 正弦波振荡电路如习题图 9.17 所示,已知 $R_1=2\text{k}\Omega$、$R_2=4.5\text{k}\Omega$,R_p 在 $0\sim5\text{k}\Omega$ 范围内可调。设运放 A 是理想的,振幅稳定后二极管的动态电阻近似为 $r_d=500\Omega$,求 R_p 的阻值。

9.18 设运放 A 是理想的,试分析习题图 9.18 所示正弦波振荡电路:

(1) 为满足振荡条件,试在图中用"+"、"−"标出运放 A 的同相端和反相端;

(2) 为能起振,R_p 和 R_2 两个电阻之和应大于何值?

(3) 此电路的振荡频率 f_0 是多少?

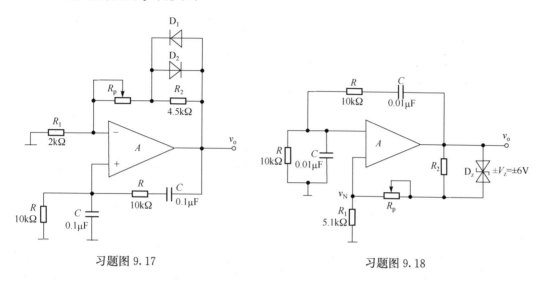

习题图 9.17   习题图 9.18

9.19 电路如习题图 9.19 所示,试用相位平衡条件判断哪个能振荡,哪个不能,说明理由。

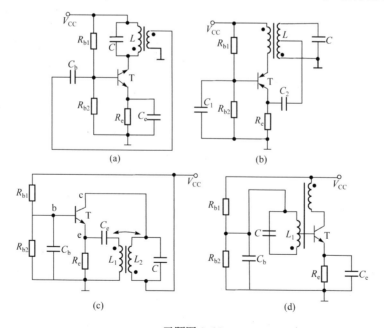

习题图 9.19

9.20 两种改进型电容三点式振荡电路如习题图 9.20 所示,试回答下列问题:

(1) 画出图(a)的交流通路,若 C_b 很大,$C_1\gg C_3$,$C_2\gg C_3$,求振荡频率的近似表达式。

(2) 画出图(b)的交流电路,若 C_b 很大,$C_1\gg C_3$,$C_2\gg C_3$,求振荡频率的近似表达式。

(3) 定性说明杂散电容对两种电路振荡频率的影响。

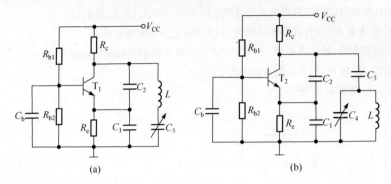

习题图 9.20

第 10 章　直流稳压电源

10.1　直流电源的组成

电子电路工作时都需要直流电源提供能量,因此直流电源是所有电子设备的重要组成部分。电池因使用费用高,一般只用于低功耗便携式的仪器设备中。本章讨论如何把交流电网电压变换为电子设备所需要的稳定的直流电源电压。把交流电源变换为所需直流稳压电源一般需经过:变压、整流、滤波和稳压四个工作步骤。直流电源的方框图如图 10.1.1 所示。

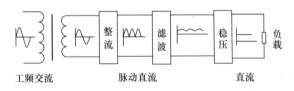

图 10.1.1　直流电源的组成

电源变压器是将交流电网 220V 的电压变为所需要的直流电压值。半导体电路常用的直流电源有 5V、6V、12V、24V 等额定电压值,因此电源变压器主要是起降压作用。

整流电路的作用是将交流电压变成单向脉动的直流电压,它是利用二极管的单向导电作用来完成的。

由于整流后的电压还有较大的交流成分,因此必须通过滤波电路加以滤除,从而得到比较平滑的直流电压。常见的有电容滤波、电感滤波等电路形式。

经过滤波得到的输出电压会随电网电压波动、负载和温度变化而变化,因此在整流、滤波电路之后,还需加稳压电路,以维持输出电压的稳定。稳压电路主要有并联型稳压电路、串联反馈型直流稳压电路和三极管开关型稳压电路。

10.2　单相整流电路

整流电路是二极管的主要应用领域之一,它是利用二极管的单向导电性把交流电变换成方向不变的脉动电压或电流,因而它是直流电源的一个重要组成部分。常用的单相整流电路有半波、全波、桥式和倍压整流等形式。

10.2.1　单相半波整流电路

1. 单相半波整流电路工作过程

单相半波整流电路(图 10.2.1)是最简单的一种整流电路,设变压器的副边电压有效值为 U_2,则其瞬时值 $u_2 = \sqrt{2}U_2\sin\omega t$。

在 u_2 的正半周时,A 点为正,B 点为负,二极管外加正向电压,因而处于导通状态。电流从 A 点流出,经过二极管 D 和负载电阻 R_L 流入 B 点,$u_o = u_2 = \sqrt{2}U_2\sin\omega t$。

在 u_2 的负半周时,B 点为正,A 点为负,二极管外加反向电压,因而处于截止状态。$u_o=0$。

在负载电阻 R_L 上,只有在 u_2 为正半周时才有电压和电流。负载电阻 R_L 上的电压波形为单一方向脉动的波形,如图 10.2.2 所示。图中显示了变压器副边电压 u_2、输出电压 u_o 和二极管端电压的波形。

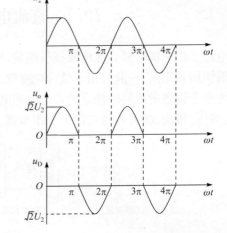

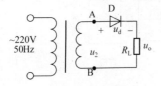

图 10.2.1　单相半波整流电路　　　　　图 10.2.2　单相半波整流电路的波形图

2. 单相半波整流电路参数计算

单相半波整流电路工程参数,主要是整流电路输出电压平均值和输出电流平均值两项指标,还要考虑脉动系数,以便定量分析输出波形脉动的情况。

输出电压 u_o 的平均值 U_o,根据图 10.2.2 所示,写成表达式为

$$U_o = \frac{1}{2\pi}\int_0^\pi \sqrt{2}U_2 \sin\omega t d(\omega t)$$

解得

$$U_o = \frac{\sqrt{2}U_2}{\pi} \approx 0.45U_2 \tag{10.2.1}$$

负载电流的平均值

$$I_o = \frac{U_o}{R_L} = \frac{\sqrt{2}U_2}{\pi R_L} \approx \frac{0.45U_2}{R_L} \tag{10.2.2}$$

整流输出电压的脉动系数 S 定义为整流输出电压的基波峰值 U_{IM} 与输出电压平均值 U_o 之比,即

$$S = \frac{U_{IM}}{U_o} \tag{10.2.3}$$

因而 S 越大,脉动越大。

由于半波整流电路输出电压 u_o 的周期与 u_2 相同,u_o 的基波角频率与 u_2 相同,即 50 Hz。通过谐波分析可得 $U_{IM}=U_2/\sqrt{2}$,故半波整流电路输出电压的脉动系数

$$S = \frac{U_2/\sqrt{2}}{\sqrt{2}U_2/\pi} = \frac{\pi}{2} \approx 1.57 \tag{10.2.4}$$

说明半波整流电路的输出脉动很大，其基波峰值约为平均值的 1.57 倍。

3. 二极管的选择

半波整流电路中，二极管的选择主要由流过二极管电流的平均值和二极管所承受的最大反向电压来选择二极管的型号。

流过二极管电流的平均值等于负载电流的平均值，即

$$I_D = I_o \approx \frac{0.45U_2}{R_L} \tag{10.2.5}$$

二极管承受的最大反向电压等于变压器副边的峰值电压，即

$$U_{max} = \sqrt{2}U_2 \tag{10.2.6}$$

考虑电网电压的波动（波动±10%），二极管按照下式选择

$$I_D > 1.1I_o \frac{0.45}{R_L} \tag{10.2.7}$$

$$U_D > 1.1\sqrt{2}U_2 \tag{10.2.8}$$

单相半波整流电路简单易行，所用二极管数量少。但是由于它只利用了交流电压的半个周期，所以输出电压低，交流分量大（即脉动大），效率低。因此，这种电路仅适用于整流电流较小，对脉动要求不高的场合。

10.2.2　单相桥式整流电路

1. 工作原理

单相桥式整流电路是最常用的将交流转换为直流的电路，桥式整流电路原理图如图 10.2.3(a) 所示。在分析整流电路工作原理时，整流电路中的二极管是作为开关运用，具有单向导电性。根据图 10.2.3(a) 的电路图可知：

当正半周时，二极管 D_1、D_3 导通，在负载电阻上得到正弦波的正半周。如图 10.2.3(b) 中 u_2 波形的 0～π 段所示。

当负半周时，二极管 D_2、D_4 导通，在负载电阻上得到正弦波的负半周。如图 10.2.3(b) 中 u_2 波形的 π～2π 段所示。

在负载电阻上正、负半周经过合成，得到的是同一个方向的单向全波脉动电压。单相桥式整流电路的波形图见图 10.2.3(b)。

2. 单相桥式全波整流电路的主要性能指标

1）输出直流电压 U_O

根据图 10.2.3(b) 可知，输出电压是单相脉动电压，通常用它的平均值与直流电压等效。输出平均电压为

$$U_O = \frac{1}{\pi}\int_0^\pi \sqrt{2}U_2\sin\omega t \cdot d\omega t = \frac{2\sqrt{2}}{\pi}U_2 = 0.9U_2 \tag{10.2.9}$$

流过负载的平均电流为

$$I_o = \frac{2\sqrt{2}U_2}{\pi R_L} = \frac{0.9U_2}{R_L} \tag{10.2.10}$$

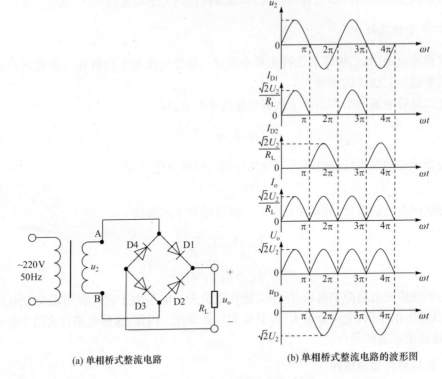

(a) 单相桥式整流电路　　　　　　　(b) 单相桥式整流电路的波形图

图 10.2.3　单相桥式整流电路

2) 整流二极管的选择

在桥式整流电路中,二极管 D_1、D_2 和 D_3、D_4 是两两轮流导通的,所以流经每个二极管的平均电流为

$$I_D = \frac{I_0}{2} = \frac{\sqrt{2}U_2}{\pi R_L} = \frac{0.45U_2}{R_L} \tag{10.2.11}$$

二极管截止时所承受的最高反向电压,从图 10.2.3 可以看出。当 D_1、D_2 导通时,截止管 D_3、D_4 所承受的最高反向电压均为 u_2 的最大值,即

$$U_{Rmax} = \sqrt{2}U_2 \tag{10.2.12}$$

同理,当 D_3、D_4 导通时,截止管 D_1、D_2 也承受到同样大小的反向电压。式(10.2.12)、式(10.2.13)是选择二极管的依据。

3) 脉动系数

流过负载的脉动电压中包含有直流分量和交流分量,可将脉动电压做傅里叶分析,此时谐波分量中的二次谐波幅度最大。脉动系数 S 定义为二次谐波的幅值与平均值的比值。

$$u_O = \sqrt{2}U_2\left(\frac{2}{\pi} - \frac{4}{3\pi}\cos 2\omega t - \frac{4}{15\pi}\cos 4\omega t + \cdots\right)$$

$$S = \frac{4\sqrt{2}V_2}{3\pi} \bigg/ \frac{2\sqrt{2}U_2}{\pi} = \frac{2}{3} = 0.67$$

10.2.3　单相全波整流电路

单相全波整流电路如图 10.2.4(a)所示,波形图如图 10.2.4(b)所示。

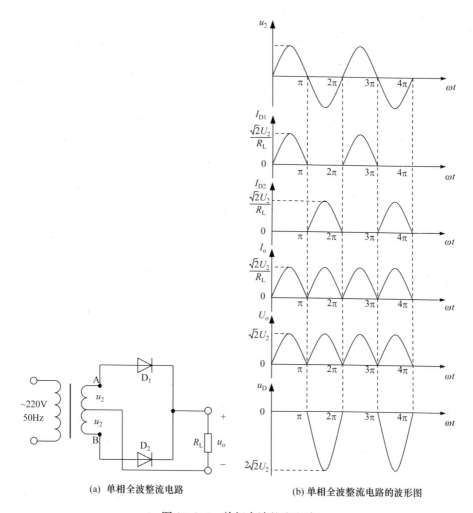

(a) 单相全波整流电路   (b) 单相全波整流电路的波形图

图 10.2.4   单相全波整流电路

根据图 10.2.4(b)可知,全波整流电路的输出电压与桥式整流电路的输出相同。输出平均电压为

$$U_O = \frac{1}{\pi}\int_0^{\pi}\sqrt{2}U_2\sin\omega t \cdot \mathrm{d}\omega t = \frac{2\sqrt{2}}{\pi}U_2 = 0.9U_2$$

流过负载的平均电流为

$$I_D = I_O = \frac{2\sqrt{2}U_2}{\pi R_L} = \frac{0.9U_2}{R_L}$$

二极管所承受的最大反向电压

$$U_{Rmax} = 2\sqrt{2}U_2$$

单相全波整流电路的脉动系数 S 与单相桥式整流电路相同。

$$S = \frac{4\sqrt{2}U_2}{3\pi} \bigg/ \frac{2\sqrt{2}U_2}{\pi} = \frac{2}{3} = 0.67$$

单相桥式整流电路的变压器中只有交流电流流过,而半波和全波整流电路中均有直流分量流过。所以单相桥式整流电路的变压器效率较高,在同样功率(容量)条件下,体积可以小一些。单相桥式整流电路的总体性能优于单相半波和全波整流电路,故广泛应用于直流电源之中。

例 10.2.1 某单相桥式整流电路如图 10.2.3(a)所示,负载电阻 $R_L = 16\Omega$,若要求负载电压为 24V,试求:

(1) 变压器二次侧电压;

(2) 选择合适的整流二极管。

解 (1) 由式 (10.2.10) 可求出

$$U_2 = \frac{U_o}{0.9} = \frac{24}{0.9} = 26.67(\text{V})$$

(2) 由式(10.2.12)、(10.2.13)可得

$$I_D = \frac{1}{2} I_o = \frac{U_o}{2R_L} = \frac{24}{2 \times 16} = 0.75(\text{A})$$

$$U_{\text{Rmax}} = \sqrt{2} U_2 = \sqrt{2} \times 26.67 = 37.71(\text{V})$$

可选用 2CZ11A($I_{\text{Dmax}} = 1\text{A}, U_{\text{Rmax}} = 100\text{V}$)二极管 4 个构成一个整流桥;或直接选用一个 1A/50V 的硅整流桥。

10.3 滤 波 电 路

滤波电路利用电抗性元件对交、直流阻抗的不同,实现滤波。电容器 C 对直流开路,对交流阻抗小,所以电容 C 并联在负载两端,电感器 L 对直流阻抗小,对交流阻抗大,因此 L 应与负载串联。经过滤波电路后,既可保留直流分量,又可滤掉一部分交流分量,改变了交直流成分的比例,减小了电路的脉动系数,改善了直流电压的质量。

10.3.1 电容滤波电路

单相桥式整流电容滤波电路如图 10.3.1 所示,在负载电阻两端并联了一个滤波电容 C。

1. 滤波原理

若 u_2 处于正半周,二极管 D_1、D_3 导通,变压器次端电压 u_2 给电容器 C 充电。此时 C 相当于并联在 u_2 上,所以输出波形同 u_2,是正弦波。

当 u_2 到达 $\omega t = \pi/2$ 时,开始下降。先假设二极管关断,电容 C 就要以指数规律向负载 R_L 放电。指数放电起始点的放电速率很大。在刚过 $\omega t = \pi/2$ 时,正弦曲线下降的速率很慢。所以刚过 $\omega t = \pi/2$ 时二极管仍然导通。在超过 $\omega t = \pi/2$ 后的某个点,正弦曲线下降的速率越来越快,当刚超过指数曲线起始放电速率时,二极管关断。所以在 t_2 到 t_3 时刻,二极管导电,C 充电,$U_o = U_i$ 按正弦规律变化;t_1 到 t_2 时刻二极管关断,U_o 按指数曲线下降,放电时间常数为 $R_L C$。电容滤波过程见图 10.3.2。

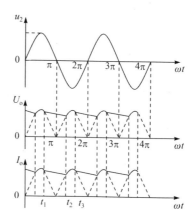

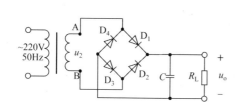

图 10.3.1　单相桥式整流电容滤波电路　　　图 10.3.2　电容滤波电路波形

需要指出的是,当放电时间常数 R_LC 增加时,t_1 点要右移,t_2 点要左移,二极管关断时间加长,导通角 θ 减小;反之,R_LC 减少时,导通角 θ 增加。显然。当 R_L 很小,即 I_o 很大时,电容滤波的效果不好。反之,当 R_L 很大,即 I_o 很小时,尽管 C 较小,R_LC 仍很大,电容滤波的效果也很好。所以电容滤波适合输出电流较小的场合。

2. 电容滤波电路参数的计算

电容滤波电路的计算比较麻烦,因为决定输出电压的因素较多。工程上有详细的曲线可供查阅,一般常采用以下近似估算法:

一种是用锯齿波近似表示,即

$$U_O = \sqrt{2}U_2\left(1 - \frac{T}{4R_LC}\right)$$

另一种是在 $R_LC = (3\sim5)\dfrac{T}{2}$ 的条件下,近似认为 $U_O = 1.2U_2$。

例 10.3.1　在例 10.2.1 桥式整流电路中,接入滤波电容,得到单相桥式电容滤波整流电路,电路如图 10.3.1,已知交流电源频率 $f = 50\text{Hz}$,要求直流电压 $U_O = 30\text{V}$,负载电流 $I_0 = 50\text{mA}$。试选择整流二极管及滤波电容器。

解:选择整流二极管

流经二极管的平均电流为

$$I_D = \frac{1}{2}I_0 = \frac{1}{2}\times50 = 25(\text{mA})$$

二极管承受的最大反向电压为

$$U_{R\text{max}} = \sqrt{2}U_2 \approx 35\text{V}$$

选用 2CZ51D 整流二极管(其允许最大整流电流 $I_F = 50\text{mA}$,最大反向电压 $U_{R\text{max}} = 100\text{V}$)可满足使用要求。

根据

$$\tau_d = R_LC \geqslant (3\sim5)\frac{T}{2}$$

取

$$R_LC = 5\times\frac{T}{2} = 2.5T$$

因为
$$R_L = \frac{U_0}{I_0} = \frac{30}{50} = 0.6(\text{k}\Omega)$$

所以
$$R_L C = 2.5 \times \frac{1}{50} = 0.05(\text{s})$$

得
$$C = \frac{0.05}{R_L} = \frac{0.05}{600} = 8.33 \times 10^{-5}\text{F} = 83.3(\mu\text{F})$$

若考虑电网电压波动±10%,则电容器承受的最高电压,即
$$U_{CM} = \sqrt{2}U_2 \times 1.1 = 38.5(\text{V})$$

故选定该电容器为标称值 $100\mu\text{F}/50\text{V}$ 的电解电容器。

10.3.2　电感滤波电路

利用储能元件电感器 L 的电流不能突变的性质,把电感 L 与整流电路的负载 R_L 相串联,也可以起到滤波的作用。

桥式整流电感滤波电路如图 10.3.3 所示,图 10.3.4 是电感滤波的波形图。当 u_2 正半周时,D_1、D_3 导电,电感中的电流将滞后 u_2。当负半周时,电感中的电流将更换经由 D_2、D_4 提供。因桥式电路的对称性和电感中电流的连续性,四个二极管 D_1、D_3、D_2、D_4 的导电角都是 $180°$。

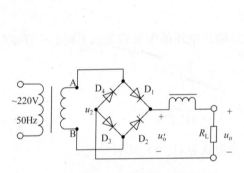

图 10.3.3　电感滤波电路

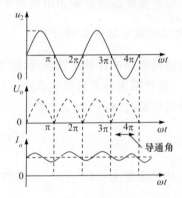

图 10.3.4　电感滤波电路波形图

为便于记忆和比较,现将各种整流滤波电路性能指标列于表 10.3.1。

表 10.3.1　常用整流滤波电路的性能比较

名称	U_O(空载)	U_O(带载)	二极管反向最大电压	每管平均电流
半波整流	$\sqrt{2}U_2$	$0.45U_2$	$\sqrt{2}U_2$	I_O
全波整流、电容滤波	$\sqrt{2}U_2$	$1.2U_2^*$	$2\sqrt{2}U_2$	$0.5I_O$
桥式整流、电容滤波	$\sqrt{2}U_2$	$1.2U_2^*$	$\sqrt{2}U_2$	$0.5I_O$
桥式整流、电感滤波	$\sqrt{2}U_2$	$0.9U_2$	$\sqrt{2}U_2$	$0.5I_O$

10.4　稳压电路

经整流和滤波后的电压往往会随交流电源电压的波动和负载的变化而变化。电压的不稳定有时会产生测量和计算的误差,引起控制装置的工作不稳定,甚至根本无法正常工作。因此

需要在滤波电路的后面再加上稳压电路。常用的稳压电路有并联型稳压电路、串联型稳压电路、线性集成稳压电路以及开关型稳压电路等几种。下面首先讨论比较简单的并联型稳压电路。

10.4.1　并联型直流稳压电路

图 10.4.1 所示电路,是由稳压二极管构成的并联型稳压电路。经整流滤波后所得的直流电压作为稳压电路的输入电压 U_i。在图 10.4.1 中稳压管处于反向接法,这样可以使稳压管工作于反向击穿区。由于稳压管与负载并联,故称为并联型直流稳压电源。

引起电压不稳定的原因是交流电源电压的波动和负载电流的变化。下面分析该电路的稳压过程:

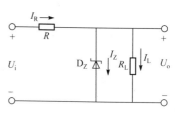

图 10.4.1　稳压管稳压电路

假设负载 R_L 不变,当交流电源电压增加而使输入电压 U_i 随着增加时,输出电压 U_o 也将上升,U_o 即为稳压管两端的反向电压,由稳压管的伏安特性可知,稳压管的电流会大大增加,因此电阻 R 上的压降增加,以此抵消 U_i 的升高,从而使输出电压基本保持不变。稳压过程可表示为

$$U_i \uparrow \rightarrow U_o \uparrow \rightarrow I_Z \uparrow \rightarrow I_R \uparrow \rightarrow U_R \uparrow \rightarrow U_O \downarrow$$

假设输入电压 U_i 保持不变,当负载电阻 R_L 减小,负载电流 I_L 增大时,电阻 R 上的压降增大,输出电压 U_o 因而下降。则使并联在输出端的稳压管的两端电压略有下降,此时流过稳压管的电流 I_Z 会大大减小,由于 $I_R = I_Z + I_L$,因此 I_R 也会减小。实际上用 I_Z 的减小来补偿 I_L 的增大,最终使 I_R 基本保持不变,从而使输出电压也维持基本稳定。稳压过程可表示为

$$R_L \downarrow \rightarrow I_L \uparrow \rightarrow I_R \uparrow \rightarrow U_R \uparrow \rightarrow U_o \downarrow \rightarrow I_Z \downarrow \rightarrow I_R \downarrow \rightarrow U_R \downarrow \rightarrow U_o \uparrow$$

通过上面的分析可知,稳压管稳压电路是由稳压管 D_Z 的电流调节作用和限流电阻 R 的电压调节作用互相配合而实现稳压的。当输出电压不需调节,负载电流比较小的情况下,稳压管稳压电路的效果较好,所以在小型的电子设备中经常采用这种电路。

10.4.2　串联型直流稳压电路

当电网电压和负载电流的变化范围较大时,若采用稳压管稳压电路来稳定输出电压,其稳压效果将很不理想,为了克服以上缺点,可以采用串联型直流稳压电路,图 10.4.2 为该类电路的简单形式,它是利用射极输出器的特点构成的。

基准电压 U_Z 由稳压管 D_Z 提供,其稳定性较高,R 为限流电阻。当输出电压 U_o 下降时,由于基准电压 U_Z 不变,则三极管基极输入电压 U_{BE} 将增大,因而基极电流 I_B 增大,同时集电极电流 I_C 也增大,集电极电压 U_{CE} 则减小,从而使输出电压 U_o 回升,因此输出电压 U_o 可基本保持不变。稳压过程可表示如下:

$$U_o \downarrow \rightarrow U_{BE} \uparrow \rightarrow I_B \uparrow \rightarrow I_C \uparrow \rightarrow U_{CE} \downarrow \rightarrow U_o \uparrow$$

通过以上分析可知,三极管 T 起着调整电压的作用,因此称为调整管,由于调整管与负载电阻 R_L 串联,故称此电路为串联型直流稳压电路。

图 10.4.2 电路的特点是由输出电压 U_o 的变化量直接控制调整管的管压降 U_{CE} 来稳定输出电压 U_o。若将 U_o 的变化量经放大器放大后,再去控制调整管,则使输出电压更加稳定,电压调节的范围也相应增大。图 10.4.3 是一个典型的带有放大环节的串联型直流稳压电路的原理图。图中 U_i 是整流滤波电路的输出电压,T_1 为调整管,A 为比较放大电路,U_Z 为基准电

压,R 为限流电阻,是保证稳压管 D_Z 有一个合适的工作电流,R_1、R_2 与 R_P 为采样电阻,用来反映输出电压的变化。

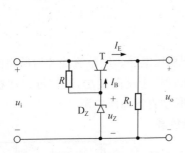
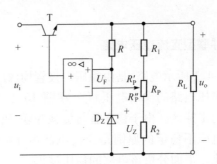

图 10.4.2　简单串联型直流稳压电路　　　图 10.4.3　具有放大环节的串联型直流稳压电路

　　下面分析图 10.4.3 电路的稳压工作原理。假设由于输入电压 U_1 增大或负载电流 I_o 减小而导致输出电压 U_o 增大,则通过采样电阻,将 U_o 的变化量的一部分反馈到比较放大电路的反相输入端,因此反相输入端电压(即反馈电压)U_F 也增大。由于其同相输入端电压(即基准电压 U_Z)维持不变,则 U_F 与基准电压 U_Z 相比较,其差模输入电压 $U_{Id}=(U_Z-U_F)$ 减小,于是比较放大电路的输出电压减小,使调整管的基极输入电压 U_{BE} 减小,则调整管的集电极电流 I_C 也减小,而且集电极电压 U_{CE} 同时增大,使输出电压下降,从而维持 U_o 基本不变。该稳压过程可表示如下:

$$U_I\uparrow 或 I_o\downarrow\rightarrow U_o\uparrow\rightarrow U_F\uparrow\rightarrow U_{Id}\downarrow\rightarrow U_{BE}\downarrow\rightarrow I_C\downarrow\rightarrow U_{CE}\uparrow\rightarrow U_o\downarrow$$

　　由此可看出,串联型直流稳压电路稳压的过程,实质上是通过电压负反馈使输出电压保持基本稳定的过程。当反馈越深时,调整管的调整作用越强,输出电压 U_o 也越稳定。

　　改变采样电阻中电位器 R_P 的滑动端位置,就可调节输出电压。假设比较放大电路 A 是理想运算放大器,且工作在线性区,可得

则

$$\begin{cases} U_Z=U_f=\dfrac{R_P''+R_2}{R_1+R_2+R_P}U_o \\[2mm] U_o=\dfrac{(R_1+R_2+R_P)}{R_2''+R_2}U_Z \end{cases} \tag{10.4.1}$$

　　由于调整管中流过的电流为负载电流,所以调整管工作在大电流功率状态,且调整管与负载串联,如果输出端过载甚至短路,将使通过调整管的电流急剧增大,可能使调整管损坏,因此电路中应设置调整管保护电路。

　　例 10.4.1　在图 10.4.3 电路中,设稳压管 $U_Z=6$V,采样电阻 $R_1=R_2=R_P$,试求:(1)估算稳压电路输出电压 U_o 的调节范围;(2)若输入电压为 24V,额定输出电流为 2A,试计算电压调整管 T 的极限参数。

　　解:(1) 根据式(10.4.1)可估算出

$$U_{omax}=\frac{R_1+R_2+R_P}{R_2}\times U_Z=3\times 6=18(V)$$

$$U_{omin}=\frac{R_1+R_2+R_3}{R_2+R_P}\times U_Z=\frac{3}{2}\times 6=9(V)$$

　　因此,该稳压电源可在 9~18V 之间调节。

（2）电压调整管 T 的集电极最大电流约等于额定负载电流 2A，承受的最高反向电压为 $24-9=15V$，额定工作时集电极功耗为 $2\times15=30W$。所以，电压调整管 T 的极限参数为

$$I_{CM}>2(A)，\quad U_{(BR)CEO}>15(V)，\quad P_{CM}>30(W)$$

串联型稳压电源中的放大单元电路也可由晶体管构成的基本放大电路组成。由于调整管的功耗较大，因此常采用大功率三极管，在使用时还要增加散热片加强散热，以使调整管不至于过热而损坏。为了扩大输出电流，可以采用复合管用作调整管。

10.4.3　三端集成稳压器

1. 三端集成稳压器简介

由于半导体集成技术的飞速发展，将功能完善、各种保护齐备的串联型稳压电源集成于一个三端器件，称为三端集成稳压器。近年来集成稳压电源的集成度迅速提高，输出功率也相应增大。当前广泛应用的单片集成稳压电源，具有体积小、可靠性高及温度特性好等优点，而且价格低廉、安装与调试方便。

本节主要讨论的是 W7800 系列和 W7900 系列集成稳压器的应用。图 10.4.4 是 W7800 系列稳压器的外形、管脚及接线图，其内部电路也是串联型直流稳压电路，由于内部电路的原理图十分复杂，不再详述。由图 10.4.4 可看出，这种稳压器只有三个引出端：输入端 1、输出端 2 和公共端 3，称为三端集成稳压器。它在实际的应用电路中连接比较简单，使用时只需在其输入端、输出端与公共端之间各并联一个电容即可，如图 10.4.4（c）所示。其中，U_I 为整流滤波后得到的直流输入电压，接在输入端和公共端之间。在输出端可得到固定且稳定的直流电压。电容 C_I 用以消除由于引线过长等因素引起的高频干扰，C_I 一般在 $0.1\sim1\mu F$ 之间，如取 $0.33\mu F$。电容 C_O 是为了瞬时增减负载电流时不致引起输出电压有较大的波动，C_O 可用 $0.1\mu F$。若输出电压比较高，应在输入端与输出端之间跨接一个保护二极管 D，如图 9.15（c）中的虚线所示。它的作用是在输入端短路时，使 C_O 通过二极管 D 放电，来保护稳压器内部的调整管。

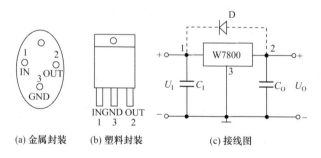

(a) 金属封装　　(b) 塑料封装　　　　(c) 接线图

图 10.4.4　W7800 系列稳压器外形图及接线图

W7800 系列输出固定的正电压有 5V、8V、12V、15V、18V、24V 多种。例如，W7815 的输出电压为 15V；最高输入电压为 35V；最小输入、输出电压差（U_I-U_O）为 2～3V；最大输出电流为 2.2A；输出电阻为 $0.03\sim0.15\Omega$；电压变化率为 $0.1\%\sim0.2\%$。W7900 系列输出固定的负电压，如 W7912 输出电压为 $-12V$。

2. 三端集成稳压器的应用

(1) 正、负电压同时输出的电路在电子电路中,常需要同时输出正、负电压的双向直流电源。图 10.4.5 是由 W7800 和 W7900 系列组成的同时输出正、负电压的电路。

(2) 提高输出电压的电路。图 10.4.6 中的电路是利用稳压管 D_Z 来提高输出电压。U_{23} 为 W78×× 稳压器的固定输出电压,该电路输出电压 U_O 可表示为

$$U_O = U_{23} + U_Z$$

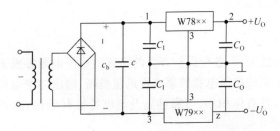

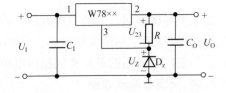

图 10.4.5　正、负电压同时输出的电路　　　　图 10.4.6　提高输出电压的电路

(3) 增强输出电流的电路。三端集成稳压器的输出电流有一定限制。如果希望扩大输出电流可以通过外接大功率三极管的方法来实现,电路接法如图 10.4.7 所示。

大功率三极管 T 的作用是提供负载所需的大电流,三极管的基极由三端集成稳压器驱动,二极管 D 用于补偿三极管的发射结电压 U_{BE},使电路的输出电压 U_O 约等于三端集成稳压器的输出电压 U_{23}。只要适当选择二极管的型号,并通过调节电阻 R 阻值来改变流过二极管的电流,即可得到 $U_D \approx U_{BE}$,则 $U_O = U_{23} - U_{BE} + U_D \approx U_{23}$,电容 C_2 的作用是滤掉二极管 D 两端的脉动电压,以减小输出电压的脉动成分。

(4) 输出电压可调的电路。W7800 和 W7900 均为固定输出的三端集成稳压器,若需要可调的输出电压,可以将固定输出集成稳压器接成如图 10.4.8 所示的电路。

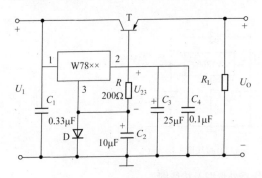

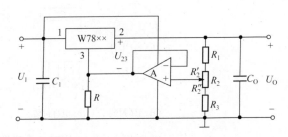

图 10.4.7　扩大输出电流的电路　　　　　图 10.4.8　输出电压可调电路

图中运放起电压跟随作用,采用单电源运放,它的电源是稳压电路的输入电压 U_I,该稳压电路的输出电压为

$$U_o = \frac{R_1 + R_2 + R_3}{R_1 + R_2'} U_{23}$$

可见只需移动电位器 R_2 的滑动端即可调节输出电压的大小。

以上讨论了并联型、串联型和线性集成稳压电源的结构和工作原理,它们均是利用电流或

电压的补偿作用实现稳压的。它具有输出稳定度高、输出电压可调、纹波系数小、线路简单、工作可靠等优点,而且已经有多种集成稳压器供选用,是目前应用最广的稳压电路。

思考题与习题

思考题

10.1　整流电路的基本原理是什么? 如何选择整流二极管?

10.2　滤波电路的基本原理是什么? 如何选择滤波电容?

10.3　电容滤波电路的基本特点是什么? 滤波电容的选取与脉动电压 U_o 的大小呈现何种关系?

10.4　若单相半波整流电路中的二极管接反,则将产生什么现象?

10.5　试问单相桥式整流电路中若有一只二极管接反,则将产生什么现象?

10.6　在单相桥式整流、电容滤波电路中,若有一只二极管断路,则输出电压平均值是否为正常时的一半? 为什么?

10.7　为什么用电容滤波要将电容与负载电阻并联,而用电感滤波要将电感与负载电阻串联?

10.8　在稳压管稳压电路中,限流电阻的作用是什么? 其值过小或过大将产生什么现象?

10.9　在选择稳压管稳压电路中的限流电阻 R 时,若计算出 R 应大于 300Ω、小于 270Ω,则说明出现了什么问题? 应如何解决?

10.10　若计算出稳压管稳压电路中的限流电阻 R 应在 $200 \sim 300\Omega$ 之间,则应选择 R 接近 300Ω、还是 200Ω,为什么?

10.11　在串联型稳压电路中,已知输入电压的波动范围是 $18 \sim 22\text{V}$,整管的饱和管压降为 2V。作为稳压电源的性能指标的最大输出电压是 16V 还是 20V? 为什么?

10.12　串联反馈式稳压电路,调整管是如何实现电压调整的? 调整管工作在什么状态? 额定工作条件下其极限工作参数应怎样考虑?

习题

10.13　现有变压器、整流桥、电解电容器、W78×× 系列三端稳压器,请回答:

(1) 欲获得 $+5\text{V}$ 直流电压源,则三端稳压器选用什么型号?

(2) 将给定元件正确连接成直流电源系统。

(3) 若该系统中送入三端稳压器的 $U_1 = 12\text{V}$,则变压器副边电压有效值 U_2 为多少伏?

(4) 某同学照以上参数装焊出电源后,一测,发现 $U_1 = 9\text{V}$,试问:可能何处有故障?

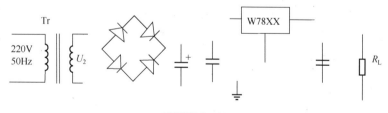

习题图 10.13

10.14　已知单相桥式整流滤波电路的负载电阻 $R_L = 8\Omega$,若要求负载电压为 12V,试求:

(1) 变压器二次侧电压;

(2) 选择合适的整流二极管。

10.15　分别求出题图 10.15 所示电路输出电压 U_c 和 U_o 的表达式。画出 U_c 和 U_o 的波形。

10.16　分别求出题图 10.16 所示电路输出电压的表达式。

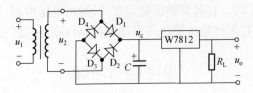

习题图 10.15

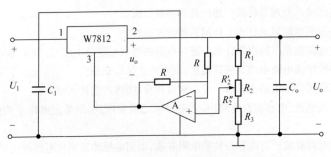

习题图 10.16

参 考 文 献

康华光.2008.电子技术基础——模拟部分.5版.北京:高等教育出版社

李哲英.2003.电子技术及其应用基础.2版.北京:高等教育出版社

童诗白.2006.模拟电子技术基础.4版.北京:高等教育出版社

附录 分贝表

分贝	电压比或电流比	功率比	分贝	电压比或电流比	功率比
1.00	1.12	1.26	−1	0.891250938	0.794328235
2.00	1.26	1.58	−2	0.794328235	0.630957344
3.00	1.41	2.00	−3	0.707945784	0.501187234
4.00	1.58	2.51	−4	0.630957344	0.398107171
5.00	1.78	3.16	−5	0.562341325	0.316227766
6.00	2.00	3.98	−6	0.501187234	0.251188643
7.00	2.24	5.01	−7	0.446683592	0.199526231
8.00	2.51	6.31	−8	0.398107171	0.158489319
9.00	2.82	7.94	−9	0.354813389	0.125892541
10.00	3.16	10.00	−10	0.316227766	0.1
11.00	3.55	12.59	−11	0.281838293	0.079432823
12.00	3.98	15.85	−12	0.251188643	0.063095734
13.00	4.47	19.95	−13	0.223872114	0.050118723
14.00	5.01	25.12	−14	0.199526231	0.039810717
15.00	5.62	31.62	−15	0.177827941	0.031622777
16.00	6.31	39.81	−16	0.158489319	0.025118864
17.00	7.08	50.12	−17	0.141253754	0.019952623
18.00	7.94	63.10	−18	0.125892541	0.015848932
19.00	8.91	79.43	−19	0.112201845	0.012589254
20.00	10.00	100.00	−20	0.1	0.01
21.00	11.22	125.89	−21	0.089125094	0.007943282
22.00	12.59	158.49	−22	0.079432823	0.006309573
23.00	14.13	199.53	−23	0.070794578	0.005011872
24.00	15.85	251.19	−24	0.063095734	0.003981072
25.00	17.78	316.23	−25	0.056234133	0.003162278
26.00	19.95	398.11	−26	0.050118723	0.002511886
27.00	22.39	501.19	−27	0.044668359	0.001995262
28.00	25.12	630.96	−28	0.039810717	0.001584893
29.00	28.18	794.33	−29	0.035481339	0.001258925
30.00	31.62	1000.00	−30	0.031622777	0.001
31.00	35.48	1258.93	−31	0.028183829	0.000794328

分贝	电压比或电流比	功率比	分贝	电压比或电流比	功率比
32.00	39.81	1584.89	−32	0.025118864	0.000630957
33.00	44.67	1995.26	−33	0.022387211	0.000501187
34.00	50.12	2511.89	−34	0.019952623	0.000398107
35.00	56.23	3162.28	−35	0.017782794	0.000316228
36.00	63.10	3981.07	−36	0.015848932	0.000251189
37.00	70.79	5011.87	−37	0.014125375	0.000199526
38.00	79.43	6309.57	−38	0.012589254	0.000158489
39.00	89.13	7943.28	−39	0.011220185	0.000125893
40.00	100.00	10000.00	−40	0.01	0.0001
41.00	112.20	12589.25	−41	0.008912509	7.94328235E−05
42.00	125.89	15848.93	−42	0.007943282	6.30957344E−05
43.00	141.25	19952.62	−43	0.007079458	5.01187234E−05
44.00	158.49	25118.86	−44	0.006309573	3.98107171E−05
45.00	177.83	31622.78	−45	0.005623413	3.16227766E−05
46.00	199.53	39810.72	−46	0.005011872	2.51188643E−05
47.00	223.87	50118.72	−47	0.004466836	1.99526231E−05
48.00	251.19	63095.73	−48	0.003981072	1.58489319E−05
49.00	281.84	79432.82	−49	0.003548134	1.25892541E−05
50.00	316.23	100000.00	−50	0.003162278	1.00000000E−05
51.00	354.81	125892.54	−51	0.002818383	7.94328235E−06
52.00	398.11	158489.32	−52	0.002511886	6.30957344E−06
53.00	446.68	199526.23	−53	0.002238721	5.01187234E−06
54.00	501.19	251188.64	−54	0.001995262	3.98107171E−06
55.00	562.34	316227.77	−55	0.001778279	3.16227766E−06
56.00	630.96	398107.17	−56	0.001584893	2.51188643E−06
57.00	707.95	501187.23	−57	0.001412538	1.99526231E−06
58.00	794.33	630957.34	−58	0.001258925	1.58489319E−06
59.00	891.25	794328.23	−59	0.001122018	1.25892541E−06
60.00	1000.00	1000000.00	−60	0.001	1.00000000E−06
61.00	1122.02	1258925.41	−61	0.000891251	7.94328235E−07
62.00	1258.93	1584893.19	−62	0.000794328	6.30957344E−07
63.00	1412.54	1995262.31	−63	0.000707946	5.01187234E−07
64.00	1584.89	2511886.43	−64	0.000630957	3.98107171E−07
65.00	1778.28	3162277.66	−65	0.000562341	3.16227766E−07
66.00	1995.26	3981071.71	−66	0.000501187	2.51188643E−07
67.00	2238.72	5011872.34	−67	0.000446684	1.99526231E−07
68.00	2511.89	6309573.44	−68	0.000398107	1.58489319E−07

续表

分贝	电压比或电流比	功率比	分贝	电压比或电流比	功率比
69.00	2818.38	7943282.35	−69	0.000354813	1.25892541E−07
70.00	3162.28	10000000.00	−70	0.000316228	1.00000000E−07
71.00	3548.13	12589254.12	−71	0.000281838	7.94328235E−08
72.00	3981.07	15848931.92	−72	0.000251189	6.30957344E−08
73.00	4466.84	19952623.15	−73	0.000223872	5.01187234E−08
74.00	5011.87	25118864.32	−74	0.000199526	3.98107171E−08
75.00	5623.41	31622776.60	−75	0.000177828	3.16227766E−08
76.00	6309.57	39810717.06	−76	0.000158489	2.51188643E−08
77.00	7079.46	50118723.36	−77	0.000141254	1.99526231E−08
78.00	7943.28	63095734.45	−78	0.000125893	1.58489319E−08
79.00	8912.51	79432823.47	−79	0.000112202	1.25892541E−08
80.00	10000.00	100000000.00	−80	0.0001	1.00000000E−08
81.00	11220.18	125892541.18	−81	8.91250938E−05	7.94328235E−09
82.00	12589.25	158489319.25	−82	7.94328235E−05	6.30957344E−09
83.00	14125.38	199526231.50	−83	7.07945784E−05	5.01187234E−09
84.00	15848.93	251188643.15	−84	6.30957344E−05	3.98107171E−09
85.00	17782.79	316227766.02	−85	5.62341325E−05	3.16227766E−09
86.00	19952.62	398107170.55	−86	5.01187234E−05	2.51188643E−09
87.00	22387.21	501187233.63	−87	4.46683592E−05	1.99526231E−09
88.00	25118.86	630957344.48	−88	3.98107171E−05	1.58489319E−09
89.00	28183.83	794328234.72	−89	3.54813389E−05	1.25892541E−09
90.00	31622.78	1000000000.00	−90	3.16227766E−05	1.00000000E−09
91.00	35481.34	1258925411.79	−91	2.81838293E−05	7.94328235E−10
92.00	39810.72	1584893192.46	−92	2.51188643E−05	6.30957344E−10
93.00	44668.36	1995262314.97	−93	2.23872114E−05	5.01187234E−10
94.00	50118.72	2511886431.51	−94	1.99526231E−05	3.98107171E−10
95.00	56234.13	3162277660.17	−95	1.77827941E−05	3.16227766E−10
96.00	63095.73	3981071705.53	−96	1.58489319E−05	2.51188643E−10
97.00	70794.58	5011872336.27	−97	1.41253754E−05	1.99526231E−10
98.00	79432.82	6309573444.80	−98	1.25892541E−05	1.58489319E−10
99.00	89125.09	7943282347.24	−99	1.12201845E−05	1.25892541E−10
100.00	100000.00	10000000000.00	−100	1.00000000E−05	1.00000000E−10